微分積分学の試練

実数の連続性とε-δ

Kotaro Mine
嶺 幸太郎 著

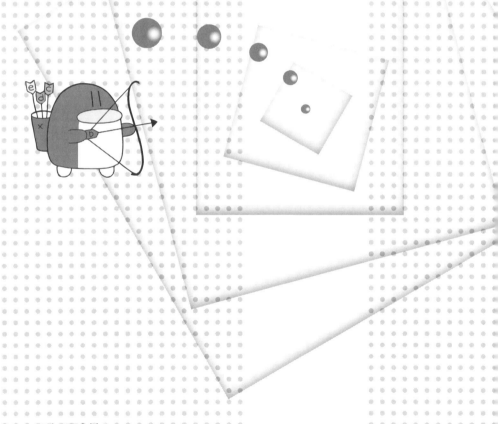

日本評論社

まえがき

　本書『微分積分学の試練』は，高校から大学へと数学を橋渡しする際につまずくことが多い「極限」の扱い (ε-δ 論法) を分かりやすく解説することを目的としています．本書を読めば，微分積分学 (解析学の初歩) の学習に必要な極限の理念・知識・技術を獲得することができるでしょう．本書の主な読者として，次のいずれかに該当する方々を想定しています．

　(1)　微積分や解析学を学んでいる理工系の 1 年生．その中でもとくに，極限の諸性質に関する証明を理解し，解析学を厳密に学びたいと考えている人．
　(2)　教育系や文科系の学生で，数直線や連続関数といった普段は漠然と捉えがちな概念が，大学レベルの数学においてきちんと定式化されていく過程に興味がある人．
　(3)　数学科や物理学科に進学した 2 年生以上の学生で，新たに学ぶことになった「集合と位相」の抽象性に戸惑い，どこから復習してよいか困っている人．

　微積分をより深く発展的に学ぶためには，微分と積分の定義に現れる極限についての理解がかかせません．極限について曖昧な説明しかできなかった高校数学では，いくつかの重要な定理を証明せずに用いていました[1]．大学の数学ではこの曖昧さを反省して，ε-δ 論法という手法を用いた極限の確かな定義とその諸性質の証明を与えていくことになります．

　ただ，実際の講義では授業時間に限りがあることから，ε-δ 論法を駆け足で済ませることも多く，講義を受講しただけでは極限の扱い方がよく分からなかったと感じる学生が少なくありません．そのような方々が，極限について隅々まで徹底的に納得するための自習書として本書は向いています．極限のいろはについて十分すぎるほどに丁寧な解説と，痒いところに手が届くような親切な証明が本書に記されています．

　また本書は，計算を主体とせずに数学的概念の本質について学びたいと考えている文科系の学生にも向いています．本書の主題は，実数や関数といった，より基本的と考えられる数学的対象に焦点をあてて，基礎への理解を深めていくことにあります．

---

　[1]　高校数学では，極限の定義を「限りなく近づくこと」というふうに語感に頼る説明で済ませています．このため，中間値の定理や最大値・最小値の定理，はさみうちの原理などの証明を与えていません．

したがって難しい計算は出てきませんし，誤解がないように簡単な計算も途中の変形を略さずに記しています．さらに，新しい事柄について学ぶ際には，それらの概念や定義の背景にひそむ考え方を重視して説明しています．これまで数学をパターン暗記の学だと考えていた人も，本書を通して，数学は単なる論理ゲームとは違うと実感できることでしょう．

一方で，本書の内容は，主に数学科の二年生が学ぶ「集合と位相」とも深く関係しています．この分野で学ぶことは，"微積分や解析学において「実数の連続性」を学んだ際に得た極限の技術を一般の集合に対して適用するための方法論"といえるでしょう．しかし，集合と位相を学ぶ学生のなかには実数の連続性とその周辺への理解がおぼつかないままの人も多く，これではさらに抽象度の高い対象へと移っても確かな理解を得ることはできません．このような方にも本書は向いています．本書では，数直線上の極限の諸性質と，図形 (距離空間) における極限の諸性質が関連づけられている様子をいくつも紹介しています．これらの関連を理解した上で集合と位相の学習に臨めば，よりいっそうの理解が得られることでしょう．

本書を読むための予備知識としては，高校 2 年生レベルの数学を前提としています．微積分に少し触れた経験さえあれば，本文の意図を理解できることでしょう．とはいえ建前の上では，すべての概念を再構成しますから，微積分の知識がまったくなくても読むことができます．なお，ごく一部の話題で，線形代数学 (行列とベクトル空間) の知識を断りなく用いました．この本の読者の多くは並行して線形代数も学んでいるでしょうから，大きな問題は生じないことと思います．仮にそうでなかったとしても，線形代数が関係する箇所を無視しても不都合なく読めるように書いてあります．

本書の構成について簡単に説明します．第 I 部の前半では集合に関する約束事を共有したうえで，実数の性質 (実数の連続性) について検討します．後半では数列の極限の定義を与え，極限のどんな性質が実数の連続性から導かれるのか，その詳しい解説を与えました．第 II 部の前半では，関数 (写像) に関する一般論に触れたあとで，高校で学んだ具体的な関数の定義と諸性質を復習します．後半は，関数の極限および ε-δ 論法，連続関数の諸性質について学びます．第 III 部では，多変数関数の連続性について議論し，さらに図形 (距離空間) のあいだの写像において連続性が定式化されることを見ます．中間値の定理と最大値・最小値の定理はこの立場で証明を与えました．最後に，付録の章を二つ設けてあります．付録 A では，本書で学んだ極限の知識が微積分の理論で用いられる様子を，駆け足ながら説明しました．また，本書では $\forall, \exists$ といった論理記号を用いた表現は避けましたが，これらの記号を用いる微積分の

講義にも対応できるよう，論理法則の復習と論理記号の使い方について付録 B で概説しました．この章は，論理的な思考力を養うための道しるべにもなることでしょう．

高校数学において証明しなかった事実について，本書では次の箇所で証明を与えています：はさみうちの原理 (3.6 節)，逆関数の連続性 (8.3 節)，指数法則 (9 章)，中間値の定理 (13.4 節)，最大値・最小値の定理 (14.2 節)，代数学の基本定理 (14.7 節)，$\left(1+\frac{1}{n}\right)^n$ の収束性 (A.3 節)，ロピタルの定理 (A.6 節)，オイラーの公式 (A.8 節)．

本書の大部分は，早稲田大学基幹理工学部および先進理工学部の 1 年次生を対象とした微積分の授業で用いた講義ノートがもとになっています．実際の講義では，通年で 60 回ある授業のうちはじめの 14〜15 回程度を本書の内容にあてています．授業を通して講義ノートに関するご意見や誤植の指摘を多くの学生諸君からいただき，本書をより充実した内容に仕上げることができました．

本書の仕上げの段階では，早稲田大学の薄葉季路さんと千葉工業大学の山下温さんから，専門家の目線で有益な助言をいただくことができました．また，非専門家の目線での指摘，および言葉の言い回しの相談について，弟夫婦 (圭佑・祐希) に助けられました．イラストレーターの奥田雅子さんには原画を忠実に再現した挿絵を描いていただきました．そして，本書が完成に至るまで，日本評論社の飯野玲さんには陰に陽に尽力していただきました．以上の方々に改めて深く感謝申し上げます．

2018 年 11 月

著者しるす

本書の読み方

　各章の冒頭で，全体的な趣旨をまとめています．これから何をしたいのかを心に留めながら本文を読むと，より深い理解が得られるでしょう．

　各定理の証明は，最終的には一字一句もらさずに読むことが望まれます．とはいえ，まずは全体像を把握するために証明の細かな部分を飛ばして読む，という方法も理解を広げる上では有効です．

　「発展」と記した部分はやや高度な内容で，かならずしも1年生の微積分で扱うとは限らないものを指します．ただ，これらは2年生以上を対象にした解析学や幾何学の講義において，前提とされる知識になります．「よりみち」と題した部分では，発展的な微積分を学ぶ際に必須というわけではないものの，教養人として知っておいてほしいことを扱いました．

　各章末には練習問題があり，その多くは後半の話題で役に立つ内容になっています．証明の作法を身に着けていない読者にとって，これらを何も見ずに解くのは難しいでしょう．巻末の答えを読んで内容を理解できるのであれば，自力で解けずともさしつかえありません．専門課程で深い数学を必要とする予定の方には，答えを見ずに証明を再構成できるように復習しておくことを勧めます．

目次

まえがき 1
本書の読み方 4

第 I 部　数列の極限と実数の連続性　　11

第 1 章　集合概念の基礎　　13
1.1　数の集合とユークリッド空間 …………………………………… 13
1.2　集合の包含関係 …………………………………………………… 14
1.3　集合の表記法 ……………………………………………………… 16
1.4　集合演算 …………………………………………………………… 18
1.5　和集合と共通部分 ………………………………………………… 20
1.6　集合の積 …………………………………………………………… 20
1.7　無限集合族 ………………………………………………………… 21
　　　章末問題 ………………………………………………………… 23

第 2 章　実数の性質　　24
2.1　実数とはなにか …………………………………………………… 24
2.2　四則演算と大小関係 ……………………………………………… 25
2.3　区間 ………………………………………………………………… 28
2.4　最大元と最小元 …………………………………………………… 28
2.5　有界な集合 ………………………………………………………… 31
2.6　上限と下限 ………………………………………………………… 32
2.7　実数の連続性 ……………………………………………………… 34
2.8　実数のアルキメデス性 …………………………………………… 38
2.9　区間の分類 (よりみち) …………………………………………… 39
2.10　余興 (よりみち) ………………………………………………… 41
　　　章末問題 ………………………………………………………… 43

第 3 章　数列の極限とその性質　　45
- 3.1　限りなく近づくということ　　45
- 3.2　絶対値と三角不等式　　46
- 3.3　数列の収束　　48
- 3.4　収束列の基本的性質　　51
- 3.5　例題　　53
- 3.6　はさみうちの原理　　56
- 3.7　項の並び替えと部分列　　58
- 3.8　無限大への発散　　59
- 章末問題　　63

第 4 章　数列の極限と実数の連続性　　65
- 4.1　有界単調列の収束定理　　65
- 4.2　無限小数展開　　66
- 4.3　有理数と無理数の稠密性　　69
- 4.4　区間縮小法とボルツァノ-ワイエルシュトラスの定理　　69
- 4.5　上極限と下極限 (発展)　　72
- 4.6　実数の完備性　　73
- 4.7　級数　　76
- 章末問題　　77

第 II 部　写像の基礎と ε-δ 論法　　79

第 5 章　写像概念の基礎　　81
- 5.1　反省　　81
- 5.2　写像とその定義域　　82
- 5.3　像と逆像　　83
- 5.4　写像と集合演算　　84
- 5.5　写像の合成　　85
- 5.6　全射と単射　　86
- 5.7　逆写像はいつ定まるか　　89
- 5.8　逆写像とその性質　　91
- 5.9　無限集合 (よりみち)　　94

	章末問題 ···	97

第 6 章　実数値関数　99

6.1	実数値関数における全射と単射 ················	99
6.2	逆関数のグラフ ································	101
6.3	単調性と単射性 ································	101
6.4	冪関数 ··	102
6.5	指数関数と対数関数 ···························	103
6.6	三角関数と逆三角関数 ·························	106
	章末問題 ···	110

第 7 章　関数の極限　112

7.1	二通りの定義 ···································	112
7.2	極限の基本的性質 ·······························	116
7.3	右極限と左極限 ·································	118
7.4	関数の発散 ······································	119
	章末問題 ···	122

第 8 章　連続関数　123

8.1	関数の連続性 ···································	123
8.2	基本的な関数の連続性 ··························	125
8.3	逆関数の連続性 ·································	127
8.4	有理数における値が連続関数を決定する ·····	129
8.5	関数の不連続性 ·································	130
	章末問題 ···	133

第 9 章　指数法則　134

9.1	自然数による冪 ·································	134
9.2	分数 ···	135
9.3	累乗根と根号 ···································	137
9.4	整数による冪 ···································	138
9.5	有理数による冪 ·································	139
9.6	$\mathbb{Q}$ を定義域とする指数関数の性質 ·········	141
9.7	実数による冪 ···································	142

9.8　0の冪 ……………………………………………………………… 144
9.9　実数冪の指数法則 …………………………………………………… 145
9.10　関数の発散のはやさ ………………………………………………… 148
章末問題 ………………………………………………………………… 149

第 III 部　距離空間の幾何学　　　151

第 10 章　点列の収束と写像の連続性　　　153
10.1　ベクトルの和とスカラー倍 ………………………………………… 153
10.2　ユークリッド距離 …………………………………………………… 154
10.3　距離空間 ……………………………………………………………… 155
10.4　距離空間における極限 ……………………………………………… 157
10.5　$\mathbb{R}^n$ における収束 …………………………………………………… 159
10.6　多変数関数の連続性 ………………………………………………… 159
10.7　$\mathbb{R}^n$ 上の距離関数の例 ………………………………………………… 162
10.8　コーシー-シュワルツの不等式 ……………………………………… 166
章末問題 ………………………………………………………………… 169

第 11 章　位相　　　171
11.1　ε-近傍 …………………………………………………………………… 171
11.2　開集合と閉集合 ……………………………………………………… 174
11.3　開でない部分集合 …………………………………………………… 176
11.4　開集合の性質 ………………………………………………………… 178
11.5　極限と連続性の再定式化 …………………………………………… 182
11.6　開あるいは閉になることの示し方 ………………………………… 185
11.7　閉集合の性質 ………………………………………………………… 186
章末問題 I ……………………………………………………………… 188
章末問題 II (発展) ……………………………………………………… 188

第 12 章　距離空間に関する諸概念　　　190
12.1　集合の直径と有界性 ………………………………………………… 190
12.2　部分距離空間 ………………………………………………………… 192
12.3　完備距離空間 ………………………………………………………… 196
12.4　複素数平面 …………………………………………………………… 197

12.5	稠密部分集合 (発展)	199
	章末問題	200

第 13 章 連結空間と中間値の定理   202

13.1	空間の連結性	202
13.2	連結空間の基本的性質	205
13.3	区間の連結性	206
13.4	中間値の定理	209
13.5	弧状連結空間	210
13.6	連続関数の単調性と単射性 (よりみち)	215
	章末問題	217

第 14 章 点列コンパクト空間   218

14.1	空間の点列コンパクト性	218
14.2	最大値・最小値の定理	221
14.3	逆写像の連続性 (発展)	223
14.4	一様連続写像	224
14.5	コンパクト空間 (発展)	226
14.6	ハイネ-ボレルの被覆定理 (発展)	229
14.7	代数学の基本定理 (よりみち)	232
	章末問題	234

付録   237

付録 A　より厳密な微分積分法へ   239

A.1	接線と微分	239
A.2	いくつかの微分公式	241
A.3	指数関数の微分	242
A.4	三角関数の微分	244
A.5	平均値の定理	246
A.6	ロピタルの定理	248
A.7	テイラーの定理と級数展開	251
A.8	オイラーの公式	254
A.9	連続関数の積分可能性	255

  A.10 微分積分学の基本定理 ………………………………………… 258

付録 B 命題と論理式 261
  B.1 命題と真偽 …………………………………………………… 261
  B.2 全称記号と存在記号 ………………………………………… 262
  B.3 かつ，または，ならば ……………………………………… 264
  B.4 数学的帰納法 ………………………………………………… 267
  B.5 命題の否定 …………………………………………………… 267
  B.6 排中律と矛盾 ………………………………………………… 271
  B.7 背理法と対偶 ………………………………………………… 273
  B.8 前提が偽の命題 ……………………………………………… 274

章末問題の解答 277
あとがき・参考文献 297
索引 299

コラム
実数を構成することの意義 (よりみち) 36
ε-N 論法の証明から見えること 55
有理数の完備化 (よりみち) 76
逆関数の接線 101
円弧の長さ (よりみち) 110
ε-δ 論法の直接の定義から連続性を導く (よりみち) 127
実数の加法と乗法 (よりみち) 137
写像の形式的定義 (よりみち) 145
マンハッタン距離 164
方向微分 169
接する点と境界上の点 (発展) 178
位相空間 (発展) 185
グラフが連結な不連続関数 214
微分法における最大・最小問題 222
コンパクト性の導入にあたって 228

数列の極限と実数の連続性

第1章 集合概念の基礎

 古来より人類は，言葉を器用に使いこなすことにより文明を築いてきた．ある言葉を扱えるためには，その言葉を適用できる場合とそうでない場合の判断ができなければならない．例えば名詞であれば，それが指すものとそうでないものを判別できる必要がある．ある概念が適用できる範囲を明示する必要に迫られたとき，現代数学では，それを集合を用いて記述する．集合 (すなわち何らかの範囲) を定める際の約束事を，あらかじめ共有しておこう．

1.1 数の集合とユークリッド空間

 いくつかのものの集まりのことを**集合**という．集合 X が与えられたとき，X を構成しているもの一つ一つを X の**元** (あるいは**要素**) と呼ぶ．集合の表記の仕方の一つとして，集合を構成する要素をすべて並べて中括弧でくくる方法がある．例えば，りんご，ぶどう，いちごの3つの要素からなる集合は，

$$\{りんご, ぶどう, いちご\}$$

と表される．これ以外の表記法については 1.3 節で説明する．

 数を構成要素とするいくつかの集合には次の特別な記号を用いる[1]：

- $\mathbb{N}$：自然数 (natural number) 全体のなす集合のこと．**自然数**とは $1, 2, 3, \cdots$ と続く数のことであり[2]，形式的には次のように定義される：

    1 を自然数とする．n が自然数ならば $n+1$ も自然数である．

- $\mathbb{Z}$：整数 (integer, integral number) 全体のなす集合．自然数とその -1 倍，および 0 を**整数**と呼ぶ．記号 $\mathbb{Z}$ はドイツ語で数を意味する Zahlen に由来する．

---

[1] 太字 **N**, **Z**, **Q**, **R**, **C** を用いる場合もある．
[2] 集合論を学ぶと，自然数に 0 を含めたほうが多くの表記において整合性が取れることが分かる．しかし，本書では高校までの慣例に従い，自然数に 0 を含めないものとする．

- $\mathbb{Q}$：有理数 (rational number) 全体のなす集合のこと．**有理数**とは，整数 p, q (ただし $q \neq 0$) を用いて p/q と表される数のことである．この記号は商 (quotient) に由来する．
- $\mathbb{R}$：実数 (real number) 全体のなす集合のこと．2 の平方根 $\sqrt{2}$ や円周率 π など，有理数でない数が存在することが知られている．これらを有理数に加えたものを**実数**と呼ぶ．実数 (あるいは無理数) とは何かを厳密に説明するのは難しく，その理由は 2 章で詳しく論じる．
- $\mathbb{C}$：複素数 (complex number) 全体のなす集合のこと．i を虚数単位 (つまり $i^2 = -1$ を満たす仮想的な数) とし，実数 a, b を用いて $a + bi$ と表される数を**複素数**と呼ぶ．

ある x が集合 X の元であるとき $x \in X$ と書き，そうでないとき $x \notin X$ と書く．

例 1.1.1 ペンギン $\notin$ {コウノトリ, ペリカン, チドリ}, $5 \in \mathbb{N}$, $-1 \notin \mathbb{N}$, $\dfrac{12}{13} \in \mathbb{Q}$, $\sqrt{2} \notin \mathbb{Q}$.

二つの実数 x, y による並び順を込めた意味での組 (x, y) たち全体からなる集合を $\mathbb{R}^2$ と表す．ここでいう"並び順を込めた意味"とは，(x, y) と (y, x) は違うものと見なすということである[3]．同様にして，各自然数 n について，並び順を込めた意味での n 個の実数の組 $(x_1, x_2, \cdots, x_n)$ たち全体からなる集合を $\mathbb{R}^n$ と表し，これを **n 次元ユークリッド空間**という．$\mathbb{R}^n$ の元は**ベクトル**とも呼ばれる．$\mathbb{R}^2$ のベクトル (x, y) は，直交する 2 本の座標軸が与えられた平面 (これを座標平面という) 上の点の位置 (座標) とも見なされる．すなわち，$\mathbb{R}^2$ の各ベクトルは座標平面上の各点と対応づけられる．同様にして $\mathbb{R}^3$ の各ベクトルは 3 次元の座標空間上の各点と対応づけられる．ベクトルを一文字で表す場合は，$\boldsymbol{x} = (x_1, \cdots, x_n)$ のように太字で書くことがある．この表記は数と混同しないようにするための措置であり，大学初年次向け教育における慣例となっている．

1.2 集合の包含関係

包含関係は，二つの集合の一致を示す際に必須となる概念である (事実 1.2.6).

定義 1.2.1 二つの集合 A, B が与えられており，A のいかなる元も B に属するとき，A は B の**部分集合**であるといい，$A \subset B$ あるいは $B \supset A$ と表す[4]．

---
[3] より正確には，$x = y$ であったときを除いて (x, y) と (y, x) を異なるものと見なす．
[4] 本書で用いる記号 $\subset$ の代わりに $\subseteq$ を用いる文献もある．

とくに，A 自身は A の部分集合である．

「A は B に含まれる」という言い回しは，誤解のない範囲で $A \in B$ と $A \subset B$ の両方に対して用いられる．これらを混同する恐れがある場合は，前者を「A は B の元である」「A は B に属する」，後者を「A は B の部分集合である」「A は B に包含される」などと呼んで区別すればよい．

例 1.2.2 （1）$\{桃, 柿\} \subset \{桃, 栗, 柿\}$．
（2）$\mathbb{N} \subset \mathbb{Z} \subset \mathbb{Q} \subset \mathbb{R} \subset \mathbb{C}$．
（3）$A := \{1\}$，$X := \{1, A\}$（自然数 1 と集合 A の二つの元からなる集合）とすれば，$A \in X$ と $A \subset X$ がともに成り立つ．

〔補足〕 上で用いた ":=" は，新たな概念である左辺を右辺で定めていることを表す．

一方，A が B の部分集合でないとは，次の条件を満たすことにほかならない：

$$B \text{ に属さない } A \text{ の元が存在する．} \tag{1.1}$$

A が B の部分集合でないとき，これを $A \not\subset B$ と表す．

例 1.2.3 集合 $A = \{2, 9, 11, 30\}$ は集合 $B = \{2, 9, 15, 26, 30, 37\}$ の部分集合ではない．なぜなら $11 \in A$ および $11 \notin B$ であり，A のすべての元が B に属するわけではないからである．

次で定める特別な集合はすべての集合の部分集合となる：

定義 1.2.4 いかなる元も含まない集合を**空集合**とよび，これを $\emptyset$ と書く．

命題 1.2.5 集合 X に対して，空集合 $\emptyset$ は X の部分集合である．

証明 背理法により示す．$\emptyset$ が X の部分集合でないと仮定しよう．このとき条件 (1.1) より，X に属さない $\emptyset$ の元 a が存在する．とくに $a \in \emptyset$ であり，これは $\emptyset$ が元を含まないことに反する．ゆえに $\emptyset$ は X の部分集合である． □

二つの集合 A, B が等しいとは，A を構成する元と B を構成する元とが一致するということである．これは，A の元は B の元でもあり，また B の元は A の元でもあることにほかならない．すなわち，次が成り立つ：

事実 1.2.6 集合 A, B について，$A = B \iff A \subset B$ かつ $B \subset A$．

例 1.2.7 集合 $A = \{\text{メロン}, \text{スイカ}\}$ と集合 $B = \{\text{メロン}, \text{スイカ}, \text{スイカ}\}$ は等

しい．実際，包含関係の定義 1.2.1 によれば $A \subset B$ および $B \subset A$ が成り立ち，事実 1.2.6 より $A = B$ である．ここで，集合 B にスイカが二玉入っているわけではないことに注意しよう．異なる二つのスイカを含む集合を考えたいのであれば，これらを区別する手段をあらかじめ与えておき (例えば，スイカ 1, スイカ 2 とラベルを貼る)，{メロン, スイカ 1, スイカ 2} と書けばよい．

以下，「$A \subset X$ とする」と宣言するとき，X と A が集合であることを暗黙の前提とする．この宣言の前に「X と A を集合とする」と言及しておくのが望ましいが，本書の以降では，これをしばしば略す．

1.3 集合の表記法

概念を規定する方法は，大きく二通りに分けられる．例えば正多面体は，次の (1) か (2) のいずれかによって定義される．

(1) 正四面体，正六面体，正八面体，正十二面体，正二十面体なる図形を総称して**正多面体**という．

(2) 多面体のうち，すべての面が合同な正多角形であり，各頂点が同じ数の面と接するものを**正多面体**という．

一般に，概念 A の定義を与えるとき，上の (1) のように A であるものをすべて列挙する方法を**外延的な定義**という．また，(2) のように，A が持っている性質によって規定する方法を**内包的な定義**という．

集合の定め方もこれに類似して，外延的な記述と内包的な記述の両方が用いられる．その理由は，次の二つの行為に本質的な違いがないことに由来する：

- 新しい概念 A を定める，
- 概念 A が指すもの全体の集合を与える．

本節では，集合の外延的な記述と内包的な記述について解説する．これから挙げる例で見るように，集合を規定する場合，中括弧 "{", "}" を用いる．また，集合を定める記述の途中で現れる区切りの記号として，本書では "|" を用いる．いくつかの文献では代わりにコロン ":" が用いられている．

まず，外延的記法の例を挙げてみよう．

例 1.3.1 (外延的記法) 次の例はいずれも外延的な記法である．

(1) 芍薬，牡丹，百合の 3 つの元からなる集合を {芍薬, 牡丹, 百合} と書く．

(2) あらかじめ数列 $a_1, a_2, a_3, \cdots$ が与えられているとき，これらの列に現れる数をすべて集めた集合を次で表す：
$$\{a_1, a_2, a_3, \cdots\}, \quad \text{あるいは} \quad \{a_n \mid n \in \mathbb{N}\}.$$

(3) 正の偶数全体の集合は次のように表される：
$$\{2, 4, 6, 8, 10, 12, \cdots\}, \quad \text{あるいは} \quad \{2n \mid n \in \mathbb{N}\}.$$
ただし，前者の表記には，12 以降の列に偶数がもれなく現れるとはどこにも書かれておらず，曖昧さを残す．誤解を避けたければ，後者の表記が望ましい．

(4) 関数 $f : \mathbb{R} \to \mathbb{R}$ を $f(x) = x^2$ で定める．このとき，定義域 $\mathbb{R}$ の元を f に代入した値 $f(x)$ の範囲 (f の値域) を表す集合を次のように書く：
$$\{x^2 \mid x \in \mathbb{R}\}, \quad \text{あるいは} \quad \{f(x) \mid x \in \mathbb{R}\}.$$
この集合は 0 以上の実数全体に一致する．

以上のように外延的記法にはさまざまな変種があり，この記法の定め方と使い方を統一的に述べるのは難しい[5]．

一方，内包的な記法は次のように説明できる：

定義 1.3.2 (内包的記法) 集合 X および，X に属する元 x たちに関する条件 $P(x)$ があらかじめ与えられているとする．このとき，X の元のうちで $P(x)$ が成り立つもののみをすべて集めた集合，すなわち X において $P(x)$ が成立する範囲を
$$\{x \in X \mid P(x)\}$$
と書く．

例 1.3.3 次の集合の表し方はいずれも内包的である．

(1) $\{x \in \mathbb{N} \mid x = 2m$ を満たす $m \in \mathbb{N}$ が存在する $\}$ は正の偶数全体である．

(2) $\mathbb{R}^2$ の部分集合 $\{\boldsymbol{x} \in \mathbb{R}^2 \mid \boldsymbol{x} = (x, y)$ と置くと，$x > 0$ かつ $y > 0\}$ を**第 1 象限**という．この集合を $\{(x, y) \in \mathbb{R}^2 \mid x > 0$ かつ $y > 0\}$ とも書く．

(3) $\{x \in \mathbb{R} \mid x \neq x\}$ は空集合である．なぜなら条件 $x \neq x$ を満たす実数 x が一つもないからである．

"方程式を解く" とは，内包的記述を外延的記述に書き直す行為にほかならない：

---

5) 強いて述べるとすれば，例 1.3.1 (4) を念頭に「ある写像 (関数) の像として定められる集合」となる．写像の像については定義 5.3.1 を見よ．

例題 1.3.4 次で与えられる集合 X の外延的表記を与えよ．
（1） $X = \{\, x \in \mathbb{R} \mid x^2 - 1 = 0 \,\}$．
（2） $X = \{\, (x, y) \in \mathbb{R}^2 \mid x + y = 1 \text{ かつ } x - y = -1 \,\}$．

〔解答〕 （1） $x^2 - 1 = 0$ を満たす数は $x = \pm 1$ である．ゆえに $X = \{\, 1, -1 \,\}$．（2）条件に現れる連立 1 次方程式を解けば，$X = \{\, (0, 1) \,\}$．

1.4 集合演算

既に与えられた集合から新たな集合を構成する方法についてまとめておく．

定義 1.4.1 集合 A, B に関して，次のような集合が新たに定義される：
- A に含まれる元と B に含まれる元をまとめた集合を A と B の**和集合** (あるいは**合併集合**) といい，これを $A \cup B$ と書く．すなわち，$x \in A \cup B$ と「$x \in A$ または $x \in B$」は同値である．$A \cup B$ を「A または B」と読む．
- A と B の両方に含まれる元をすべて集めた集合を A と B の**共通部分**といい，これを $A \cap B$ と書く．$x \in A \cap B$ と「$x \in A$ かつ $x \in B$」は同値である．$A \cap B$ を「A かつ B」と読む．また，$A \cap B \neq \emptyset$ であるとき A と B は**交わる**という．
- A に含まれ，かつ B に含まれない元をすべて集めた集合を A と B の**差集合**といい，これを $A \setminus B$ と書く．すなわち，$A \setminus B = \{\, x \in A \mid x \notin B \,\}$．$A \setminus B$ を「A 引く B」と読む．

二つの条件「$x \in A$ かつ $x \in B$」と「$x \in B$ かつ $x \in A$」は同値である．また，「$x \in A$ または $x \in B$」と「$x \in B$ または $x \in A$」も同値である．この事実を通して，$A \cap B = B \cap A$ および，$A \cup B = B \cup A$ が導かれる．

条件 $P(x)$ が意味を持つ範囲，あるいは関数 $f(x)$ に代入する数の範囲 (定義域) として，集合 X が与えられているとする．$P(x)$ やその否定条件，あるいは $f(x)$ についてさらに詳しく分析する場合，その分析の範囲は X の元に限られる．このように，X の元に話題を限ることが議論の前提となるとき，X を**全体集合**と呼ぶ．また，x が X に属するどの元であるか明示されていないとき，$P(x)$ や $f(x)$ に現れる文字 x は，X のあらゆる元になる可能性を持つ．このように，X に属する任意の元になる可能性があるものとして文字 x を用いるとき，これを**変数**と呼ぶ．

定義 1.4.2 $A \subset X$ とするとき，$X \setminus A$ を，X における A の**補集合**と呼ぶ．

ふだん "有理数でない数" と述べるとき，それは無理数を指し，虚数は想定していないことが多い．これを正確に伝えるのであれば，全体集合を $\mathbb{R}$ としていることを

断っておく必要がある.

定義 1.4.3 $\mathbb{R} \setminus \mathbb{Q}$ の元を**無理数**という. $\mathbb{C} \setminus \mathbb{R}$ の元を**虚数**という.

全体集合 X の部分集合が，条件 $Q(x)$ を用いて $A := \{x \in X \mid Q(x)\}$ と与えられるとき，その補集合は $Q(x)$ の否定を用いて表せる．すなわち，$X \setminus A = \{x \in X \mid Q(x) \text{ でない}\}$. また，条件の二重否定[6]はもとの条件に同値であることから，A の補集合の補集合は A に一致する．より一般に，次が成り立つ：

命題 1.4.4 $A, B \subset X$ および変数 $x \in X$ について次が成り立つ．
 (1) $x \in A \iff x \notin X \setminus A$, (2) $x \notin B \iff x \in X \setminus B$,
 (3) $X \setminus (X \setminus A) = A$, (4) $A \setminus B = A \cap (X \setminus B)$,
 (5) $A \cap (X \setminus A) = \emptyset$, (6) $X = A \cup (X \setminus A)$.

証明 (1) $x \in A$ とすれば，x は条件 $x \notin A$ を満たさないゆえ集合 $X \setminus A = \{x \in X \mid x \notin A\}$ の元ではない．つまり $x \notin X \setminus A$. 逆に $x \notin X \setminus A$ とすれば x は条件 $x \notin A$ を満たさないゆえ $x \in A$ でなければならない.

(2) これは (1) の対偶をとった主張である.

(3) $B = X \setminus A$ として (2) と (1) を適用すれば $x \in X \setminus (X \setminus A) \iff x \in X \setminus B \iff x \notin B \iff x \notin X \setminus A \iff x \in A$.

(4) $x \in A \setminus B \iff (x \in A \text{ かつ } x \notin B) \iff (x \in A \text{ かつ } x \in X \setminus B) \iff x \in A \cap (X \setminus B)$. いまの二つ目の同値変形において (2) を用いた.

(5) $x \in A$ と $x \notin A$ を同時に満たす元 x は存在しない．ゆえに (左辺) $= \emptyset$.

(6) ($\subset$) $y \in X$ とする．$y \in A$ の場合は y が右辺に含まれることは明らか．$y \notin A$ の場合は $y \in X \setminus A$ ゆえ，やはり y は右辺に含まれる．($\supset$) A と $X \setminus A$ がともに X の部分集合であることから明らか．□

上の証明で用いた，もとの命題と対偶との同値性については B.7 節 (付録) を見よ．条件 $A \subset B$ の定義「$x \in A \implies x \in B$」の対偶を取れば「$x \notin B \implies x \notin A$」ゆえ，次を得る：

命題 1.4.5 $A, B \subset X$ について，$A \subset B \iff X \setminus B \subset X \setminus A$.

---

[6] 二重否定については，B.5 節 (付録) も見よ.

1.5 和集合と共通部分

三つの集合 A_1, A_2, A_3 が与えられているとき，これらの間の和集合として，次の二つの集合が考えられる：
$$(A_1 \cup A_2) \cup A_3, \quad A_1 \cup (A_2 \cup A_3).$$
しかしながら上の二つは集合として一致することから，これらの括弧を略して $A_1 \cup A_2 \cup A_3$ と書いてよい．また，各 A_i ($i = 1, 2, 3$) が全体集合 X の部分集合であるとき，上の集合は次のように表すこともできる：
$$A_1 \cup A_2 \cup A_3 = \{x \in X \mid i = 1, 2, 3 \text{ のいずれかにおいて } x \in A_i \text{ が成り立つ}\}.$$
共通部分についても同様の考察をすれば
$$A_1 \cap A_2 \cap A_3 = \{x \in X \mid \text{各 } i = 1, 2, 3 \text{ において } x \in A_i \text{ が成り立つ}\}.$$
これらの一般化として，有限個の集合に関する**和集合**と**共通部分**の定義を得る：

定義 1.5.1 $n \in \mathbb{N}$ とする．全体集合 X の部分集合 $A_1, A_2, \cdots, A_n$ に対して，
- $A_1 \cup A_2 \cup \cdots \cup A_n$
  $:= \{x \in X \mid i = 1, \cdots, n \text{ のいずれかにおいて } x \in A_i \text{ が成り立つ}\}.$
- $A_1 \cap A_2 \cap \cdots \cap A_n := \{x \in X \mid \text{各 } i = 1, \cdots, n \text{ について } x \in A_i \text{ が成り立つ}\}.$

上で定めた和集合と共通部分をそれぞれ $\bigcup_{i=1}^{n} A_i, \bigcap_{i=1}^{n} A_i$ と表記することもある．

1.6 集合の積

ユークリッド空間 $\mathbb{R}^n$ の構成を抽象化することで集合の積が定義される：

定義 1.6.1 集合 X, Y に対して，X の元 x と Y の元 y を順に並べた組 (x, y) 全体からなる集合を X と Y の積（あるいは**直積**，**デカルト積**）とよび，これを $X \times Y$ と書く．すなわち，$X \times Y = \{(x, y) \mid x \in X, y \in Y\}$．また，有限個の集合の列 $X_1, \cdots, X_n$ が与えられているとき，これらの元を並べた組 $(x_1, \cdots, x_n)$（ただし $x_i \in X_i, i = 1, \cdots, n$）全体からなる集合を $X_1, \cdots, X_n$ の積（あるいは**直積**，**デカルト積**）とよび，これを次で表す：
$$X_1 \times \cdots \times X_n \quad \text{あるいは} \quad \prod_{i=1}^{n} X_i.$$
さらに各 $i = 1, \cdots, n$ について $X_i = X$ が成り立つとき，上の積を X^n と略す．

例 1.6.2 $A \times B$ は図 1.1 で図示されるグレーの部分の集合である．

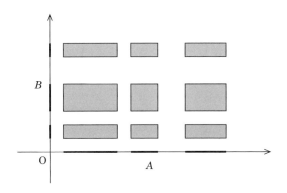

図 1.1

二つの集合 $\mathbb{R}^n \times \mathbb{R}$ と $\mathbb{R}^{n+1}$ の同一視について補足しておこう．前者は "n 個の実数の組 $(x_1, \cdots, x_n)$" と "1 つの実数 x_{n+1}" に関する組 $((x_1, \cdots, x_n), x_{n+1})$ のなす集合のことであり，後者は $n+1$ 個の実数の組 $(x_1, \cdots, x_n, x_{n+1})$ のなす集合である．したがって厳密に言えば $\mathbb{R}^n \times \mathbb{R}$ と $\mathbb{R}^{n+1}$ は異なる．しかしながら，括弧を省略して見ることによりこれらの要素は自然に対応づけられることから，本書では $\mathbb{R}^n \times \mathbb{R}$ と $\mathbb{R}^{n+1}$ の元を区別せずに同一視する．この同一視に目くじらを立てるのであれば，$\mathbb{R}^n \times \mathbb{R}$ と $\mathbb{R}^{n+1}$ を対応づける写像[7]を用いて，これらの関係について言及すればよい．

備考 1.6.3 (よりみち)　X を集合とすれば，$X \times \emptyset$ は空集合である．なぜなら，仮に $(x, y) \in X \times \emptyset$ とすれば，$x \in X$ かつ $y \in \emptyset$ であり，これは $\emptyset$ が元を含まないことに反するからである．同様の理由で $\emptyset \times X$ も空集合である．

1.7　無限集合族

本節の話題は，区間縮小法 (4.4 節) において定義 1.7.2 (2) が若干用いられることを除けば，主に第 III 部で用いられる．

無限個の部分集合における和集合や共通部分を考えたい．そのためにまず，無限個の集合を同時に扱うような例を挙げよう．無限個の集合の列挙は，媒介変数 (パラメータ) を用いて表現できる．

例 1.7.1　(1) 各 $p \in \mathbb{N}$ に対して，p の正の倍数をすべて集めた集合を X_p とお

---

[7] 写像は，第 II 部で詳しく扱う．

けば，無限に並ぶ集合の列 $X_1 = \mathbb{N}$, $X_2, X_3, \cdots$ が得られる．

(2) $\mathbb{R}^3$ における $z = t$ 平面を Z_t とおく．すなわち Z_t は次で定義される $\mathbb{R}^3$ の部分集合である：$Z_t := \{(x, y, z) \in \mathbb{R}^3 \mid z = t\}$．このとき，$t$ をパラメータとする無限個の集合 Z_t $(t \in \mathbb{R})$ が得られる．各 Z_t は $z = 0$ 平面 Z_0 (xy-平面のこと) に平行な平面である．

このように，パラメータの動く範囲を無限集合に取ることで，無限個の集合を一度に論じることができる．上の例の場合，パラメータの動く範囲は (1) では $\mathbb{N}$，(2) では $\mathbb{R}$ である．

集合を列挙したもの (あるいは集合を元とする集合) を**集合族**という．定義 1.5.1 を念頭におきながら，集合族に対する和集合と共通部分を次のように定める：

定義 1.7.2 Λ を集合 (パラメータの動く範囲) とする．X を全体集合とし，各 $\lambda \in \Lambda$ に応じて X の部分集合 A_λ が定められているとする．このとき，これらの集合たちによる**和集合**および**共通部分**を次で定める：

(1) $\bigcup_{\lambda \in \Lambda} A_\lambda := \{x \in X \mid x \in A_\lambda$ を満たす $\lambda \in \Lambda$ が存在する $\}$．

(2) $\bigcap_{\lambda \in \Lambda} A_\lambda := \{x \in X \mid$ すべての $\lambda \in \Lambda$ について $x \in A_\lambda$ が成り立つ $\}$．

集合 X および $A, B \subset X$ に関する次の等式は**ド・モルガンの法則**と呼ばれる．

$$X \setminus (A \cup B) = (X \setminus A) \cap (X \setminus B), \quad X \setminus (A \cap B) = (X \setminus A) \cup (X \setminus B).$$

これを無限個の集合の場合に拡張したものが次の主張である．

命題 1.7.3 (ド・モルガンの法則)　集合 X の部分集合族 A_λ $(\lambda \in \Lambda)$ に対して，

(1) $X \setminus \bigcup_{\lambda \in \Lambda} A_\lambda = \bigcap_{\lambda \in \Lambda} (X \setminus A_\lambda)$, 　(2) $X \setminus \bigcap_{\lambda \in \Lambda} A_\lambda = \bigcup_{\lambda \in \Lambda} (X \setminus A_\lambda)$．

証明　(1) $x \in X \setminus \bigcup_{\lambda \in \Lambda} A_\lambda \iff x \notin \bigcup_{\lambda \in \Lambda} A_\lambda \iff$ ($x \in A_\lambda$ を満たす $\lambda \in \Lambda$ が存在しない) $\iff$ (各 $\lambda \in \Lambda$ について $x \notin A_\lambda$) $\iff$ (各 $\lambda \in \Lambda$ について $x \in X \setminus A_\lambda$) $\iff x \in \bigcap_{\lambda \in \Lambda} (X \setminus A_\lambda)$．

(2) 各 $\lambda \in \Lambda$ に対して，$B_\lambda := X \setminus A_\lambda$ とおけば，いま示した (1) より $\bigcap_{\lambda \in \Lambda} (X \setminus B_\lambda) = X \setminus \bigcup_{\lambda \in \Lambda} B_\lambda$．この両辺の補集合を取れば，

$$X \setminus \bigcap_{\lambda \in \Lambda} (X \setminus B_\lambda) = X \setminus \left(X \setminus \bigcup_{\lambda \in \Lambda} B_\lambda \right).$$

命題 1.4.4 (3) より $X \setminus B_\lambda = A_\lambda$ であり，また上式の右辺は $\bigcup_{\lambda \in \Lambda} B_\lambda$ に等しい．したがって $X \setminus \bigcap_{\lambda \in \Lambda} A_\lambda = \bigcup_{\lambda \in \Lambda} (X \setminus A_\lambda)$. □

章末問題

練習 1.1 x, y を有理数 (ただし $x \neq 0$)，r を無理数とするとき，次を示せ．
(1) $x \pm y, xy, y/x \in \mathbb{Q}$, (2) $x \pm r, xr, x/r \notin \mathbb{Q}$.

練習 1.2 実数 $\sqrt{2}$ が無理数であることを示せ．

〔備考〕 自乗が 2 となる正数 $\sqrt{2}$ が存在する理由は，9 章で論じる (命題 9.3.2)．

練習 1.3 集合 A, B, C, Y について次を示せ．
(1) $(A \cup B) \cap C = (A \cap C) \cup (B \cap C)$,
(2) $A \cap B = \emptyset$ ならば，$A \setminus B = A$,
(3) $(A \cup B) \setminus Y = (A \setminus Y) \cup (B \setminus Y)$.

練習 1.4 X の部分集合族 U_λ ($\lambda \in \Lambda$) および $A \subset X$ について次を示せ．
(1) $\left(\bigcup_{\lambda \in \Lambda} U_\lambda \right) \cap A = \bigcup_{\lambda \in \Lambda} (U_\lambda \cap A)$,
(2) $\left(\bigcap_{\lambda \in \Lambda} U_\lambda \right) \cup A = \bigcap_{\lambda \in \Lambda} (U_\lambda \cup A)$.

第2章
実数の性質

　微分積分学の舞台となる数の集合は実数の全体 $\mathbb{R}$ である．我々は実数について，どの程度理解しているのだろうか．本章では，まず実数を説明する方法のいくつかを再検討し，それらの不備を指摘する．これをふまえた上で，実数について知り得る性質の中でも理解が容易な大小関係を通して，集合 $\mathbb{R}$ の本質に迫っていく．

2.1 実数とはなにか

　初等数学においては，実数を次のように説明することが多い．しかし考察を深めていくと，いずれの場合も疑問が生じる．

　（ⅰ）　単位となる長さが与えられた直線[1]上の点と1対1に対応する数のこと．
　〔疑問〕　そもそも直線に対して各人が持つイメージは完全に共有されているといえるのだろうか．もしそうでないとすれば，直線のイメージが変わるごとにそこから導かれる実数の性質も変わってしまう．つまり，実数に関するある種の性質について，ある人にとっては定理となり得るが，別の人にとっては否定されるといった状況が起こり得るのではないか．

　（ⅱ）　無限小数展開できる数のこと．
　〔疑問〕　無限小数展開 $a_0.a_1a_2a_3\cdots$（ただし a_0 は整数とし，各 $n \in \mathbb{N}$ について a_n は0から9までの整数）とは何かと問えば，例えば $a_0 \geq 0$ の場合は，次で定義される有理数の数列 s_n の極限と定めるのが妥当である：

$$s_n = \sum_{k=0}^{n-1} \frac{a_k}{10^k} = a_0.a_1a_2a_3\cdots a_{n-1}, \qquad a_0.a_1a_2a_3\cdots := \lim_{n\to\infty} s_n. \tag{2.1}$$

しかしながら，数列 s_n が収束する根拠が与えられなければ，上の無限小数展開の定

---

[1]　これを**数直線**という．

義は無意味である.

(iii)　有理数と無理数を合わせたもの.
〔疑問〕　有理数でない実数というのが無理数の定義である (定義 1.4.3). すると, 実数を通して定義される無理数を実数の定義に用いれば, 議論は堂々巡りになってしまうのではないか.

(iv)　$\sqrt{2}$ や円周率 π などの例に見るように, 有理数を一列に並べると, ところどころに穴があることが分かる. そこで, これらの穴をすべて埋めたもの (穴に対応する数を有理数の集合に加えたもの) を実数と定める.
〔疑問〕　穴をすべて埋めるには, すべての穴を把握しておく必要がある. 我々は有理数における穴のすべてをいかにして把握すればよいのか.

こうした疑問に答えるために現代数学では, 実数における基本的な性質を公理として共有し, それらを前提とした議論を展開する. 公理とすべき性質について, とくに争点となるのは,

- 数直線上における有理数全体 $\mathbb{Q}$ が無理数を含まず穴だらけであることを踏まえつつ, 実数全体 $\mathbb{R}$ においては穴が埋め尽くされていることをいかに述べるか

である. 何を公理に掲げるか, あるいは公理をいかに表現するかは個人の主観に左右される部分がないわけではない. とはいえ現代数学においては,「実数の連続性」と呼ばれる公理が広く受け入れられている.

実数の連続性を述べるには, 数の大小関係から定まるいくつかの概念について理解する必要がある. まずはこれらの概説から始めよう.

2.2　四則演算と大小関係

実数が, 次の事実 2.2.1 で述べる性質を満たすことを前提として話をすすめよう. 本書では, 実数が満たすべき公理としてこれらの性質を認めるという立場をとる. もちろん, しかるべき手続きによって実数を構成した上でこれらを証明するという立場もあり得るが, そもそもそうした構成は, これらの性質が成り立つことを目指してなされるものである. したがって, 構成それ自体よりももっと重要なことは, これらの性質に我々が違和感を覚えることがない理由を問うことである. しかしながら, この興味深い問題への解答は読者ごとに異なるであろうから, 本書では踏み込まない. 例えばその答えの一つとして, 有理数全体について同様の性質が成り立つことから, 実数全体についてもそうであろうと類推しているのかもしれない.

事実 2.2.1 実数について次が成り立つ．ここで $a, b, c \in \mathbb{R}$ とする．

(1) 加減乗除の四則演算が定まっており，これらの演算は，結合法則[2)]や交換法則[3)]，分配法則[4)]などのしかるべき性質を満たす[5)]．とくに，$0 \neq 1$ および $a + 0 = a$，$a \cdot 1 = a$ が成り立ち，各 $a \neq 0$ について逆数 $1/a$ が存在する．

(2) 実数の間には大小関係 "$<$" が定まっている．すなわち，二つの実数 x, y に対して，次の式のいずれかが一つだけ成立する：

$$x < y, \qquad x = y, \qquad y < x.$$

(3) 大小関係は次の**推移律**を満たす：$a < b$ かつ $b < c \implies a < c$．

(4) 大小関係と演算の間には次の関係が成り立つ：

- 大きい数を足した方がより大きい：$a < b \implies a + c < b + c$．
- 正数どうしの積は正数である：$0 < a$ かつ $0 < b \implies 0 < ab$．

ここで，上の (4) に現れた "大きい" および "正数" の意味は，それぞれ次の通りである：$x < y$ が成り立つとき，「x は y よりも**小さい**」あるいは「x は y **未満である**」「y は x よりも**大きい**」などという．また，$0 < x$ を満たす実数 x を**正の数** (あるいは**正数**) といい，$x < 0$ を満たす実数 x を**負の数** (あるいは**負数**) という．

$x < y$ あるいは $x = y$ のいずれかが成り立つとき $x \leq y$ と書く．このとき「x は y **以下である**」あるいは「y は x **以上である**」という．さらに，$x < y$ や $x \leq y$ を，それぞれ $y > x$ および $y \geq x$ とも書く．$x \not\leq y$ (すなわち $x \leq y$ の不成立，つまり $x < y$ と $x = y$ がともに成り立たないこと) は，上の性質 (2) より $x > y$ と同値である．また，$x \leq y$ と $x \geq y$ がともに成立することは，$x = y$ と同値である．

与えられた 0 でない実数の正負を判断するための記号を**符号**という．普段は，正数の符号を 1 とし，負数の符号を -1 と定める．0 の符号は定めない．「実数 a, b の符号が等しい (あるいは異なる)」と宣言するときは，$a, b \neq 0$ を意味すると本書では約束する．

次は，暗黙の前提として何度も用いる．いずれも読者には周知の事実であろうから，ここで改めて覚える必要はなかろう．証明が気になる者は 2.10 節を見よ．

[2)] $(a + b) + c = a + (b + c)$ および $(ab)c = a(bc)$ を**結合法則**という．
[3)] $a + b = b + a$ および $ab = ba$ を**交換法則** (**可換性**) という．
[4)] $a(b + c) = ab + ac$ および $(a + b)c = ac + bc$ を**分配法則**という．
[5)] 「体」の公理を満たすと言い換えてもよい．体について，詳しくは線形代数学で学ぶであろう．また，事実 2.2.1 にある性質すべてを満たすような数の世界を**順序体**という．$\mathbb{Q}$ も順序体である．

命題 2.2.2 実数 a, b, c について次が成り立つ.
(1) $a = 0$ または $b = 0 \iff ab = 0$.
(2) $(-1)^2 = 1$.
(3) $a < b \iff -a > -b$.
(4) $a \neq 0 \implies a$ と $-a$ の符号は異なる.
(5) $a, b < 0 \implies ab > 0$.
(6) $a \neq 0 \iff a^2 > 0$.
(7) $-1 < 0 < 1$.
(8) 正数をかけても大小関係は変わらない:$a < b$ かつ $c > 0 \implies ac < bc$.
(9) 負数をかけると大小関係は逆転する:$a < b$ かつ $c < 0 \implies ac > bc$.
(10) $ac > 0 \iff a$ と c の符号は等しい.
(11) $a \neq 0 \implies a$ と $\dfrac{1}{a}$ の符号は等しい.
(12) $a < b < 0$ または $0 < a < b \implies \dfrac{1}{b} < \dfrac{1}{a}$.
(13) 正数においては,大きな数で割るとより小さくなる.すなわち,
$$0 < a < b \text{ かつ } c > 0 \implies \frac{c}{b} < \frac{c}{a}.$$

次の事実は,式変形のみでは導きがたい不等式を示す際によく用いられる.

命題 2.2.3 $x, y \in \mathbb{R}$ について次が成り立つ.
「任意の正数 δ について $x \leq y + \delta$ が成り立つ」 $\iff$ $x \leq y$.

証明 ($\Leftarrow$) は明らかゆえ ($\Rightarrow$) のみ示す.背理法で示そう.仮に $x > y$ とすれば $\delta = \dfrac{x - y}{2}$ は正の数である.このとき,
$$y + \delta < y + 2\delta = y + (x - y) = x.$$
つまり,$x > y + \delta$.これは「任意の $\delta > 0$ について $x \leq y + \delta$」に反する. □

〔備考〕 正確には,上では ($\Rightarrow$) の対偶を示したが,ここでは背理法の形式で述べた.

上の命題の ($\Rightarrow$) について,次のような標語的説明をすることがある:式 $x \leq y + \delta$ において,$\delta \to 0$ (ただし $\delta > 0$) とすれば,その極限について $x \leq y$.

無限大に発散する数列や関数について述べる際に,二つの記号 ∞ および $-\infty$ を用いる.これらの記号と実数との間の形式的な大小関係を,各 $x \in \mathbb{R}$ について $-\infty < x < \infty$ と定める.記号 ∞ の代わりに $+\infty$ を用いることもある.

2.3 区間

一変数の微分法では，おもに区間を定義域とする関数を取り扱う[6]．

定義 2.3.1　$\mathbb{R}$ の部分集合 I が次の条件を満たすとき，これを**区間**と呼ぶ．

$$\text{各 } x,y,t \in \mathbb{R} \text{ について，} \text{``} x,y \in I \text{ かつ } x \leq t \leq y \implies t \in I. \text{''}$$

例 2.3.2　$a, b \in \mathbb{R}$ とする．a 以上かつ b 以下の実数をすべて集めた集合を $[a,b]$ と書き，これを**閉区間**と呼ぶ．a より大きくかつ b 未満の実数全体を (a,b) と書き，これを**開区間**と呼ぶ．また，a 以上 b 未満の実数全体の集合を $[a,b)$，a より大きく b 以下の実数全体の集合を $(a,b]$ と書き，これらを**半開区間**と呼ぶ．さらに，a 以上の実数全体を $[a,\infty)$，a より大きい実数全体を (a,∞) と書き，a 以下の実数全体，および a 未満の実数全体をそれぞれ $(-\infty,a], (-\infty,a)$ と書く．また，$\mathbb{R} = (-\infty,\infty)$ とも書く．これらの例は，定義 2.3.1 で与えた区間の条件を満たす．

1 点集合 $\{a\} = [a,a]$ や $\emptyset = [2,1]$ (2 以上かつ 1 以下の数は存在しない) も区間である．実は，以上の例によってすべての区間が出し尽くされる (定理 2.9.1)．

例題 2.3.3　例 2.3.2 で与えた区間について，これらの集合を内包的な表記で表せ．

〔解答〕(抜粋)　$[a,b] = \{x \in \mathbb{R} \mid a \leq x \leq b\}$，$(a,b) = \{x \in \mathbb{R} \mid a < x < b\}$，$[a,b) = \{x \in \mathbb{R} \mid a \leq x < b\}$，$[a,\infty) = \{x \in \mathbb{R} \mid x \geq a\}$，$\mathbb{R} = \{x \in \mathbb{R} \mid -\infty < x < \infty\}$．

例題 2.3.4　開区間 $U = (a,b)$ が区間であることを示せ．

〔解答〕定義 2.3.1 で与えた条件を U が満たすことを示す．$x, y \in U$ かつ $x \leq t \leq y$ とすれば，$a < x \leq t \leq y < b$ が成り立つ．つまり $a < t < b$ ゆえ，$t \in U$. □

2.4 最大元と最小元

定義 2.4.1　$\mathbb{R}$ の部分集合 A において，A の元の中で一番大きな数を A の**最大元** (あるいは**最大値**) という．すなわち $M \in \mathbb{R}$ が A の最大元であるとは，次の条件を満たすことである：

$$M \in A \text{ かつ，各 } x \in A \text{ について } x \leq M.$$

また，次を満たす $m \in \mathbb{R}$ のことを A の**最小元** (あるいは**最小値**) という：

$$m \in A \text{ かつ，各 } x \in A \text{ について } x \geq m.$$

A の最大元や最小元が存在するとき，これを $\max A$ および $\min A$ と書く．

---

[6] これは，中間値の定理や平均値の定理が適用できることを前提におくためである．

例 2.4.2 (1) $a, b \in \mathbb{R}$ とする．2 点以下の集合 $\{a, b\}$ において，$\max\{a, b\}$ とは，a, b が一致しているときはその数のことであり，そうでないときは a, b のうちで大きいほうの数である[7]．また，$a \leq \max\{a, b\}$ かつ $b \leq \max\{a, b\}$ である．

(2) 閉区間 $[a, b]$ (ただし $a \leq b$) において，$\max[a, b] = b$, $\min[a, b] = a$．

(3) 空でない有限集合 $A \subset \mathbb{R}$ は最大元と最小元をもつ．

証明 (2) $\max[a, b] = b$ を示す．閉区間 $[a, b]$ とは条件 $a \leq x \leq b$ を満たす実数 x をすべて集めた集合のことであり，とくに $x = b$ について条件 $a \leq x \leq b$ は成立している．ゆえに $b \in [a, b]$．また，各 $x \in [a, b]$ について $a \leq x \leq b$ ゆえ，とくに $x \leq b$．以上より $b = \max[a, b]$ である．$\min[a, b] = a$ も同様にして示される．

(3) 二つの元を取って大きいほうを選ぶ操作を何度も繰り返せば，いずれは最大元にたどり着く．実際，$A = \{a_1, \cdots, a_n\}$ に対して，$b_1 := a_1$, $b_2 := \max\{a_2, b_1\}$, $b_3 := \max\{a_3, b_2\}$, $\cdots$, $b_k := \max\{a_k, b_{k-1}\}$, $\cdots$ と b_k を帰納的に定めていく．このとき各 $k = 1, \cdots, n$ について $b_k \in A$ および $a_k \leq b_k \leq b_{k+1} \leq b_{k+2} \leq \cdots \leq b_n$ であり，つまり $b_n = \max A$．最小元も同様に選べる． □

集合 $\{a_1, \cdots, a_n\} \subset \mathbb{R}$ の最大元を $\max\limits_{i=1,\cdots,n} a_i$ と書くこともある．また，集合 $\{b_n \mid n \in \mathbb{N}\} \subset \mathbb{R}$ が最大元を持つとき，これを $\max\limits_{n \in \mathbb{N}} b_n$ とも書く．記号 min や，後で与える sup や inf についても，同様の記法が用いられる．

$M \in \mathbb{R}$ が $A \subset \mathbb{R}$ の最大元でないとは，最大元であるための条件が否定されることにほかならない．ここで，この否定条件の言い換えについて，老婆心ながら検討しておく．M が最大元であるという条件を一言でまとめれば「P かつ Q」(つまり P, Q のいずれも成り立つ) という形になっている．ここで，条件 P は「$M \in A$」を指し，条件 Q は「各 $x \in A$ について $x \leq M$」を指す．「P かつ Q」の否定とは P, Q のうち少なくともいずれか一方が成立しないこと (もちろんともに不成立の場合もこの中に含まれる) であり，ゆえに「"P でない" または "Q でない"」が「P かつ Q」の否定命題の言い換えになる．ここで，二つの条件「"$M \in A$" でない」および「"各 $x \in A$ について $x \leq M$" でない」についてさらに検討すれば，

- "$M \in A$" でない．
  この条件を $M \notin A$ と書くのであった．これは M が実数であるという前提のもとで，$M \in \mathbb{R} \setminus A$ と同値である．

- "各 $x \in A$ について $x \leq M$" でない．

---

[7] これらをまとめて「a, b のうちで小さくないほうの数」と一言で述べることもできる．

"各 $x \in A$ について $x \leq M$" が成り立たないということは，結論 $x \leq M$ をくつがえす反例 $x \in A$ が存在することにほかならない．したがって上の条件は「$x > M$ を満たす $x \in A$ が存在する」と言い換えることができる．
以上の考察により，$M \in \mathbb{R}$ が $A \subset \mathbb{R}$ の最大元でないことは次で言い換えられる：

$$M \notin A であるか，あるいは x > M を満たす x \in A が存在する． \qquad (2.2)$$

論理的に議論する上で，与えられた条件の否定を自由自在に言い換える能力は必須である．以降では，簡単な条件に関しては，その否定の言い換えについて上述のようなかみ砕いた説明は行わない．その代わりに付録として，否定条件の書き換え方を概説する節を設けた (B.5 節)．

例 2.4.3 $\mathbb{R}$ の任意の部分集合に最大元が存在するわけではない．

（1） 開区間 $(-1, 1)$ は最大元を持たない．

証明 集合 $X = (-1, 1)$ の各元が X の最大元にならないことを示せばよい．いま，$x \in X$ を任意に一つとって固定しよう．このとき，$x \in X$ より $-1 < x < 1$ である．いまから x より大きな X の元が存在することを示そう．その証明には x と 1 の間にある数を一つ提示すればよいわけであるが，例えば x と 1 の中間点である $c = (x + 1)/2$ を挙げよう．$x < c$ および $c \in X$ は次の評価により分かる：

$$-1 < x = \frac{x}{2} + \frac{x}{2} < \frac{x}{2} + \frac{1}{2} = c < \frac{1}{2} + \frac{1}{2} = 1.$$

以上より，x は X の最大元でない． $\square$

（2） $\mathbb{N}$ は最大元を持たない．実際，各 $M \in \mathbb{N}$ について $x := M + 1$ とおけば $M < x$ および $x \in \mathbb{N}$ ゆえ，M は $\mathbb{N}$ の最大元でない．

（3） $\emptyset$ は最大元を持たない．なぜなら，仮に最大元 M を持つとすると最大元の定義から $M \in \emptyset$ であり，これは $\emptyset$ が元を含まないことに反するからである．

A の最大元が二つ以上あると，記号 $\max A$ がいずれの数を表すのか分からなくなってしまう．こうした不具合が生じないことは次のように確かめられる：

命題 2.4.4 最大元（または最小元）が存在するとき，それはただ一つしかない．

証明 $M_1, M_2 \in A$ がともに A の最大元であるとする．このとき，M_1 が最大元であることから $M_2 \leq M_1$ が成り立つ．また，M_2 が最大元であることから $M_1 \leq M_2$ が成り立つ．以上を合わせると $M_1 = M_2$ である．最小元についても同様． $\square$

2.5 有界な集合

開区間 $U = (a,b)$ (ただし $a < b$) には最大元および最小元は存在しない．しかし両端の点として，a,b が U に接していることは直感として見て取れよう[8]．次節において，一般の集合 $A \subset \mathbb{R}$ に対して，A の両端の点に相当する概念を定める．

さて，仮に集合 A に両端があるとすれば，A の広がりには限りがある．そこで，限りがあることの定義を先に与えよう．

定義 2.5.1 $A \subset \mathbb{R}$ とする．次の条件を満たす $u \in \mathbb{R}$ を A の**上界**と呼ぶ：

$$\text{各 } x \in A \text{ について } x \leq u. \tag{2.3}$$

また，次の条件を満たす $l \in \mathbb{R}$ を A の**下界**(かかい)と呼ぶ：

$$\text{各 } x \in A \text{ について } l \leq x.$$

A の上界 (下界) が存在するとき，A は**上に有界** (**下に有界**) であるという．さらに，A が上に有界かつ下に有界であるとき，**有界**であるという．

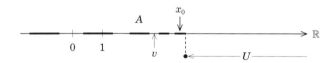

図 **2.1** A の上界の範囲 U および上界でない数 v

図 2.1 において，集合 U の範囲にある数はすべて A の上界である．上界という語句は，字面から範囲を指していると勘違いされやすい．そうではなくて，これは一つの数の性質を表す言葉である．

$u \in \mathbb{R}$ が $A \subset \mathbb{R}$ の上界でないとは，条件 (2.3) の否定が成立することである．(2.3) の否定条件は，次のように言い換えることができる：

$$x > u \text{ を満たす } x \in A \text{ が存在する}. \tag{2.4}$$

つまり図 2.1 にある v のように，v よりも真に大きい A の元 x_0 が見つかるということである．上界でないことの必要十分条件 (2.4) は，以後なんども用いる．

$l \in \mathbb{R}$ が $A \subset \mathbb{R}$ の下界でないとは，次の条件が成立することである：

$$l > x \text{ を満たす } x \in A \text{ が存在する}.$$

---

[8] a,b は U の元ではないことから，この直感を数学的に述べるには，「接している」という概念を「含まれる」こととは別に定めなければならない．これは，後に U の触点として定式化する (定義 11.3.2)．

命題 2.5.2　$B \subset A \subset \mathbb{R}$ について，A が上に (あるいは下に) 有界ならば B も上に (あるいは下に) 有界である．

証明　A が上に有界であるとすれば，仮定より，A の上界 $u \in \mathbb{R}$ が存在し，このとき各 $a \in A$ について $a \leq u$ が成り立つ．B の各元 b は，A の元でもあるから $b \leq u$ を満たす．ゆえに u は B の上界であり，したがって B は上に有界である．下に有界な場合も同様にして示される．　□

最大元・最小元との関係として一般に次が成り立つ．

命題 2.5.3　$A \subset \mathbb{R}$ が最大元 $x_0 = \max A$ を持つとき，A は上に有界であり，A の上界全体の集合 U は区間 $[x_0, \infty)$ に一致する．

証明　x_0 以上の数はすべて A の上界となるゆえ $[x_0, \infty) \subset U$ である．一方，x_0 未満の任意の数 u は A の上界ではない．実際，$u < x_0$ かつ $x_0 \in A$ ゆえ，u は条件 (2.4) を満たす．つまり $(-\infty, x_0) \subset \mathbb{R} \setminus U$ であり，命題 1.4.5 より $U \subset \mathbb{R} \setminus (-\infty, x_0) = [x_0, \infty)$．以上を合わせて $U = [x_0, \infty)$ を得る．　□

次も成り立つ：$A \subset \mathbb{R}$ が最小元 $x_0 = \min A$ を持つとき，A は下に有界であり，A の下界全体の集合は $L = (-\infty, x_0]$ に一致する．

例 2.5.4　$a, b \in \mathbb{R}$, $a \leq b$ とする．
（1）閉区間 $[a, b]$ は最大元 b および最小元 a を持つゆえ有界である．
（2）開区間 $A_1 = (a, b)$ や半開区間 $A_2 = (a, b]$ および $A_3 = [a, b)$ などは，いずれも閉区間 $[a, b]$ に含まれる．$[a, b]$ は有界だから，A_1, A_2, A_3 も有界である．
（3）閉区間 $[a, b]$ の上界全体は $[b, \infty)$，下界全体は $(-\infty, a]$ である．

例 2.5.5　半直線 $A = [0, \infty)$ は上に有界でない．実際，任意の実数 L は A の上界になり得ない．なぜなら，L が負の数の場合は，$x_0 := 0$ とすれば $x_0 > L$ かつ $x_0 \in A$ ゆえ，L は A の上界ではないし，また L が 0 以上の場合は，$x_0 := L+1$ とすれば $x_0 > L$ かつ $x_0 \in A$ ゆえ，L は A の上界ではないからである．

〔備考〕　L の符号で場合分けをせずに，$x_0 := \max\{0, L+1\}$ としてもよい．

2.6　上限と下限

有界な部分集合 $A \subset \mathbb{R}$ の端点に相当する数の定義を与えるために，次の事実を検討する．

命題 2.6.1 開区間 $I = (a,b)$ (ただし $a < b$) における上界全体の集合 U は $[b, \infty)$ に一致する．したがって，I の上界全体の集合は最小元 b を持つ．

証明 b が I の上界であることは明らかである．したがって b 以上の数はもちろん I の上界であり，ゆえに $[b, \infty) \subset U$．次に $U \subset [b, \infty)$ を示そう．そのためには，b より真に小さい数 v が I の上界ではないことを示せばよい[9]．いま，$v \leq a$ および $v > a$ のいずれかが成立している．前者の場合は $\beta \in I$ を一つとると[10]，$v \leq a < \beta$ より $v < \beta$ であり，これは v が I の上界でないことを意味する (条件 (2.4) を思い出そう)．次に $v > a$ の場合は $a < v < b$ より $v \in I$ を得る．I は開区間ゆえ最大元を持たず，とくに $v \in I$ は I の最大元でない．このとき条件 (2.2) より $x > v$ を満たす $x \in I$ が存在する．つまり v は I の上界でない． □

このように，最大値が存在しない集合 $A = (a,b)$ における右端の点 b (くどいようだが，これは A に接してはいるが A に含まれない点である) は，上界の最小元と捉えることができる．同様に，A の左端の点 a は下界の最大元である．いまの考察を踏まえて，有界な集合の両端点に相当する数を次で定める：

定義 2.6.2 上に有界な集合 $A \subset \mathbb{R}$ において，A の上界全体の集合における最小元を A の**上限** (supremum) と呼び，これを $\sup A$ と書く．下に有界な集合 $A \subset \mathbb{R}$ において，A の下界全体の集合における最大元を A の**下限** (infimum) と呼び，これを $\inf A$ と書く．また，上に有界でない集合 $A \subset \mathbb{R}$ に対しては $\sup A := \infty$，下に有界でない集合 $A \subset \mathbb{R}$ に対しては $\inf A := -\infty$ と形式的に定める．

命題 2.5.3 より，$A \subset \mathbb{R}$ が最大元を持つならば，$\sup A = \max A$．また，A が最小元を持つならば $\inf A = \min A$ である．

次に述べる見方は以降で何度も用いられる．

備考 2.6.3 u を $A \subset \mathbb{R}$ の上限とすれば，u は上界の最小値ゆえ，u 未満の数は A の上界ではない．

$\mathbb{R}$ の部分集合の中には最大元や最小元が存在しないものもあることから，上の定義において，上界 (あるいは下界) 全体の集合に最小元 (あるいは最大元) が存在しない場合もあるのだろうか．実は，そのようなことは実際には起こらず，上界全体 (ある

---

[9] $U \subset [b, \infty)$ と $\mathbb{R} \setminus [b, \infty) \subset \mathbb{R} \setminus U$ は同値である (命題 1.4.5)．

[10] このような元は，$a < b$ より I が空集合でないから取れる．例えば $\beta := \dfrac{a+b}{2}$ とすればよい．

いは下界全体) の集合には必ず最小元 (あるいは最大元) があることを，我々は公理として認めることになる (詳しくは 2.7 節)．

与えられた有界集合の上限・下限がどんな値になるかは，図示などにより，ある程度は直感的に分かる．しかし，開区間の場合がそうであったように，予想される数が上限 (あるいは下限) であることを実際に示すには，いくつかの証明の技法に習熟する必要がある．

例題 2.6.4 次に挙げる集合の上限と下限を予想せよ．予想した数が上限・下限となることを証明するには，後で述べる実数のアルキメデス性や収束列の性質等を用いる必要があり，現段階で行うのは難しい (参照：練習 3.7，系 4.1.3)．

(1) $A = \left\{ (-1)^n \left(1 - \dfrac{1}{n}\right) \,\middle|\, n \in \mathbb{N} \right\}$.

(2) $A = \left\{ \dfrac{3n+4}{2n+3} \,\middle|\, n \in \mathbb{N} \right\}$.

〔解答〕 (1) $\sup A = 1$, $\inf A = -1$. (2) $\sup A = \dfrac{3}{2}$, $\inf A = \dfrac{7}{5}$. (注：$a_n = \dfrac{3n+4}{2n+3}$ とおくと，$a_{n+1} - a_n = 1/(2n+3)(2n+5) > 0$. つまり a_n は単調増加である．)

2.7 実数の連続性

有理数の世界には穴が開いていること，そして実数の世界は穴が開いていないという状況を，数学的命題として表現する方法を提示する．

数直線上に有理数を並べたとき，その隙間にいくつもの無理数がひそんでいる．そのような無理数として例えば $\sqrt{2}$ を取り，0 と $\sqrt{2}$ の間にある有理数全体を A としよう．$A = (0, \sqrt{2}) \cap \mathbb{Q}$ は有界な $\mathbb{Q}$ の部分集合である．ここで $\mathbb{Q}$ を全体集合とする立場で A を見ると，A には右端点，すなわち上限が存在しない．なぜなら，もし仮に $\mathbb{Q}$ の中に A の右端点があるならば，それは $\sqrt{2}$ 以外にあり得るはずもなく，これは $\sqrt{2} \notin \mathbb{Q}$ に反するからである (詳しい証明は例 2.7.3 を見よ)．

いま，数の世界[11]を一つ与えたときに，その世界に「隙間があること」から「端点がないこと」が導かれることが分かった．この対偶をとれば，「端点があること」は「隙間がないこと」を意味する．かくして我々は，数直線 $\mathbb{R}$ がつながっている様子を次の (1) で表現するに至る：

---

[11] ここでは事実 2.2.1 を満たすような「数の世界」のみを念頭においている．そのような数の世界 X は 0 と 1 を含み，これらを用いた四則演算を有限回くり返すことで，すべての有理数が X に属することが分かる．なお，四則演算が完結しなければ，任意の部分集合が上限を持つにもかかわらず穴が開くことはいくらでもあり得る (例：$X = [0,1] \cup [2,3]$)．

定義 2.7.1 次は，事実 2.2.1 のもとですべて同値であることが知られている．
 (1) 上に (下に) 有界な $\mathbb{R}$ の空でない部分集合は上限 (下限) を持つ．
 (2) 上に (下に) 有界な $\mathbb{R}$ 上の単調増加 (減少) 数列[12]は収束する．
 (3) 有界な実数列は収束する部分列を持つ．
このうち (1) を**実数の連続性**と呼ぶ．現代数学では，これらを実数が満たすべき公理の一つとして認めている．

ただし，本章ではまだ収束の定義を与えていないゆえ，(2) および (3) の正確な意味は次章以降で改めて論じる．数列概念は数の並ぶ順番まで考慮するものであるから，集合概念と比べてより複雑である．そこで，より基本的な概念しか用いていない (1) を公理として認め，(2) および (3) を定理として導くのが一般的であり，本書もこれに準じる．(3) をボルツァノ-ワイエルシュトラスの定理という．

先ほど，$\mathbb{R}$ には隙間がないという性質を実数の連続性が導くことを説明した．つまり，数直線上における有理数の間にある穴は，この公理によって塞がれるのである．ここで，実数の連続性がこのような穴を塞ぐだけではなく，それ以上に多くの数を過剰に $\mathbb{Q}$ に付け加えていないかと心配する慎重な読者もおられよう．各 $r \in \mathbb{R}$ がそのような過剰に加えた数でないことは，次章以降で学ぶ定理を通して次のように説明できる．r に収束する有理数の単調増大列 a_n が存在し (定理 4.2.4)，そこで $A := \{a_n \mid n \in \mathbb{N}\}$ とおけば，これは有界な $\mathbb{Q}$ の部分集合である (命題 3.4.2)．このとき，A の右端点 (すなわち上限) は数直線上の点として実現される数と考えられる．そして，A の上限は a_n の極限 r に等しい (系 4.1.3)．つまり，r は数直線上の点に対応する実数である．

さて，実数の連続性を認めることにより，2.1 節で述べた疑問に次のような回答が与えられる．

 (i) 直線のイメージをいかにして他者と共有するか．
〔答え〕 公理を前提とした議論をすれば，公理を認める者どうしの間では互いのイメージに矛盾するような結論が導かれることはない．とくに，数直線が途切れなく繋がっているというイメージを共有するための公理が実数の連続性である．

 (ii) 無限小数展開の定義に現れる級数[13](2.1) は収束するか．
〔答え〕 定義 2.7.1 (2) を認めれば，式 (2.1) で与えた s_n は有界な単調列であるこ

---

[12] $a_1 \leq a_2 \leq a_3 \leq \cdots$ を満たす数列を**単調増加**であるという．詳しくは定義 4.1.1 (65 ページ) を見よ．また，数列の有界性は定義 3.4.1 (51 ページ) を見よ．
[13] 級数の定義は 4.7 節を見よ．

とから，ある実数に収束する．

(iii) 無理数と実数の定義の間にある堂々巡りをいかに避けるか．

〔答え〕 上述の公理をみたす対象として実数全体を定めた．そこで，実数から有理数を除いたものを無理数と定めれば，堂々巡りはおこらない．あるいは，無理数を次の (iv) で述べる穴に対応する数として定めてもよい．

(iv) 有理数における穴の全体とはなにか．

〔答え〕 $\mathbb{Q}$ の有界な部分集合に対して，その上限や下限が $\mathbb{Q}$ の中に存在しないとき，この集合の端点に対応する数が無理数であると考えられる．したがって，$\mathbb{Q}$ 上の有界な集合たちの $\mathbb{Q}$ に含まれない端点をすべて集めることにより無理数全体を得る．ただし，異なる集合が同じ端点を持つこともあり得るから，どのような場合にそれらの端点が一致するのか検討する必要がある．この課題 (端点を上手く同一視して実数全体を構成すること) の解決への道は大きく分けて二つあることが知られ，一つはデデキントによる切断の方法，もう一つはカントールによる完備化 (コーシー列を用いる方法) である．これらの構成法についてより詳しいことは，程度の高い微積分学 (あるいは解析学) の参考書における実数の構成に関する項目を見よ．後者の概略について 76 ページのコラムにて少しだけ述べる．

実数を構成することの意義 (よりみち)

いま，我々は実数の連続性を公理として定めたものの，この性質が事実 2.2.1 と矛盾していては元も子もない．このような矛盾が生じないと結論づけるには，有理数に関する知識のみを前提として構成できる新たな数の世界 S であって，「事実 2.2.1 と実数の連続性に現れる記号 $\mathbb{R}$ を S に置き換えた命題」を満たすようなものの存在を提示すればよい．その理由は次の通りである．

仮に，実数の連続性と事実 2.2.1 の間に矛盾が生じるならば，その矛盾を導く証明を読み，証明のくだりを S に対して適用すれば，S における矛盾が導ける (任意の三角形について成り立つ定理の証明は，もちろん特殊な三角形についても適用できることを思い出そう)．すると，S は $\mathbb{Q}$ に関する知識のみを用いて構成していることから，実数の連続性と事実 2.2.1 の間にある矛盾は $\mathbb{Q}$ に関する知識に矛盾があることを意味する．また，$\mathbb{Q}$ は自然数全体 $\mathbb{N}$ に関する知識のみから構成できることから，結局これは $\mathbb{N}$ に関する知識，言い換えれば $\mathbb{N}$ の公理 (これは $\mathbb{N}$ の定義と言ってもよい) に矛盾があることを導く．以上の考察により，$\mathbb{N}$ の公理に矛盾がないという前提に立てば，S が構成できさえすれば，実数の連続性は事実 2.2.1 と矛盾しない．

上のような数の世界 S の構成法が大きく分けて二つあることは，既に述べた (デデキントの切断による方法とカントールによる完備化)．なお自然数は，数学的帰納法が適用できる対象として特徴づけられることが知られている (ペアノの公理).

備考 2.7.2 （1） 実数の連続性を認めれば，任意の空でない $\mathbb{R}$ の部分集合 X について $\sup X$ と $\inf X$ が定められる．実際，X が上に有界でない場合は $\sup X := \infty$ と形式的に定めたのであり，X が上に有界である場合は実数の連続性により $\sup X \in \mathbb{R}$ の存在が認められる．下限についても同様である．

（2） $\emptyset \neq A \subset B \subset \mathbb{R}$ なる集合 A, B に対して不等式 $\inf B \leq \inf A$ および $\sup A \leq \sup B$ が成り立つ．このことから空集合 $\emptyset$ について，$\inf \emptyset := \infty$, $\sup \emptyset := -\infty$ と形式的に定める．なお，$\emptyset$ の上界全体および下界全体はともに $\mathbb{R}$ に等しい．

（3） $A \subset \mathbb{R}$ が空集合でなければ $\inf A \leq \sup A$ が成り立つ．実際，$x \in A$ を一つ取れば，A が有界でない場合も込めて $\inf A \leq x \leq \sup A$ である．

（4） $A \subset \mathbb{R}$ が上に有界 (あるいは下に有界) であることを，しばしば $\sup A < \infty$ (あるいは $\inf A > -\infty$) と書く．

本節の冒頭で述べたように，$\mathbb{Q}$ を全体集合とする立場では，有界集合が上限を持たないことがある：

例 2.7.3 $A = (0, \sqrt{2}) \cap \mathbb{Q}$ は上に有界な $\mathbb{Q}$ の部分集合であるが，$\mathbb{Q}$ を全体集合とする立場における A の上界全体 $U = \{x \in \mathbb{Q} \mid \text{各 } a \in A \text{ について } a \leq x\}$ は最小元を持たない．

なお，$\sqrt{2}$ のように明確な定義が与えられた無理数を端点とする区間と $\mathbb{Q}$ との交わりは，その無理数自体を表に出さずに記述できる．実際，$A = (0, \sqrt{2}) \cap \mathbb{Q}$ は次のように表せる：
$$A = \{x \in \mathbb{Q} \mid 0 < x \text{ かつ } x^2 \leq 2\}.$$
数の対象を有理数に限定して論じる際は，上の表記のほうが見通しがよい．

証明 背理法により示す．仮に U が最小元 $q \in U \subset \mathbb{Q}$ を持つとすれば，$1 \in A$ より $1 \leq q$，つまり q は正数である．自乗が 2 となる有理数は存在しないことから，$q^2 < 2$ または $q^2 > 2$ のいずれかが成り立つ．$q^2 < 2$ であるとすれば下の補題 2.7.4 により $q^2 < q'^2 < 2$ なる有理数 $q' > q$ が存在する．このとき $q' \in A$ であり，不等式 $q < q'$ は q が A の上界でないことを意味してしまう．また，$q^2 > 2$ であるとすれば，再び補題 2.7.4 により $2 < q'^2 < q^2$ なる有理数 $q' < q$ が存在し，q' も A の上界となる．不等式 $q' < q$ は，q が U の最小元であることに反する．以上により U は最小元を持たない． □

補題 2.7.4 有理数 $q > 0$ について次が成り立つ．
（1） $q^2 < 2$ ならば，$q^2 < q'^2 < 2$ を満たす有理数 $q' > q$ が存在する．
（2） $q^2 > 2$ ならば，$q^2 > q'^2 > 2$ を満たす有理数 $q' < q$ が存在する．

証明 （1） $q < 1$ ならば $q' = 1$ とすればよい．そこで $q \geq 1$ なる場合を考える．$\varepsilon := 2 - q^2$ とおけば，仮定より $\varepsilon > 0$ である．さらに

$$\delta := \min\left\{\frac{\varepsilon}{4q}, \frac{\varepsilon}{2}, 1\right\} \tag{2.5}$$

とすれば δ は正の有理数である．このとき，$q' := q + \delta$ が求める有理数となる．いまから $q'^2 < 2$ となることを確認しよう．まず，次の二つの不等式を確認する．
  （ i ） $2q\delta \leq \dfrac{\varepsilon}{2}$：これは $\delta \leq \dfrac{\varepsilon}{4q}$ を変形することで得られる．
  （ ii ） $\delta^2 \leq \dfrac{\varepsilon}{2}$：$\delta \leq 1$ の両辺に $\delta > 0$ をかければ $\delta^2 \leq \delta$．ゆえに $\delta^2 \leq \delta \leq \dfrac{\varepsilon}{2}$.
これらを用いれば，$q'^2 = (q+\delta)^2 = q^2 + 2q\delta + \delta^2 \leq q^2 + \dfrac{\varepsilon}{2} + \dfrac{\varepsilon}{2} = q^2 + \varepsilon = 2$．以上より $q'^2 \leq 2$ であり，q' は有理数ゆえ，その自乗は 2 でないことから $q'^2 < 2$.

（ 2 ） $\varepsilon := q^2 - 2 > 0$ としたうえで式 (2.5) によって δ を定めれば，$q' := q - \delta$ が $2 < q'^2$ を満たす．実際，$q'^2 = (q-\delta)^2 = q^2 - 2q\delta + \delta^2 > q^2 - 2q\delta \geq q^2 - \dfrac{\varepsilon}{2} > q^2 - \varepsilon = 2$. □

〔備考〕 上の証明において，δ の定め方をいかにして思いついたのか不思議に思う読者もいることだろう．実際には，まず q よりもわずかだけ大きい数と想定した $q+\delta$ の自乗を展開し $(q+\delta)^2 = q^2 + 2q\delta + \delta^2$ を得る．これが 2 未満となるためには q^2 を引いた不等式 $2q\delta + \delta^2 < 2 - q^2$ が成り立てばよい．そこで，$2q\delta + \delta^2$ の各項がそれぞれ $2 - q^2$ の半分未満になるように逆算することで証明にある δ の定義を得ている．

2.8 実数のアルキメデス性

数直線が限りなく伸びているという事実は，次の命題 2.8.1 のように表現される．この性質はアルキメデスの公理，あるいはアルキメデスの原理とも呼ばれる．以後，基本的な数列の収束・発散を論じる際に，たびたび用いられる事実である．

命題 2.8.1 (実数のアルキメデス性) $\mathbb{N} \subset \mathbb{R}$ は上に有界でない．つまり，いかなる $r \in \mathbb{R}$ も $\mathbb{N}$ の上界にはならない．すなわち，r よりも大きい自然数 M がある．

例えば実数 r に対して，r を超えない最大の整数を N とすれば，$M := N + 1$ は r よりも大きな整数である．したがって実数のアルキメデス性は自明な主張のように思える．しかし，いまの議論を認めるためには「そもそも r を超えない最大の整数は存在するか」に答える必要があろう．これを公理として認めてもよいが，ここでは実数の連続性から導く．

命題 2.8.1 の証明 背理法により示す．$\mathbb{N}$ が上に有界であるとすれば，実数の連続

性より $u = \sup \mathbb{N}$ が存在する．このとき $u-1$ は $\mathbb{N}$ の上界ではないゆえ (備考 2.6.3)，$u-1 < N$ を満たす $N \in \mathbb{N}$ が取れる．このとき
$$u = (u-1) + 1 < N + 1 \in \mathbb{N}$$
であり，上式は u が $\mathbb{N}$ の上界であることに反する． □

正の数 r に対して，$r < N$ を満たす自然数 N を一つ選んでおく．すると，集合 $F = \{n \in \mathbb{N} \cup \{0\} \mid n \leq r\}$ は 0 を含み，かつ N 以上の自然数を含まない．つまり F の元の総数は N 以下であり，とくに F は空でない有限集合である．したがって F は最大元 M を持つ (例 2.4.2 (3))．M は r 以下の最大の整数ゆえ $M \leq r < M+1$ を満たす．また，r 以上の最小の整数は，$r \in \mathbb{N}$ ならば $M = r$ であり，$r \notin \mathbb{N}$ ならば $M+1$ である．

一方，負の数 μ に対して，正数 $-\mu$ 以上の最小の整数を K とすれば，$K-1 < -\mu \leq K$．これを -1 倍すれば $-K+1 > \mu \geq -K$．つまり $-K$ は μ 以下の最大の整数である．

r を超えない最大の整数 (すなわち r 以下の最大の整数) を表す記号として，$\lfloor r \rfloor$ あるいは $[r]$ が用いられ，後者を**ガウス記号**という．実数 x に対して整数 $\lfloor x \rfloor$ を対応させる関数を**床関数**という．

例 2.8.2 （1） $[3.1415] = 3$, （2） $[7] = 7$, （3） $[-2.3] = -3$.

アルキメデス性は，塵も積もれば山となることを主張する．すなわち，塵のように小さな正数 ε も，何度も足し続ければいくらでも大きな数になり得る：

命題 2.8.3 任意の二つの正数 ε, L に対して，次を満たす自然数 N が存在する：
$$\underbrace{\varepsilon + \varepsilon + \cdots + \varepsilon}_{N \text{ 個の和}} > L.$$

証明 $r = L/\varepsilon > 0$ に対して実数のアルキメデス性を適用すれば，$L/\varepsilon < N$ を満たす自然数 N が存在する．このとき $\varepsilon N > L$ である． □

2.9 区間の分類 (よりみち)

実数の連続性を用いた区間の分類を紹介する．

定理 2.9.1 $\mathbb{R}$ の部分集合のうち区間となるものは，$(a,b), [a,b], (a,b], [a,b), [a,\infty),$ $(a,\infty), (-\infty, b], (-\infty, b), \mathbb{R}$, 空集合のいずれかに限る．

証明 $X \subset \mathbb{R}$ を空でない区間とする．$a := \inf X$ および $b := \sup X$ とし，X が有界か否か，a, b が X に属するか否かで場合分けしよう．

X が有界な場合 (つまり $a, b \in \mathbb{R}$)：

(i) $a, b \in X$ の場合：$X = [a, b]$ となることを示す．

$X \subset [a, b]$ を示すために任意に $x \in X$ を取れば，a, b がそれぞれ X の下界および上界であることから $a \leq x \leq b$．つまり $x \in [a, b]$ である．$[a, b] \subset X$ を示すために任意に $x \in [a, b]$ を取れば，$a \leq x \leq b$ が成り立つ．$a, b \in X$ および X が区間であることから $x \in X$ である．

(ii) $a \in X$ かつ $b \notin X$ の場合：$X = [a, b)$ となることを示す．

$X \subset [a, b)$ を示すために任意に $x \in X$ を取れば，a, b がそれぞれ X の下界および上界であることから $a \leq x \leq b$．また，$x \in X$ および $b \notin X$ より $x \neq b$ である．つまり $a \leq x < b$ であり，ゆえに $x \in [a, b)$．次に $[a, b) \subset X$ を示すために任意に $x \in [a, b)$ を取れば，$a \leq x < b$．このとき，x は X の上界ではないから (備考 2.6.3)，$x < y$ を満たす $y \in X$ が存在する (条件 (2.4))．$a \leq x < y$ であり，$a, y \in X$ および X が区間であることから $x \in X$．

(iii) $a \notin X$ かつ $b \in X$ の場合：(ii) と類似の論法で $X = (a, b]$ を得る (略)．

(iv) $a, b \notin X$ の場合：$X = (a, b)$ となることを示す．

$X \subset (a, b)$ を示すために任意に $x \in X$ を取る．a, b がそれぞれ X の下界および上界であることから $a \leq x \leq b$．$x \in X$ および $a, b \notin X$ より $x \neq a, b$ ゆえ $a < x < b$．よって $x \in (a, b)$．次に $(a, b) \subset X$ を示そう．X が空でないことから $c \in X$ が取れる．このとき $a < c < b$ であり，$[c, b) \subset X$ および $(a, c] \subset X$ となることが (ii) の後半と類似する論法で示され，したがって $(a, b) = (a, c] \cup [c, b) \subset X$ である．

X が非有界かつ下に有界な場合 (つまり $a \in \mathbb{R}$, $b = \infty$)：

(v) $a \in X$ の場合：$X = [a, \infty)$ となることを示す．

$X \subset [a, \infty)$ を示すために任意に $x \in X$ を取れば，a が X の下界であることから $a \leq x$．つまり $x \in [a, \infty)$ である．$[a, \infty) \subset X$ を示すために任意に $x \in [a, \infty)$ を取れば，仮定より X の上界は存在せず，とくに x は X の上界ではない．すなわち，$x < y$ を満たす $y \in X$ が存在する (条件 (2.4))．このとき $a \leq x < y$ であり，$a, y \in X$ および X が区間であることから $x \in X$．

(vi) $a \notin X$ の場合：$X = (a, \infty)$ となることを示す．

$X \subset (a, \infty)$ を示すために任意に $x \in X$ を取れば，a が X の下界であることから $a \leq x$ である．$a \notin X$ および $x \in X$ から $a \neq x$ であり，ゆえに $a < x$．つまり $x \in$

(a, ∞) である. 次に $(a, \infty) \subset X$ を示す. X が空でないことから $c \in X$ が取れる. このとき $X \subset (a, \infty)$ より $a < c$ である. さらに $(a, c] \subset X$ および $[c, \infty) \subset X$ となることがそれぞれ (iii), (v) の後半と類似する論法で示される (ただし上では (iii) の証明を略した). 以上より $(a, \infty) = (a, c] \cup [c, \infty) \subset X$ である.

X が非有界かつ上に有界な場合 (つまり $a = -\infty$, $b \in \mathbb{R}$): $b \in X$ の場合は $X = (-\infty, b]$ となり, $b \notin X$ の場合は $X = (-\infty, b)$ となることが, それぞれ (v) および (vi) と類似の論法で示される (略).

X が上にも下にも有界でない場合 (つまり $a = -\infty$, $b = \infty$): $X = \mathbb{R}$ を示そう. $X \subset \mathbb{R}$ は仮定されているゆえ $\mathbb{R} \subset X$ を示せばよい. 任意の $x \in \mathbb{R}$ に対して, x が X の上界でも下界でもないことから, $z < x < y$ を満たす $y, z \in X$ が存在する. このとき, $z, y \in X$ および X が区間であることから $x \in X$. □

2.10 余興 (よりみち)

命題 2.2.2 にある性質が, すべて事実 2.2.1 から導けることを確認する. ただし, そのためには, 事実 2.2.1 では詳細を略した, 四則演算に関する約束をいくつか述べておく必要がある.

- 結合法則より $(ab)c = a(bc)$. ゆえに, これらの表示に現れる括弧を略して abc と書いて差しつかえない. また, 交換法則 $(xy = yx)$ により, abc は, acb および bac, bca, cab, cba とも等しい. 以下, 積の順序の入れ替えは断りなく行う.
- いま述べたことは, 和の演算 $a + b + c$ についても同様に適用される.
- a との和が 0 になる数の存在を認め, これを $-a$ と書く. なお, このような数は一つしかない. 実際, $a + b = a + c = 0$ とすれば, $b = b + 0 = b + (a + c) = (b + a) + c = 0 + c = c$. また, $-a$ は $(-1)a$ に等しい (下で示す).
- $a + (-b)$ のことを $a - b$ と書く. とくに $a - a = a + (-a) = 0$ である.
- $a0 = 0$ である. 実際, 分配法則より $a0 = a(0 + 0) = a0 + a0$. この両辺に $-(a0)$ を足せば, $a0 - (a0) = a0 + a0 - (a0)$. これらをそれぞれ計算し, $0 = a0$.
- $(-1)a = -a$ が成り立つ. 実際, 分配法則より a と $(-1)a$ の和は 0 である: $(-1)a + a = (-1)a + 1a = (-1 + 1)a = 0a = 0$.
- $a(-c)$, $-(ac)$, $(-a)c$ はいずれも等しい. 実際, $a(-c) = a(-1)c = (-1)(ac) = -(ac)$. また, $a(-1)c = ((-1)a)c = (-a)c$. ゆえに括弧を略し, これらを $-ac$ と書いてよい.
- 差の分配法則 $a(b - c) = ab - ac$ が成り立つ. 実際, $a(b - c) = a(b + (-c)) = $

$ab + a(-c) = ab + (-ac) = ab - ac$.

- $a \neq 0$ との積が 1 になる数の存在を認め，これを $1/a$ と書く．このような数は一つしかない (定義 9.2.1)．分数計算の詳細は 9.2 節に記した．

命題 2.2.2 (再掲)　実数 a, b, c について次が成り立つ．
(1)　$a = 0$ または $b = 0 \iff ab = 0$.
(2)　$(-1)^2 = 1$.
(3)　$a < b \iff -a > -b$.
(4)　$a \neq 0 \implies a$ と $-a$ の符号は異なる．
(5)　$a, b < 0 \implies ab > 0$.
(6)　$a \neq 0 \iff a^2 > 0$.
(7)　$-1 < 0 < 1$.
(8)　$a < b$ かつ $c > 0 \implies ac < bc$.
(9)　$a < b$ かつ $c < 0 \implies ac > bc$.
(10)　$ac > 0 \iff a$ と c の符号は等しい．
(11)　$a \neq 0 \implies a$ と $\dfrac{1}{a}$ の符号は等しい．
(12)　$a < b < 0$ または $0 < a < b \implies \dfrac{1}{b} < \dfrac{1}{a}$.
(13)　$0 < a < b$ かつ $c > 0 \implies \dfrac{c}{b} < \dfrac{c}{a}$.

証明　(1)　($\Rightarrow$) は上で示した．($\Leftarrow$)：$ab = 0$ とする．$a = 0$ ならば主張を得るゆえ，$a \neq 0$ の場合を考えよう．$ab = 0$ の両辺に $1/a$ をかけると $(1/a) \cdot ab = (1/a) \cdot 0$. この両辺を計算して $b = 0$ (右辺の計算で ($\Rightarrow$) を用いた)．

(2)　$0 = (-1) \cdot 0 = (-1) \cdot (1 + (-1)) = (-1) \cdot 1 + (-1) \cdot (-1) = -1 + (-1)^2$. いま示した $0 = -1 + (-1)^2$ の両辺に 1 を足せば $1 = (-1)^2$.

(3)　($\Rightarrow$)：$a < b$ の両辺に $-a - b$ を足せば，$-b < -a$. ($\Leftarrow$)：$-b < -a$ の両辺に $a + b$ を足せば $a < b$.

(4)　負数 $a < 0$ について，(3) より $-a > 0$. また，正数 $0 < b$ についても，(3) より $0 > -b$.

(5)　(4) より $-a$ と $-b$ は正数ゆえ，事実 2.2.1 (4) から $(-a)(-b) > 0$. したがって $ab = 1 \cdot ab = (-1)(-1)ab = (-1)a(-1)b = (-a)(-b) > 0$.

(6)　($\Rightarrow$)：$a > 0$ のときは事実 2.2.1 (4)，$a < 0$ のときは (5) による．($\Leftarrow$)：(1) より $0^2 = 0$ ゆえ，対偶が明らか．

(7)　性質 $a \cdot 1 = a$ に $a = 1$ を代入すれば $1^2 = 1$. また (6) より $0 < 1^2 = 1$ である．さらに，$0 < 1$ の両辺に -1 を足せば $-1 < 0$.

(8) $a<b$ の両辺に $-a$ を足すと $0<b-a$. 仮定 $c>0$ と事実 2.2.1 (4) より $0<(b-a)c=bc-ac$. この両辺に ac を足せば $ac<bc$.

(9) $a-b<0$ と $c<0$ をかければ，(5) より $0<(a-b)c=ac-bc$. この両辺に bc を足せば $bc<ac$.

(10) ($\Rightarrow$)：対偶を示す．a と c の符号が異なるとする．必要があれば a と c の立場を入れ替えることで $a<0<c$ としてよい．ここで，$b=0$ として (8) を適用すれば $ac<0$．($\Leftarrow$)：(5) および事実 2.2.1 (4) による．

(11) $a\cdot 1/a=1>0$ (ここで (7) を用いた)．あとは (10) を適用すればよい．

(12) a,b の符号が等しいゆえ (10) より $ab>0$ であり，(11) より $1/(ab)>0$．仮定 $a<b$ の両辺に正数 $1/(ab)$ をかければ，(8) より $1/b<1/a$．

(13) (12) より $1/b<1/a$ であり，これに (8) を適用すれば $c/b<c/a$． □

上の (7) より $0<1$ であり，この両辺に 1 を足せば $1<2$ である．さらにこの操作を順次繰り返すことで $0<1<2<3<\cdots$ を得る．つまり自然数は正数である．また，有理数のうち自然数の比として表されるものは，やはり正数である (上の (11) と事実 2.2.1 (4) による)．しかし，このようなやり方で自然数が正数であると我々は理解しているわけではない．もちろん，命題 2.2.2 の他の性質についてもそうであろう．上の証明は，我々にとって既知の性質の数々が事実 2.2.1 のみから形式的に導けることを述べているにすぎず，これらの性質が成立する背景を説明するものではない．

我々は，自然数とは逆の方向に進む数として負の数を考案したのであった．また，裏の裏が表である (例えば，負数の借金を貸金であるとみなす) ことを通して，負の数どうしの積が正の数になることを理解している．このように，事実 2.2.1 や命題 2.2.2 の各性質を自分がどのような理由で理解しているか，いま一度振り返って考えてみるとよい (義務教育の算数や数学をおろそかにしてはならない)．こうした思索は，2.2 節の冒頭で述べたことにも関連している．

章末問題

練習 2.1 開区間 (a,b) が最小元を持たないことを示せ．

練習 2.2 $A\subset\mathbb{R}$ が有界ならば，$A\subset[-M,M]$ を満たす $M>0$ が存在することを示せ．

定義 $A\subset\mathbb{R}$ に対して，$-A:=\{x\in\mathbb{R}\mid -x\in A\}$ と定める (これは内包的表記による定義である)．

練習 2.3 $A \subset \mathbb{R}$ に対して次を示せ.
(1) 外延的表記により $B := \{-y \mid y \in A\}$ と定めれば, $B = -A$.
(2) $-(-A) = A$.

練習 2.4 $A, B \subset \mathbb{R}$ について, 次を示せ.
(1) A が最大元を持つとき, $\min(-A) = -\max A$.
（同様に, A が最小元を持つとき, $\max(-A) = -\min A$.）
(2) A が上に有界であるとき, $-A$ は下に有界である.
（同様に, A が下に有界であるとき, $-A$ は上に有界である.）
(3) A が上に有界であるとき, $\inf(-A) = -\sup A$.
（同様に, A が下に有界であるとき, $\sup(-A) = -\inf A$.）
(4) A の最大値と B の最小値が存在するとき,
 (i) $\max\{a - b \mid a \in A, b \in B\} = \max A - \min B$,
 (ii) $\min\{b - a \mid a \in A, b \in B\} = \min B - \max A$.
(5) A が上に有界かつ B が下に有界ならば,
 (i) $\sup\{a - b \mid a \in A, b \in B\} = \sup A - \inf B$,
 (ii) $\inf\{b - a \mid a \in A, b \in B\} = \inf B - \sup A$.

練習 2.5 各 $x \in \mathbb{R}$ に対して, $L < x$ を満たす整数 L が存在することを示せ.

練習 2.6 $x \in \mathbb{R}, m \in \mathbb{Z}$ について $[x + m] = [x] + m$ を示せ.

第3章
数列の極限とその性質

　この章では，数列の極限の定義を与え，はさみうちの原理をはじめとする収束列の基本的性質について学ぶ．本章で紹介する命題の証明では実数のアルキメデス性を前提とするものの，実数の連続性を直接に用いることはない．つまり，アルキメデス性を公理として認めるとき，本章において実数の連続性は不要である．収束列の性質で実数の連続性が関係する部分については4章で論じる．なお，有理数の世界においても，アルキメデス性にあたるもの：「いかなる有理数 x についても，x よりも大きな自然数が存在する」が成立することから[1]，この章で述べることは，登場するすべての数を有理数に限っても成り立つ．

3.1　限りなく近づくということ

　微分積分の理論において，極限概念は根源的な役割を担う．実際，微分は関数のグラフにおける接線の傾きを意味し，これは平均変化率の極限として定義される．また，積分はグラフで囲まれた図形の面積に相当し，これは細かく切り分けた長方形の面積に関する和の極限として定義される．このように，微分積分学の理論を進めるうえで極限への理解は必須である．ところが高校数学で微積分を導入した際は，「限りなく一定の値に近づいていくこと」というように，語感にたよる曖昧な表現で極限概念が説明されていた．このため，微分積分学の根幹をなす，いくつかの基本的な定理の証明は行えずに，原理として認めるという立場を取るしかなかった．しかし，あまりにも認めるべき原理が多すぎては，学ぶ側は困惑するか興ざめしてしまうであろう．あるいは理論を進めた先で矛盾に出会ったとき，それを導いた議論のどこに問題があるかを突

---

[1] 証明　任意の正の有理数 x は $p, q \in \mathbb{N}$ を用いて $x = \dfrac{p}{q}$ と書ける．p を q で割った商を $M \in \mathbb{N} \cup \{0\}$，余りを R（ただし $0 \leq R < q$）とすれば $p = Mq + R$ であり，このとき $N := M + 1$ とすれば $x < N$ である．実際，$x = \dfrac{p}{q} = \dfrac{Mq + R}{q} = \dfrac{Mq}{q} + \dfrac{R}{q} = M + \dfrac{R}{q} < M + 1 = N$.　□

き詰めようと思えば，そもそも当然と認めた原理が間違っているのではないかという不安は常につきまとう．そこで，これから極限概念について再検討するとともに，本書全体を通して，極限にまつわる基本的な定理について，その証明と解説を与えていく．

ここで，微分[2]について振り返ってみよう．例えば関数 $f(x)=x^2$ の導関数 $f'(x)=2x$ は次のように導いたのであった：

$$\frac{f(x+h)-f(x)}{h}=\frac{(x+h)^2-x^2}{h}=\frac{(x^2+2xh+h^2)-x^2}{h}$$
$$=\frac{2xh+h^2}{h}=\frac{h(2x+h)}{h}=2x+h\xrightarrow[h\to 0]{}2x.$$

いま，記号 $\longrightarrow$ の前後で何が行われたのだろうか．仮に $2x+h$ に $h=0$ を代入したとするならば，この式と等号で結ばれた式 $\dfrac{h(2x+h)}{h}$ においても $h=0$ を代入できるはずである．しかし，分母が 0 となるような代入は認められない．$h\neq 0$ という仮定のもとで $\dfrac{h(2x+h)}{h}=2x+h$ と変形したにもかかわらず，その後で h に 0 を代入してしまっては，およそ理性的とは言えまい．式 $2x+h\longrightarrow 2x$ が代入による変形でないとするならば，これを説明するための新たな枠組みが必要である．そこで，高校数学では「h が 0 に限りなく近づくとき，$2x+h$ は $2x$ に限りなく近づく」と説明する．しかし h に 0 を代入せずに，$2x+h$ が $2x$ に限りなく近づくことを，どうして判断できようか．いま，この批判に耐えうる極限の解釈が求められている．

なお，上に挙げた問題は，多項式の連続性さえ認めれば極限の定義に踏み込まなくても回避できる (例 A.1.4)．しかしながら既に述べたように，極限概念の曖昧さから生じる微積分の問題はこれに限るものでなく，依然として定義の再検討は必須である．

関数の極限について論じる前に，まずは，議論がより単純な数列の極限について，本節で検討する．

3.2 絶対値と三角不等式

限りなく近づくことを論じるにあたり，近さを与える量を定めておくと便利である．数直線上の各点と原点を結ぶ線分の長さは，次の量で与えられる：

定義 3.2.1 数直線上における実数 x と 0 の距離を x の**絶対値**とよび $|x|$ で表す：
$$|x|:=\begin{cases}x & (x\geq 0 \text{ の場合}),\\ -x & (x<0 \text{ の場合}).\end{cases}$$

次の事実は，x,y の符号で場合分けすることにより直ちに導ける (練習 3.1)．

---

[2] 微分 (導関数) の定義は付録 A に記した．

命題 3.2.2 各 $x, y \in \mathbb{R}$ について $|x| = |-x|$, $|xy| = |x||y|$, $|1/x| = 1/|x|$ (ただし $x \neq 0$), $|x|^2 = |x^2| = x^2$, $x = 0 \iff |x| = 0$, $|x| = \max\{x, -x\}$, $-|x| \leq x \leq |x|$.

2点 $x, y \in \mathbb{R}$ の距離は，これらを $-y$ 方向に平行移動した2点 $x - y$ と 0 の距離 $|x - y|$ で与えられる．このとき条件 "$|x - y| \leq t$" は x を中心とした $\pm t$ 以内の範囲に y があることを意味する．一方この条件を，y を中心とした $\pm t$ 以内の範囲に x があると読むこともできる．

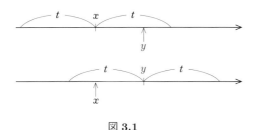

図 3.1

このように，条件 "$|x - y| \leq t$" は二通りの見方ができる．いま述べた二つの見方の同値性を命題として述べておこう．

命題 3.2.3 $x, y \in \mathbb{R}$ および $t > 0$ について次が成り立つ．
 (1) $|x - y| < t \iff y - t < x < y + t \iff x - t < y < x + t$.
 (2) $|x - y| \leq t \iff y - t \leq x \leq y + t \iff x - t \leq y \leq x + t$.

証明 (1) のみ確認しよう．$|x - y| < t \iff x - y < t$ かつ $y - x < t \iff x < y + t$ かつ $y - t < x \iff x - t < y$ かつ $y < x + t$. □

上の (1) を言い換えれば，「$x \in (y - \varepsilon, y + \varepsilon) \iff |x - y| < \varepsilon$」である．技術的理由で，このような範囲に開区間を小さく取り直すことがあり，しばしば次の補題が用いられる．

補題 3.2.4 $a < r < b$ について，$\varepsilon = \min\{r - a, b - r\} > 0$ とすれば $(r - \varepsilon, r + \varepsilon) \subset (a, b)$.

証明 ε の定義から $\varepsilon \leq r - a$ ゆえ $a \leq r - \varepsilon$. また $\varepsilon \leq b - r$ ゆえ $r + \varepsilon \leq b$. よって $a \leq r - \varepsilon < r + \varepsilon \leq b$. つまり $(r - \varepsilon, r + \varepsilon) \subset (a, b)$ である． □

三角形の二辺の長さの和は残る一辺の長さ以上である．寄り道をすれば遠回りになるという当然とも言えるこの主張は，$\mathbb{R}^2$ のみならず一般次元のユークリッド空間に

おいても認められる (命題 10.8.8). ここでは, この主張を数直線上に制限した命題を示す (命題 3.2.5 (2)).

命題 3.2.5 (三角不等式)　$x, y, z \in \mathbb{R}$ について次が成り立つ.
(1)　$|x \pm y| \leq |x| + |y|$,　　　　(2)　$|x - z| \leq |x - y| + |y - z|$,
(3)　$||x| - |y|| \leq |x \pm y|$.

証明　(1)　左右の式を自乗した数についての大小関係を確認する.
$$|x \pm y|^2 = (x \pm y)^2 = x^2 \pm 2xy + y^2 \leq |x|^2 + 2|x||y| + |y|^2 = (|x| + |y|)^2.$$
(2)　(1) を用いれば, $|x - z| = |(x - y) + (y - z)| \leq |x - y| + |y - z|$.
(3)　$|x| = |(x \pm y) \mp y| \leq |x \pm y| + |\mp y| = |x \pm y| + |y|$. これを移項すればよい.　□

3.3　数列の収束

数を次々と順番に並べたもの：$a_1, a_2, a_3, \cdots$ を数列という. 数列は, 形式的には関数の特別な場合として定められる. 関数 (あるいはより一般に写像) に関する記号の使い方は 5 章を見よ.

定義 3.3.1　自然数全体 $\mathbb{N}$ から数を要素とする集合 X への関数 $a : \mathbb{N} \to X$ のことを**数列**という.

慣例では, 上の関数 a に n を代入した値 $a(n)$ のことを a_n と書く. 数列に現れる数が有理数, あるいは無理数, 実数, 複素数などに限られるとき, そのような数列をそれぞれ有理数列, 無理数列, 実数列, 複素数列と呼ぶ. 本書では複素数列について多くを論じないゆえ, 断りがない限り数列とは実数列のことを指すものとする.

微積分学の成立以来,「点 α に限りなく近づく」という表現を上手く定式化することに人類は 100 年の歳月を要した. 定義に至るまでの最大の争点は, どれだけ近づけば限りなく近づいたことになるのかという点にある. 一定の数よりも近いか遠いかという程度の問題にしてしまうと, 主観に左右される定義になってしまう. だからといってより極端に, 最終的に α に完全に一致しなければならない (数列でいえば $a_n = \alpha$) としたのでは意味がない (3.1 節で h に 0 を代入できなかったことを思い出そう).

この問題の解決はコーシーによる. 彼は,「数列 a_n が α に限りなく近づく」という現象を「a_n と α との間の隔たりとして許容できる正数をどんなに小さく設定したとしても, しばらく項を進めれば a_n と α の距離がその許容誤差の範囲にとどまり続けること」と定めた：

3.3 数列の収束

定義 3.3.2 実数列 a_n が $\alpha \in \mathbb{R}$ に**収束する**とは，いかなる正数 ε に対しても，この ε に応じて次の条件 (※) を満たすような自然数 N が見つけられることと定める：
$$n > N \implies |\alpha - a_n| < \varepsilon. \tag{※}$$

〔備考〕 上の N は $\varepsilon > 0$ を与えるごとに決まることから，これを ε の関数とみなし N_ε あるいは $N(\varepsilon)$ と書くこともある．

α に収束することを「α に限りなく近づく」ともいう．a_n が α に収束するとき，α を a_n の**極限** (あるいは**極限値**) と呼び，これを $\lim_{n \to \infty} a_n$ と書く．また，a_n が α に収束することを次の式で表す：
$$a_n \longrightarrow \alpha \quad (n \to \infty), \qquad a_n \xrightarrow{n \to \infty} \alpha, \qquad a_n \xrightarrow[n \to \infty]{} \alpha.$$

定義 3.3.2 を用いた収束列に関する議論のことを **ε-N 論法**と呼ぶ．

数列の収束の定義は，二人のプレイヤーによる次で定めるゲームになぞらえて解釈できる：まず先手が $\varepsilon > 0$ を与える．次に後手が上の条件 (※) を満たすような自然数 N を探す．このとき，条件 (※) を満たす N が見つかれば後手の勝ちであり，見つけられなければ先手の勝ちと定めよう．a_n が α に収束するとは，このゲームに後手の必勝法があるということである．また，a_n が α に収束しないとは，後手必勝ではないこと，つまり先手が上手く $\varepsilon > 0$ を与えれば確実に勝てること，すなわち先手必勝を意味する．

例 3.3.3 具体的な数列 a_n が，ある数 α に収束するかどうかを，上のゲームを通して確認しよう．

(1) $a_n = \dfrac{1}{n}$, $\alpha = 0$ の場合．(※) は正数 ε が小さければ小さいほど厳しい条件となる．ゆえに先手が勝つ可能性を高めるには，なるべく ε を小さく与えるのがよい．さて，例えば先手が小さい $\varepsilon > 0$ として，$\varepsilon = 0.01$ を与えたとしよう．このとき，後手は $N = 100$ を与えれば，各 $n > N$ について $|0 - a_n| < \varepsilon$ となることが次のように確認できる：
$$|0 - a_n| = a_n = \frac{1}{n} < \frac{1}{N} = \frac{1}{100} = 0.01 = \varepsilon.$$

つまり，この場合は後手の勝ちである．先手が 0.01 よりもはるかに小さい $\varepsilon > 0$ を与えていたとしても，やはり後手が上手く N を選んで勝つことができるのであるが，この事実は厳密には次のように示される：

証明 先手が $\varepsilon > 0$ を与えたとしよう．実数のアルキメデス性により，正数 $1/\varepsilon$ よりも大きい自然数 N が存在する．後手は，この N を挙げれば勝ちとなることを，い

まから確認する．$\frac{1}{\varepsilon} < N$ を変形すれば $\frac{1}{N} < \varepsilon$ である．このとき，$n > N$ を満たすいかなる自然数 n に対しても，次の評価により $|0 - a_n| < \varepsilon$ を得る：

$$|0 - a_n| = |a_n| = \frac{1}{n} < \frac{1}{N} < \varepsilon.$$

以上により，数列 $a_n = \frac{1}{n}$ は 0 に収束する．

（2）　$a_n = (-1)^n$，$\alpha = 1$ の場合．$\varepsilon = 1$ とすれば先手の勝ちである．

証明　後手がいかなる自然数 N を与えたところで，$n_0 > N$ を満たす奇数 n_0 が存在し，このとき $|a_{n_0} - 1| \geq \varepsilon$ が次のように確認できる．

$$|a_{n_0} - 1| = |-1 - 1| = 2 \geq 1 = \varepsilon.$$

つまり，条件 (※) を満たすような自然数 N を後手が見つけることはできない．すなわち，この数列は 1 に収束しない． □

実際は，数列 $(-1)^n$ はいかなる実数にも収束しない (練習 3.2)．

数列 a_n が α に収束することと，a_n と α の距離を表す数列 $d_n := |\alpha - a_n|$ が 0 に収束することは同値である．実際，$|\alpha - a_n| = d_n = |d_n| = |0 - d_n|$ ゆえ，条件「$|\alpha - a_n| < \varepsilon$」と条件「$|0 - d_n| < \varepsilon$」は同値であり，これは $\lim_{n \to \infty} a_n = \alpha$ と $\lim_{n \to \infty} d_n = 0$ の同値性を意味する．いまの考察を命題として述べておこう．

命題 3.3.4　$\lim_{n \to \infty} a_n = \alpha \iff \lim_{n \to \infty} |\alpha - a_n| = 0.$

例 3.3.5　（1）　定値数列 $a_n = \alpha$ は α に収束する．
（2）　$b_n = \dfrac{(-1)^n}{n}$ は 0 に収束する．

証明　（1）　任意の正数 $\varepsilon > 0$ に対して，$N = 1$ とすれば条件 (※) が成り立つ．実際，各 $n > 1$ について $|\alpha - a_n| = |\alpha - \alpha| = 0 < \varepsilon$ である．

（2）　b_n と 0 の距離 $|b_n| = \left|\dfrac{(-1)^n}{n}\right| = \dfrac{1}{n}$ は 0 に収束する．ゆえに命題 3.3.4 より b_n は 0 に収束する． □

次の補題，およびこれに類似する論法は，断りなく何度も用いられるであろう．

補題 3.3.6　a_n が α に収束し，かつ b_n が β に収束するとする．このとき，任意の $\varepsilon > 0$ に応じて，次の二つの条件を同時にみたす共通の自然数 N が存在する：

「$n > N \implies |\alpha - a_n| < \varepsilon$」かつ「$n > N \implies |\beta - b_n| < \varepsilon$」．

証明 $\varepsilon > 0$ とする．a_n の収束性より次を満たす N_1 が存在する：各 $n > N_1$ について $|\alpha - a_n| < \varepsilon$．また，$b_n$ の収束性より次を満たす N_2 が存在する：各 $n > N_2$ について $|\beta - b_n| < \varepsilon$．そこで，$N := \max\{N_1, N_2\}$ とおけば，これが求める自然数である． □

次は，記号 $\lim_{n \to \infty} a_n$ が一つの数を表すことの根拠となる．

命題 3.3.7 収束する数列の極限値はただ一つである．

証明 数列 a_n が α に収束し，かつ β にも収束すると仮定して，$\alpha = \beta$ を示そう．$\alpha \leq \beta$ を示すには，各 $\delta > 0$ について $\alpha \leq \beta + \delta$ をいえばよい（命題 2.2.3）．そこで $\varepsilon := \delta/2 > 0$ に対して a_n の収束性を適用すれば，補題 3.3.6 より次を満たす自然数 N が存在する：

「$n > N \implies |\alpha - a_n| < \varepsilon$」かつ「$n > N \implies |\beta - a_n| < \varepsilon$」．

よって $k = N + 1$ とすれば，$|\alpha - a_k| < \varepsilon$ かつ $|\beta - a_k| < \varepsilon$ ゆえ，命題 3.2.3 から

$$\alpha < a_k + \varepsilon = a_k - \varepsilon + 2\varepsilon = (a_k - \varepsilon) + \delta < \beta + \delta.$$

以上より $\alpha \leq \beta$ である．α と β の立場を入れ替えることで，$\beta \leq \alpha$ も上と同様にして示せる． □

3.4 収束列の基本的性質

ε-N 論法による証明において，技術的な部分をいかにして思いつくのか見当もつかないと感じる初学者もおられよう．そこで，以降にあるいくつかの命題の証明の前に，苦し紛れではあるものの証明のアイデアを述べた．ここで共通する考え方を大胆にも述べてしまうと次のようになる：a_n が α に収束するとき，十分先の a_n は α の近似値であると考えられる．したがって誤差に目をつぶれば α と a_n を置き換えても等式（あるいは不等式）がおおよそ成り立つ．あとは，n が大きいほど近似の誤差 $|\alpha - a_n|$ がわずかになることを利用し，求めるべき（不）等式が真に成り立つことを示せばよい．

定義 3.4.1 実数列 a_n に対して，これらの各項をすべて集めた集合 $S = \{a_n \mid n \in \mathbb{N}\}$ が上に（下に）有界であるとき，数列 a_n は**上に（下に）有界**であるという．また，S が有界であるとき，数列 a_n は**有界**であるという．

命題 3.4.2 収束する数列は有界である．

〔証明の方針〕 ほとんどすべての a_n は $\alpha = \lim_{n\to\infty} a_n$ との誤差 1 未満の範囲，すなわち開区間 $U = (\alpha - 1, \alpha + 1)$ に含まれている．U は有界ゆえ，U に入らない残りの有限個の項と U を合わせた集合も有界であり，ゆえに a_n 全体は有界な範囲に収まっている．

証明 a_n が α に収束するとし，集合 $S = \{a_n \mid n \in \mathbb{N}\}$ が有界であることを示そう．$\varepsilon = 1$ に対して，a_n が α に収束することから次を満たす $N \in \mathbb{N}$ が存在する：各 $n > N$ について $|\alpha - a_n| < 1$．このとき，$M := \max\{\alpha + 1, a_1, a_2, \cdots, a_N\}$ と置けば M は S の上界となる．なぜなら，各 $a_n \in S$ について，$n \leq N$ の場合は M の定義より直ちに $a_n \leq M$ を得る．一方，$n > N$ の場合は，$|\alpha - a_n| < 1$ および命題 3.2.3 より $a_n < \alpha + 1 \leq M$．ゆえに M は S の上界である．また，$m := \min\{\alpha - 1, a_1, a_2, \cdots, a_N\}$ と置けば，m は S の下界となる． □

命題 3.4.3 $\alpha = \lim_{n\to\infty} a_n$, $\beta = \lim_{n\to\infty} b_n$ とする．このとき，各 $n \in \mathbb{N}$ について $a_n \leq b_n$ が成り立つならば，$\alpha \leq \beta$．

〔証明の方針〕 α, β に対するそれぞれの誤差 ε 未満の近似値 a_n, b_n において不等式が成り立つから，α, β においても誤差に目をつぶればおおよそ不等式が成り立つ．不等式における誤差は大きく見積もっても $\varepsilon + \varepsilon = 2\varepsilon$ 未満である．この 2ε は n を大きく取ることでいくらでも小さくできるゆえ，したがって不等式は誤差 0 で成り立つ．

証明 $\alpha = \lim_{n\to\infty} a_n$, $\beta = \lim_{n\to\infty} b_n$ とする．任意の $\delta > 0$ について $\alpha \leq \beta + \delta$ となることを示せば，命題 2.2.3 より求める不等式を得る．各 $\delta > 0$ に対して，$\varepsilon := \delta/2$ とおく．補題 3.3.6 により，次を満たす $k \in \mathbb{N}$ が存在する[3]：$|a_k - \alpha| < \varepsilon$ かつ $|b_k - \beta| < \varepsilon$．このとき，命題 3.2.3 より $\alpha < a_k + \varepsilon$ および $b_k < \beta + \varepsilon$ である．これと $a_k \leq b_k$ を合わせて

$$\alpha < a_k + \varepsilon \leq b_k + \varepsilon < (\beta + \varepsilon) + \varepsilon = \beta + \frac{\delta}{2} + \frac{\delta}{2} = \beta + \delta.$$ □

上の〔証明の方針〕のみを読んで命題が成り立つだろうと鵜呑みにしてしまうと，「$a_n < b_n \implies \lim_{n\to\infty} a_n < \lim_{n\to\infty} b_n$」も成り立つと誤認してしまうかもしれない．しかし，次の例で見るように，$a_n < b_n$ だからといって $\lim_{n\to\infty} a_n < \lim_{n\to\infty} b_n$ とは限らない．これは証明の細部を検討しないことの危うさを示唆する．

例 3.4.4 $a_n = \dfrac{1}{2n}$, $b_n = \dfrac{1}{n}$ とすれば，$a_n < b_n$ であるが $\lim_{n\to\infty} a_n = \lim_{n\to\infty} b_n$．

命題 3.4.5 (絶対値関数の連続性) $\lim_{n\to\infty} a_n = \alpha$ ならば $\lim_{n\to\infty} |a_n| = |\alpha|$．

---

[3] 補題 3.3.6 にある $N \in \mathbb{N}$ について，$k := N + 1$ とせよ．

証明 任意の $\varepsilon > 0$ に対して，仮定より次を満たす $N \in \mathbb{N}$ が取れる：$n > N$ ならば $|\alpha - a_n| < \varepsilon$．このとき，各 $n > N$ について $||\alpha| - |a_n|| < \varepsilon$ となる．実際，命題 3.2.5 (3) より $|\alpha| - |a_n| \leq |\alpha - a_n| < \varepsilon$．また，$\alpha$ と a_n の役割を入れ替えれば $|a_n| - |\alpha| \leq |a_n - \alpha| < \varepsilon$．つまり $||\alpha| - |a_n|| < \varepsilon$ である． □

次の定理 3.4.6 および命題 3.4.7 の証明は 3.6 節にまわそう．

定理 3.4.6 (はさみうちの原理) 各 $n \in \mathbb{N}$ について $a_n \leq b_n \leq c_n$ であるとする．このとき，$\lim_{n \to \infty} a_n = \lim_{n \to \infty} c_n = \alpha$ ならば b_n も収束し，$\lim_{n \to \infty} b_n = \alpha$．

命題 3.4.7 $\lim_{n \to \infty} a_n = \alpha$ および $\lim_{n \to \infty} b_n = \beta$ とすれば，次が成り立つ．
(1) $\lim_{n \to \infty} (a_n \pm b_n) = \alpha \pm \beta$, (2) 実数 r について $\lim_{n \to \infty} (r \cdot a_n) = r \cdot \alpha$,
(3) $\lim_{n \to \infty} (a_n \cdot b_n) = \alpha \cdot \beta$, (4) $\lim_{n \to \infty} \dfrac{a_n}{b_n} = \dfrac{\alpha}{\beta}$ (ただし $\beta \neq 0$, $b_n \neq 0$).

3.5 例題

高校数学における極限計算では，いくつかの基本的な数列が収束する事実と命題 3.4.7 を組み合わせるだけで，大抵は事足りるのであった．

例題 3.5.1 数列 $a_n = \dfrac{3n+4}{2n+3}$ の極限値を求めよ．

解答例 $a_n = \dfrac{3 + \dfrac{4}{n}}{2 + \dfrac{3}{n}}$ の分子に現れる数列 $3 + \dfrac{4}{n}$ が 3 に収束することを示そう．$b_n = 3$, $c_n = 4 \cdot \dfrac{1}{n}$ とおけば，例 3.3.5 より b_n は 3 に収束し，$\lim_{n \to \infty} \dfrac{1}{n} = 0$ および命題 3.4.7 (2) より $\lim_{n \to \infty} c_n = 4 \cdot 0 = 0$ である．命題 3.4.7 (1) より

$$\lim_{n \to \infty} \left(3 + \frac{4}{n}\right) = \lim_{n \to \infty} (b_n + c_n) = \lim_{n \to \infty} b_n + \lim_{n \to \infty} c_n = 3 + 0 = 3.$$

分母に現れる数列についても上と同様にして $\lim_{n \to \infty} \left(2 + \dfrac{3}{n}\right) = 2$ が示される．ゆえに命題 3.4.7 (4) より

$$\lim_{n \to \infty} \frac{3n+4}{2n+3} = \lim_{n \to \infty} \frac{3 + \dfrac{4}{n}}{2 + \dfrac{3}{n}} = \frac{\lim_{n \to \infty} \left(3 + \dfrac{4}{n}\right)}{\lim_{n \to \infty} \left(2 + \dfrac{3}{n}\right)} = \frac{3}{2}. \tag{3.1}$$

普段は上のような議論ができることを暗黙の前提として，数列の極限計算を行う際は式 (3.1) の部分のみを記す．式 (3.1) で lim 記号が何度も現れて煩わしく感じる場合は，次のように書けばよい：

$$\frac{3n+4}{2n+3} = \frac{3+\dfrac{4}{n}}{2+\dfrac{3}{n}} \xrightarrow[n\to\infty]{} \frac{3}{2}.$$

高校で学んだ極限計算の経験から，命題 3.4.7 さえ原理として認めればあらゆる数列の極限が求まり，したがって ε-N 論法による込み入った議論は不要ではないかと考える読者もいることと思う．そこで，命題 3.4.7 を利用する式変形のみでは極限値が求まらない例を次に挙げよう：

例 3.5.2 数列 a_n が α に収束するとき，第 n 項までの平均を表す数列 $b_n = \dfrac{a_1+a_2+\cdots+a_n}{n}$ も α に収束する．

上の命題の真偽を具体例で検討してみよう．第 10 項までが $a_n = 100$ であり，第 11 項以降は $a_n = \alpha = 1$ なる数列を考える．この例では，はじめの $N_0 = 10$ 項ぶんがある程度平均を押し上げるものの，n を十分大きくとれば N_0 個の項の影響は無視できるほど小さくなる．実際，第 10000 項までの平均は

$$\frac{100\cdot N_0 + \alpha(10000-N_0)}{10000} = \frac{(100-\alpha)N_0}{10000} + \frac{10000\alpha}{10000} = \frac{990}{10000} + \alpha = 1.099.$$

この値と $\alpha = 1$ との誤差は $\dfrac{(100-\alpha)N_0}{10000} = 0.099$ である．

〔証明の方針〕 a_n と α の誤差が δ 未満の場合に，b_n と α の誤差を見積もれば，

$$|b_n - \alpha| = \frac{|a_1+\cdots+a_n - n\alpha|}{n} \leq \frac{|a_1-\alpha|+\cdots+|a_n-\alpha|}{n} < \frac{n\delta}{n} = \delta.$$

一方，a_n と α の誤差が δ 以上の項は有限個しかないゆえ，このような項は第 N_0 項までにしか現れないとしてよい．第 N_0 までの項が α と大きく離れている場合を想定しつつ，その最大誤差を M とする（上の具体例では $M = 100 - \alpha$）．M の影響による誤差を見積もれば，それは上の具体例における計算と同様にして $\dfrac{MN_0}{n}$ である．この数は，十分大きな N ($\dfrac{MN_0}{N} < \delta$ を満たす N) より先の n を考えれば δ 未満にできる．以上より $n > N$ ならば，b_n と α の誤差は，a_n と α の誤差が δ 未満の場合とそうでない場合を合わせて，$\delta + \dfrac{MN_0}{n} \leq \delta + \dfrac{MN_0}{N} < 2\delta$ で抑えられる．結局，b_n と α の誤差を $\varepsilon > 0$ 未満にしたいのであれば，$\delta = \varepsilon/2$ と置き，いまの議論が成立するよう，N_0 と N の値を順次定めればよい．

例 3.5.2 の証明 任意に $\varepsilon > 0$ を取る．a_n が α に収束することから，$\varepsilon/2 > 0$ に対して次の条件 (3.2) を満たす自然数 N_0 が存在する：

$$n > N_0 \implies |\alpha - a_n| < \frac{\varepsilon}{2}. \tag{3.2}$$

$M := \max\{\,|\alpha - a_1|, |\alpha - a_2|, \cdots, |\alpha - a_{N_0}|\,\} \geq 0$ とおき，上の方針に従って

$\dfrac{MN_0}{N} < \dfrac{\varepsilon}{2}$ を満たすような自然数 N を取ろう (この N は，次のようにして得られる：実数のアルキメデス性より，$\dfrac{2N_0 M}{\varepsilon} < N$ を満たす自然数 N が存在する)．また，N を大きくとることで $N > N_0$ を満たすとしてよい．このとき，

$$\dfrac{2N_0 M}{\varepsilon} < N \text{ であるから，これを変形して } \dfrac{M}{N} < \dfrac{\varepsilon}{2N_0}$$

を得る．$|\alpha - a_1|, \cdots, |\alpha - a_{N_0}| \leq M$ ゆえ，

$$\dfrac{|\alpha - a_1|}{N}, \dfrac{|\alpha - a_2|}{N}, \dfrac{|\alpha - a_3|}{N}, \cdots, \dfrac{|\alpha - a_{N_0}|}{N} \leq \dfrac{M}{N} < \dfrac{\varepsilon}{2N_0}. \tag{3.3}$$

いまから「$n > N \Longrightarrow |\alpha - b_n| < \varepsilon$」を示そう．$n > N$ とすれば，$N > N_0$ より $n > N_0$，つまり $n - N_0 > 0$．また $n > n - N_0$ ゆえ，正数を n で割るよりも $n - N_0$ あるいは N で割ったもののほうが大きい．したがって

$$|\alpha - b_n| = \left|\dfrac{n\alpha}{n} - \dfrac{a_1 + \cdots + a_n}{n}\right| = \left|\dfrac{(\alpha + \cdots + \alpha) - (a_1 + \cdots + a_n)}{n}\right|$$

$$= \left|\dfrac{\alpha - a_1}{n} + \cdots + \dfrac{\alpha - a_n}{n}\right| \leq \left|\dfrac{\alpha - a_1}{n}\right| + \cdots + \left|\dfrac{\alpha - a_n}{n}\right|$$

$$= \underbrace{\left(\dfrac{|\alpha - a_1|}{n} + \cdots + \dfrac{|\alpha - a_{N_0}|}{n}\right)}_{N_0 \text{ 個の和}} + \underbrace{\left(\dfrac{|\alpha - a_{N_0+1}|}{n} + \cdots + \dfrac{|\alpha - a_n|}{n}\right)}_{n - N_0 \text{ 個の和}}$$

$$< \underbrace{\left(\dfrac{|\alpha - a_1|}{N} + \cdots + \dfrac{|\alpha - a_{N_0}|}{N}\right)}_{N_0 \text{ 個の和}} + \underbrace{\left(\dfrac{|\alpha - a_{N_0+1}|}{n - N_0} + \cdots + \dfrac{|\alpha - a_n|}{n - N_0}\right)}_{n - N_0 \text{ 個の和}}$$

$$< \underbrace{\left(\dfrac{\varepsilon}{2N_0} + \cdots + \dfrac{\varepsilon}{2N_0}\right)}_{N_0 \text{ 個の和}} + \underbrace{\left(\dfrac{\varepsilon/2}{n - N_0} + \cdots + \dfrac{\varepsilon/2}{n - N_0}\right)}_{n - N_0 \text{ 個の和}}$$

(ここで条件 (3.2) および (3.3) を用いた)

$$= N_0 \cdot \dfrac{\varepsilon}{2N_0} + (n - N_0) \cdot \dfrac{\varepsilon/2}{n - N_0} = \dfrac{\varepsilon}{2} + \dfrac{\varepsilon}{2} = \varepsilon. \qquad \square$$

ε-N 論法の証明から見えること

コーシーによって導入された ε-N 論法 (および関数に適用される ε-δ 論法) は，限りなく近づくという概念を明確にし，微積分学における極限操作を正当化するに至った．これは数学を整理し，正当な理論として確立するという要請に応えるために必要なことであった．一方，数学を応用する立場においては，ε-N 論法による議論から何が見えてくるのだろうか．

数列 a_n が α に収束することを証明するために考察したことは，「a_n と α の誤差を与えられた正数 ε 未満に抑えるには，いかにすればよいか」という課題に解を与えることであった．数列が関数として定義されたことを振り返り，いまの課題を一般化すれば次のようになる：

> "関数 $f(x)$ の値を誤差 ε 未満で目標 α に近づける方法を検討せよ."
>
> 上の問いに還元できるような問題は，物体の軌道制御や，観測精度の分析，精密部品の製造，売上目標の設定など社会活動のいたるところにあり，枚挙にいとまがない．ε-N 論法による証明を学ぶことは，これらの課題の中で最も基本的なものについて理解を得ることに他ならない．

3.6　はさみうちの原理

3.4 節で残していた証明を与える．

補題 3.6.1　$0 \leq b_n \leq c_n$ かつ $\lim_{n\to\infty} c_n = 0$ ならば，$\lim_{n\to\infty} b_n = 0$.

証明　任意に $\varepsilon > 0$ を取ると，c_n が 0 に収束することから次を満たす自然数 N が存在する：$n > N$ ならば $|0 - c_n| < \varepsilon$. このとき「$n > N \Longrightarrow |0 - b_n| < \varepsilon$」が成り立つ．実際，$|0 - b_n| = b_n \leq c_n = |0 - c_n| < \varepsilon$. □

補題 3.6.2　$\lim_{n\to\infty} a_n = \lim_{n\to\infty} b_n = 0$ のとき次が成り立つ：
（1）$\lim_{n\to\infty}(a_n + b_n) = 0$，　　（2）　実数 r について $\lim_{n\to\infty}(r \cdot a_n) = 0$.

証明　（1）$\varepsilon > 0$ を任意に取る．このとき $\varepsilon/2$ に対して，$a_n, b_n \xrightarrow[]{} 0$ より次を満たす $N \in \mathbb{N}$ が存在する：$n > N$ ならば，$|a_n|, |b_n| < \varepsilon/2$ (補題 3.3.6). このとき，各 $n > N$ について $|a_n + b_n| \leq |a_n| + |b_n| < \varepsilon$. ゆえに $\lim_{n\to\infty}(a_n + b_n) = 0$.

（2）$r = 0$ の場合は明らかゆえ，$r \neq 0$ とし，$\varepsilon > 0$ を任意に取る．このとき，正数 $\varepsilon/|r|$ に対して，$\lim_{n\to\infty} a_n = 0$ より次を満たす $N \in \mathbb{N}$ が存在する：各 $n > N$ について $|a_n| < \varepsilon/|r|$（このとき $|r| \cdot |a_n| < \varepsilon$）．つまり，$n > N \Longrightarrow |ra_n| < \varepsilon$. □

命題 3.4.7（再掲）　$\lim_{n\to\infty} a_n = \alpha$ および $\lim_{n\to\infty} b_n = \beta$ とすれば，
（1）$\lim_{n\to\infty}(a_n \pm b_n) = \alpha \pm \beta$，　　（2）　実数 r について $\lim_{n\to\infty}(r \cdot a_n) = r \cdot \alpha$，
（3）$\lim_{n\to\infty}(a_n \cdot b_n) = \alpha \cdot \beta$，　　（4）$\lim_{n\to\infty} \dfrac{a_n}{b_n} = \dfrac{\alpha}{\beta}$（ただし $\beta \neq 0$, $b_n \neq 0$）．

証明　（1）命題 3.3.4 を念頭に，数列 $a_n + b_n$ と $\alpha + \beta$ の距離が 0 に収束することを示そう．仮定から，$|\alpha - a_n|, |\beta - b_n| \longrightarrow 0 \ (n \to \infty)$ である．これと補題 3.6.2 (1) を合わせて $|\alpha - a_n| + |\beta - b_n| \longrightarrow 0 \ (n \to \infty)$. したがって，

$$0 \leq |(\alpha + \beta) - (a_n + b_n)| = |(\alpha - a_n) + (\beta - b_n)| \leq |\alpha - a_n| + |\beta - b_n| \xrightarrow[n\to\infty]{} 0.$$

補題 3.6.1 より $\lim_{n\to\infty} |(\alpha + \beta) - (a_n + b_n)| = 0$, つまり $\lim_{n\to\infty}(a_n + b_n) = \alpha + \beta$ である．数列 $a_n - b_n$ の収束も同様にして示される．

（2） 仮定より $\lim_{n\to\infty}|\alpha-a_n|=0$ であり，補題 3.6.2 (2) から $\lim_{n\to\infty}(|r|\cdot|\alpha-a_n|)=0$. よって，$|r\alpha-ra_n|=|r(\alpha-a_n)|=|r|\cdot|\alpha-a_n|\longrightarrow 0 \quad (n\to\infty)$.

（3） b_n は有界である（命題 3.4.2）．そこで n によらずに $|b_n|\le M$ とすれば，
$$0\le|a_nb_n-\alpha\beta|=|(a_nb_n-\alpha b_n)+(\alpha b_n-\alpha\beta)|\le|a_nb_n-\alpha b_n|+|\alpha b_n-\alpha\beta|$$
$$=|a_n-\alpha|\cdot|b_n|+|\alpha|\cdot|b_n-\beta|\le|a_n-\alpha|\cdot M+|\alpha|\cdot|b_n-\beta|\xrightarrow[n\to\infty]{}0.$$

ここで，上式の最後に現れた二つの数列 $|a_n-\alpha|\cdot M$ および $|\alpha|\cdot|b_n-\beta|$ がそれぞれ 0 に収束することに補題 3.6.2 (2) を用い，これらの和が 0 に収束することに補題 3.6.2 (1) を用いている．

（4） 命題 3.4.5 より $\lim_{n\to\infty}|b_n|=|\beta|$ である．つまり，$\varepsilon=|\beta|/2>0$ に対して，次を満たす $N\in\mathbb{N}$ が存在する：各 $n>N$ について $|\beta|-\varepsilon<|b_n|<|\beta|+\varepsilon$. この不等式から次の大小関係が導かれることに注意する．
$$\frac{|\beta|}{2}=|\beta|-\varepsilon<|b_n|.$$

$n>N$ なる項について論じれば，
$$\left|\frac{\alpha}{\beta}-\frac{a_n}{b_n}\right|=\frac{|\alpha b_n-a_n\beta|}{|\beta b_n|}=\frac{|(\alpha b_n-\alpha\beta)+(\alpha\beta-a_n\beta)|}{|\beta b_n|}$$
$$\le\frac{|\alpha b_n-\alpha\beta|}{|\beta b_n|}+\frac{|\alpha\beta-a_n\beta|}{|\beta b_n|}=\frac{|\alpha|}{|\beta|}\cdot\frac{|b_n-\beta|}{|b_n|}+\frac{|\beta|}{|\beta|}\cdot\frac{|\alpha-a_n|}{|b_n|}$$
$$<\frac{|\alpha|}{|\beta|}\cdot\frac{|b_n-\beta|}{|\beta|/2}+1\cdot\frac{|\alpha-a_n|}{|\beta|/2}=\frac{2|\alpha|}{\beta^2}\cdot|b_n-\beta|+\frac{2}{|\beta|}\cdot|\alpha-a_n|\xrightarrow[n\to\infty]{}0.$$

ゆえに補題 3.6.1 より a_n/b_n は α/β に収束する． □

〔備考〕 (4) の証明において実際に示したことは，$c_n:=a_n/b_n$ の第 N 項より先のみを考えた数列 $d_n:=c_{n+N}$ が α/β に収束することである．これに加えて，はじめの数項は極限の値に影響を及ぼさないことから，c_n も α/β に収束することが分かる．いまの議論をより厳密に述べたければ，命題 3.7.1 を適用すればよい．

定理 3.4.6 (再掲) 各 $n\in\mathbb{N}$ について $a_n\le b_n\le c_n$ であるとする．このとき，$\lim_{n\to\infty}a_n=\lim_{n\to\infty}c_n=\alpha$ ならば b_n も収束し，$\lim_{n\to\infty}b_n=\alpha$.

証明 次の三つの数列 $a'_n:=a_n-a_n=0$, $b'_n:=b_n-a_n$, $c'_n:=c_n-a_n$ について，$a'_n=0\le b'_n\le c'_n$ が成り立つ．また，a_n と c_n はともに α に収束することから，命題 3.4.7 (1) により c'_n は $\alpha-\alpha=0$ に収束する．したがって，補題 3.6.1 より b'_n も 0 に収束する．$b'_n=b_n-a_n$ を変形すれば $b_n=b'_n+a_n$ である．b'_n は 0 に収束し a_n は α に収束するから，命題 3.4.7 (1) より b_n は $0+\alpha=\alpha$ に収束する． □

3.7 項の並び替えと部分列

項の並び替えに関係する収束列の性質をまとめておく．

命題 3.7.1 a_n を数列とし，$k \in \mathbb{N}$ を一つ固定する．a_n を k 項ぶんずらした数列 $b_n := a_{n+k}$ について，$\lim_{n \to \infty} a_n = \alpha$ と $\lim_{n \to \infty} b_n = \alpha$ は同値である．

証明 $\lim_{n \to \infty} a_n = \alpha$ とする．任意の $\varepsilon > 0$ に対して，仮定より次を満たす $N_0 \in \mathbb{N}$ が取れる：$n > N_0$ ならば $|\alpha - a_n| < \varepsilon$．各 $n > N_0$ について $n + k > N_0$ ゆえ $|\alpha - b_n| = |\alpha - a_{n+k}| < \varepsilon$．つまり $\lim_{n \to \infty} b_n = \alpha$．

次に $\lim_{n \to \infty} b_n = \alpha$ とする．任意の $\varepsilon > 0$ に対して，仮定より次を満たす $N_1 \in \mathbb{N}$ が取れる：$n > N_1$ ならば $|\alpha - b_n| < \varepsilon$．$N := N_1 + k$ と置けば，各 $n > N$ について $n - k > N - k = N_1 + k - k = N_1$ ゆえ $|\alpha - b_{n-k}| < \varepsilon$．つまり $|\alpha - a_n| = |\alpha - b_{n-k}| < \varepsilon$．以上より $\lim_{n \to \infty} a_n = \alpha$． □

次の命題について詳しく論じるには，その性質上，全単射 (1 対 1 の対応) にふれる必要がある．全単射の詳しい定義は 5.6 節を参照されたい．

命題 3.7.2 a_n の並び順を入れ替えた数列を b_n とする．このとき a_n が α に収束することと b_n が α に収束することは同値である．

証明 a_n と b_n の対称性から，$\lim_{n \to \infty} a_n = \alpha \implies \lim_{n \to \infty} b_n = \alpha$ のみを示せばよい．b_n が a_n の並び替えであることから，ある 1 対 1 の対応 $f : \mathbb{N} \to \mathbb{N}$ を用いて $b_n = a_{f(n)}$ と表せる．さて，$\varepsilon > 0$ を任意に取れば，次を満たす $N_0 \in \mathbb{N}$ が存在する：$n > N_0$ ならば $|\alpha - a_n| < \varepsilon$．ここで次のような集合を考える[4]：

$$X := \{ n \in \mathbb{N} \mid f(n) \leq N_0 \} = f^{-1}(1) \cup f^{-1}(2) \cup \cdots \cup f^{-1}(N_0).$$

f が 1 対 1 であることから各 $f^{-1}(k)$ はちょうど 1 点からなる集合であり，とくに X は有限集合である．ゆえに X は最大元 $N = \max X$ を持つ (例 2.4.2 (3))．このとき，N より大きな自然数 n は X の元ではない．つまり $n > N$ ならば $f(n) > N_0$ である．ゆえに各 $n > N$ について $|\alpha - b_n| = |\alpha - a_{f(n)}| < \varepsilon$． □

自然数の増大列 $n_1 < n_2 < n_3 < \cdots$ が与えられているとする．このとき，数列 a_n のうち飛び飛びの項を並べた数列 $a_{n_1}, a_{n_2}, a_{n_3}, \cdots$ を a_n の **部分列** という．

---

[4] X の定義に現れる $f^{-1}(k)$ は，f に代入した値が k になる数をすべてあつめた集合を表す (定義 5.3.3)．

補題 3.7.3 自然数の列 $n_1 < n_2 < \cdots$ および $i \in \mathbb{N}$ について，$i \leq n_i$．

証明 i に関する数学的帰納法により示す．$i = 1$ について $1 \leq n_1$ は明らか．$i-1 \leq n_{i-1}$ を仮定すれば，$i \leq n_{i-1} + 1$ である．また，$n_i - n_{i-1} > 0$ であり，この左辺は整数ゆえ $n_i - n_{i-1} \geq 1$．よって，$i \leq n_{i-1} + 1 \leq n_{i-1} + (n_i - n_{i-1}) = n_i$．□

命題 3.7.4 数列 a_n が α に収束するならば，その部分列 $a_{n_1}, a_{n_2}, a_{n_3}, \cdots$ も α に収束する．

証明 $b_i := a_{n_i}$ とおき，$\lim_{i \to \infty} b_i = \alpha$ を示そう．任意の $\varepsilon > 0$ に対して，$\lim_{n \to \infty} a_n = \alpha$ より次を満たす $N \in \mathbb{N}$ が取れる：$n > N$ ならば $|\alpha - a_n| < \varepsilon$．このとき，$i > N$ ならば $n_i \geq i > N$ ゆえ，$|\alpha - b_i| = |\alpha - a_{n_i}| < \varepsilon$．つまり $\lim_{i \to \infty} b_i = \alpha$．□

〔別証〕 実は，命題 3.7.2 の証明をわずかに書き換えるだけで命題 3.7.4 が得られる．命題 3.7.2 の証明を細かく見れば，f が 1 対 1 対応でなくとも各 $f^{-1}(k)$ が有限集合でありさえすればよいことが分かる．そこで，$g(i) := n_i$ なる関数 $g : \mathbb{N} \to \mathbb{N}$ で f を置き換えると，数列 $b_i := a_{g(i)}$ は a_n の部分列 $a_{n_1}, a_{n_2}, \cdots$ に等しい．このとき，各 $g^{-1}(k)$ は 1 点以下の集合ゆえ，命題 3.7.2 の証明と同様にして b_i の収束がいえる．

3.8 無限大への発散

実数列 a_n が，ある実数 α に収束するとき a_n は**収束する**という．したがって，a_n が収束しないとは，いかなる実数 α についても a_n が α に収束しないことを指す．収束しないことを**発散する**ともいう．発散する数列のうちでさらに特別なものとして，項を進めればいかなる数よりも大きくなり続けるものがある：

定義 3.8.1 任意の $M > 0$ に応じて，次の条件を満たす $N \in \mathbb{N}$ が存在するとき，数列 a_n は**無限大 (∞) に発散する**という：
$$n > N \implies a_n > M.$$
また，$-a_n$ が ∞ に発散するとき，a_n は**負の無限大 ($-\infty$) に発散する**という．

a_n が ∞ に発散することを次の式で表す：
$$a_n \longrightarrow \infty \quad (n \to \infty), \qquad a_n \xrightarrow{n \to \infty} \infty, \qquad a_n \xrightarrow[n \to \infty]{} \infty, \qquad \lim_{n \to \infty} a_n = \infty.$$
無限大に発散する数列は必ずしも単調増加であるとは限らない (練習 3.6)．単調増加列の正確な定義は 65 ページに記した．

命題 3.8.2 上に (下に) 有界でない単調増加 (減少) 列は ∞ ($-\infty$) に発散する．

証明 a_n を上に有界でない単調増加列とする．任意の $M > 0$ に対して，M は $\{a_n \mid n \in \mathbb{N}\}$ の上界でないゆえ，$M < a_N$ を満たす $N \in \mathbb{N}$ が取れる．このとき「$n > N \Longrightarrow a_n > M$」である．実際 $n > N$ とすれば，a_n の単調性より $M < a_N \leq a_n$．以上より，a_n は ∞ に発散する．

次に b_n を下に有界でない単調減少列とする．$-b_n$ は上に有界でない単調増加列ゆえ，いま示したことから ∞ に発散する．つまり b_n は $-\infty$ に発散する． □

例 3.8.3 数列 $a_n = n$ は ∞ に発散する (実数のアルキメデス性)．

無限大に発散する数列の例を挙げるために，次の基本的な性質を検討しよう．

命題 3.8.4 a_n, b_n を数列とする．$\lim\limits_{n\to\infty} a_n = \infty$ のとき，次が成り立つ．
 (1) a_n は下に有界である．
 (2) 各 $n \in \mathbb{N}$ について $a_n \leq b_n$ ならば，b_n は ∞ に発散する．
 (3) b_n が下に有界ならば，$a_n + b_n$ は ∞ に発散する．
 (4) 任意の $\delta > 0$ について，δa_n は ∞ に発散する．
 (5) b_n が正の数に収束するならば，$a_n b_n$ は ∞ に発散する．
 (6) b_n が負の数に収束するならば，$a_n b_n$ は $-\infty$ に発散する．

証明 (1) 正数 $M = 1$ に対して仮定を適用すれば，次を満たす $N \in \mathbb{N}$ が取れる：$n > N$ ならば $a_n > 1$．このとき，$l := \min\{a_1, \cdots, a_N, 1\}$ は $\{a_n \mid n \in \mathbb{N}\}$ の下界であり，ゆえに a_n は下に有界である．

(2) 任意に $M > 0$ を取る．仮定より次を満たす $N \in \mathbb{N}$ が取れる：$n > N$ ならば $a_n > M$．このとき，「$n > N \Longrightarrow b_n > M$」が成り立つ．実際，$n > N$ とすれば，$b_n \geq a_n > M$ より $b_n > M$ を得る．

(3) b_n は下に有界ゆえ次を満たす S が存在する：各 $n \in \mathbb{N}$ について $b_n \geq S$．任意に $M > 0$ を取れば，a_n が ∞ に発散することから，次を満たす $N \in \mathbb{N}$ が取れる：$n > N$ ならば $a_n > M - S$．このとき「$n > N \Longrightarrow a_n + b_n > M$」が成り立つ．実際，$n > N$ ならば $a_n + b_n > (M - S) + S = M$ である．

(4) 任意に $M > 0$ を取る．$\lim\limits_{n\to\infty} a_n = \infty$ より，$M/\delta > 0$ に対して次を満たす $N \in \mathbb{N}$ が取れる：$n > N$ ならば $a_n > M/\delta$．つまり，$n > N \Longrightarrow \delta a_n > M$．

(5) b_n の極限を $\beta > 0$ とする．a_n が ∞ に発散すること，および正数 $\varepsilon := \beta/2$ に対して b_n が収束することを適用すれば，次を満たす $N \in \mathbb{N}$ が取れる：各 $n > N$ について，$a_n > 0$ かつ $b_n > \beta - \varepsilon$．ここで $\delta := \beta - \varepsilon = \beta/2 > 0$ とすれば，第 N 項より先の項について $a_n b_n > a_n \delta$ が成り立つ．(4) より $a_n \delta$ は ∞ に発散し，さらに

(2) を適用すれば $a_n b_n$ は ∞ に発散する.

 (6) 仮定より $-b_n$ は正の数に収束し，ゆえに (5) より $a_n(-b_n) = -a_n b_n$ は ∞ に発散する．したがって $a_n b_n$ は $-\infty$ に発散する． □

$-\infty$ に発散する数列においても類似の命題が成り立つ：

命題 3.8.5 a_n, b_n を数列とする．$\lim\limits_{n\to\infty} a_n = -\infty$ のとき，次が成り立つ．
 (1) a_n は上に有界である．
 (2) 各 $n \in \mathbb{N}$ について $a_n \geq b_n$ ならば，b_n は $-\infty$ に発散する．
 (3) b_n が上に有界ならば，$a_n + b_n$ は $-\infty$ に発散する．
 (4) 任意の $\delta > 0$ について，δa_n は $-\infty$ に発散する．
 (5) b_n が正の数に収束するならば，$a_n b_n$ は $-\infty$ に発散する．
 (6) b_n が負の数に収束するならば，$a_n b_n$ は ∞ に発散する．

証明 (3) のみ示す．$a'_n := -a_n$, $b'_n := -b_n$ と置けば，a'_n は ∞ に発散し，b'_n は下に有界な数列である．ゆえに命題 3.8.4 (3) より $a'_n + b'_n = -(a_n + b_n)$ は ∞ に発散する．したがって $a_n + b_n$ は $-\infty$ に発散する． □

命題 3.8.4 および 3.8.5 の (2) を本書では**発散型のはさみうちの原理**と呼ぶ[5]．また，(3) 以降の主張は，それぞれ $\pm\infty$ への発散に関する標語的な式として，しばしば $\pm\infty + $ 実数 $= \pm\infty$, $\pm\infty + (\pm\infty) = \pm\infty$, $\pm\infty \times $ 正数 $= \pm\infty$, $\pm\infty \times $ 負数 $= \mp\infty$ (いずれも複号同順) などと表現される根拠となる．ただし，$\infty \times 0$ や $\infty - \infty$ について上記のような標語的解釈は定まらない (例 3.8.8)．

例 3.8.6 数列 $b_n = n^2$ は ∞ に発散する．これは $n \leq b_n$ および例 3.8.3, 命題 3.8.4 (2) から導かれる．同様に，各 $k \in \mathbb{N}$ について，$c_n = n^k$ は ∞ に発散する．

例 3.8.7 $a > 1$ とすれば，数列 $b_n = a^n$ は ∞ に発散する．

証明 $\delta := a - 1 > 0$ と置けば，$b_n = a^n = (1+\delta)^n \geq n\delta$. 数列 $d_n := n\delta$ は命題 3.8.4 (4) より ∞ に発散し，ゆえに命題 3.8.4 (2) より b_n も ∞ に発散する． □

例 3.8.8 (1) $a_n = n^2$, $b_n = 1/n$, $c_n = 1/n^3$, $d_n = (-1)^n/n^2$ について，$\lim\limits_{n\to\infty} a_n = \infty$ および $\lim\limits_{n\to\infty} b_n = \lim\limits_{n\to\infty} c_n = \lim\limits_{n\to\infty} d_n = 0$. このとき $a_n b_n = n$ は ∞ に

---

[5] 追い出しの原理と呼ばれることもある．

発散し，$a_n c_n = 1/n$ は 0 に収束する．また，$a_n d_n = (-1)^n$ は収束しない．

 (2) $a_n = 2n$, $b_n = n$, $c_n = 3n$, $d_n = 2n + (-1)^n$ はいずれも ∞ に発散する．このとき $a_n - b_n = n$ は ∞ に発散し，$a_n - c_n = -n$ は $-\infty$ に発散する．また $a_n - d_n = -(-1)^n$ は収束しない．

無限大に発散する数列の例が得られるとき，その逆数を取ることで 0 に収束する数列を得る：

命題 3.8.9 数列 a_n が 0 に値を取らないとする．このとき，その逆数が並ぶ数列 $b_n = 1/a_n$ について，次は同値である：

$$|a_n| \text{ は } \infty \text{ に発散する} \iff b_n \text{ は } 0 \text{ に収束する.}$$

証明 ($\Rightarrow$)：$|b_n|$ が 0 に収束することを示せばよい．任意の $\varepsilon > 0$ に対して，$M = 1/\varepsilon$ とすれば，仮定より次を満たす $N \in \mathbb{N}$ が存在する：各 $n > N$ について $|a_n| > M$ (つまり $1/M > 1/|a_n|$)．このとき「$n > N \implies |b_n| < \varepsilon$」が成り立つ．実際，$|b_n| = |1/a_n| = 1/|a_n| < 1/M = \varepsilon$．

($\Leftarrow$)：任意の $M > 0$ に対して，$\varepsilon := 1/M$ とすれば仮定より次を満たす $N \in \mathbb{N}$ が取れる：$n > N$ ならば $|b_n| < \varepsilon$ (つまり $1/\varepsilon < 1/|b_n|$)．このとき，各 $n > N$ について $|a_n| = 1/|b_n| > 1/\varepsilon = M$ である． □

とくに，a_n が ∞ に発散するならば $b_n = 1/a_n$ は 0 に収束する．この逆は成り立たないことに注意せよ．例えば $b_n = (-1)^n/n$ は 0 に収束するが，その逆数列 $a_n = (-1)^n n$ は ∞ に発散しないし，$-\infty$ にも発散しない．a_n は単に発散する，つまり収束しない数列である．

例 3.8.10 $0 < a < 1$ とすれば，$b_n = a^n$ は 0 に収束する．なぜなら，その逆数の列である $(1/a)^n$ が $1/a > 1$ より ∞ に発散するからである．

自然数 n に対して，n 以下の自然数をすべてかけ合わせた数を n の**階乗**と呼び，$n!$ で表す．すなわち，$n! = n(n-1)\cdots 3 \cdot 2 \cdot 1$．また，形式的に $0! := 1$ と定める．

例 3.8.11 $\displaystyle\lim_{n \to \infty} \frac{a^n}{n!} = 0$.

証明 まず $a \geq 0$ の場合を示す．$b_n := a^n/n!$ とおく．また，$a/N < 1$ を満たすよう $N \in \mathbb{N}$ を取る (実数のアルキメデス性)．数列 $c_n := b_{n+N}$ が 0 に収束することを示せば，b_n も 0 に収束することが分かる (命題 3.7.1)．$M := a^N/N!$ と置けば，これは固定された数である．このとき，$(a/N)^n$ が $n \to \infty$ において 0 に収束することから，

$$0 \leq c_n = \frac{a^{n+N}}{(n+N)!} = \frac{a^n}{(n+N)(n+N-1)(n+N-2)\cdots(N+1)} \cdot \frac{a^N}{N!}$$

$$\leq \frac{a^n}{N^n} \cdot \frac{a^N}{N!} = \left(\frac{a}{N}\right)^n \cdot M \xrightarrow[n\to\infty]{} 0 \cdot M = 0.$$

$a < 0$ の場合は，$\left|\dfrac{a^n}{n!}\right| = \dfrac{|a|^n}{n!} \xrightarrow[n\to\infty]{} 0$ より従う． □

のちに，自然対数の底 e について $e^x = \displaystyle\sum_{n=0}^{\infty} \dfrac{x^n}{n!}$ を示す (例 A.7.4)．

次の補題では，形式的に $x^0 = 1$ と定める (0 乗について詳しくは 9.8 節を見よ)．

補題 3.8.12 $p(x) = \displaystyle\sum_{k=0}^{\ell+1} a_k x^k$ (ただし $\ell \in \mathbb{N}$, $a_{\ell+1} > 0$) について，$\displaystyle\lim_{n\to\infty} \dfrac{p(n)}{n^\ell} = \infty$.

証明 $\dfrac{p(n)}{n^\ell} = a_{\ell+1} n + a_\ell + \displaystyle\sum_{k=0}^{\ell-1} \dfrac{a_k}{n^{\ell-k}}$ に着目する．右辺の第 3 項は，$\displaystyle\sum_{k=0}^{\ell-1} \dfrac{a_k}{n^{\ell-k}} \xrightarrow[n\to\infty]{}$ $\displaystyle\sum_{k=0}^{\ell-1} 0 = 0$ ゆえ有界である (命題 3.4.2)．よって，命題 3.8.4 (3) および (4) より主張を得る． □

例 3.8.13 $a > 1$ および，$\ell \in \mathbb{N}$ について，$\displaystyle\lim_{n\to\infty} \dfrac{a^n}{n^\ell} = \infty$.

証明 簡単のため，$\ell = 100$ の場合について論じよう．$\delta := a - 1$ とすれば $\delta > 0$ である．$n \geq 101$ とすれば二項定理[6])により，

$$a^n = (1+\delta)^n = \sum_{k=0}^{n} {}_nC_k 1^{n-k} \delta^k > {}_nC_{101} \delta^{101} = \frac{n(n-1)\cdots(n-100)}{101!} \cdot \delta^{101}.$$

上の右辺を改めて $P(n)$ とおけば，$P(n)$ は n を変数とする 101 次多項式であり，その 101 次係数は $\dfrac{\delta^{101}}{101!} > 0$．前補題を適用すれば，$\dfrac{a^n}{n^{100}} > \dfrac{P(n)}{n^{100}} \xrightarrow[n\to\infty]{} \infty$．一般の $\ell \in \mathbb{N}$ についても類似の論法で ∞ に発散することが示される． □

章末問題

練習 3.1 命題 3.2.2 を示せ:

(1) $|x| = |-x|$, (2) $|xy| = |x||y|$,

(3) $|1/x| = 1/|x|$ (ただし $x \neq 0$), (4) $|x^2| = |x|^2 = x^2$,

(5) $x = 0 \iff |x| = 0$, (6) $|x| = \max\{x, -x\}$,

---

6) 次の公式を**二項定理**という: $(a+b)^n = \displaystyle\sum_{k=0}^{n} {}_nC_k a^{n-k} b^k$. ここで，${}_nC_k = \dfrac{n!}{(n-k)!k!}$ は二項係数 (組合せの総数) を表す．

(7) $-|x| \leq x \leq |x|$.

練習 3.2 数列 $a_n = (-1)^n$ が収束列でないことを示せ.

次の条件 (a) を $\lim_{n\to\infty} a_n = \alpha$ の定義にしてもよい.

練習 3.3 数列 a_n が α に収束することと次の条件 (a) は同値である (不等号に等号が入っていることに注意). これを示せ.

(a) いかなる $\varepsilon > 0$ に対しても, この ε に応じて次の条件 (†) を満たすような自然数 N が存在する:
$$n \geq N \implies |\alpha - a_n| \leq \varepsilon. \tag{†}$$

練習 3.4 次の (b) は, 数列 a_n が α に収束する条件として適切でない. その理由を考えよ.

(b) いかなる $\varepsilon \geq 0$ に対しても, この ε に応じて次の条件 (‡) を満たすような自然数 N が存在する:
$$n \geq N \implies |\alpha - a_n| \leq \varepsilon. \tag{‡}$$

練習 3.5 $\lim_{n\to\infty} a_n = \alpha$, $\lim_{n\to\infty} b_n = \beta$ とする. このとき $\lim_{n\to\infty} \max\{a_n, b_n\} = \max\{\alpha, \beta\}$ および $\lim_{n\to\infty} \min\{a_n, b_n\} = \min\{\alpha, \beta\}$ を示せ.

練習 3.6 無限大に発散する単調増加でない数列を一つあげよ.

練習 3.7 $b_n \in (0,1)$ を 0 に収束する数列とし, $A = \{(-1)^n (1 - b_n) \mid n \in \mathbb{N}\}$ とする. $\sup A = 1$ および $\inf A = -1$ を示せ.

第4章 数列の極限と実数の連続性

数列 a_n の収束を示す最も基本的な戦略は,a_n の収束先 α を予想したうえで,実際に α に収束することを証明するというものである.しかし,この方法は収束先を予想するのが困難な場合には使えない.本章では,実数の連続性を巧みに用いることにより,数列の収束先を的確に提示したり,あるいは収束先が何かを明言せずに数列の収束を示す技法を解説する.

4.1 有界単調列の収束定理

数列の単調性について改めて定義を述べておく.

定義 4.1.1 a_n を数列とする.
- 次の性質を満たすとき,a_n は**単調増加**であるという:
  各 $n \leq m$ について $a_n \leq a_m$.すなわち,$a_1 \leq a_2 \leq a_3 \leq \cdots$.
- 次の性質を満たすとき,a_n は**狭義単調増加**であるという:
  各 $n < m$ について $a_n < a_m$.すなわち,$a_1 < a_2 < a_3 < \cdots$.
- 次の性質を満たすとき,a_n は**単調減少**であるという:
  各 $n \leq m$ について $a_n \geq a_m$.すなわち,$a_1 \geq a_2 \geq a_3 \geq \cdots$.
- 次の性質を満たすとき,a_n は**狭義単調減少**であるという:
  各 $n < m$ について $a_n > a_m$.すなわち,$a_1 > a_2 > a_3 > \cdots$.

単調増加は**広義単調増加**あるいは**単調非減少**,**単調増大**とも呼ばれる.また,単調減少は**広義単調減少**あるいは**単調非増加**とも呼ばれる.

2.7 節で予告していた次の性質 (定義 2.7.1 (2)) を証明しよう.

定理 4.1.2 (有界単調列の収束定理) 上に (下に) 有界な単調増加 (減少) 数列は収束する.

証明 a_n を上に有界な単調増加列とする．$S = \{a_n \mid n \in \mathbb{N}\}$ は上に有界だから，実数の連続性により $M = \sup S$ が取れる．$\lim_{n \to \infty} a_n = M$ を示すために，任意に $\varepsilon > 0$ を取ろう．$M - \varepsilon$ は S の上界ではないゆえ (備考 2.6.3)，$a_N > M - \varepsilon$ を満たす $N \in \mathbb{N}$ が存在する．このとき $\varepsilon > M - a_N$ である．各自然数 $n > N$ について，a_n の単調性より $a_N \leq a_n \leq M$ ゆえ $|a_n - M| = M - a_n \leq M - a_N < \varepsilon$．以上より，$a_n$ は M に収束する．

一方，b_n が下に有界な単調減少列であるとき，$-b_n$ は上に有界な単調増加列であり，いま示したことから $-b_n$ は実数 $L = \sup\{-b_n \mid n \in \mathbb{N}\}$ に収束する．このとき命題 3.4.7 (2) より，$b_n = -(-b_n)$ は $-L$ に収束する． □

〔備考〕 上の証明において，練習 2.4 (3) より $-L = -\sup\{-b_n \mid n \in \mathbb{N}\} = \inf\{b_n \mid n \in \mathbb{N}\}$．つまり b_n の極限は $\{b_n \mid n \in \mathbb{N}\}$ の下限に等しい．

上の証明では次を示した：

系 4.1.3 a_n を上に (下に) 有界な単調増加 (減少) 列とすれば，その極限値は $\sup\{a_n \mid n \in \mathbb{N}\}$ ($\inf\{a_n \mid n \in \mathbb{N}\}$) である．

ここで「系」とは，これまでに得られた命題や，その証明の中に現れたいくつかの結論を組み合わせるだけで直ちに得られる主張のことを指す．したがって，本来であれば系における証明は不要である．しかしながら本書では初学者への配慮として，いくつかの系に証明を与えた．

系 4.1.4 任意の単調増加 (減少) 列は ∞ $(-\infty)$ を込めた意味で必ず極限を持つ．

証明 a_n を単調増加列とする．a_n が上に有界ならば $\lim_{n \to \infty} a_n = \sup\{a_n \mid n \in \mathbb{N}\}$ であり，上に有界でなければ，命題 3.8.2 より $\lim_{n \to \infty} a_n = \infty$ である．単調減少列についても類似の議論が適用される． □

4.2 無限小数展開

任意の無限小数展開が実数として認められること，および任意の実数が無限小数展開できることを導こう．

命題 4.2.1 整数列 $a_0, a_1, a_2, a_3, \cdots$ (ただし a_0 は非負整数とし，各 $n \in \mathbb{N}$ について $0 \leq a_n \leq 9$) に対して定義される数列 $s_n = \sum_{k=0}^{n-1} \dfrac{a_k}{10^k}$ ($= a_0.a_1 a_2 a_3 \cdots a_{n-1}$) は収束する．

証明 s_n が単調増加列であることは明らか ($s_n \leq s_n + \dfrac{a_n}{10^n} = s_{n+1}$). s_n の有界性は次の評価による:

$$s_n = a_0 + \sum_{k=1}^{n-1} \frac{a_k}{10^k} \leq a_0 + \sum_{k=1}^{n-1} \frac{9}{10^k} = a_0 + 0.99\cdots 9 < a_0 + 1.$$

ゆえに定理 4.1.2 より, s_n は収束する. □

定義 4.2.2 上の命題における数列 s_n の極限 $r = \lim\limits_{n\to\infty} s_n$ を, 10進法表記で

$$a_0.a_1 a_2 a_3 \cdots$$

と書き, これを $r \geq 0$ の **無限小数展開** という.

ここで, 無限小数展開は有限小数展開 (十分さきの a_n がすべて 0 の場合) を含むとし, 有限小数において十分さき以降に続く 0 は表示しない. また, 負数 μ において, 正数 $-\mu$ が無限小数展開 $-\mu = b_0.b_1 b_2 b_3 \cdots$ をもつとき, $\mu = -(b_0.b_1 b_2 b_3 \cdots)$ の右辺を μ の無限小数展開と定める. 有限小数の場合と同様に, 普段はこの括弧を略して $\mu = -b_0.b_1 b_2 b_3 \cdots$ と書く.

$r > 0$ のとき, r の小数点以下を切り捨てた数は $[r]$ に等しい. また, $r > 0$ の小数点第 n 位以下を切り捨てた数は, r を 10^{n-1} 倍したうえで小数点以下を切り捨てし, これをさらに $1/10^{n-1}$ 倍したものに等しいであろう (図 4.1). そこで, $s_n := [10^{n-1} r]/10^{n-1}$ とおけば, これは r に収束する数列となる (定理 4.2.4).

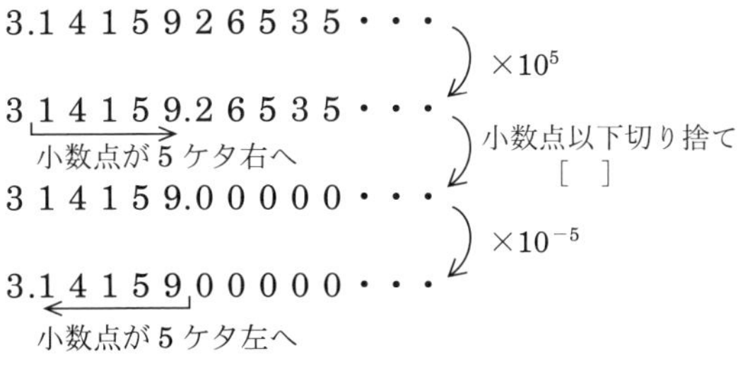

図 4.1

補題 4.2.3 $x \in \mathbb{R}$ について次が成り立つ.
(1) 正数 M について $\dfrac{[Mx]}{M} \leq x$,
(2) $x - [x] < 1$,
(3) 自然数 N について, $0 \leq [Nx] - N[x] < N$.

証明 (1) $[Mx] \leq Mx$ の両辺を M で割ればよい.

（2） 仮に $x - [x] \geq 1$ とすれば，$x - ([x]+1) = (x-[x]) - 1 \geq 1-1 = 0$. ゆえに $N = [x]+1$ は x を超えない整数である．これは $[x]$ が x を超えない最大の整数であることに反する．

（3） (2) の両辺を N 倍すれば $N > Nx - N[x] \geq [Nx] - N[x]$. 次に $0 \leq [Nx] - N[x]$ を示そう．$[x] \leq x$ より $N[x] \leq Nx$. ゆえに $N[x]$ は Nx を超えない整数であり，このような整数のうち最大のものが $[Nx]$ だから $N[x] \leq [Nx]$. □

定理 4.2.4 任意の実数 r に対して，r に収束する単調増加有理数列が存在する．

証明 $s_n := [10^{n-1}r]/10^{n-1}$ とおけば，これは有理数列である．s_n の単調増加性は補題 4.2.3 (3) による：

$$s_{n+1} - s_n = \frac{[10^n r]}{10^n} - \frac{[10^{n-1}r]}{10^{n-1}} = \frac{[10 \cdot 10^{n-1} r] - 10[10^{n-1}r]}{10^n} \geq 0.$$

$\lim_{n \to \infty} s_n = r$ を示そう．補題 4.2.3 (1) より $s_n \leq r$ であり，さらに補題 4.2.3 (2) から

$$0 \leq r - s_n = r - \frac{[10^{n-1}r]}{10^{n-1}} = \frac{10^{n-1}r - [10^{n-1}r]}{10^{n-1}} < \frac{1}{10^{n-1}} \xrightarrow[n \to \infty]{} 0.$$
□

小数点第 n 位以下の切り上げを考えれば，実数 r に収束する単調減少有理数列の存在も分かる．

定理 4.2.5 任意の実数は無限小数展開を持つ．

証明 $r \geq 0$ のとき，定理 4.2.4 の証明の中で与えた s_n について $s_0 := 0$ と形式的に定め，さらに $a_n := (s_{n+1} - s_n)10^n$ とおくと，

$$a_n = \left(\frac{[10^n r]}{10^n} - \frac{[10^{n-1}r]}{10^{n-1}} \right) 10^n = [10 \cdot 10^{n-1} r] - 10[10^{n-1}r].$$

$a_0 = s_1$ は非負整数であり，補題 4.2.3 (3) より各 a_n $(n \in \mathbb{N})$ は 0 から 9 までの整数となる．10 進法表記において，$s_n = a_0.a_1 a_2 \cdots a_{n-1}$ が成り立つことを数学的帰納法により示そう．$s_k = a_0.a_1 a_2 \cdots a_{k-1}$ が成り立つとすれば，

$$s_{k+1} = (s_{k+1} - s_k) + s_k = \frac{a_k}{10^k} + a_0.a_1 a_2 \cdots a_{k-1} = a_0.a_1 a_2 \cdots a_{k-1} a_k.$$

定理 4.2.4 より $s_n = a_0.a_1 a_2 \cdots a_{n-1}$ は r に収束し，ゆえに $r = a_0.a_1 a_2 a_3 \cdots$.

$r < 0$ の場合は，いま示したことにより正数 $-r$ が無限小数展開できる．すなわち，$-r = b_0.b_1 b_2 b_3 \cdots$ と表され，このとき $r = -b_0.b_1 b_2 b_3 \cdots$ である． □

実数 r に対して，r の無限小数展開表示は唯一ではない．例えば，$1 = 1.000 \cdots = 0.999 \cdots$ である．$0.999 \cdots$ の小数点第 3 位以下を切り捨てた数は，0.99 ではなく，

それは $1.00 = 1$ とするのが自然である．なお，$r = 1$ のとき $[10^{n-1}r]/10^{n-1} = 1$ である．そこで各 $r > 0$ に対して，"r の小数点第 n 位以下を切り捨てた数" を $[10^{n-1}r]/10^{n-1}$ と定めるとよい．

4.3 有理数と無理数の稠密性

次の定理は，有理数のもつ顕著な性質として今後の数学において断りなく用いられるだろう．稠密は「ちゅうみつ」と読む．

定理 4.3.1 (有理数の稠密性)　$\mathbb{R}$ の空でない開区間は有理数を含む．

証明　$U = (a, b)$ を空でない開区間とすれば，$r \in U$ が取れる．このとき $a < r < b$ であり，$\varepsilon > 0$ を十分小さく取れば $(r - \varepsilon, r + \varepsilon) \subset U$ となる (補題 3.2.4)．定理 4.2.4 より r に収束する有理数列 s_n が存在し，s_n の収束性から $|r - s_N| < \varepsilon$ を満たす $N \in \mathbb{N}$ が取れる．このとき，$r - \varepsilon < s_N < r + \varepsilon$ ゆえ，$s_N \in (r - \varepsilon, r + \varepsilon) \subset U$．つまり，有理数 s_N を U は含む． □

命題 4.3.2　任意の実数 r に対して，r に収束する無理数列 a_n が存在する．

証明　r が無理数の場合は $a_n = r$ (定値数列) とすればよい．r が有理数の場合は $a_n = r + \sqrt{2}/n$ とせよ．a_n が無理数であることは練習 1.1 (2) による． □

r が有理数のとき，上の証明で与えた a_n は単調減少列である．一方，$b_n = r - \dfrac{\sqrt{2}}{n}$ とすれば，これは r に収束する単調増加無理数列である．

定理 4.3.1 の証明と同様にして，次が示される．

定理 4.3.3 (無理数の稠密性)　$\mathbb{R}$ の空でない開区間は無理数を含む．

4.4 区間縮小法とボルツァノ-ワイエルシュトラスの定理

2 章で予告していた実数の連続性に関するもう一つの性質を証明しよう．

命題 4.4.1 (区間縮小法の原理)　空でない閉区間 $I_n = [a_n, b_n]$ (ただし $a_n \leq b_n$) の減少列 $I_1 \supset I_2 \supset I_3 \supset \cdots$ について，次が成り立つ．
  (1)　I_n たちの共通部分 $\bigcap_{n \in \mathbb{N}} I_n$ は空でない閉区間である．
  (2)　さらに $\lim_{n \to \infty}(b_n - a_n) = 0$ ならば，$\bigcap_{n \in \mathbb{N}} I_n$ は 1 点集合である．

証明 （1） $A := \{a_n \mid n \in \mathbb{N}\}$ および $B := \{b_n \mid n \in \mathbb{N}\}$ とおく．仮定 $I_1 \supset I_2 \supset I_3 \supset \cdots$ から，a_n と b_n は次を満たす：

$$a_1 \leq a_2 \leq a_3 \leq \cdots \leq \cdots \leq b_3 \leq b_2 \leq b_1.$$

つまり a_n は上に有界かつ b_n は下に有界であり，$a := \sup A$, $b := \inf B$ とすれば，系 4.1.3 より $\lim_{n \to \infty} a_n = a$ および $\lim_{n \to \infty} b_n = b$ である．また命題 3.4.3 より $a \leq b$ が成り立つ．$\bigcap_{n \in \mathbb{N}} I_n = [a,b]$ を示そう．任意に $x \in \bigcap_{n \in \mathbb{N}} I_n$ を取れば，各 $n \in \mathbb{N}$ について $a_n \leq x \leq b_n$ であり，命題 3.4.3 を適用すれば $a \leq x \leq b$. つまり $x \in [a,b]$ である．一方，$y \in [a,b]$ を任意に取れば，各 $n \in \mathbb{N}$ について $a_n \leq \sup A = a \leq y \leq b = \inf B \leq b_n$ ゆえ $y \in [a_n, b_n] = I_n$. つまり $y \in \bigcap_{n \in \mathbb{N}} I_n$.

（2） （1）の証明に現れた a と b について，$b - a = \lim_{n \to \infty} b_n - \lim_{n \to \infty} a_n = \lim_{n \to \infty}(b_n - a_n) = 0$ より $b = a$ である． □

開区間の減少列において上に類似する主張は成り立たない．例えば，$U_n = \left(0, \dfrac{1}{n}\right)$ は空でない開区間の減少列であり，$\bigcap_{n \in \mathbb{N}} U_n = \emptyset$.

定理 4.4.2 (ボルツァノ-ワイエルシュトラスの定理)　有界な実数列は収束部分列を持つ．

証明　x_n を有界な実数列とし，いまから部分列 $x_{n_1}, x_{n_2}, x_{n_3}, \cdots$ を帰納的に与えていく．$S = \{x_n \mid n \in \mathbb{N}\}$ は有界集合であるから $S \subset [-M, M]$ を満たす $M > 0$ がとれる (練習 2.2)．

(Step 1)　$X_1 := [-M, M]$ とおく．これは長さ $2M$ の閉区間である．$n_1 := 1$ とし，さらに $a_1 := -M$, $b_1 := M$ とおく．

(Step 2)　閉区間 $X_1 = [a_1, b_1]$ を上半分と下半分に分けた集合をそれぞれ $Y_1 := [a_1, c_1]$, $Z_1 := [c_1, b_1]$ (ただし $c_1 := (a_1 + b_1)/2 = 0$) とする．このとき，少なくとも Y_1 と Z_1 のいずれか一方は，数列 x_n における無限個の項を含む．

〔補足〕　ここでは x_n に重複があったとしても異なるものとして数えるとする．例えば $M = x_1 = x_2 = x_3 = \cdots$ の場合は，無限個の項が Z_1 に含まれていると考える．

Y_1 および Z_1 のうち無限個の項を含むほうを一つ選び，これを改めて $X_2 = [a_2, b_2]$ とおく．X_2 は長さ M の閉区間である．X_2 が無限個の項を含むことから，$x_{n_2} \in X_2$ なる $n_2 > 1$ を一つ選ぶ．

(Step 3)　X_2 を上半分と下半分に分けた集合を $Y_2 := [a_2, c_2]$, $Z_2 := [c_2, b_2]$ (ただ

し $c_2 := (a_2+b_2)/2)$ とする．$X_2 = Y_2 \cup Z_2$ が数列 x_n における無限個の項を含むことから，少なくとも Y_2 と Z_2 のいずれか一方は，やはり無限個の項を含む．そこで Y_2 と Z_2 のうち無限個の項を含むほうを一つ選び，これを改めて $X_3 = [a_3, b_3]$ とおく．X_3 は長さ $M/2$ の閉区間である．X_3 が無限個の項を含むこと，および x_{n_2} 以前の項が有限個しかないことから，x_{n_2} 以降の項で X_3 に含まれるものが無限にある．そこで $x_{n_3} \in X_3$ かつ $n_3 > n_2$ を満たす $n_3 \in \mathbb{N}$ を一つ選ぶ．

このステップを繰り返し，次を満たす $X_i = [a_i, b_i]$ と x_{n_i} の列を得る：
- $X_1 \supset X_2 \supset X_3 \supset \cdots$.
- 各 X_i は X_{i-1} の上半分か下半分に等しく，ゆえにその長さは $b_i - a_i = \dfrac{M}{2^{i-2}}$.
- $n_1 < n_2 < n_3 < \cdots$ であり，$x_{n_i} \in X_i$.

命題 4.4.1 を適用すれば，$\bigcap_{i \in \mathbb{N}} X_i \neq \emptyset$ ゆえ $r \in \bigcap_{i \in \mathbb{N}} X_i$ が取れる．このとき $r, x_{n_i} \in X_i$ ゆえ $|r - x_{n_i}| \leq M/2^{i-2} \xrightarrow[i \to \infty]{} 0$．つまり，部分列 x_{n_i} は r に収束する． □

一般に，収束部分列は一通りに定まるわけではなく，またその極限も部分列ごとに別の値を取り得る．さらに，収束部分列たちの極限値を集めた集合が無限集合になることもある (例 4.4.4 および 4.4.5)．

例 4.4.3 $a_n = (-1)^n$ は収束部分列をもつ．実際，$a_{2n} = 1$ や $a_{2n+1} = -1$ は a_n の収束部分列である．

例 4.4.4 後で述べる備考 5.9.6 によれば，有理数をすべて埋め尽くす写像 $f: \mathbb{N} \to \mathbb{Q}$ が存在する．ここで $a_n := f(n)$ と定めれば，任意の $r \in \mathbb{R}$ について，r に収束する a_n の部分列が存在する．

証明 実数 r を任意に取る．a_n の部分列 $a_{n_k} \in \left(r, r + \dfrac{1}{k}\right)$ を次のように帰納的に定める．開区間 $(r, r+1)$ が無限個の有理数を含むことから (練習 4.3)，$a_{n_1} \in (r, r+1)$ が取れる．次に $i = 1, \cdots, k$ について $a_{n_i} \in \left(r, r + \dfrac{1}{i}\right)$ を満たす自然数列 $n_1 < n_2 < \cdots < n_k$ が取れているとしよう．このとき開区間 $\left(r, r + \dfrac{1}{k+1}\right)$ が無限個の有理数を含むこと，および $a_1, a_2, \cdots, a_{n_k}$ が有限個の数であることから，$a_1, a_2, \cdots, a_{n_k}$ 以外の項 $a_{n_{k+1}} \in \left(r, r + \dfrac{1}{k+1}\right)$ が取れる．こうして得られた部分列 a_{n_k} について，$|r - a_{n_k}| < 1/k$ ゆえ $\lim_{k \to \infty} a_{n_k} = r$． □

上の例を人為的と感じる読者がいるかもしれない．実は次のような，より自然な例が知られている (証明は略す)．

例 4.4.5 (無理数回転) 無理数 r を一つ取り，$a_n := nr - [nr]$ なる数列を考える (a_n は nr の小数部分に等しい). このとき, $0 \leq x \leq 1$ を満たす実数 x を任意に一つ与えると, x に収束する a_n の部分列が取れる.

4.5 上極限と下極限 (発展)

数列 a_n が収束部分列をもつとき，部分列の極限値の中で最大のものと最小のものを表す記号がある.

定義 4.5.1 数列 a_n に対して，この列の第 k 項以降に関する上限を $b_k = \sup \{a_n \mid n \geq k\}$ とすれば, 数列 b_k は ∞ に値を取ることも許す単調減少列である (備考 2.7.2 (2)). このとき, b_k は $\pm\infty$ を込めた意味で必ず極限をもち (系 4.1.4), この極限 $\lim_{k \to \infty} b_k$ を数列 a_n の**上極限**とよぶ.

上極限は次のような記号で表される (左側が定義に相当し，のこり二つは，その略記号に当たる):

$$\lim_{k \to \infty} (\sup \{a_n \mid n \geq k\}), \quad \limsup_{n \to \infty} a_n, \quad \overline{\lim_{n \to \infty}} a_n.$$

また, a_n の**下極限**が次の左式で定められ，これをのこり二つの記号で表す:

$$\lim_{k \to \infty} (\inf \{a_n \mid n \geq k\}), \quad \liminf_{n \to \infty} a_n, \quad \underline{\lim_{n \to \infty}} a_n.$$

命題 4.5.2 有界な数列 a_n について, a_n の収束部分列をすべて考え，それらの極限全体からなる集合を X とする. $\beta = \limsup_{n \to \infty} a_n$, および $\gamma = \liminf_{n \to \infty} a_n$ とすれば次が成り立つ.
 (1) $\beta \in X$. すなわち, β に収束する a_n の部分列が存在する.
 (2) β は X の最大元である.
 (3) $\gamma \in X$. すなわち, γ に収束する a_n の部分列が存在する.
 (4) γ は X の最小元である.
 (5) a_n 自身が収束列であり, $\alpha = \lim_{n \to \infty} a_n$ とすれば $\alpha = \beta = \gamma$.

証明 $b_k := \sup \{a_n \mid n \geq k\}$ とおく. a_n の上界および下界の一つをそれぞれ $u, l \in \mathbb{R}$ とすれば，各 $k \in \mathbb{N}$ について $l \leq a_k \leq b_k \leq u$. つまり, b_k は有界な単調減少列ゆえ, $\beta \in \mathbb{R}$ (つまり $\beta \neq \pm\infty$) である.
 (1) $|\beta - a_{n_i}| < 1/2^i$ を満たすように $n_1 < n_2 < n_3 < \cdots$ を帰納的に定義していく. いま, n_i までが既に与えられているとする. $\lim_{k \to \infty} b_k = \beta$ より, 次を満たす $K \in$

$\mathbb{N}$ が存在する：各 $k > K$ について $|\beta - b_k| < 1/2^{i+2}$. ここで $k' := \max\{K, n_i\} + 1$ とおく．$b_{k'} - 1/2^{i+2}$ は $S = \{a_n \mid n \geq k'\}$ の上界ではないゆえ (備考 2.6.3)，$b_{k'} - 1/2^{i+2} < a_{n_{i+1}}$ を満たす $n_{i+1} \geq k'$ が存在する．k' の定め方から $n_{i+1} > n_i$ である．$a_{n_{i+1}} \in S$ より $a_{n_{i+1}} \leq b_{k'}$ であり，$|b_{k'} - a_{n_{i+1}}| = b_{k'} - a_{n_{i+1}} < 1/2^{i+2}$. したがって，

$$|\beta - a_{n_{i+1}}| \leq |\beta - b_{k'}| + |b_{k'} - a_{n_{i+1}}| < \frac{1}{2^{i+2}} + \frac{1}{2^{i+2}} = \frac{1}{2^{i+1}}.$$

以上によって定まる部分列 a_{n_i} について $\lim_{i \to \infty} a_{n_i} = \beta$.

（2） a_{n_i} を a_n の収束部分列とし，$\delta := \lim_{i \to \infty} a_{n_i}$ とおく．このとき $a_{n_i} \leq \sup\{a_n \mid n \geq n_i\} = b_{n_i}$ である．命題 3.4.3 より $\delta \leq \beta$.

（3）および（4）は，(1) と (2) の証明と同様にして示せるゆえ略す．あるいは $-\gamma = \limsup_{n \to \infty}(-a_n)$ に注意し，(1) および (2) に帰着させてもよい (練習 4.4)．

（5） (1) より，β に収束する部分列 a_{n_i} が存在する．一方，a_n は α に収束することから部分列 a_{n_i} は α に収束する (命題 3.7.4)．a_{n_i} の極限値はただ一つゆえ (命題 3.3.7)，$\beta = \alpha$ である．$\gamma = \alpha$ も同様にして示せる． □

上の (5) より，収束列の極限と上極限 (および下極限) は等しい．一方，与えられた数列の上極限と下極限が一致するとき，その数列は収束列である：

命題 4.5.3 $\limsup_{n \to \infty} a_n = \liminf_{n \to \infty} a_n = \alpha$ が成り立つならば (α は $\pm\infty$ でもよい)，$\lim_{n \to \infty} a_n = \alpha$ である．とくに $\alpha \in \mathbb{R}$ のとき，a_n は収束列となる．

証明 $b_k := \sup\{a_n \mid n \geq k\}$，$c_k := \inf\{a_n \mid n \geq k\}$ とおけば，仮定より $\lim_{k \to \infty} b_k = \lim_{k \to \infty} c_k = \alpha$. また，各 $k \in \mathbb{N}$ について $c_k \leq a_k \leq b_k$ が成り立つ．はさみうちの原理より $\lim_{k \to \infty} a_k = \alpha$. □

4.6 実数の完備性

ここまでの議論において実数の連続性が有効であったのは，収束先が直ちには分からない数列の収束を導けることにあった．例えば定理 4.1.2 はそのような命題の一つである．しかし，これは数列の単調性がないと適用できない．あるいは定理 4.4.2 も収束先の存在を認める命題である．しかしながら，こちらは収束しない数列に対しても適用できる命題であり，もとの数列の収束性を導くものではない．そこで，必ずしも単調とは限らない数列に対しても適用できる，数列の収束条件を考えたい．本節で与えるコーシー列の条件はこの要請に応える．これにより，極限値をおもてに出さず

とも収束性を判断することができる (定理 4.6.4).

定義 4.6.1 a_n を数列とする.次の性質を満たす $N \in \mathbb{N}$ の存在が任意の $\varepsilon > 0$ に対していえるとき,a_n は**コーシー列**であるという:
$$m, n > N \implies |a_m - a_n| < \varepsilon.$$
a_n がコーシー列であることを次の記号で表す: $\lim_{m,n\to\infty} |a_m - a_n| = 0$.

次の二つの命題は,実数の連続性を仮定せずとも成り立つ (つまり有理数に限った世界でも成り立つ).

命題 4.6.2 収束列はコーシー列である.

証明 $\lim_{n\to\infty} a_n = \alpha$ とし,a_n がコーシー列であることを示そう.任意に $\varepsilon > 0$ を取れば,次を満たす $N \in \mathbb{N}$ が存在する:各 $n > N$ について $|\alpha - a_n| < \varepsilon/2$.このとき $m, n > N$ ならば $|a_m - a_n| < \varepsilon$ である.実際,$|a_m - a_n| \le |a_m - \alpha| + |\alpha - a_n| < \varepsilon/2 + \varepsilon/2 = \varepsilon$. □

命題 4.6.3 コーシー列は有界である.

証明 a_n をコーシー列とすれば,次を満たす $N \in \mathbb{N}$ が取れる:各 $m, n > N$ について $|a_m - a_n| < 1$.このとき,$M = \max\{a_1, \cdots, a_N, a_{N+1} + 1\}$ は集合 $S = \{a_n \mid n \in \mathbb{N}\}$ の上界である.実際,各 $n \in \mathbb{N}$ について,$n \le N$ の場合に $a_n \le M$ となることは M の定義から明らかであり,$n > N$ の場合は $a_n = (a_n - a_{N+1}) + a_{N+1} \le |a_n - a_{N+1}| + a_{N+1} < 1 + a_{N+1} \le M$.また,$L = \min\{a_1, \cdots, a_N, a_{N+1} - 1\}$ が S の下界となる.実際,$n > N$ のとき $a_n = (a_n - a_{N+1}) + a_{N+1} \ge -|a_n - a_{N+1}| + a_{N+1} > -1 + a_{N+1} \ge L$. □

次の定理の名称にある "完備性" の正確な定義は 12.3 節で与える.ここでは,与えられた数の集合 X が次の性質をみたすとき**完備**であると呼ぼう:X 上の任意のコーシー列が必ず収束し,かつその極限が X に属す.

定理 4.6.4 (実数の完備性) 任意のコーシー列は,ある実数に収束する.

証明 a_n をコーシー列とすれば有界である (命題 4.6.3).したがって a_n は収束部分列 a_{n_i} ($1 \le n_1 < n_2 < \cdots$) を持つ (定理 4.4.2).$\alpha := \lim_{i\to\infty} a_{n_i}$ とおき,a_n 自身が

α に収束することを示そう．そこで $\varepsilon > 0$ を任意に取る．a_n がコーシー列であることから，次を満たす $N \in \mathbb{N}$ が取れる：
$$m, n > N \implies |a_m - a_n| < \frac{\varepsilon}{2}. \tag{4.1}$$
また，a_{n_i} が収束することから，次を満たす $N_1 \in \mathbb{N}$ が存在する：
$$i > N_1 \implies |\alpha - a_{n_i}| < \frac{\varepsilon}{2}. \tag{4.2}$$
数列 $n_1 < n_2 < n_3 < \cdots$ が ∞ に発散することから (補題 3.7.3)，$n_k > N$ を満たす $k > N_1$ が取れる．このとき「$n > N \implies |\alpha - a_n| < \varepsilon$」が次のように示される．まず，$k > N_1$ および式 (4.2) より $|\alpha - a_{n_k}| < \varepsilon/2$ である．また，$n_k, n > N$ および式 (4.1) より $|a_{n_k} - a_n| < \varepsilon/2$．これらを組み合わせれば，$|\alpha - a_n| \leq |\alpha - a_{n_k}| + |a_{n_k} - a_n| < \varepsilon/2 + \varepsilon/2 = \varepsilon$． □

備考 4.6.5 有理数全体 $\mathbb{Q}$ は完備ではない．実際，無理数 r に収束する有理数列 s_n について，s_n は $\mathbb{Q}$ 上に極限をもたない．しかしながら，s_n を実数列とみなすことにより，命題 4.6.2 から s_n がコーシー列であることが分かる．

本書では，事実 2.2.1 のもとで，実数の連続性に関連する命題を次の順で導いた：

実数の連続性 $\implies$ 有界単調列の収束定理
$\qquad\qquad \implies$ ボルツァノ-ワイエルシュトラス定理 $\implies$ 実数の完備性．

実は，最後の実数の完備性のもとで実数の連続性を導くことができて，したがってこれら四つの概念は，事実 2.2.1 のもとですべて同値であることが知られている[1]．そこで，これらの性質すべてを「実数の連続性」あるいは「実数の完備性」と呼ぶことがある[2]．また，「実数の性質」と断りなく述べられるとき，それは上の四つの性質のことを指す．

---

[1] 正確には，実数の連続性，有界単調列の収束定理，ボルツァノ-ワイエルシュトラスの定理がそれぞれ同値であり，これら三つと，「実数の完備性とアルキメデス性」を認める主張が同値になる．

[2] 実は，完備性という概念には異なる二つの定義がある．一つは順序集合における完備性である．順序概念が定まるような抽象的な集合に対して定義される完備性を $\mathbb{R}$ について適用したものが定義 2.7.1 (1)，すなわち実数の連続性である．もう一つは距離空間における完備性である (定義 12.3.3)．$\mathbb{R}$ の部分集合においてこれらの概念は同値ではなく，前者のほうが弱い (例えば開区間 $(0,1)$ は前者の意味で完備だが後者の意味で完備でない)．なお，$\mathbb{Q}$ は前者の意味で完備ではなく (例 2.7.3)，後者の意味でも完備ではない (備考 4.6.5)．本書では順序集合とその完備性の定義を与えないゆえ，完備性は後者を指すとする．余力ある読者は，これらの話題と関係する練習 12.10 も見よ．

---有理数の完備化 (よりみち)---

有理数全体 $\mathbb{Q}$ の存在を前提としたうえで実数の連続性を満たす数の世界を構成する方法の一つに，コーシー列を用いるものがある．大雑把な説明になることは否めないが，これを概説しておこう．

$\mathbb{Q}$ 上のコーシー列をすべて集め，これを S とおく．S の元は数ではなく数列である．ここで S の元の分類を考える．S の各元は実数全体のもとで収束するはずであるから，収束先が同じ数列どうしを仲間とするような分類が妥当である．この仲間わけを極限値を用いずに述べれば次のようになる：数列 a_n と b_n が同じ仲間であることを各項間の距離 $|a_n - b_n|$ が 0 に収束することと定める．こうして S はいくつかのグループに分解される．そこで，各グループを一つにまとめた集合，すなわち S 内の各グループを要素とする集合を考え，これを $S/\sim$ で表す．すると，これらのグループの間に合理的に四則演算と大小関係を定めることができる．たとえば数列 a_n, b_n の属するグループをそれぞれ $[a_n], [b_n]$ と書くことにすれば，これらのグループ間の足し算 $[a_n] + [b_n]$ を，数列 $a_n + b_n$ の属するグループと定めればよい (つまり $[a_n] + [b_n] := [a_n + b_n]$)．また大小関係 $[a_n] < [b_n]$ を「有限個の項を除いて $a_n < b_n$」と定義する．このとき，$S/\sim$ は有理数 $\mathbb{Q}$ に相当するものを含むはずである．なぜなら，各 $q \in \mathbb{Q}$ に対して $q_n = q$ なる定値数列はコーシー列であり，$\mathbb{Q}$ の元 q と $S/\sim$ の元 $[q_n]$ とを対応づければ，$\mathbb{Q}$ における四則演算および大小関係と，$S/\sim$ におけるそれらが上手く対応するからである．以上の設定のもとで，$S/\sim$ において事実 2.2.1 と実数の連続性が成り立つことを確認することにより，我々は求めるべき数空間 $\mathbb{R} := S/\sim$ を得る．

4.7 級数

この節で紹介する命題は，例えばオイラーの公式 (系 A.8.2) を導出する際に用いる．

定義 4.7.1 数列 a_n に対して，この列の第 n 項までの和の数列 $s_n = \sum_{k=1}^{n} a_k$ を a_n の**級数**と呼ぶ．s_n が収束するとき，その極限 $\lim_{n \to \infty} \sum_{k=1}^{n} a_k$ を次の記号で表す：

$$\sum_{n=1}^{\infty} a_n, \quad a_1 + a_2 + a_3 + \cdots.$$

上は級数の極限値を表す記号であるが，級数自身をも上の記号で表すのが慣習となっている．例えば，本来は「a_n の級数 $s_n = \sum_{k=1}^{n} a_k$ は収束する」と述べるべきところを「級数 $\sum_{n=1}^{\infty} a_n$ は収束する」と言い回す．本書も多くの場合でこれに準じる．

命題 4.7.2 a_n を実数列とする.
(1) 級数 $\sum_{k=1}^{\infty} a_k$ が収束するならば, a_n は 0 に収束する.
(2) 級数 $\sum_{k=1}^{\infty} |a_k|$ が収束するならば, 級数 $\sum_{k=1}^{\infty} a_k$ も収束する.

証明 $s_n := \sum_{k=1}^{n} a_k$ とおく. また $s_0 := 0$ とする.
(1) $\lim_{n \to \infty} s_n = s$ とすれば $|a_n| = |s_n - s_{n-1}| \leq |s_n - s| + |s - s_{n-1}| \xrightarrow[n \to \infty]{} 0$.
(2) s_n がコーシー列であることを示せば十分である. そこで任意に $\varepsilon > 0$ を取る. $S_n := \sum_{k=1}^{n} |a_k|$ とおけば, 仮定よりこれは収束列ゆえコーシー列である. つまり次を満たす $N \in \mathbb{N}$ が存在する:$m, n > N$ ならば $|S_m - S_n| < \varepsilon$. このとき,「$m, n > N \Longrightarrow |s_m - s_n| < \varepsilon$」が成り立つ. 実際, 必要なら m と n の立場を入れ替えて $m > n$ とすれば,

$$|s_m - s_n| = \left| \sum_{k=n+1}^{m} a_k \right| \leq \sum_{k=n+1}^{m} |a_k| = S_m - S_n = |S_m - S_n| < \varepsilon.$$

以上より s_n はコーシー列であり, したがって, ある実数に収束する. □

与えられた数列 a_n について, $|a_n|$ の級数が収束するとき, 級数 $\sum_{k=1}^{\infty} a_k$ は **絶対収束**するという.

章末問題

練習 4.1 集合 $A \subset \mathbb{R}$ について次を示せ.
(1) A が上に有界ならば, $\sup A$ に収束する単調増加列 $a_n \in A$ が存在する.
(2) A が下に有界ならば, $\inf A$ に収束する単調減少列 $a_n \in A$ が存在する.

練習 4.2 r を無理数とする. r に収束する狭義単調減少無理数列および狭義単調増加無理数列の例を挙げよ.

練習 4.3 開区間 (a, b) (ただし $a < b$) は無限個の有理数を含むことを示せ.

練習 4.4 命題 4.5.2 の (3) および (4) を示せ.

練習 4.5 $0 \leq a_n \leq b_n$ なる数列について, 級数 $\sum_{n=1}^{\infty} b_n$ が収束するならば $\sum_{n=1}^{\infty} a_n$ も収束し, $\sum_{n=1}^{\infty} a_n \leq \sum_{n=1}^{\infty} b_n$ となることを示せ.

練習 4.6 数列 a_n, b_n の級数がそれぞれ α, β に収束するとき，これらを交互に並べた数列 $a_1, b_1, a_2, b_2, \cdots$ の級数は $\alpha + \beta$ に収束する．これを示せ．

第Ⅱ部

写像の基礎と
ε-δ論法

ここから先は
国語力が試される
(答えは命題 5.8.4 (2))

第5章
写像概念の基礎

同姓同名の別人を識別するとき，ふだん我々は，生年月日や身長，体重，あるいは対面できる場合は風貌など，何らかの情報と対応づけて，それらの違いを通して判断する．一般に，二つの対象の相違を認識することは，上手く対応づけた情報の差異を知覚することによってのみ可能である．この「対応づける」という操作を数学では関数 (あるいはより一般に写像) を用いて表現する．つまり関数について論じることは，知覚・認識の方法について論じることにほかならない．

5.1 反省

数 x に対して，その二倍の数 y を対応させる関数を $y = 2x$ と表す．ここで与えた文字列「$y = 2x$」を単なる等式と見るのであれば，この式は次の同値な式に置き換えてもよいはずである：

$$(1) \quad x = \frac{1}{2}y, \qquad (2) \quad 2x - y = 0, \qquad (3) \quad x + y = -x + 2y.$$

しかしながら，これら三つの式と「関数 $y = 2x$」との間には明確な区別があるように思われる．例えば (1) は y の値に応じて x の値が定まるように読めるし，(2) と (3) は x と y の関係式にすぎず，関数による対応とはみなされない．また "関数" という断りがなければ，上に挙げた四つの式は，x, y をベクトルとしても意味は通じる．つまり，式の情報だけでは文字 x, y の動く範囲が不明瞭である．

いまの考察から，「関数 $y = 2x$」という表現には，その等式自体が示す情報のほかに，いくつかの補足情報が暗黙の了解として含まれていることが分かった．関数について厳密な議論を展開するためには，この暗黙の情報をおもてに出す必要がある．数式を変形して結論を得るといった遊戯の枠を超えた，より抽象度の高い関数概念について論じよう．

5.2 写像とその定義域

定義 5.2.1 集合 X の各元 x に対して集合 Y の元を一つ与える操作 (対応) を考える．このような操作を **X から Y への写像**と呼ぶ．

X から Y への写像を記号 f を用いて表す場合，$x \in X$ に対応する Y の元を $f(x)$ と書く．この表記を通して，x に $f(x)$ を対応させることを "x を f で写像する" あるいは，"f に x を代入する" と言い表す．また，どの集合の元に対してどの集合の元を対応させる操作なのかを明示するために，次のような記号・図式が用いられる：

$$f: X \to Y, \qquad \begin{array}{ccc} f: X & \longrightarrow & Y \\ \cup & & \cup \\ x & \longmapsto & f(x), \end{array} \qquad f: X \ni x \mapsto f(x) \in Y.$$

写像 $f: X \to Y$ における X を f の**定義域**と呼ぶ．すなわち定義域とは，f に代入できる元の範囲のことである．また，Y を f の**終域**という．上の図式において，定義域と終域の対応を指す記号に矢印 "$\to$" を用い，実際に代入する元の対応には特殊な矢印 "$\mapsto$" を用いる．

写像と関数はほぼ同義語である．対応させられる元が数になる写像 (すなわち終域が数を要素とする集合の場合) を**関数**と呼ぶことが多い．定義域が区間となる関数は，定義域を不等式で表すこともある．例えば関数 $f: (0, \infty) \to \mathbb{R}$ のことを "$f(x)$ $(x > 0)$" と略して書く．定義域の元がベクトル $\boldsymbol{x} = (x_1, \cdots, x_n)$ の場合は，$f(\boldsymbol{x})$ を成分表示によって書き換えれば $f((x_1, \cdots, x_n))$ となり二重括弧が煩わしい．そこで，括弧を一つ減らして $f(x_1, \cdots, x_n)$ と書く．

例 5.2.2 各実数 x に対して，実数 $f(x)$ を $f(x) := 3x$ と定めれば，これは 3 倍の数を対応させる写像である．この写像を図式で表せば，

$$\begin{array}{ccc} f: \mathbb{R} & \longrightarrow & \mathbb{R} \\ \cup & & \cup \\ x & \longmapsto & 3x. \end{array}$$

関数による対応が一つの数式を用いて表現されるとき，定義域の指定がないことがある．その場合，その定義域は数式が意味をなす最も広い範囲であると考えればよい．本来，関数の定義域は語る側が宣言すべきものであるが，このようにして定義域の指定を略すこともある．この了解のもとで「次の関数の定義域を答えよ」という演習問題が意味をなす．例えば，$f(x) = \sqrt{x}$ の定義域は $[0, \infty)$ である．

〔補足〕 定義域 (domain) を部分集合として含むような，より広い全体集合があるとき，これを**始域** (source) と呼ぶ．また，文献によっては始域を定義域の同義語として，あるいは値域 (range) を終域 (target) の同義語として用いる場合がある．とくに後者は，高校数学における値域とは意味が異なり，注意を要する．読者の混乱を避けるため，本書では始域および値域という呼称を控える．

5.3 像と逆像

高校数学において f の値域と呼んでいた概念を，本書では**像** (image) と呼ぶ：

定義 5.3.1 写像 $f\colon X\to Y$ および定義域の部分集合 $A\subset X$ に対して，A の元を f に代入した値をすべて集めた集合 (Y の部分集合である) を **f による A の像**と呼び，これを $f(A)$ と書く．すなわち，外延的記述をすれば

$$f(A) := \{\, f(x) \mid x \in A \,\}.$$

とくに $f(X)$ のこと，つまり $f(x)$ の動く範囲を単に **f の像**と呼ぶ．

内包的な記述をすれば，次のように $f(A)$ は書かれる：

$$f(A) = \{\, y \in Y \mid y = f(x) \text{ を満たす } x \in A \text{ が存在する} \,\}.$$

〔補足〕 代数学では，準同型写像 f の像を $\operatorname{Im} f$ と書く．線形写像もこれに準じる．

例題 5.3.2 次で与えられる関数 f の像を求めよ．
(1) $f\colon \mathbb{R} \to \mathbb{R},\ f(x) = x^2$, (2) $f\colon [0,2] \to \mathbb{R},\ f(x) = x^2$,
(3) $f\colon [-2,2] \to [0,4],\ f(x) = x^2$, (4) $f\colon [0,2] \to [0,4],\ f(x) = x^2$.

〔解答〕 (1) $f(\mathbb{R}) = [0,\infty)$, (2) $f([0,2]) = [0,4]$, (3) $f([-2,2]) = [0,4]$, (4) $f([0,2]) = [0,4]$.

定義 5.3.3 写像 $f\colon X\to Y$ および終域の部分集合 $B\subset Y$ に対して，f に代入すると B の元になるような元をすべて集めた X の部分集合を **f による B の逆像**と呼び，これを $f^{-1}(B)$ と表す．すなわち，内包的記述をすれば

$$f^{-1}(B) := \{\, x \in X \mid f(x) \in B \,\}.$$

記号 $^{-1}$ はインバース (inverse) と読む．

写像 $f\colon X\to Y$ に対して，1 点集合 $\{b\}\subset Y$ の逆像 $f^{-1}(\{b\})$ を中括弧を略して $f^{-1}(b)$ と書く．1 点の逆像を指す $f^{-1}(b)$ は，f^{-1} なる写像に b を代入した値のことではない．$f^{-1}(b)$ は X の元ではなく，X の部分集合である．また，1 点集合になるとは限らず，複数の点を含むこともあれば空集合になる場合もある．

例題 5.3.4 次で定められる関数 $f : \mathbb{R} \to \mathbb{R}$, および $b \in \mathbb{R}$, $B \subset \mathbb{R}$ について, $f^{-1}(b)$ と $f^{-1}(B)$ を求めよ.

(1)　$f(x) = x^2$, $b = 2$, $b = -2$, $B = [1, 2]$.
(2)　$f(x) = \sin x$, $b = 0$, $B = [-2, -1)$.
(3)　$f(x) = 2^x$, $b = 65536$, $b = 1$, $B = [-1, 8]$.

〔解答〕　(1) $f^{-1}(2) = \{\sqrt{2}, -\sqrt{2}\}$, $f^{-1}(-2) = \emptyset$, $f^{-1}([1, 2]) = [-\sqrt{2}, -1] \cup [1, \sqrt{2}]$. (2) $f^{-1}(0) = \{n\pi \mid n \in \mathbb{Z}\}$, $f^{-1}([-2, -1)) = \emptyset$. (3) $f^{-1}(65536) = \{16\}$, $f^{-1}(1) = \{0\}$, $f^{-1}([-1, 8]) = (-\infty, 3]$.

写像 $f, g : X \to Y$ が**等しい** ($f = g$) とは, 定義域のいかなる元を代入しても一致すること, すなわち

$$各 x \in X \text{ について } f(x) = g(x) \tag{5.1}$$

が成り立つことに他ならない. $f = g$ のことを $f(x) = g(x)$ とも書く. ただし後者の表記は, 特別な x についてのみ等式が成り立つと読むのか[1], それとも条件 (5.1) が成り立つのか不明瞭である. そこで, 条件 (5.1) の成立を強調する場合は, $f(x)$ と $g(x)$ は**恒等的に等しい**といい, これを $f(x) \equiv g(x)$ で表す.

定義 5.3.5 あらかじめ集合 Y の元 b を一つ与えておく. このとき, 集合 X のすべての元を b に対応させる写像 $f : X \to Y$ ($f(x) = b$) を**定値写像** ($Y \subset \mathbb{R}$ の場合は**定数関数**) とよぶ. f がこのような関数であるとき, $f(x) \equiv b$ と書く.

上の定値写像において, $f(X) = \{b\}$ および $f^{-1}(b) = X$ である.

5.4　写像と集合演算

本節に挙げる補題は第 III 部に入ってから用いる.

補題 5.4.1 写像 $f : X \to Y$ および $A \subset X$, $B \subset Y$ について, $f(A) \subset B \iff A \subset f^{-1}(B)$.

証明　($\Rightarrow$)：任意に $a \in A$ を取り, これが $f^{-1}(B)$ の元であることを示そう. $a \in A$ より $f(a) \in f(A)$ であり, これと仮定から $f(a) \in B$ を得る. つまり, a は f に代入すると B に含まれるような元である. ゆえに $a \in f^{-1}(B)$.

($\Leftarrow$)：$f(A) \subset B$ を示すために $y \in f(A)$ を任意に取る. f による A の像の定義か

---
[1] 方程式を解く場合の表記を想定している.

ら，$f(a) = y$ を満たす $a \in A$ が存在する．このとき，仮定より $a \in f^{-1}(B)$ であり，したがって f に a を代入したものは B の元となる．すなわち，$y = f(a) \in B$. 以上により $y \in B$ が示された． □

次の (1) および (2), (4) にあるように，逆像による作用は集合演算を保つ：

補題 5.4.2 $f : X \to Y$ を写像とし，$U, V \subset Y$ とすれば次が成り立つ．
(1) $f^{-1}(U) \cap f^{-1}(V) = f^{-1}(U \cap V)$, (2) $f^{-1}(U) \cup f^{-1}(V) = f^{-1}(U \cup V)$,
(3) $U \cap V = \emptyset \Longrightarrow f^{-1}(U) \cap f^{-1}(V) = \emptyset$, (4) $f^{-1}(Y \setminus U) = X \setminus f^{-1}(U)$.

証明 (1) $x \in f^{-1}(U) \cap f^{-1}(V) \iff x \in f^{-1}(U)$ かつ $x \in f^{-1}(V) \iff f(x) \in U$ かつ $f(x) \in V \iff f(x) \in U \cap V \iff x \in f^{-1}(U \cap V)$.
(2) 上に述べた (1) と同様にして示せる．
(3) $f^{-1}(U) \cap f^{-1}(V) = f^{-1}(U \cap V) = f^{-1}(\emptyset) = \emptyset$.
(4) $x \in f^{-1}(Y \setminus U)$ とすれば $f(x) \in Y \setminus U$. つまり $f(x) \notin U$. ゆえに x を f に代入したものは U に含まれず，$x \notin f^{-1}(U)$. 以上より $x \in X \setminus f^{-1}(U)$. 次に，$x \in X \setminus f^{-1}(U)$ とすれば，$x \notin f^{-1}(U)$ より x を f に代入したものは U の元ではない．ゆえに $f(x) \in Y \setminus U$. つまり $x \in f^{-1}(Y \setminus U)$ である． □

次は本書では用いないゆえ，練習問題として残す (練習 5.1).

命題 5.4.3 $f : X \to Y$ を写像とし，$A, B \subset X$ とすれば次が成り立つ．
(1) $f(A) \cap f(B) \supset f(A \cap B)$, (2) $f(A) \cup f(B) = f(A \cup B)$.

次の例に見るように，$f(A) \cap f(B) = f(A \cap B)$ は一般には成り立たない．

例 5.4.4 $f : \mathbb{R} \to \mathbb{R}$ を $f(x) := x^2$ と定め，$A := [-1, 0]$, $B := [0, 1]$ とすれば，$A \cap B = \{0\}$ ゆえ $f(A \cap B) = f(\{0\}) = \{f(0)\} = \{0\}$. 一方，$f(A) = [0, 1] = f(B)$ ゆえ $f(A) \cap f(B) = [0, 1]$.

5.5 写像の合成

既に与えられた写像を用いて新たな写像を構成する，という操作を数学では幾度も行う．例えば簡単なものでは，関数のグラフの平行移動や反転，拡大縮小などが挙げられる．また，導関数や不定積分もその一例である．これらの構成の中にも現れる，写像を作るための最も基本的な操作が合成である．

定義 5.5.1 二つの写像 $f : X \to Y$ および $g : Y \to Z$ が与えられているとする．このとき，各 $x \in X$ に対して，Z の元 $g(f(x))$ を対応させる写像を f と g の**合成**と呼び，記号 $g \circ f : X \to Z$ で表す．すなわち，$(g \circ f)(x) := g(f(x))$ である．誤解の恐れがなければ括弧を略して $(g \circ f)(x)$ を $g \circ f(x)$ と書く．

〔注意〕 合成 $g \circ f$ を定めるには，各 $f(x)$ が g の定義域の要素でなければならない．

例題 5.5.2 関数 $f, g : \mathbb{R} \to \mathbb{R}$ を $f(x) := (x+1)^2$, $g(x) := 2x - 1$ と定める．$f \circ g \neq g \circ f$ を確認せよ．

解答例 $f \circ g(x) = f(g(x)) = f(2x-1) = ((2x-1)+1)^2 = (2x)^2 = 4x^2$. また，$g \circ f(x) = g(f(x)) = g((x+1)^2) = 2(x+1)^2 - 1 = 2(x^2 + 2x + 1) - 1 = 2x^2 + 4x + 1$. よって，$f \circ g(0) = 0 \neq 1 = g \circ f(0)$ より $f \circ g \neq g \circ f$.

写像の合成は結合律を満たす：

命題 5.5.3 三つの写像 $f : X \to Y$, $g : Y \to Z$, $h : Z \to W$ について，$(h \circ g) \circ f = h \circ (g \circ f)$.

証明 各 $x \in X$ について，$((h \circ g) \circ f)(x) = (h \circ (g \circ f))(x)$ を示そう．まず $h \circ g$ を ϕ, $f(x)$ を y とおくことで

$$((h \circ g) \circ f)(x) = (\phi \circ f)(x) = \phi(f(x)) = (h \circ g)(y) = h(g(y)) = h(g(f(x))).$$

次に $\psi = g \circ f$ とおくことで

$$(h \circ (g \circ f))(x) = (h \circ \psi)(x) = h(\psi(x)) = h((g \circ f)(x)) = h(g(f(x))).$$

以上より $(h \circ g) \circ f = h \circ (g \circ f)$. □

5.6 全射と単射

全単射 (1 対 1 の対応) という概念は，異なる数学的対象[2]を対応付けて同等とみなす方法を記述する際に用いられる．何をもって同等とみなすべきかは，考えている立場によっていくらでも変わりうる[3]．その立場がいずれであろうとも，何かを同等と

---

[2] ここでいう数学的対象は，図形や空間であったり，あるいは何らかの代数構造を持つ集合であったりと多岐にわたる．いずれにせよ，それらの多くは集合と写像を用いて記述されるものである．

[3] 例えば本書では，集合における対等関係について紹介する (5.9 節)．また，線形代数学では，線形写像全体と行列全体が同一視できること，したがって線形写像の分析と行列のそれが同等であることを学ぶ．幾何学においては，距離空間における等長同型や同相写像などを学ぶであろう．

みなすとき，そこには全単射が自然に現れることになる．

定義 5.6.1 $f: X \to Y$ を写像とする．x が重複なく X 上を動けば $f(x)$ も重複なく Y 上を動くとき，f を**単射**という．x が X 全体を動けば $f(x)$ も Y 全体を動くとき，f を**全射**(あるいは**上への写像**) という．単射性と全射性はそれぞれ次の条件に書き下すことができる：
- **単射性**：各 $x_1, x_2 \in X$ について，$x_1 \neq x_2 \implies f(x_1) \neq f(x_2)$．
- **全射性**：各 $y \in Y$ に応じて，f に代入すると y になる元 $x \in X$ が存在する．

さらに，全射かつ単射となる写像を**全単射**(あるいは **1 対 1 の対応**) という．

単射性の条件は，対偶をとって「各 $x_1, x_2 \in X$ について，$f(x_1) = f(x_2) \implies x_1 = x_2$」と述べてもよい．これは，各 $y \in f(X)$ について $f^{-1}(y)$ がちょうど 1 点集合になることを意味する．つまり，「各 $y \in Y$ について，$f(x) = y$ をみたす $x \in X$ は高々一つしかない[4]」ということである．また，全射性は，「$f(X) = Y$」あるいは「各 $y \in Y$ について $f^{-1}(y) \neq \emptyset$」などと言い換えてもよい．

"射" という字にちなんで単射性と全射性を弓矢に例えて説明すれば次のようになる．X を矢の集合，Y を的の位置 (標的) を表す集合とし，f を弓であると考える．いま，弓 f を一つ固定し，写像 $f: X \to Y$ とは，弓 f を用いて矢 $x \in X$ を放つと $f(x) \in Y$ なる場所に矢が刺さることだと考える．

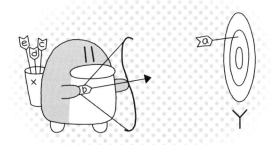

このとき，f の単射性は，矢が個々の位置に単発で当たることに相当する．各々の的の位置に刺さる矢の数はせいぜい 1 本であり (矢が当たらないこともあり得る)，2 本以上の矢が同じ場所に刺さることはない．言い換えれば，もし矢 a, b がともに同じ位

---

[4] 高々一つということは，一つもない場合もあり得る．それは $y \in Y \setminus f(X)$ のときである．

置に刺さった (つまり $f(a) = f(b)$) ならば，その位置に当たる矢の数は 1 本以下であることから，a と b は同一の矢ということになる．一方で全射とは，的のすべての位置に矢が当たること，すなわち，どのような的の位置 $y \in Y$ においても，y に刺さる矢 $x \in X$ (つまり $f(x) = y$) の存在を意味する．このとき，y に刺さる矢の数は 1 本以上であれば何本でも構わない．

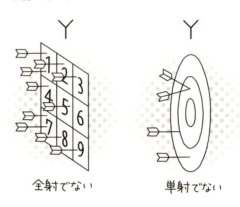

図 **5.1**　全射でも単射でもない場合

図 5.1 の左側は全射ではない．なぜなら 6 番の位置に刺さる矢がないからである．また，右側は単射ではない．これは，同じ位置に二つの矢が刺さっていることによる．実は，左側の例は単射でもなく (例えば 1 番の位置に 2 本刺さっている)，右側の例で Y を無限集合とみれば，これは全射でもない．

例 5.6.2　集合 X において，X の元をまったく動かさない写像，すなわち $f(x) := x$ で定める写像 $f : X \to X$ を**恒等写像** (identity map) とよび，これを id_X と書く．id_X は全単射である．

次の例にみるように，写像が単射かどうか，あるいは全射かどうかは，f の定義式だけでなく，定義域や終域に依存して決まる：

例 5.6.3　例題 5.3.2 における写像の単射性および全射性は次のようになる．
(1)　$f : \mathbb{R} \to \mathbb{R}$ $(f(x) = x^2)$ は単射でも全射でもない．
(2)　$f : [0, 2] \to \mathbb{R}$ $(f(x) = x^2)$ は単射であり，かつ全射でない．
(3)　$f : [-2, 2] \to [0, 4]$ $(f(x) = x^2)$ は単射ではないが，全射である．
(4)　$f : [0, 2] \to [0, 4]$ $(f(x) = x^2)$ は全単射である．

証明 (1) $x_1 = 1$, $x_2 = -1$ とおけば，これらはともに定義域の元であり，$x_1 \neq x_2$ である．ところが $f(x_1) = f(x_2) = 1$ ゆえ，異なる元が f で同じ元に写されている．ゆえに f は単射ではない．また，f の像は $[0, \infty)$ であり，これは終域 $\mathbb{R}$ に一致しないゆえ f は全射ではない．実際，$y = -1$ は終域の元であるが，$f(x) = y$ を満たす定義域 $\mathbb{R}$ の元 x は存在しない．

(2) 単射性を示すために $a, b \in [0, 2]$ とし，$f(a) = f(b)$ と仮定しよう．このとき $a^2 = b^2$ である．これを移項して因数分解し $(a-b)(a+b) = 0$．ゆえに $a - b = 0$ または $a + b = 0$．ここで $a - b = 0$ ならば $a = b$ である．$a + b = 0$ の場合は，$a = -b$ を得る．このとき，もし $a > 0$ とすれば $b < 0$ となり，これは $b \in [0, 2]$ (とくに $b \geq 0$) に反する．ゆえに $a \leq 0$ であり，これと $a \in [0, 2]$ (つまり $a \geq 0$) を合わせて $a = 0$．よって $b = -a = 0 = a$．いずれの場合においても $a = b$ が示され，以上より f は単射である．f が全射でないことは (1) と同様にして示される．

(3) f が単射でないことは (1) と同様にして示される．f の像は $f([-2, 2]) = [0, 4]$ であり，これは終域に一致する．ゆえに f は全射である．

(4) 単射性は (2) と同様に，全射性は (3) と同様にして示される． □

上では視覚に頼らずに論理のみによって説明した．文章だけでは実感がわかないと感じる者は，グラフを図示することによって判断する方法を 6.1 節に述べたゆえ，そちらも参考にするとよい．

$f: X \to Y$ の終域を $f(X)$ に置き換えれば，写像 $f: X \to f(X)$ は全射となる．とくに単射 $f: X \to Y$ において終域を置き換えた写像 $f: X \to f(X)$ は全単射である．これと関連して，単射のことを **1 対 1 の写像** と呼ぶ文献もある[5]．

一方で，定義域を狭めた写像を制限とよぶ：

定義 5.6.4 写像 $f: X \to Y$ と部分集合 $A \subset X$ が与えられているとき，A の各元 a に対して Y の元 $f(a)$ を対応させる写像を f の A における**制限**とよび，これを $f|_A : A \to Y$ と書く．また，部分集合を定義域とする写像 $g: A \to Y$ に対して，新たに定めた $\tilde{g}: X \to Y$ が $\tilde{g}|_A = g$ を満たすとき，$\tilde{g}$ を g の**拡張**とよぶ．

5.7 逆写像はいつ定まるか

具体例を通して逆写像 (逆関数) の存在を検討する．次は関数 $f(x) = 2^x$ を表に記したものである．

---

[5] 単射を「1 対 1 の写像」と呼び，全単射を「1 対 1 の対応」と呼んで区別している．「写像」と「対応」を同義語として用いる立場では，このような呼称は誤解を与えるかもしれない．

x	$\cdots$	-4	-3	-2	-1	0	1	2	3	4	$\cdots$
$f(x)$	$\cdots$	$\dfrac{1}{16}$	$\dfrac{1}{8}$	$\dfrac{1}{4}$	$\dfrac{1}{2}$	1	2	4	8	16	$\cdots$

ここで上表の上段と下段を入れ替えた次のような対応 $g(x)$ を考える．

x	$\cdots$	$\dfrac{1}{16}$	$\dfrac{1}{8}$	$\dfrac{1}{4}$	$\dfrac{1}{2}$	1	2	4	8	16	$\cdots$
$g(x)$	$\cdots$	-4	-3	-2	-1	0	1	2	3	4	$\cdots$

この表により定められる関数 $g(x)$ を $f(x)$ の**逆関数**と呼ぶ．ちなみに，この $g(x)$ は対数関数と呼ばれ，$\log_2 x$ と書くのであった．

注意すべきことは，逆関数は常に定まるわけではないという点である．例えば $f(x) = x^2$ について考えよう．これを表にすると次のようになる：

x	$\cdots$	-4	-3	-2	-1	0	1	2	3	4	$\cdots$
$f(x)$	$\cdots$	16	9	4	1	0	1	4	9	16	$\cdots$

先ほどと同様に上下を入れ替えた対応を考えようとすれば次の表が得られる：

x	$\cdots$	16	9	4	1	0	1	4	9	16	$\cdots$
$g(x)$	$\cdots$	-4	-3	-2	-1	0	1	2	3	4	$\cdots$

しかし，上の表を満足するような関数 $g(x)$ を定めることはできない．なぜなら，上の表では $g(16)$ の値が二重に指定されており（-4 と 4），一つの値に定まらないからである．さらに $g(9), g(4), g(1)$ についても同様のことが言える．このような事態が生じた背景には，もとの関数 f が次の性質を持つことにある：

$$f(x_1) = f(x_2) \text{ を満たすような定義域の二つの元 } x_1, x_2 \text{ が存在する．} \quad (\text{※})$$

性質 (※) は f が単射でないことと同値である．逆関数を定めるためには (※) が成立してはならない．すなわち，少なくとも f は単射でなければならない．

単射でない関数においては定義域を制限することで単射にし，制限した関数の逆関数を考えることがある[6]．例えば次の二つの関数 f_1, f_2 を考えよう．

---

6) 三角関数の逆関数はこのようにして定められる．詳しくは 6.6 節で述べる．

x	0	1	2	3	4	$\cdots$
$f_1(x)$	0	1	4	9	16	$\cdots$

x	$\cdots$	-4	-3	-2	-1	0
$f_2(x)$	$\cdots$	16	9	4	1	0

これらはともに $x \mapsto x^2$ なる対応であるが,定義域を f_1 では 0 以上の数に制限しており, f_2 では 0 以下の数に制限している.このため f_1, f_2 は条件 (※) を満たさず,したがって次の表により逆関数 g_1, g_2 がそれぞれ定められる:

x	0	1	4	9	16	$\cdots$
$g_1(x)$	0	1	2	3	4	$\cdots$

x	$\cdots$	16	9	4	1	0
$g_2(x)$	$\cdots$	-4	-3	-2	-1	0

g_1, g_2 を式で書けば, $g_1(x) = \sqrt{x}$, $g_2(x) = -\sqrt{x}$ である.

f の逆関数 g が与えられているとき, $g \circ f(x) = x$ および $f \circ g(y) = y$ が成り立つ.これは,次のように f と g の表を上下に並べてみると理解がたやすい.例えば $g \circ f(a_1) = g(f(a_1)) = g(b_1) = a_1$ である.

x	a_1	a_2	a_3	a_4	a_5	$\cdots$
$f(x)$	b_1	b_2	b_3	b_4	b_5	$\cdots$

y	b_1	b_2	b_3	b_4	b_5	$\cdots$
$g(y)$	a_1	a_2	a_3	a_4	a_5	$\cdots$

5.8 逆写像とその性質

前節における考察から,次のことが分かった:
- 任意の関数に対して逆関数が定まるわけではない.
- 定義域を制限することで逆関数が定まる場合がある.
- 同じ式で定義されていても,定義域の決め方次第で逆関数の式は異なる.

さて,前節の議論において $f : X \to Y$ の終域 Y に関してはあえて言及しなかった. f の逆関数の定義域が Y となるには,当然 f が全射である必要がある.ゆえに, $f : X \to Y$ が逆関数 $g : Y \to X$ を持つためには, f は全単射でなければならない. f が全射かつ単射であるとは,次を満たすことであった:

$$\text{各 } y \in Y \text{ に応じて, } f(x_y) = y \text{ を満たす } x_y \in X \text{ がただ一つ存在する.} \tag{5.2}$$

ここで,あらためて逆写像の定義を正式に与えよう:

定義 5.8.1 写像 $f: X \to Y$ が全単射であるとき，条件 (5.2) を f は満たす．そこで各 $y \in Y$ に対して，条件 (5.2) で与えられる x_y (つまり f に代入すると y になる定義域の元) を対応させる写像 $g: Y \to X$ $(g(y) = x_y)$ を f の**逆写像**とよび，この g を記号 f^{-1} で表す．

〔備考〕 f が全単射であり $f(x) = y$ ならば，上の x_y は x に相当し，$f^{-1}(y) = x$ である．

f の逆写像が定義できるのは，f が全単射のときに限る．この事実は既に考察済みであるが，命題 5.8.4 にて一般論として改めて述べよう．以下，f の逆写像について論じる際は，f が全単射であることを暗黙の前提としていると考えよ．

例 5.8.2 （1） 写像 $f: \mathbb{R} \to \mathbb{R}$ を $f(x) = ax + b$ (ただし $a \neq 0$) と定めれば，$f^{-1}(y) = \dfrac{1}{a}y - \dfrac{b}{a}$．

証明 $f^{-1}(y)$ は f に代入すると y になるような数のこと，すなわち $y = ax + b$ を満たす x のことである．$y = ax + b$ を変形すれば $x = \dfrac{1}{a}y - \dfrac{b}{a}$．つまり $f^{-1}(y) = \dfrac{1}{a}y - \dfrac{b}{a}$． □

（2） 写像 $f: [0, \infty) \to [0, \infty)$ を $f(x) = x^2$ と定めれば，$f^{-1}(y) = \sqrt{y}$．
（3） 写像 $f: (-\infty, 0] \to [0, \infty)$ を $f(x) = x^2$ と定めれば，$f^{-1}(y) = -\sqrt{y}$．
（4） 写像 $f: \mathbb{R} \setminus \{0\} \to \mathbb{R} \setminus \{0\}$ を $f(x) = 1/x$ と定めれば，$f^{-1}(y) = 1/y$．つまり $f = f^{-1}$ である．
（5） 恒等写像 $\mathrm{id}_X: X \to X$ について，$(\mathrm{id}_X)^{-1} = \mathrm{id}_X$．

微積分では，関数へ代入する変数に文字 x を用いることが多い．この慣習を踏襲すると，逆関数に代入する変数にも文字 x が用いられる．例えば $f(x) = ax + b$ の逆関数は $f^{-1}(x) = \dfrac{1}{a}x - \dfrac{b}{a}$ と書かれる．この場合，$f: X \to Y$ の逆関数 $f^{-1}: Y \to X$ に代入する x は Y の元である．つまり，集合 Y の元を表す文字に x を用いることになる．変数 x は必ず X の元であると勘違いしてはいけない．

逆像と逆写像を指す記号を使い分けない，記号の乱用に注意すること：

備考 5.8.3 いま，全単射 $f: X \to Y$ が与えられているとし，$a \in X$ を一つ取り，$b := f(a)$ とおく．このとき，記号 $f^{-1}(b)$ には二つの異なる意味が与えられている．一つは逆像のことであり，$f^{-1}(\{b\})$ を略した表記である．f は全単射であるから，これは 1 点からなる X の部分集合 $f^{-1}(b) = \{a\}$ になる．もう一つの意味は，逆写像 $f^{-1}: Y \to X$ に b を代入した値のことである．この立場では $f^{-1}(b) = a$ であり，こ

れは X の元であって X の部分集合ではない．記号 $f^{-1}(b)$ がどちらを意味しているかは文脈で判断しなければならないが，1 点集合 $\{a\}$ か，あるいは，その 1 点集合の元 a かの違いしかなく，数学を理解するうえで実質的な支障がないことが多い．これらの違いを厳密に区別する必要が生じるのは集合論においてである[7]．一方，部分集合 $B \subset Y$ においても同様に記号 $f^{-1}(B)$ に二つの意味が与えられる．しかし，こちらは結果として同じ集合を指すことになり (練習 5.3)，どちらの意味で解釈しても構わない．

次の条件 (1) と (2) を満たす g を f の逆写像と定義する流儀もある．

命題 5.8.4 $f : X \to Y$ の全単射性と，次の性質 (1) と (2) をともに満たす $g : Y \to X$ が存在することは同値である．さらに，この g は f の逆写像に一致する．
 (1) 各 $x \in X$ について，$g \circ f(x) = x$ が成り立つ (すなわち $g \circ f = \mathrm{id}_X$)．
 (2) 各 $y \in Y$ について，$f \circ g(y) = y$ が成り立つ (すなわち $f \circ g = \mathrm{id}_Y$)．

証明 まず f が全単射であると仮定し，$g = f^{-1}$ が性質 (1) と (2) を満たすことを示そう[8]．(1) を示すために $x \in X$ を勝手に取り，$y := f(x) \in Y$ とおく．逆写像の定義によれば，$g(y)$ とは f に代入すると y になる X の唯一の元，すなわち x のことであり，ゆえに $g(y) = x$．つまり，$g \circ f(x) = g(f(x)) = g(y) = x$．次に (2) を示すために $y \in Y$ を勝手に取る．逆写像の定義によれば，$g(y)$ は f に代入すると y になる元である．つまり $f(g(y)) = y$，すなわち $f \circ g(y) = y$．

次に性質 (1) と (2) を満たす g の存在を仮定し，f の全単射性を示そう．単射性：$f(x_1) = f(x_2)$ とすれば，これらを g に代入し，$g(f(x_1)) = g(f(x_2))$ を得る．これと (1) を合わせれば $x_1 = g \circ f(x_1) = g(f(x_1)) = g(f(x_2)) = g \circ f(x_2) = x_2$．つまり $x_1 = x_2$．全射性：各 $y \in Y$ に対して，$x := g(y)$ とおくと，(2) より $y = f \circ g(y) = f(g(y)) = f(x)$．

最後に，(1) と (2) を満たす写像 g が f^{-1} に一致することを示そう．f^{-1} も (1) と (2) を満たすことは既に示している．とくに (2) より各 $y \in Y$ に対して，$f \circ g(y) = y = f \circ f^{-1}(y)$．すなわち $f(g(y)) = f(f^{-1}(y))$ であり，f の単射性より $g(y) = f^{-1}(y)$． □

---

[7] ちなみに，厳密さをさらに追求する立場では，像の記号を $f(A)$ と書くことも許されない．例えば関数 $f : A \to \mathbb{R}$ が与えられているとき，その拡張として $X := A \cup \{A\}$ を定義域とする関数 $F : X \to \mathbb{R}$ を考えよう．このとき，記号 $F(A)$ は，部分集合 $A \subset F$ の F による像 (これは $f(A)$ に一致する) なのか，X の元 $A \in X$ を F に代入した値なのか不明である．

[8] これは前節の最後に述べたことでもある．

逆数の逆数はもとの数に一致する．これの類似として，逆写像の逆写像はもとの写像に一致する：

命題 5.8.5 全単射 h について次が成り立つ．
（ⅰ） h^{-1} も全単射である． （ⅱ） $\left(h^{-1}\right)^{-1} = h$.

証明 $f = h^{-1}$, $g = h$ として命題 5.8.4 を適用すればよい．この g は，命題 5.8.4 の条件 (1) と (2) を満たすゆえ $f = h^{-1}$ は全単射である．また，g は f の逆写像であるから $g = f^{-1} = \left(h^{-1}\right)^{-1}$．すなわち $h = \left(h^{-1}\right)^{-1}$． □

5.9　無限集合 (よりみち)

自然数 n に対して，構成する元の個数がちょうど n 個の集合を **n 点集合**と呼ぼう[9]．ある自然数 n について n 点集合となるような集合を**有限集合**といい，そうでない集合を**無限集合**という．

次の命題は，二つの有限集合の元の総数が一致することが全単射の存在によって特徴づけられることを述べている．

命題 5.9.1 自然数 n について次が成り立つ．
（1） 集合 X, Y を n 点集合とすると，全単射 $f: X \to Y$ が存在する．
（2） X を n 点集合とする．全単射 $f: X \to Y$ があれば Y も n 点集合である．
（3） X を n 点集合とする．全単射 $g: Y \to X$ があれば Y も n 点集合である．

証明 （1） 重複のない列 $x_1, \cdots, x_n$ および $y_1, \cdots, y_n$ を用いて $X = \{x_1, \cdots, x_n\}$，$Y = \{y_1, \cdots, y_n\}$ と書ける．このとき，$f: X \to Y$ を $f(x_i) := y_i$ ($i = 1, \cdots, n$) と定めれば，これは全単射である．

（2） 仮定より重複のない列 $x_1, \cdots, x_n$ を用いて $X = \{x_1, \cdots, x_n\}$ と書ける．$f: X \to Y$ を全単射とし，$y_i := f(x_i)$ ($i = 1, \cdots, n$) とおく．f の全射性より $Y = f(X) = \{f(x_1), \cdots, f(x_n)\} = \{y_1, \cdots, y_n\}$．また，単射性は $y_1, \cdots, y_n$ の中に重複がないことを意味する．実際，もし仮に重複があり $y_i = y_j$ ($i \neq j$) となるならば，$f(x_i) = f(x_j)$ と単射性より $x_i = x_j$ であり，これは $x_1, \cdots, x_n$ に重複がないことに反する．以上より，$Y = \{y_1, \cdots, y_n\}$ は n 点集合である．

---

[9] 本書では n 点集合の形式的な定義には踏み込まない．そもそも n 点集合なる概念を集合論的な道具立てのみで定義する方法を考えると，「集合 $X_n = \{1, \cdots, n\}$ との間に全単射がある集合」と定めるしかない．この定義において命題 5.9.1 は練習 5.4 (3) により自明である．

(3) $g^{-1}: X \to Y$ は全単射であり (命題 5.8.5), $f = g^{-1}$ について (2) を適用すれば Y は n 点集合である. □

数の概念がない社会においても, ものの総数が一致するか否かを判断することができる. 例えば食事につかう皿の枚数と家族の人数が一致するかどうかを調べるには, 家族一人一人に皿を渡していき, 全員に皿が行き渡ると同時に手持ちの皿がなくなったならば, 人数と枚数が同じであると分かる. つまり, 構成員と皿の間に全単射があることでもって, 総数の一致を判断しているのである. これは, 未開の社会でも命題 5.9.1 が無意識のうちに理解されているということだろうか. いずれにせよ, 総数が一致するという概念 (すなわち全単射性) は, 数そのものよりも基本的であると考えられる.

無限に対しては, 我々も数詞をもたない. そこで, 無限集合もふまえた上で, 元の総数が一致するという性質に相当する概念を次のように定める.

定義 5.9.2 集合 X, Y の間に全単射が存在するとき, X と Y は**対等**である (あるいは**濃度**が等しい) という.

集合論を学ぶと無限についての数詞を上手く定式化できることが分かり, 無限の量を指す数詞 (基数詞) として濃度 (あるいは基数) が, 順番を指す数詞 (序数詞) として順序数がそれぞれ与えられる. これらの詳細は集合と位相の本に譲る.

命題 5.9.3 X と Y が対等であり, Y と Z が対等ならば X と Z も対等である.

証明 仮定より全単射 $f: X \to Y$ および $g: Y \to Z$ が存在する. このとき $g \circ f: X \to Z$ は全単射であり (練習 5.4 (3)), ゆえに X と Z は対等である. □

有限集合の場合と異なり, 無限集合は自身の真部分集合[10]と対等になり得る:

例 5.9.4 自然数全体 $\mathbb{N}$ と正の偶数全体 $2\mathbb{N} = \{2n \mid n \in \mathbb{N}\}$ は対等である. 実際, $f: \mathbb{N} \to 2\mathbb{N}$ を $f(x) := 2x$ と定めれば, これは全単射である.

図 5.2 において矢印で指示した順に $\mathbb{N} \times \mathbb{N}$ 上の点 $g(1), g(2), g(3), \cdots$ を取ることで $g: \mathbb{N} \to \mathbb{N} \times \mathbb{N}$ は全単射となる.

---

[10] 全体集合 X の部分集合 A が X に一致しないとき (つまり A の補集合が空でないとき), A を X の**真部分集合**という.

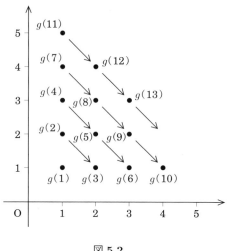

図 5.2

つまり，

命題 5.9.5 $\mathbb{N}$ と $\mathbb{N} \times \mathbb{N}$ は対等である．

備考 5.9.6 （1） $\mathbb{N}$ と $\mathbb{Z}$ が対等であること (練習 5.5) と上の結果を合わせれば，$\mathbb{N}$ と $\mathbb{Z} \times \mathbb{N}$ は対等であり，全単射 $F: \mathbb{N} \to \mathbb{Z} \times \mathbb{N}$ が構成できる．また，$R: \mathbb{Z} \times \mathbb{N} \to \mathbb{Q}$ を $R(z, n) := z/n$ と定めれば，有理数の定義から R は全射である．したがってこれらの合成 $R \circ F: \mathbb{N} \to \mathbb{Q}$ は全射である (練習 5.4 (2))．

（2） 上の設定の下で数列 $a_n := R \circ F(n)$ を考えれば，これは重複を何度も繰り返しながら有理数を数えつくす数列である．そこで重複する項のみをすべて除いた部分列 a_{n_i} を取り，改めて $G(i) := a_{n_i}$ と定めれば，写像 $G: \mathbb{N} \to \mathbb{Q}$ は全単射となる．つまり $\mathbb{N}$ と $\mathbb{Q}$ は対等である．

一方で，次に見るように，すべての無限集合が対等なわけではない：

定理 5.9.7 $\mathbb{N}$ と $\mathbb{R}$ は対等ではない．

証明 全射 $f: \mathbb{N} \to \mathbb{R}$ があると仮定すると矛盾が導けることを示そう．$f: \mathbb{N} \to \mathbb{R}$ を全射とする．まず $f(1)$ を含まない閉区間 $[a_1, b_1]$ を取る (ただし $a_1 < b_1$)．次に，$f(2)$ を含まない閉区間 $[a_2, b_2] \subset [a_1, b_1]$ を取る (ただし $a_2 < b_2$)．さらに，$f(3)$ を含まない閉区間 $[a_3, b_3] \subset [a_2, b_2]$ を取る (ただし $a_3 < b_3$)．この操作を順次繰り返していくと，各 $n \in \mathbb{N}$ について $f(n) \notin [a_n, b_n]$ を満たすような閉区間の減少列

$[a_1, b_1] \supset [a_2, b_2] \supset [a_3, b_3] \supset \cdots$ を得る．すると区間縮小法の原理 (命題 4.4.1) より，$a \in \bigcap_{n \in \mathbb{N}} [a_n, b_n]$ が取れる．そこで，f の全射性から $f(n_0) = a$ を満たす $n_0 \in \mathbb{N}$ を取ろう．このとき a の取り方から，各 $n \in \mathbb{N}$ について $f(n_0) = a \in [a_n, b_n]$ ゆえ，とくに $f(n_0) \in [a_{n_0}, b_{n_0}]$ である．ところが，閉区間 $[a_n, b_n]$ の取り方から $f(n_0) \notin [a_{n_0}, b_{n_0}]$ であり，矛盾を得た． □

$\mathbb{R}$ と対等な集合として無理数全体 $\mathbb{R} \setminus \mathbb{Q}$ や $\mathbb{C}$，あるいはユークリッド空間 $\mathbb{R}^n$ などがある．これらの事実の証明は，集合と位相の入門的な本を参照されたい．

以上の事実から，無限集合における元の総数 (基数) にもいくつかの種類があることが分かった．とくに任意の無限集合 X が $X = \{x_1, x_2, \cdots\}$ と表せるわけではない．もしこのような表示ができるならば写像 $f: \mathbb{N} \to X$ を $f(n) := x_n$ と定めれば f は全射となる．さらにあらかじめ部分列を取ることで $x_1, x_2, \cdots$ に重複がないようにしておけば f は全単射である．すなわち X と $\mathbb{N}$ は対等である．

定義 5.9.8 (発展) $\mathbb{N}$ と対等な無限集合を**可算**であるといい，そうでない無限集合を**非可算**であるという．

章末問題

練習 5.1 命題 5.4.3 を示せ．

練習 5.2 $f: X \to Y$ および $g: Y \to Z$, $W \subset Z$ について，$(g \circ f)^{-1}(W) = f^{-1}(g^{-1}(W))$ を示せ．

練習 5.3 $f: X \to Y$ を全単射とし，$B \subset Y$ とする．逆写像 $f^{-1}: Y \to X$ による B の像 I と，f による B の逆像 P が一致することを示せ (備考 5.8.3 で述べたように，I と P はいずれも記号 $f^{-1}(B)$ で表される)．

備考 f の逆写像 $g = f^{-1}: Y \to X$ および $A \subset X$ において上の主張を適用すると，g の逆写像における像 $g^{-1}(A) = f(A)$ と g による逆像 $g^{-1}(A)$ は一致する．

練習 5.4 写像 $f: X \to Y$ および $g: Y \to Z$ について，次を示せ．
(1) f, g がともに単射ならば $g \circ f: X \to Z$ も単射である．
(2) f, g がともに全射ならば $g \circ f: X \to Z$ も全射である．
(3) f, g がともに全単射ならば $g \circ f$ も全単射であり，$(g \circ f)^{-1} = f^{-1} \circ g^{-1}$．

練習 5.5 $\mathbb{N}$ と $\mathbb{Z}$ が対等であることを示せ.

練習 5.6 区間 $[0, \infty)$ と $(0, \infty)$ が対等であることを示せ.

練習 5.7 写像 $f : X \to Y$ および Y の部分集合族 U_λ ($\lambda \in \Lambda$) について,次を示せ:

(1) $f^{-1}\left(\bigcup_{\lambda \in \Lambda} U_\lambda\right) = \bigcup_{\lambda \in \Lambda} f^{-1}(U_\lambda)$, (2) $f^{-1}\left(\bigcap_{\lambda \in \Lambda} U_\lambda\right) = \bigcap_{\lambda \in \Lambda} f^{-1}(U_\lambda)$.

第6章 実数値関数

高校で学んだ基本的な関数の単射性や単調性，および逆関数について検討する．これらの性質の一部は現段階では証明できず，よく知られた事実として紹介するにとどめた．それらの証明は本書の適当な場所で行われるであろう．

6.1 実数値関数における全射と単射

前章における全射性と単射性の議論は，いささか抽象的すぎたかもしれない．そこで，1変数関数における全射性や単射性の判定が，f のグラフを描いて視覚化すると理解しやすいことを解説しておく．

定義 6.1.1 A, B を集合とする．写像 $f: A \to B$ に対して，次で与えられる $A \times B$ の部分集合を f の**グラフ**という：
$$\Gamma_f := \{(x, f(x)) \mid x \in A\}.$$

上は外延的な記述による定義であり，これを内包的に書けば $\Gamma_f = \{(x,y) \in A \times B \mid y = f(x)\}$ となる (補題 6.1.2)．A, B がともに $\mathbb{R}$ の部分集合であるとき，$A \times B \subset \mathbb{R} \times \mathbb{R} = \mathbb{R}^2$ ゆえ，Γ_f は $\mathbb{R}^2$ 内の図形として実現される．

補題 6.1.2 $(a, b) \in \Gamma_f \iff a \in A$ かつ $b = f(a)$.

証明 ($\Leftarrow$) は明らか．($\Rightarrow$) を示す．$(a, b) \in \Gamma_f$ とする．この点は，ある $x \in A$ を用いて $(a, b) = (x, f(x))$ と書ける．つまり $a = x$ であり，$b = f(x) = f(a)$. □

命題 6.1.3 $A, B \subset \mathbb{R}$ とする．関数 $f: A \to B$ のグラフ Γ_f について次が成り立つ．ここで，各 $b \in B$ について，点 $(0, b)$ を通り x 軸と平行な直線 $y = b$ のグラフを $L_b = \mathbb{R} \times \{b\}$ とする．

(1) f は単射 $\iff$ 各 $b \in B$ について，$\Gamma_f \cap L_b$ は1点以下の集合である．
(2) f は全射 $\iff$ 各 $b \in B$ について，$\Gamma_f \cap L_b \neq \emptyset$.

証明 （1）（⇒）：$\varGamma_f \cap L_b$ が 1 点以下であることを示すには，$(x_1,b), (x_2,b) \in \varGamma_f \cap L_b$ を仮定して，$(x_1,b) = (x_2,b)$ を示せばよい．$(x_1,b) \in \varGamma_f$ と補題 6.1.2 から，$x_1 \in A$ および $b = f(x_1)$ を得る．同様に，$(x_2,b) \in \varGamma_f$ より $x_2 \in A$ および $b = f(x_2)$ が成り立つ．ゆえに，$f(x_1) = f(x_2)$ であり，f の単射性から $x_1 = x_2$. 以上より $(x_1,b) = (x_2,b)$.

（⇐）：$x_1, x_2 \in A$ かつ $f(x_1) = f(x_2)$ とすれば，$b := f(x_1) = f(x_2)$ について $(x_1,b), (x_2,b) \in \varGamma_f \cap L_b$ である．仮定より $\varGamma_f \cap L_b$ は 1 点以下の集合ゆえ $(x_1,b) = (x_2,b)$，つまり $x_1 = x_2$.

（2）（⇒）：各 $b \in B$ について，f の全射性より $f(x) = b$ を満たす $x \in A$ が存在する．このとき $(x,b) \in \varGamma_f \cap L_b$.

（⇐）：各 $b \in B$ について，仮定より $\varGamma_f \cap L_b \neq \emptyset$ ゆえ $(x,b) \in \varGamma_f \cap L_b$ が取れる．$(x,b) \in \varGamma_f$ と補題 6.1.2 から $x \in A$ および $b = f(x)$. つまり f は全射である． □

図 6.1 で描かれている関数 $f : [-1, 2] \to [0, 4]$ ($f(x) = x^2$) のグラフは $y = 1/2$ との交点を二つ持つため，f は単射でない．実際，$x_1 = 1/\sqrt{2}$, $x_2 = -1/\sqrt{2}$ とすれば，$x_1 \neq x_2$ かつ $f(x_1) = f(x_2) = 1/2$ となる．また，各 $b \in [0, 4]$ について，直線 $y = b$ と f のグラフは常に共有点をもつゆえ，f は全射である．いまと同様の考察を例 5.6.3 に対して適用してみるとよい．

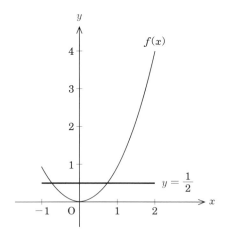

図 **6.1** $f : [-1, 2] \to [0, 4]$, $f(x) = x^2$ のグラフ

6.2 逆関数のグラフ

逆関数のグラフは，つぎのように幾何的に特徴づけられる．

命題 6.2.1 X, Y を $\mathbb{R}$ の部分集合，$f: X \to Y$ を全単射とし，さらに関数 $y = x$ が表す $\mathbb{R}^2$ の対角線を L とする．このとき，f のグラフと f^{-1} のグラフは，直線 L を軸に線対称である．

証明 直線 L を軸に点 $(x, y) \in \mathbb{R}^2$ と対称な点は $(y, x) \in \mathbb{R}^2$ である．したがって，次の同値性を示せばよい：
$$(x, y) \in \Gamma_f \iff (y, x) \in \Gamma_{f^{-1}}.$$

$(\Rightarrow)$：$(x, y) \in \Gamma_f$ を取れば，$y = f(x)$ である．このとき $f^{-1}(y) = x$ であり，$(y, x) = (y, f^{-1}(y))$ は f^{-1} のグラフ上の点である．したがって $(y, x) \in \Gamma_{f^{-1}}$．

$(\Leftarrow)$：いま全単射 $h: B \to A$ に関する命題「$(b, a) \in \Gamma_h \implies (a, b) \in \Gamma_{h^{-1}}$」を示したと言ってもよい．この命題に $h = f^{-1}$，$(b, a) = (y, x)$ を適用すれば，$h^{-1} = f$ ゆえ（命題 5.8.5），「$(y, x) \in \Gamma_{f^{-1}} \implies (x, y) \in \Gamma_f$」を得る． □

逆関数の接線

関数 $f: \mathbb{R} \to \mathbb{R}$ のグラフ上の点 $(\alpha, f(\alpha))$ におけるグラフの接線 ℓ_1 を表す関数が $g(x) = ax + b$ で与えられているとする．このとき，逆関数 f^{-1} のグラフ上の点 $(f(\alpha), \alpha)$ の接線 ℓ_2 は，対角線 L を軸に ℓ_1 と線対称であろう．したがって直線 ℓ_2 を表す関数は g^{-1} である．例 5.8.2 によれば $g^{-1}(x) = \dfrac{1}{a} x - \dfrac{b}{a}$ であり，ゆえに ℓ_2 の傾きは $1/a$ となる．以上の考察から，点 $\beta = f(\alpha)$ における次の逆関数の微分公式が示唆される：
$$(f^{-1})'(\beta) = \frac{1}{f'(\alpha)}.$$
いまの考察は「接線」を未定義語のままに論じている点で厳密ではない．極限による微分の定義に基づいた上の公式の証明は命題 A.2.2 で与える．

6.3 単調性と単射性

定義 6.3.1 $X \subset \mathbb{R}$ を定義域とする関数 $f: X \to \mathbb{R}$ が次の性質を満たすとき，それぞれ単調増加（減少）および狭義単調増加（減少）であるという：
- 単調増加： $x < y \implies f(x) \leq f(y)$.
- 狭義単調増加： $x < y \implies f(x) < f(y)$.
- 単調減少： $x < y \implies f(x) \geq f(y)$.
- 狭義単調減少： $x < y \implies f(x) > f(y)$.

単調増加の条件は「$x \leq y \implies f(x) \leq f(y)$」と言い換えてもよく，こちらの条件を定義とするのが一般的である．また，数列の場合と同様に，単調増加を**広義単調増加**あるいは**単調非減少**ともいう．単調減少についても同様である．

実数値関数の単射性は狭義単調性から導かれることが多い．

命題 6.3.2 任意の狭義単調増加 (減少) 関数 $f: X \to \mathbb{R}$ は単射である．

証明 狭義単調増加の場合について示す．$x \neq y \in X$ とすれば $x < y$ または $y < x$ が成り立つ．$x < y$ ならば，仮定より $f(x) < f(y)$，とくに $f(x) \neq f(y)$ である．$y < x$ の場合も $f(y) < f(x)$ ゆえ $f(x) \neq f(y)$．狭義単調減少の場合も同様． □

なお，区間を定義域とする連続な単射は狭義単調関数である (定理 13.6.1)．

命題 6.3.3 $X \subset \mathbb{R}$ とする．実数値狭義単調増加 (減少) 関数 $f: X \to f(X)$ の逆関数 $f^{-1}: f(X) \to X$ も狭義単調増加 (減少) である．

証明 単調増加の場合について示す．$a, b \in f(X)$ および $a < b$ を仮定する．$f^{-1}(a) < f^{-1}(b)$ を背理法で示そう．仮に $f^{-1}(a) \geq f^{-1}(b)$ とすれば，f の単調増加性から $f(f^{-1}(a)) \geq f(f^{-1}(b))$，つまり $a \geq b$．これは $a < b$ に反する． □

6.4 冪関数

冪の定義および諸法則の証明は改めて 9 章で与えるとし，本章では，高校数学で学んだ冪に関する知識を既知とする．とくに次の性質は指数法則とよばれる：
$$a^m \cdot a^n = a^{m+n}, \qquad (a^m)^n = a^{mn}.$$

例 6.4.1 $n \in \mathbb{N}$, $\beta < 0 < \alpha$ とする．次に挙げる関数はすべて狭義単調ゆえ単射である．また，これらはすべて全射でもあり，したがって全単射である．

(1) n 次関数 $f: [0, \infty) \to [0, \infty)$ ($f(x) = x^n$) は狭義単調増加である．

関数 x^2 $(x \geq 0)$ の狭義単調性は命題 2.2.2 (8) から導かれる．実際 $0 < x_1 < x_2$ とすれば，${x_1}^2 = x_1 x_1 < x_1 x_2 < x_2 x_2 = {x_2}^2$ である．さらに命題 2.2.2 (8) を繰り返し適用することで，関数 $f(x) = x^n$ $(x \geq 0)$ の狭義単調性を得る．全射性の証明には中間値の定理を用いるとよい (命題 9.3.2)．

(2) $f: (0, \infty) \to (0, \infty)$ ($f(x) = 1/x^n$) は狭義単調減少である．

$n = 1$ の場合は命題 2.2.2 (12) による．また，$f(x) = 1/x^n$ は，x^n と $1/x$ の合成ゆ

え狭義単調減少である (練習 6.2 (2)).

(3) $f:[0,\infty) \to [0,\infty)$ $(f(x)=x^\alpha)$ は狭義単調増加である.
(4) $f:(0,\infty) \to (0,\infty)$ $(f(x)=x^\beta)$ は狭義単調減少である.

上の (1) と (2) は，それぞれ (3) と (4) の特別な場合にあたる．(3) および (4) で表される関数を総称して**冪関数**という．冪関数の狭義単調性は 9 章にて示す (命題 9.9.7). また，全射性は x^n の場合と同様にして示される (練習 9.2).

自然数 n および実数 $x \geq 0$ に対して，n 乗すると x になるような 0 以上の数を $\sqrt[n]{x}$ と書く[1]．また，$\sqrt[2]{x}$ を $\sqrt{x}$ と略記する．冪を用いて書けば，$\sqrt[n]{x} = x^{\frac{1}{n}}$ である.

$f(x)=x^n$ $(x \geq 0)$ の逆関数は $g(y)=\sqrt[n]{y}$ である．また一般に，冪関数 $f(x)=x^\alpha$ $(x>0)$ の逆関数は，$g(x)=x^{\frac{1}{\alpha}}$ である．$g \circ f = \mathrm{id}$ および $f \circ g = \mathrm{id}$ は指数法則から直ちに確認できる：

$$g \circ f(x) = g(x^\alpha) = (x^\alpha)^{\frac{1}{\alpha}} = x^{\alpha \cdot \frac{1}{\alpha}} = x^1 = x,$$
$$f \circ g(x) = f(x^{\frac{1}{\alpha}}) = (x^{\frac{1}{\alpha}})^\alpha = x^{\frac{1}{\alpha} \cdot \alpha} = x^1 = x.$$

次の事実は定義から明らかゆえ証明は略す.

命題 6.4.2 実数 a について，$\sqrt{a^2} = |a|$. つまり，$a \geq 0$ ならば $\sqrt{a^2} = a$ であり，$a < 0$ ならば $\sqrt{a^2} = -a$ である.

6.5 指数関数と対数関数

本節では，$a > 0$ (ただし $a \neq 1$) とする.

定義 6.5.1 $f(x) := a^x$ で定められる関数 $f : \mathbb{R} \to (0,\infty)$ を**指数関数**という.

指数関数は $a > 1$ のとき狭義単調増加であり，$0 < a < 1$ のとき狭義単調減少である (図 6.2). 狭義単調性と全射性は後で示す (命題 9.9.2 および練習 9.2).

定義 6.5.2 指数関数 $f : \mathbb{R} \to (0,\infty)$ $(f(x)=a^x)$ の逆関数 $f^{-1} : (0,\infty) \to \mathbb{R}$ を**対数関数**と呼び，この $f^{-1}(x)$ を記号 $\log_a x$ で表す.
記号 $\log_a x$ に現れる a を**底**という．また $\log_a x$ を，a を底とする x の**対数**という.

対数関数 $g(x) = \log_a x$ は $a > 1$ のとき狭義単調増加であり，$0 < a < 1$ のとき狭義単調減少である (命題 6.3.3).

---

[1] このような数は存在し，かつ一つしかない (命題 9.3.2).

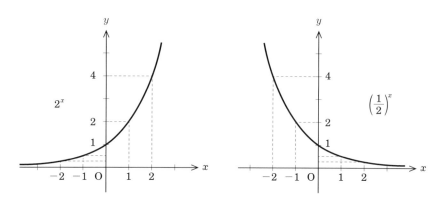

図 6.2

全単射 $f: X \to Y$ の逆写像を $g: Y \to X$ とするとき，$g(y)$ は「f に代入すると y になる X の元は何か」という問いの答えであった．また f の単射性から，この問いの答えは一つしかない．これを指数関数 $f(x) = a^x$ に適用すれば，$g(y) = \log_a y$ は「a を何乗すると y になるか」という問いの答えに等しい．

例 6.5.3 （1） $\log_5 25 = 2$, （2） $\log_2 65536 = 16$, （3） $\log_3 \dfrac{1}{9} = -2$, （4） $\log_a a = 1$, （5） $\log_a 1 = 0$, （6） $\log_a \sqrt{a} = \dfrac{1}{2}$.

命題 5.8.4 より，次が成り立つ：
$$\log_a(a^x) = x, \qquad a^{\log_a A} = A.$$

指数法則を対数の言葉を用いて言い換えることで，次の公式を得る．

命題 6.5.4 $a, A, B > 0$（ただし $a \neq 1$），および $p \in \mathbb{R}$ について次が成り立つ：
（1） $\log_a(AB) = \log_a A + \log_a B$,
（2） $\log_a \dfrac{A}{B} = \log_a A - \log_a B$,
（3） $\log_a(A^p) = p \log_a A$.

証明 (1) を示そう．左辺の $\log_a(AB)$ とは，「a を何乗すると AB になるか」という問いの答えである．右辺 $\log_a A + \log_a B$ がこの問いの答えになっていることを示せば，問いの答えが一つしかないことから (1) の左辺と右辺は等しい．a の右辺による冪を計算すると，
$$a^{\log_a A + \log_a B} = a^{\log_a A} \cdot a^{\log_a B} = AB.$$

(2) および (3) も同様の論法で示すことができる． □

上の公式によれば，対数関数は積や商の演算を和や差に変換するための操作と見なせる．一般に，積よりも和の計算のほうが容易である．そこで，対数を取ってかけ算を足し算に帰着させることで，効率よく計算する方法が思いつく．例えば対数微分法は，このような考えのもとで展開される手法である．

命題 6.5.5 (底の交換公式)　$a, b, A > 0$ (ただし $a, b \neq 1$) について，
$$\log_a A = \frac{\log_b A}{\log_b a}.$$

証明　$\log_b A = (\log_a A) \cdot (\log_b a)$ を示そう．つまり，この右辺が「b を何乗すると A になるか」という問いの答えであることを確認すればよい．
$$b^{(\log_a A) \cdot (\log_b a)} = \left(b^{\log_b a}\right)^{\log_a A} = (a)^{\log_a A} = A. \qquad \square$$

練習 6.5.6　$g(x) = \log_2 x$ のグラフを図示し，x を 2 倍すると $g(x)$ は 1 増えることを確認せよ．これは次のような計算でも確認できる：
$$\log_2(2x) = \log_2 2 + \log_2 x = 1 + \log_2 x.$$

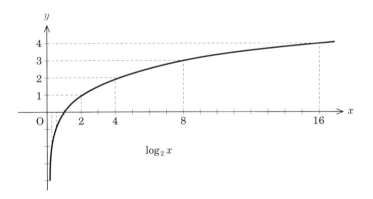

図 6.3

$a > 1$ のとき，対数関数 $\log_a x$ は，代入する数を a 倍することでやっと 1 だけ増加する関数ゆえ，増加のはやさはかなり遅い．しかしながら a 倍するたびに確実に $+1$ されていき，$x \to \infty$ において無限大に発散する．すなわち，

命題 6.5.7　$a > 1$ とすれば，$\displaystyle \lim_{x \to \infty} \log_a x = \infty$.

関数の極限，および ∞ への発散の定義と諸性質は，詳しくは 7 章で論じる．

6.6 三角関数と逆三角関数

π を円周率，すなわち円周長と直径の比とする．半径 1 の円周長は 2π である．

平面 $\mathbb{R}^2$ 上の原点 $\mathrm{O}=(0,0)$ を中心とする単位円上の点 $\mathrm{S}=(1,0)\in\mathbb{R}^2$ を起点とし，反時計回りを正の向きとして単位円周上を $\theta\in\mathbb{R}$ だけ移動した点を $\mathrm{P}_\theta=(a,b)$ とする．例えば $\mathrm{P}_{\frac{\pi}{2}}=\mathrm{P}_{-\frac{3\pi}{2}}=(0,1)$ および $\mathrm{P}_\pi=\mathrm{P}_{-\pi}=(-1,0)$ である．また，$\mathrm{P}_0,\mathrm{P}_{2\pi},\mathrm{P}_{4\pi},\cdots$ および $\mathrm{P}_{-2\pi},\mathrm{P}_{-4\pi},\cdots$ はいずれも点 S に一致する．

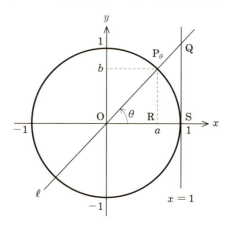

図 **6.4** 角 θ に対応する単位円上の点 P_θ

P_θ の x 座標，および y 座標，直線 OP_θ の傾きをそれぞれ $\cos\theta,\sin\theta,\tan\theta$ と定め，これらを θ の **余弦**，**正弦**，**正接** と呼ぶ．すなわち，

$$\cos\theta=a,\quad \sin\theta=b,\quad \tan\theta=\frac{b}{a}=\frac{\sin\theta}{\cos\theta}.$$

S から P_θ までの円周上の移動を回転とみなし，その回転の向きと大きさを表す量を **角度** という．とくに，S から P_θ までの回転量をちょうど θ と定める角度の単位を **弧度 (radian)** と呼ぶ．弧度において，直角および半周，一周，二周を表す角度は，それぞれ $\pi/2,\pi,2\pi,4\pi$ である．以下，本書では角度の単位に弧度を用いる．

$(\cos\theta_1,\sin\theta_1)=(\cos\theta_2,\sin\theta_2)$ が成り立つとき，θ_1 と θ_2 が定める単位円周上の点は一致する．このとき，θ_1 と θ_2 の差はちょうど 2π の整数倍である：

命題 6.6.1 $(\cos\theta_1,\sin\theta_1)=(\cos\theta_2,\sin\theta_2) \iff \dfrac{\theta_1-\theta_2}{2\pi}\in\mathbb{Z}.$

ここからは煩雑さをさけるため P_θ を P と略そう．二点 O, P を通る直線 ℓ と，直

線 $x=1$ との交点を Q とする．このとき ℓ の傾き $\tan\theta$ は点 Q の y 座標に等しい．また，点 P から x 軸に引いた垂線の足を R とし，直角三角形 POR に対してピタゴラスの定理を適用すれば $|a|^2+|b|^2=1$．すなわち，

$$\cos^2\theta+\sin^2\theta=1.$$

$\sin\theta,\cos\theta,\tan\theta$ を θ の関数とみなすとき，これらを総称して**三角関数**と呼ぶ．$\sin$ および $\cos$ の定義域は $\mathbb{R}$ であり，$\tan$ の定義域は $\cos\theta\neq 0$ となる範囲，すなわち $\mathbb{R}\setminus\{\pi/2+n\pi\mid n\in\mathbb{Z}\}$ である．

三角関数はいずれも単射ではない．そこで，これらが単射となるような定義域を考えよう．そのような定義域の定め方は無数に考えられるが，定義域をなるべく広く取ること，また原点に近い範囲に取ることを考えれば，次のように定めるのが妥当である：

- $\sin:\left[-\dfrac{\pi}{2},\dfrac{\pi}{2}\right]\to[-1,1]$,
- $\cos:[0,\pi]\to[-1,1]$,
- $\tan:\left(-\dfrac{\pi}{2},\dfrac{\pi}{2}\right)\to\mathbb{R}$.

上の三つの関数はいずれも全単射である．ここでは制限した $\sin$ の全単射性を確認してみよう (練習 6.5 も見よ)．

命題 6.6.2 $\sin:\left[-\dfrac{\pi}{2},\dfrac{\pi}{2}\right]\to[-1,1]$ は全単射である．

証明 全射性：各 $b\in[-1,1]$ に対して，直線 $y=b$ と単位円は交点を持つ[2]．このうち x 座標が 0 以上の点はただ一つであり，これを点 P とする．起点 $S=(1,0)$ から P までの回転量を θ とする (ただし $-\pi/2\le\theta\le\pi/2$)．このとき，$\sin\theta$ とは点 P の y 座標 b のことであり，すなわち $\sin\theta=b$．

単射性[3]：「$\sin\theta_1=\sin\theta_2\Longrightarrow\theta_1=\theta_2$」を示す．いま，$\theta_1,\theta_2\in[-\pi/2,\pi/2]$ ゆえ $\cos\theta_1,\cos\theta_2\ge 0$．よって，命題 6.4.2 より

$$\cos\theta_1=\sqrt{\cos^2\theta_1}=\sqrt{1-\sin^2\theta_1}=\sqrt{1-\sin^2\theta_2}=\sqrt{\cos^2\theta_2}=\cos\theta_2.$$

つまり $(\cos\theta_1,\sin\theta_1)=(\cos\theta_2,\sin\theta_2)$．命題 6.6.1 より $\theta_1-\theta_2$ は 2π の整数倍である．いま，$\theta_1,\theta_2\in[-\pi/2,\pi/2]$ ゆえ，$|\theta_1-\theta_2|\le\pi$．すなわち $\theta_1-\theta_2=0$． □

そこで，上に挙げた制限三角関数の逆関数をそれぞれ

---

[2] 実際，$(\pm\sqrt{1-b^2},b)$ が交点となる．
[3] 図示により，狭義単調性は直ちに分かる．しかし，ここでは図示によらない証明を検討する．

$$\sin^{-1}:[-1,1]\to\left[-\frac{\pi}{2},\frac{\pi}{2}\right],\quad \cos^{-1}:[-1,1]\to[0,\pi],\quad \tan^{-1}:\mathbb{R}\to\left(-\frac{\pi}{2},\frac{\pi}{2}\right)$$

と書き，これらを**逆三角関数**と言う．これらのグラフはもとのグラフと直線 $y=x$ を軸に線対称であり (命題 6.2.1)，図示すれば次のようになる：

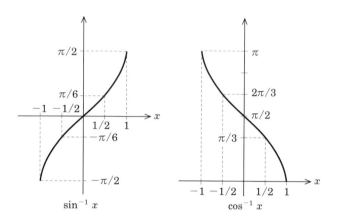

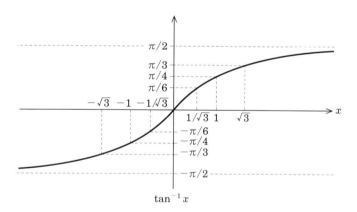

図 **6.5**　逆三角関数のグラフ

備考 6.6.3　次に挙げる誤解を避けるために，逆三角関数をそれぞれ arcsin, arccos, arctan と書く文献もある．

- $\sin^{-1}x$ および $(\sin x)^{-1}, \sin x^{-1}$ はすべて異なり，これらを混同してはならない．一つ目は sin の逆関数に x を代入したものであり，二つ目は $\sin x$ の逆数 (つまり $\frac{1}{\sin x}$)，三つめは $\sin\frac{1}{x}$ である．

- 慣例では，$(\sin x)^n$ のことを $\sin^n x$ とかく．この表記は n が自然数の場合に限らねばならない．なぜなら，$\sin^{-2} x$ が次のいずれにも解釈されうるからである：

$$\left(\frac{1}{\sin x}\right)^2, \quad (\sin^{-1} x)^2, \quad \sin^{-1}(\sin^{-1} x).$$

三角関数は角度を代入すると比が与えられる関数であったから，逆三角関数は比を代入すると角度が与えられる関数である．

例題 6.6.4 次の値を求めよ．
(1) $\sin^{-1}\frac{1}{2}$, (2) $\cos^{-1}\frac{1}{2}$, (3) $\tan^{-1} 1$, (4) $\sin^{-1} 2$.

〔解答〕 (1) $\sin$ に代入すると $\frac{1}{2}$ になる角度のうちで，制限された $\sin$ の定義域 $\left[-\frac{\pi}{2}, \frac{\pi}{2}\right]$ に属すものは $\frac{\pi}{6}$ である．したがって $\sin^{-1}\frac{1}{2} = \frac{\pi}{6}$. (2) $\cos$ に代入すると $\frac{1}{2}$ になる角度のうちで，制限された $\cos$ の定義域 $[0, \pi]$ に属すものは $\frac{\pi}{3}$ である．したがって $\cos^{-1}\frac{1}{2} = \frac{\pi}{3}$. (3) $\tan$ に代入すると 1 になる角度のうちで，制限された $\tan$ の定義域 $\left(-\frac{\pi}{2}, \frac{\pi}{2}\right)$ に属すものは $\frac{\pi}{4}$ である．したがって $\tan^{-1} 1 = \frac{\pi}{4}$. (4) $\sin^{-1}$ の定義域は $[-1, 1]$ であったから，$\sin^{-1}$ に 2 を代入することはできない (不適切な問題)．

例題 6.6.5 次を示せ．
(1) $-\frac{\pi}{2} < \tan^{-1}\frac{1}{2} + \tan^{-1}\frac{1}{3} < \frac{\pi}{2}$.
(2) $\frac{\pi}{4} = \tan^{-1}\frac{1}{2} + \tan^{-1}\frac{1}{3}$.

〔解答〕 (1) $\tan^{-1}$ は狭義単調増加関数であるから $0 = \tan^{-1} 0 < \tan^{-1}\frac{1}{2} < \tan^{-1} 1 = \frac{\pi}{4}$. 同様に $0 < \tan^{-1}\frac{1}{3} < \frac{\pi}{4}$. これらを足し合わせて $0 < \tan^{-1}\frac{1}{2} + \tan^{-1}\frac{1}{3} < \frac{\pi}{2}$ を得る．
(2) 区間 $\left(-\frac{\pi}{2}, \frac{\pi}{2}\right)$ の元 x で $\tan x = 1$ を満たすものは，$x = \frac{\pi}{4}$ に限る．したがって $\tan(\text{右辺}) = 1$ が示せれば，前問と合わせて (右辺) $= \frac{\pi}{4}$ を得る．$\tan(\text{右辺}) = 1$ は加法定理[4]より直ちに得られる．実際，$\alpha = \tan^{-1}\frac{1}{2}$, $\beta = \tan^{-1}\frac{1}{3}$ とおけば $\tan\alpha = \frac{1}{2}$, $\tan\beta = \frac{1}{3}$ であり，

$$\tan\left(\tan^{-1}\frac{1}{2} + \tan^{-1}\frac{1}{3}\right) = \tan(\alpha + \beta) = \frac{\tan\alpha + \tan\beta}{1 - \tan\alpha\tan\beta} = \frac{\frac{1}{2} + \frac{1}{3}}{1 - \frac{1}{2}\cdot\frac{1}{3}} = 1.$$

---

[4] $\tan(\alpha \pm \beta) = \dfrac{\tan\alpha \pm \tan\beta}{1 \mp \tan\alpha\tan\beta}$.

— 円弧の長さ (よりみち) ————————————————————————

　本節では，円弧の長さを用いて角度と三角関数を定めた．それでは，円弧の長さの定義はいかにして与えられるのだろうか．実は，曲線の長さの定義およびその計算が積分論の応用として論じられ，特に円弧の長さは三角関数を用いて計算できる．しかしここで，弧長を用いて定めた三角関数によってその弧長を求める，という議論の堂々巡りが生じてしまう．これをふまえて，より厳密な立場で論じる微積分論では，三角関数を級数表示 (例 A.7.4) によって天下り的に定義したうえで，我々がこれまでに見てきた三角関数の諸性質がこの定義のもとで成り立つことを改めて確かめる，という形式を取る．なお，この立場において π は，$4\sin^{-1}\left(\dfrac{1}{\sqrt{2}}\right)$（あるいは $4\tan^{-1}1$）なる実数として定義される．

章末問題

練習 6.1 $X \subset \mathbb{R}$ および単調増加 (減少) 関数 $f : X \to \mathbb{R}$ について，次が同値であることを示せ：

（1） f は単射である， （2） f は狭義単調増加 (減少) である．

練習 6.2 $X, Y \subset \mathbb{R}$ とする．$f : X \to Y$ および $g : Y \to \mathbb{R}$ について次を示せ．

（1） f と g がともに狭義単調増加ならば $g \circ f$ も狭義単調増加である．

（2） f が狭義単調増加かつ g が狭義単調減少ならば，$g \circ f$ は狭義単調減少である．

（3） f が単調減少かつ単調増加ならば，f は定数関数である．

練習 6.3 $a, x > 0$ (ただし $a \neq 1$) について，$\log_{a^{-1}} x = -\log_a x$ を示せ．

練習 6.4 命題 6.6.1 を示せ．

練習 6.5 次の関数の単射性を示せ．

（1） $\cos : [0, \pi] \to [-1, 1]$， （2） $\tan : \left(-\dfrac{\pi}{2}, \dfrac{\pi}{2}\right) \to \mathbb{R}$．

練習 6.6 $\tan \dfrac{\pi}{8} = \sqrt{2} - 1$ を示せ．

練習 6.7 (マチンの公式) $\dfrac{\pi}{4} = 4\tan^{-1}\dfrac{1}{5} - \tan^{-1}\dfrac{1}{239}$ を示せ．

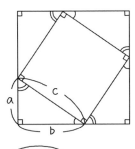

大きな正方形の面積を
2通りの方法で計算する
・ $(a+b)^2 = a^2 + 2ab + b^2$
・ $\dfrac{ab}{2} \times 4 + c^2 = 2ab + c^2$
したがって $a^2 + b^2 = c^2$
　　　　　ピタゴラスの定理

逆三角関数
以外全部
知ってた

そりゃそうさ
大学生
だもの

第7章 関数の極限

　関数の極限には二通りの定め方がある．一つは数列の極限を媒介して定める方法であり，もう一つは数列の極限の定義で用いた ε-N 論法と類似する手法，いわゆる ε-δ 論法によって直接に定める方法である．この章で提示する関数の極限に関する性質の多くは，議論を数列に帰着させることによって，これまでに学んだ命題から直ちに導くことができる．一方，55 ページのコラムに述べた考えを重視するのであれば，ε-δ 論法による直接の定義から，それらの性質を導くほうが教育的には望ましい．しかしながら，闇雲に ε-δ 論法による定義まで立ち戻って証明を長引かせては，退屈この上ないことも確かであろう．そこで本章の証明では，ε-δ 論法を用いた方が明快になる部分についてはこれを用い，それ以外の部分では数列に帰着させる形式をとった．余力ある読者には，数列に帰着させて示した命題について，ε-δ 論法による証明を検討することを勧める．

7.1　二通りの定義

　次の定義における a は，必ずしも関数 f の定義域に含まれなくてもよい (つまり，f に a を代入できない可能性がある)．これは，微分の定義における極限操作 (分母を 0 にできない) を念頭においたことによる．

定義 7.1.1　X を $\mathbb{R}$ の部分集合とし，関数 $f: X \to \mathbb{R}$，および点 $b \in \mathbb{R}$，さらに X 上の数列の極限値になりうる数[1] $a \in \mathbb{R}$ が与えられているとする．x が a に限りなく近づくとき $f(x)$ が b に限りなく近づくとは，次の同値な条件のいずれかが成り立つことをいう．

(i)　a に収束する X 上の任意の数列 x_n について $\lim_{n\to\infty} f(x_n) = b$．
(ii)　任意の $\varepsilon > 0$ に応じて，次の条件 (※) を満たす $\delta > 0$ が存在する：
$$x \in X \text{ かつ } |a - x| < \delta \implies |b - f(x)| < \varepsilon. \quad (※)$$

---

[1]　このような点 a は，$\mathbb{R}$ における X の触点と呼ばれる (定義 11.3.2)．

「限りなく近づく」は「収束する」とも言い表す．x が a に限りなく近づくことを $x \to a$ と書き，$x \to a$ のとき $f(x) \to b$ となることを次の図式で表す：
$$f(x) \longrightarrow b\ (x \to a), \qquad f(x) \xrightarrow{x \to a} b, \qquad f(x) \xrightarrow[x \to a]{} b.$$
上の b を，**$x \to a$ における $f(x)$ の極限**と呼び，これを記号 $\lim_{x \to a} f(x)$ で表す．

条件 (ii) を用いた極限の議論を **ε-δ 論法** という．(i) と (ii) の同値性は本節の最後に示す (定理 7.1.5)．

関数 $f(x)$ について，$x \to a$ のとき $f(x) \to b$ となるような $b \in \mathbb{R}$ が存在するとき，これを「$\lim_{x \to a} f(x)$ が存在する」あるいは「$x \to a$ において $f(x)$ は収束する」と言い表す．

例 7.1.2 $X \subset \mathbb{R}$, $r \in \mathbb{R}$ とする．次の $f : X \to \mathbb{R}$ に関する極限において，定義 7.1.1 の条件 (i) が成り立つことは明らかであろう．一方，条件 (ii) は次のように確認できる．

(1) 定数関数 $f(x) \equiv r$ において，各 $a \in X$ について $\lim_{x \to a} f(x) = r$．

(2) $f(x) = x$ (つまり $f = \mathrm{id}_X$) および，各 $a \in X$ について $\lim_{x \to a} f(x) = a$．

証明 (1) 各 $\varepsilon > 0$ に対して，$\delta := 1$ とおくと「$|a - x| < \delta \Longrightarrow |f(a) - f(x)| < \varepsilon$」が成り立つ．実際，仮定 $|a - x| < \delta$ の真偽によらずに $|f(a) - f(x)| = |r - r| = 0 < \varepsilon$ である．

(2) 各 $\varepsilon > 0$ に対して，$\delta := \varepsilon$ とおくと「$|a - x| < \delta \Longrightarrow |f(a) - f(x)| < \varepsilon$」が成り立つ．実際，$|a - x| < \delta$ とすれば，$|f(a) - f(x)| = |a - x| < \delta = \varepsilon$． □

例 7.1.3 $f : \mathbb{R} \to \mathbb{R}$ を次で定義する (図 7.1)：
$$f(x) := \begin{cases} 1 & (x > 0 \text{ のとき}), \\ 0 & (x = 0 \text{ のとき}), \\ -1 & (x < 0 \text{ のとき}). \end{cases}$$

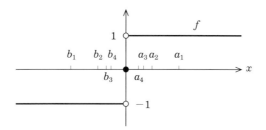

図 **7.1**

このとき，$x \to 0$ において $f(x)$ は収束しない．実際，$a_n = 1/n$, $b_n = -1/n$ と定めれば，これらはともに 0 に収束するが，$\lim_{n \to \infty} f(a_n) = 1 \neq -1 = \lim_{n \to \infty} f(b_n)$.

備考 7.1.4 $x \to a$ における極限について，a の値を取らずに x が a に近づくとする流儀もある．定義 7.1.1 では (i), (ii) ともに $a \in X$ の場合は $x_n = a$ あるいは $x = a$ となることを許している．定義 7.1.1 に基づいて a に値を取ることを許さないような極限を考える際は，f の定義域から a を除けばよい．

例えば次で定義される関数 $f : \mathbb{R} \to \mathbb{R}$：
$$f(x) := \begin{cases} 1 & (x > 0 \text{ のとき}), \\ 0 & (x = 0 \text{ のとき}), \\ 1 & (x < 0 \text{ のとき}) \end{cases}$$
が $x \to 0$ において極限を持つかどうか考えよう (図 7.2)．

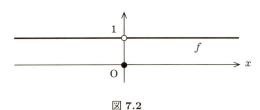

図 **7.2**

- 定義 7.1.1 によれば，$x \to 0$ において極限を持たない．実際，$a_n = 0$ と $b_n = 1/n$ はともに 0 に収束するが，$\lim_{n \to \infty} f(a_n) = 0 \neq 1 = \lim_{n \to \infty} f(b_n)$.
- 0 に値を取らずに 0 に近づくとする流儀においては，$\lim_{x \to 0} f(x) = 1$ である．実際，0 に値を取らずに 0 に収束する数列 a_n を任意に取れば，$f(a_n) = 1$ ゆえ $\lim_{n \to \infty} f(a_n) = 1$.

a の値を取らずに a に近づくことを要請する流儀の背景には，定義域を宣言する手間を省きたいという考えがある．a に値を取らずに近づけたときの極限であることを明確に表す際は，次の記号を用いる：
$$\lim_{\substack{x \to a \\ x \neq a}} f(x).$$

(ii) の否定について補足しよう[2]．(ii) の不成立は次で言い換えられる：
- 次が成立しないような反例 $\varepsilon > 0$ がある：(※) を満たす $\delta > 0$ が存在する．

---

[2] ここで述べる否定条件の言い換え方は，一般論として B.5 節 (付録) にて解説した．(ii) の否定は例 B.5.4 (4) に相当する．

- 次を満たす $\varepsilon > 0$ が存在する：(※) を満たす $\delta > 0$ が存在しない．
- 次を満たす $\varepsilon > 0$ が存在する：各 $\delta > 0$ について (※) が成り立たない．

ここで，(※) は「P ならば Q」型の条件だから，(※) が成り立たないとは，P にもかかわらず Q が満たされないような反例があることを指す．すなわちそれは，次を満たす $x \in X$ ((※) の反例) が存在することにほかならない：

$$|a - x| < \delta \text{ かつ } |b - f(x)| \geq \varepsilon.$$

以上をまとめると，条件 (ii) の不成立は次の ¬(ii) に言い換えられる：

¬(ii)　次を満たす $\varepsilon > 0$ が存在する：各 $\delta > 0$ に応じて，

$$\text{``}|a - x| < \delta \text{ かつ } |b - f(x)| \geq \varepsilon\text{''} \text{ をみたす } x \in X \text{ がある}. \tag{7.1}$$

ここで記号 ¬(ii) は，(ii) の否定を指す．上の条件を満たす ε は特別な数であることから，証明ではこれを強調し，添え字を付すことがある．例えば ε_0 などと書く．

定理 7.1.5　定義 7.1.1 にある条件 (i) と (ii) は同値である．

証明　(i)⇒(ii)：対偶を示す．(ii) の否定を仮定しよう．このとき上の ¬(ii) より，各 $\delta > 0$ が条件 (7.1) を満たすように，$\varepsilon > 0$ を取ることができる．そこで，n を自然数とし，$\delta := 1/n > 0$ に対して条件 (7.1) を適用すれば，$|a - x_n| < 1/n$ かつ $|b - f(x_n)| \geq \varepsilon$ を満たす $x_n \in X$ が取れる．これらの不等式について，$|a - x_n| < 1/n$ は $\lim_{n \to \infty} x_n = a$ を意味し，$|b - f(x_n)| \geq \varepsilon$ は数列 $f(x_n)$ が b に収束しないことを意味する．すなわち，a に収束する X 上の数列 x_n で，$f(x_n)$ が b に収束しない例が得られた．これは，(i) が成立しないということである．

(ii)⇒(i)：$x_n \in X$ を a に収束する数列とする．$\lim_{n \to \infty} f(x_n) = b$ を示すために任意に $\varepsilon > 0$ を取ろう．この ε に対して条件 (ii) を適用すれば，次を満たす $\delta > 0$ が存在する：

$$|a - x| < \delta \implies |b - f(x)| < \varepsilon. \tag{†}$$

さて，$\lim_{n \to \infty} x_n = a$ より，上の δ に対して次を満たす $N \in \mathbb{N}$ が存在する：

$$n > N \implies |a - x_n| < \delta. \tag{‡}$$

このとき，「$n > N \implies |b - f(x_n)| < \varepsilon$」が成り立つ．実際，$n > N$ とすれば (‡) より $|a - x_n| < \delta$ であり，これと (†) を合わせて $|b - f(x_n)| < \varepsilon$ を得る．以上により $\lim_{n \to \infty} f(x_n) = b$ が示された． □

変数 x が関数 f の定義域 X 上を動くことが暗黙の前提となっている場合は，条件 (※) における "$x \in X$ かつ" の部分を略すことがある．上の証明の条件 (†) においてもそうしている．

7.2 極限の基本的性質

命題 7.2.1 関数 $f, g : X \to \mathbb{R}$ が $\lim_{x \to a} f(x) = \alpha$, $\lim_{x \to a} g(x) = \beta$ を満たすとき，
 (1) 各 $x \in X$ について $f(x) \leq g(x)$ が成り立つならば，$\alpha \leq \beta$,
 (2) $\lim_{x \to a}(f(x) \pm g(x)) = \alpha \pm \beta$,
 (3) $\lim_{x \to a}(f(x) \cdot g(x)) = \alpha \cdot \beta$,
 (4) さらに $g(x)$ が 0 に値をとることなく，かつ $\beta \neq 0$ のとき，$\lim_{x \to a} \dfrac{f(x)}{g(x)} = \dfrac{\alpha}{\beta}$.

証明 (1) $\lim_{n \to \infty} a_n = a$ なる数列 $a_n \in X$ を一つ取れば，仮定より $\lim_{n \to \infty} f(a_n) = \alpha$, $\lim_{n \to \infty} g(a_n) = \beta$ である．二つの数列 $f(a_n), g(a_n)$ について命題 3.4.3 を適用すれば，$\alpha \leq \beta$ を得る．

(2) $\lim_{n \to \infty} a_n = a$ なる数列 $a_n \in X$ を任意に取る．示すべきことは $\lim_{n \to \infty}(f(a_n) + g(a_n)) = \alpha + \beta$ である．仮定より $\lim_{n \to \infty} f(a_n) = \alpha$, $\lim_{n \to \infty} g(a_n) = \beta$. よって命題 3.4.7 (1) より，$\lim_{n \to \infty}(f(a_n) + g(a_n)) = \alpha + \beta$. $f(x) - g(x)$ の極限や，(3) および (4) についても，いまの証明と同様の論法により示される． □

次の命題は変数を上手くおきかえて極限計算ができることを主張する．

命題 7.2.2 $X, Y \subset \mathbb{R}$ とし，関数 $f : X \to Y$, $g : Y \to \mathbb{R}$ が与えられているとする．このとき，$\lim_{x \to a} f(x) = b$ かつ $\lim_{y \to b} g(y) = c$ ならば，合成関数 $g \circ f : X \to \mathbb{R}$ について $\lim_{x \to a} g \circ f(x) = c$ である．

証明 任意に $\varepsilon > 0$ を取って固定しよう．このとき，$\lim_{y \to b} g(y) = c$ より，次を満たす $\xi > 0$ が存在する：
$$y \in Y \text{ かつ } |b - y| < \xi \implies |c - g(y)| < \varepsilon. \qquad (\dagger)$$
上の $\xi > 0$ に対して $\lim_{x \to a} f(x) = b$ を適用すれば，次を満たす $\delta > 0$ が取れる：
$$x \in X \text{ かつ } |a - x| < \delta \implies |b - f(x)| < \xi. \qquad (\ddagger)$$
このとき，「$|a - x| < \delta \implies |c - g \circ f(x)| < \varepsilon$」が成り立つ．実際，$|a - x| < \delta$ とすれば条件 (‡) より $|b - f(x)| < \xi$ であり，これに条件 (†) を適用すれば $|c - g(f(x))| < \varepsilon$. 以上より $\lim_{x \to a} g \circ f(x) = c$. □

次の命題は，極限の定義から直接に導くこともできる．ここでは，上の命題を応用する形で証明しよう．

命題 7.2.3 関数 $h: X \to \mathbb{R}$ について次はそれぞれ同値である：
(1) $\lim_{x \to a} h(x) = b$, (2) $\lim_{x \to a} (b - h(x)) = 0$, (3) $\lim_{x \to a} |b - h(x)| = 0$,
(4) $\lim_{\delta \to 0} h(a + \delta) = b$, (5) $\lim_{\delta \to 0} (h(a+\delta) - b) = 0$, (6) $\lim_{\delta \to 0} |h(a+\delta) - b| = 0$.
ただし，変数 δ の動く範囲は $a + \delta \in X$ を満たす部分とする．

証明 (1) および (2), (3) の同値性は次の不等式の同値性 (左辺はすべて同じ値である) から明らか：

$$|b - h(x)| < \varepsilon, \qquad |0 - (b - h(x))| < \varepsilon, \qquad |0 - |b - h(x)|| < \varepsilon.$$

また，同様の理由で (4) および (5), (6) も同値である．

(1)⇒(4)：$f_1(\delta) := a + \delta$ とおくと，命題 7.2.1 (2) より $\lim_{\delta \to 0} f_1(\delta) = a + 0 = a$. また仮定より $\lim_{y \to a} h(y) = b$. これらについて命題 7.2.2 を適用すれば，$\lim_{\delta \to 0} h(a + \delta) = \lim_{\delta \to 0} h \circ f_1(\delta) = b$.

(4)⇒(1)：$g(y) := h(a + y)$ とおけば，仮定より $\lim_{y \to 0} g(y) = b$. さらに $f_2(x) := x - a$ とおけば，$\lim_{x \to a} f_2(x) = 0$. これらについて命題 7.2.2 を適用すれば，

$$\lim_{x \to a} g(f_2(x)) = \lim_{x \to a} g \circ f_2(x) = b.$$

一方，上の左辺において，極限の中に現れる関数は $h(x)$ に等しい．実際 $g(f_2(x)) = h(a + f_2(x)) = h(a + (x - a)) = h(x)$. □

〔備考〕 上の命題における δ の動く範囲は，関数 $g(y) = h(a + y)$ の定義域 $Y = \{y \in \mathbb{R} \mid a + y \in X\}$ である．このとき，$a \in \mathbb{R}$ が X 上の数列の極限であることと，0 が Y 上の数列の極限であることは同値であり (練習 7.2)，したがって条件 (4) をより正確に表現すれば，「関数 $g: Y \to \mathbb{R}$ について $\lim_{\delta \to 0} g(\delta) = b$」となる．

とくに $b = 0$ の場合として，$\lim_{x \to a} h(x) = 0$ と $\lim_{x \to a} |h(x)| = 0$ は同値である．

次は，数列に関するはさみうちの原理から直ちに得られる (証明略)．

定理 7.2.4 (はさみうちの原理) 三つの関数 $f, g, h: X \to \mathbb{R}$ について，$f(x) \leq g(x) \leq h(x)$ がすべての $x \in X$ について成立しているとする．このとき，$\lim_{x \to a} f(x) = \lim_{x \to a} h(x) = \alpha$ ならば $\lim_{x \to a} g(x) = \alpha$.

定義 7.2.5 関数 $g: X \to \mathbb{R}$ の像 $g(X)$ が上に (下に) 有界であるとき，g は上に (下に) **有界**であるという．上に有界かつ下に有界な関数を**有界**であるという．

命題 7.2.6 $\lim_{x \to a} f(x) = 0$ かつ g が有界ならば，$\lim_{x \to a} f(x)g(x) = 0$.

証明 f, g の定義域を $X \subset \mathbb{R}$ とする．$g(x)$ は有界ゆえ次を満たす $M \in \mathbb{R}$ が存在する：各 $x \in X$ について $|g(x)| \leq M$．ここで M を定数関数とみれば，命題 7.2.1 (3) より $0 \leq |f(x)g(x)| \leq |f(x)| \cdot M \xrightarrow[x \to a]{} 0 \cdot M = 0$. はさみうちの原理から $\lim_{x \to a} |f(x)g(x)| = 0$ であり，ゆえに $\lim_{x \to a} f(x)g(x) = 0$ (命題 7.2.3). □

7.3 右極限と左極限

ある点を境に劇的に様子が変わる関数を考察する場合，その点以前と以降の部分で分けて論じると見通しがよい．極限については次のように考える．

定義 7.3.1 関数 $f : X \to \mathbb{R}$ (ただし $X \subset \mathbb{R}$) および，X 上の数列の極限値になりうる数 $a \in \mathbb{R}$ が与えられているとする．このとき，f の定義域を $Y_+ := X \cap [a, \infty)$ に制限した関数 $f_+ : Y_+ \to \mathbb{R}$ ($f_+(x) := f(x)$) について $\lim_{x \to a} f_+(x)$ が存在するとき，これを $x \to a$ における $f(x)$ の**右極限**と呼び，次の記号で表す：

$$\lim_{x \to a+} f(x), \quad \lim_{x \to a^+} f(x), \quad \lim_{x \to a+0} f(x), \quad \lim_{x \downarrow a} f(x), \quad \lim_{x \searrow a} f(x).$$

また，f の定義域を $Y_- := X \cap (-\infty, a]$ に制限した関数 f_- について $\lim_{x \to a} f_-(x)$ が存在するとき，これを $x \to a$ における $f(x)$ の**左極限**と呼び，次の記号で表す：

$$\lim_{x \to a-} f(x), \quad \lim_{x \to a^-} f(x), \quad \lim_{x \to a-0} f(x), \quad \lim_{x \uparrow a} f(x), \quad \lim_{x \nearrow a} f(x).$$

例 7.3.2 例 7.1.3 で与えた関数の定義域を $X = (-\infty, 0) \cup (0, \infty)$ に制限した関数 $f|_X : X \to \mathbb{R}$ について，$\lim_{x \to 0+} f|_X(x) = 1$ である．なぜなら，$a_n \in X \cap [0, \infty) = (0, \infty)$ を a に収束する任意の数列とすれば，$a_n > 0$ より $f|_X(a_n) = 1$ であり，ゆえに $\lim_{n \to \infty} f|_X(a_n) = 1$. また，左極限は $\lim_{x \to 0-} f|_X(x) = -1$ である．

左右の極限が一致するとき，それは通常の極限となる．

命題 7.3.3 $f : X \to \mathbb{R}$ について次は同値である．
(1) $\lim_{x \to a} f(x) = \alpha$, (2) $\lim_{x \to a+} f(x) = \lim_{x \to a-} f(x) = \alpha$.
ただし，$a \notin X$ の場合は，a は X の上限でも下限でもないとする[3]．

証明 (1)⇒(2) は定義から明らか (より広い範囲について収束がいえるから，範囲

---

[3] 制限した写像の定義域 $Y_+ := X \cap [a, \infty)$ あるいは $Y_- := X \cap (-\infty, a]$ が空集合になることを避けている．

を狭めても，もちろん収束がいえる)．(2)⇒(1) を ε-δ 論法によって示そう．$\varepsilon > 0$ を任意に取れば，仮定より次を満たす $\delta_1, \delta_2 > 0$ が存在する：

(I) $x \in X \cap [a, \infty)$ かつ $|a - x| < \delta_1 \implies |\alpha - f(x)| < \varepsilon$,

(II) $x \in X \cap (-\infty, a]$ かつ $|a - x| < \delta_2 \implies |\alpha - f(x)| < \varepsilon$.

ここで，$\delta := \min\{\delta_1, \delta_2\}$ とおけば，「$x \in X$ かつ $|a - x| < \delta \implies |\alpha - f(x)| < \varepsilon$」が成り立つ．実際，$|a - x| < \delta$ を満たす任意の $x \in X$ に対して，$x \geq a$ の場合は $|a - x| < \delta \leq \delta_1$ より (I) を適用することで $|\alpha - f(x)| < \varepsilon$ を得る．$x < a$ の場合は (II) を適用することで，やはり $|\alpha - f(x)| < \varepsilon$ を得る． □

7.4 関数の発散

「x が無限大に発散する」という表現を記号で $x \to \infty$ と書く．

定義 7.4.1 (点 a における関数の発散) $X \subset \mathbb{R}$ とし，関数 $f : X \to \mathbb{R}$ および X 上の数列の極限値になりうる数 $a \in \mathbb{R} \setminus X$ が与えられているとする．$\boldsymbol{x \to a}$ において $\boldsymbol{f(x)}$ が $\boldsymbol{\infty}$ に発散するとは，次の同値な条件が成立することをいう．

(i) a に収束する X 上の任意の数列 x_n について $\lim_{n \to \infty} f(x_n) = \infty$.

(ii) 任意の $M > 0$ に応じて，次の条件を満たす $\delta > 0$ が存在する：
$$x \in X \text{ かつ } |a - x| < \delta \implies f(x) > M.$$

また，$\boldsymbol{x \to a}$ において $\boldsymbol{f(x)}$ が $\boldsymbol{-\infty}$ に発散するとは，$x \to a$ において関数 $-f(x)$ が ∞ に発散することをいう．$x \to a$ において $f(x) \to \pm\infty$ となるとき，これを記号で $\lim_{x \to a} f(x) = \pm\infty$ と書く (複号同順)．

例えば $\lim_{x \to 0} \dfrac{1}{x^2} = \infty$ である (証明は命題 7.4.7 による)．

定義 7.4.2 (無限大における収束) $X \subset \mathbb{R}$ および点 $b \in \mathbb{R}$，関数 $f : X \to \mathbb{R}$ が与えられているとする．X が上に有界でないとき，$\boldsymbol{x \to \infty}$ において $\boldsymbol{f(x)}$ が $\boldsymbol{b}$ に収束するとは，次の同値な条件が成立することをいう．

(i) ∞ に発散する X 上の任意の数列 x_n について $\lim_{n \to \infty} f(x_n) = b$.

(ii) 任意の $\varepsilon > 0$ に応じて，次の条件を満たす $L > 0$ が存在する：
$$x \in X \text{ かつ } x > L \implies |b - f(x)| < \varepsilon.$$

このとき b を，$\boldsymbol{x \to \infty}$ における $\boldsymbol{f(x)}$ の**極限**と呼び，記号 $\lim_{x \to \infty} f(x)$ で表す．また，X が下に有界でないとき，$\boldsymbol{x \to -\infty}$ において $\boldsymbol{f(x)}$ が $\boldsymbol{b}$ に収束するとは，$y \to \infty$ において $f(-y)$ が b に収束することをいう．このとき b を，$\boldsymbol{x \to -\infty}$ における $\boldsymbol{f(x)}$ の**極限**と呼び，これを記号 $\lim_{x \to -\infty} f(x)$ で表す．

数列 a_n を関数 $a : \mathbb{N} \to \mathbb{R}$ $(a(n) = a_n)$ と解釈すれば，a_n の収束とは $n \to \infty$ における関数 $a(n)$ の収束のことにほかならない．

定義 7.4.3 (無限大における発散)　$X \subset \mathbb{R}$ および関数 $f : X \to \mathbb{R}$ が与えられているとする．X が上に有界でないとき，$x \to \infty$ において $f(x)$ が ∞ に発散することを，次の同値な条件が成立することと定める．
 (ⅰ)　∞ に発散する X 上の任意の数列 x_n について $\lim_{n \to \infty} f(x_n) = \infty$．
 (ⅱ)　任意の $M > 0$ に応じて，次の条件を満たす $L > 0$ が存在する：
$$x \in X \text{ かつ } x > L \implies f(x) > M.$$
また，$x \to \infty$ において $f(x)$ が $-\infty$ に発散するとは，$x \to \infty$ において $-f(x)$ が ∞ に発散することをいう．$x \to \infty$ において $f(x) \to \pm\infty$ となるとき，これを記号で $\lim_{x \to \infty} f(x) = \pm\infty$ と書く (複号同順)．

さらに，X が下に有界でないとき，$x \to -\infty$ において $f(x)$ が $\pm\infty$ に発散することを，$y \to \infty$ において $f(-y)$ が $\pm\infty$ へ発散することと定め，これを記号で $\lim_{x \to -\infty} f(x) = \pm\infty$ と書く (複号同順)．

例 7.4.4　$\lim_{x \to \infty} x = \infty$．実際，任意の $M > 0$ に対して $L := M$ とおけば「$x > L \implies x > M$」が成り立つ．

次の二つの命題は，命題 3.8.4 および 3.8.5 から直ちに導かれる (証明略)．

命題 7.4.5　$a \in \mathbb{R}$ および $\lim_{x \to a} f(x) = \infty$ とすれば，次が成り立つ．
 (1)　各 $x \in X$ について $f(x) \leq g(x)$ ならば，$\lim_{x \to a} g(x) = \infty$．
 (2)　g が下に有界ならば，$\lim_{x \to a} (f(x) + g(x)) = \infty$．
 (3)　$\lim_{x \to a} g(x)$ が正の数ならば，$\lim_{x \to a} f(x)g(x) = \infty$．
 (4)　$\lim_{x \to a} g(x)$ が負の数ならば，$\lim_{x \to a} f(x)g(x) = -\infty$．

命題 7.4.6　$a \in \mathbb{R}$ および $\lim_{x \to a} f(x) = -\infty$ とすれば，次が成り立つ．
 (1)　各 $x \in X$ について $f(x) \geq g(x)$ ならば，$\lim_{x \to a} g(x) = -\infty$．
 (2)　g が上に有界ならば，$\lim_{x \to a} (f(x) + g(x)) = -\infty$．
 (3)　$\lim_{x \to a} g(x)$ が正の数ならば，$\lim_{x \to a} f(x)g(x) = -\infty$．
 (4)　$\lim_{x \to a} g(x)$ が負の数ならば，$\lim_{x \to a} f(x)g(x) = \infty$．

さらに，次の二つの命題も数列に帰着させることで導ける (証明略)．

命題 7.4.7　$\lim_{x \to a} |f(x)| = \infty$ と $\lim_{x \to a} (1/f(x)) = 0$ は同値である．

7.4 関数の発散　121

命題 7.4.8　集合 $X \subset \mathbb{R}$ が上に有界でない (あるいは下に有界でない) とき，命題 7.2.1 および定理 7.2.4，命題 7.2.6, 7.4.5, 7.4.6, 7.4.7 において記号 $x \to a$ を $x \to \infty$ (あるいは $x \to -\infty$) に置き換えた主張も成り立つ．

こう命題を羅列しては，読者も食傷気味のことと思う．最後に命題 7.2.2 の発散版について述べなければならないが，これは $x \to a, \pm\infty$ について 3 通り，このほか $y = f(x)$ と $g(y)$ についても収束・発散先が 3 通り考えられ，計 $3^3 = 27$ 通りの命題が導かれる．このうち $x, y, g(y)$ がすべて実数に収束する場合が命題 7.2.2 である．ほかの 26 通りすべての考察は余力ある読者のための課題として残し，ここでは $x, y, g(y)$ のすべてが無限大に発散する場合のみ言及しよう：

命題 7.4.9　上に有界でない集合 $X, Y \subset \mathbb{R}$ を定義域とする関数 $f : X \to Y$ および $g : Y \to \mathbb{R}$ について，$\lim_{x \to \infty} f(x) = \infty$ かつ $\lim_{y \to \infty} g(y) = \infty$ ならば $\lim_{x \to \infty} g \circ f(x) = \infty$.

証明　$\lim_{n \to \infty} x_n = \infty$ なる数列 $x_n \in X$ を任意に取り，$\lim_{n \to \infty} g(f(x_n)) = \infty$ を示せばよい．仮定 $\lim_{x \to \infty} f(x) = \infty$ より $\lim_{n \to \infty} f(x_n) = \infty$ であり，数列 $y_n := f(x_n)$ に対して仮定 $\lim_{y \to \infty} g(y) = \infty$ を適用すれば $\lim_{n \to \infty} g(y_n) = \infty$. すなわち，$\lim_{n \to \infty} g(f(x_n)) = \infty$ である． $\square$

例 7.4.10　n を自然数とする．

(1) $\lim_{x \to \infty} [x] = \infty$. 　　　　　　　(2) $\lim_{x \to \infty} x^n = \infty$.

(3) $\lim_{x \to -\infty} x^n = \begin{cases} \infty & n \text{ が偶数のとき}, \\ -\infty & n \text{ が奇数のとき}. \end{cases}$ 　(4) $\lim_{x \to \infty} x^{\frac{1}{n}} = \infty$.

証明　(1) $x - 1 < [x]$ が成り立つ (補題 4.2.3 (2))．$\lim_{x \to \infty} (x - 1) = \infty$ ゆえ，発散型のはさみうちの原理より主張を得る．

(2) $x \geq 1$ のとき $x \leq x^n$. ゆえに発散型のはさみうちの原理より主張を得る．

(3) $f(x) = x^n$ とおく．n が偶数ならば $n = 2k$ $(k \in \mathbb{N})$ と書ける．$\lim_{x \to -\infty} f(x) = \infty$ を示すには，$\lim_{y \to \infty} f(-y) = \infty$ を示せばよい．$f(-y) = (-y)^{2k} = y^{2k} \xrightarrow[y \to \infty]{} \infty$. n が奇数ならば $n = 2k - 1$ $(k \in \mathbb{N})$ と書ける．$\lim_{x \to -\infty} f(x) = -\infty$ を示すには，$\lim_{y \to \infty} f(-y) = -\infty$ を示せば十分であり，そのためには $\lim_{y \to \infty} (-f(-y)) = \infty$ を示せばよい．$-f(-y) = -(-y)^{2k-1} = -(-y)^{-1} \cdot (-y)^{2k} = y^{-1} \cdot y^{2k} = y^{2k-1} \xrightarrow[y \to \infty]{} \infty$.

(4) 任意に $M > 0$ を取る．$L := M^n > 0$ とおけば，「$x > L \Longrightarrow x^{\frac{1}{n}} > M$」が

成り立つ．実際，$x^{\frac{1}{n}}$ の狭義単調増加性から，$x^{\frac{1}{n}} > L^{\frac{1}{n}} = (M^n)^{\frac{1}{n}} = M$． □

一般の冪関数の収束・発散は練習 9.1 にゆずる．

章末問題

練習 7.1 多項式関数 $f(x) = a_n x^n + a_{n-1} x^{n-1} + \cdots + a_1 x + a_0$ (ただし $n \in \mathbb{N}$, $a_n \neq 0$) について次を示せ．
  (1) n が奇数かつ $a_n > 0$ ならば $\lim_{x \to \pm\infty} f(x) = \pm\infty$ (複号同順)．
  (2) n が奇数かつ $a_n < 0$ ならば $\lim_{x \to \pm\infty} f(x) = \mp\infty$ (複号同順)．
  (3) n が偶数かつ $a_n > 0$ ならば $\lim_{x \to \pm\infty} f(x) = \infty$．
  (4) n が偶数かつ $a_n < 0$ ならば $\lim_{x \to \pm\infty} f(x) = -\infty$．

練習 7.2 $X \subset \mathbb{R}$ とし，$Y = \{y \in \mathbb{R} \mid a + y \in X\}$ とする．点 $a \in \mathbb{R}$ が X 上の数列の極限であることと，点 0 が Y 上の数列の極限であることの同値性を示せ．

次の三つの練習問題は定理 7.1.5 の証明を参考にせよ．

練習 7.3 定義 7.4.1 における条件 (i) と (ii) が同値になることを示せ．

練習 7.4 定義 7.4.2 における条件 (i) と (ii) が同値になることを示せ．

練習 7.5 定義 7.4.3 における条件 (i) と (ii) が同値になることを示せ．

いろいろな条件の否定を
自在に言い換えられるようになろう
(詳しくは付録 B.5 節)

第8章 連続関数

5章の冒頭で,"相違"について述べた.例えば我々は,身の回りの状況の変化 (つまり以前の状況との相違) を知覚することで時間を認識する.単位時間に対する状況の変化がゆるやかに感じられるとき,人はそこに何らかの法則をみる.あるいは逆に,周囲の環境が著しく変動するようであれば,生存をかけた対処に迫られることもあるだろう.こうした移り変わりの緩急にかかわらず,物事の変化を解釈することは人類にとって自然な欲求である.事実,物理学や化学,生物学,経済学,歴史学といったように,その変化する対象ごとにさまざまな学問分野がひらかれている.そして,変化を分析するための枠組みを与える形式科学の一つとして,微分法がある.

本章では,極端な変化がないかどうかを概念化した,関数の連続性・不連続性について論じる.連続性は微分可能性よりも弱い性質である.したがって,微分法で論じられる関数のほとんどすべてが連続であると考えてよい.

8.1 関数の連続性

点 a の付近において,変数 x がわずかしか動かなければ $f(x)$ が $f(a)$ から極端に動くことはないとき,f は点 a で連続であるという.言い換えれば,x の動きをわずかにすることで $f(a)$ と $f(x)$ の誤差を制御できる.ここで現れた,「わずか」あるいは「極端」「制御」といった言葉の曖昧さを避けるために,我々は極限を用いて連続性を定式化する:

> **定義 8.1.1** X を $\mathbb{R}$ の部分集合とする.関数 $f : X \to \mathbb{R}$ が点 $a \in X$ において**連続**であるとは,$\lim_{x \to a} f(x)$ が存在し,その極限値が $f(a)$ に一致すること,つまり $\lim_{x \to a} f(x) = f(a)$ が成り立つことをいう.定義域上のすべての点において連続な関数を,単に**連続**であるという.

点 a における連続性を定義 7.1.1 に基づいて言い換えてみよう:

備考 8.1.2 （1） 点 a における連続性を数列の言葉で述べれば，

（i） $\lim_{n\to\infty} x_n = a \implies \lim_{n\to\infty} f(x_n) = f\left(\lim_{n\to\infty} x_n\right)$.

すなわち，連続な点において，代入操作と極限操作の順序を交換できる．

（2） ε-δ 論法で述べる場合は，

（ii） 任意の $\varepsilon > 0$ に対して，次の条件を満たす $\delta > 0$ が存在する：

$$x \in X \text{ かつ } |a - x| < \delta \implies |f(a) - f(x)| < \varepsilon.$$

この条件からは，先に述べた「x の動きをわずかにすることで誤差を制御できる」という状況がよく見える．上の ε-δ 論法による条件を点 a における連続性の定義とするのが大学教育では一般的である．

「関数の連続性」と「実数の連続性」はまったく別の概念であり，これらの間に直接の関係もない．そこで，用語の乱用による混乱を避けるため「連続性」とは関数の連続性のみを指し，「実数の連続性」という表現を避ける流儀もある．この立場において実数の連続性は，「実数の定義」「実数の性質」「実数の完備性」といった言葉に置き換えて述べられる．

例 8.1.3 （1） 定数関数は連続である (例 7.1.2 (1))．

（2） 関数 $f(x) = x$ は連続である (例 7.1.2 (2))．

（3） 関数 $f(x) = |x|$ は連続である (命題 3.4.5)．

（4） 例 7.1.3 で与えた関数は 0 において連続でない．

次の二つの主張は，それぞれ命題 7.2.1 および 7.2.2 から直ちに得られる．

系 8.1.4 関数 $f, g : X \to \mathbb{R}$ が点 $a \in X$ において連続ならば，次で定める関数 $h : X \to \mathbb{R}$ も点 a において連続である．とくに f と g が連続ならば，h も連続である．
（1） $h(x) := f(x) + g(x)$，（2） $h(x) := f(x) - g(x)$，（3） $h(x) := f(x) \cdot g(x)$，
（4） $h(x) := \dfrac{f(x)}{g(x)}$ （ただし $g(x)$ は 0 に値をとらないとする）．

系 8.1.5 $X, Y \subset \mathbb{R}$ において関数 $f : X \to Y$ および $g : Y \to \mathbb{R}$ が与えられているとする．点 $a \in X$ において f が連続であり，点 $b := f(a) \in Y$ において g が連続ならば，合成関数 $g \circ f : X \to \mathbb{R}$ は点 a において連続である．とくに f と g が連続関数ならば，$g \circ f$ も連続関数である．

次は，微積分で学ぶさまざまな定理の証明において何度も用いられる．

命題 8.1.6 $X \subset \mathbb{R}$ および連続関数 $f : X \to \mathbb{R}$, 定数 $c \in \mathbb{R}$ が与えられているとする. このとき点 $a \in X$ について $f(a) < c$ が成り立つならば, a の十分近くの点 $x \in X$ についても $f(x) < c$ が成り立つ. すなわち, 次の条件を満たす $\delta > 0$ が存在する:
$$x \in X \text{ かつ } |a - x| < \delta \implies f(x) < c. \tag{※}$$

証明 $\varepsilon := c - f(a) > 0$ に対して点 a における連続性を適用すれば, 次を満たす $\delta > 0$ が存在する: $|a - x| < \delta$ を満たす各 $x \in X$ について $|f(a) - f(x)| < \varepsilon$. また条件 $|f(a) - f(x)| < \varepsilon$ は, $f(x) \in (f(a) - \varepsilon, f(a) + \varepsilon) = (f(a) - \varepsilon, c)$ を意味し (命題 3.2.3), このとき $f(x) < c$. つまり, 条件 (※) が成り立つ. □

8.2 基本的な関数の連続性

例 8.2.1 系 8.1.4 から, 次に挙げる関数の連続性を得る.

（1） $h(x) = x^2$ は連続である. 実際 h は, 連続関数 $g(x) = x$ 自身の積で表され, 系 8.1.4 (3) より連続である.

（2） 1 次関数 $h(x) = ax + b$ (ただし $a, b \in \mathbb{R}$ は定数) は連続である. 実際, 関数 ax は, 二つの連続関数 $f(x) = a$ (定数関数) および $g(x) = x$ の積で表されるゆえ連続である (系 8.1.4 (3)). 連続関数 ax と定数関数 b の和として表される $h(x) = ax + b$ も系 8.1.4 (1) より連続である.

（3） $h(x) = a_n x^n + a_{n-1} x^{n-1} + \cdots + a_1 x + a_0$ (ただし $a_0, \cdots, a_n \in \mathbb{R}$ は定数) なる関数を**多項式関数**という. 系 8.1.4 を有限回適用することにより, 多項式関数の連続性を得る.

（4） 二つの多項式関数 $p(x), q(x)$ を用いて $h(x) := p(x)/q(x)$ と表される関数を**有理関数**という. h の定義域は $X = \{x \in \mathbb{R} \mid q(x) \neq 0\}$ である. 系 8.1.4 (4) より h は連続である.

〔備考〕 いま述べたように, $X = \mathbb{R} \setminus \{0\}$ を定義域とする関数 $f(x) = 1/x$ は連続である. 一方, 次で定める関数 $g : \mathbb{R} \to \mathbb{R}$ は連続関数ではない (ここで $r \in \mathbb{R}$ は固定された数とする):
$$g(x) := \begin{cases} 1/x & (x > 0 \text{ のとき}), \\ r & (x = 0 \text{ のとき}), \\ 1/x & (x < 0 \text{ のとき}). \end{cases}$$
この例から次を得る: 関数 $f(x) = 1/x$ を $\tilde{f} : \mathbb{R} \to \mathbb{R}$ に拡張しようとすれば, $\tilde{f}(0)$ の値をどんな実数に定めようとも $\tilde{f}$ は点 0 において連続でない.

例 8.2.2 n を自然数とする. $f_n : [0, \infty) \to [0, \infty)$ $(f_n(x) = \sqrt[n]{x})$ は連続である.

〔備考〕 $\sqrt[n]{x}$ の連続性は定理 8.3.1 からも導ける.

証明 f_n が狭義単調増加であることに注意する (命題 6.3.3).
$c > 0$ における連続性を示そう. $L = c/2$ とおく. x が c に十分近いとき $x > L$ であり, $k = 1, \cdots, n-1$ について f_k の単調性から $\sqrt[k]{L} < \sqrt[k]{x}$ が成り立つ. ここで,
$$M := \sqrt[n]{c^{n-1}} + \sqrt[n]{c^{n-2}}\sqrt[n]{L} + \sqrt[n]{c^{n-3}}\sqrt[n]{L}^2 + \cdots + \sqrt[n]{c}\sqrt[n]{L}^{n-2} + \sqrt[n]{L}^{n-1}$$
とおけば, これは定数である. また,
$$a^n - b^n = (a-b)(a^{n-1} + a^{n-2}b + a^{n-3}b^2 + \cdots + ab^{n-2} + b^{n-1})$$
に $a = \sqrt[n]{c}, b = \sqrt[n]{x}$ を代入して絶対値をとれば, 左辺は $|c - x|$ になり, 右辺は,
$$|\sqrt[n]{c} - \sqrt[n]{x}| \cdot |\sqrt[n]{c^{n-1}} + \sqrt[n]{c^{n-2}}\sqrt[n]{x} + \sqrt[n]{c^{n-3}}\sqrt[n]{x}^2 + \cdots + \sqrt[n]{c}\sqrt[n]{x}^{n-2} + \sqrt[n]{x}^{n-1}|$$
$$> |\sqrt[n]{c} - \sqrt[n]{x}| \cdot M.$$
ゆえに $|\sqrt[n]{c} - \sqrt[n]{x}| < \dfrac{1}{M}|c - x| \xrightarrow[x \to c]{} 0$ であり, f_n は点 c において連続である.

次に 0 における連続性を示そう. 各 $\varepsilon > 0$ に対して $\delta := \varepsilon^n$ とおけば,「$x < \delta \Longrightarrow \sqrt[n]{x} < \varepsilon$」が成り立つ. 実際, $x < \delta$ とすれば, $\sqrt[n]{x} < \sqrt[n]{\delta} = \sqrt[n]{\varepsilon^n} = \varepsilon$. □

補題 8.2.3 $\lim_{\theta \to 0} \sin\theta = 0.$

証明 106 ページの図 6.4 において,
$$\frac{|\sin\theta|}{2} = 三角形 P_\theta OS の面積 \leq 扇形 P_\theta OS の面積 = \frac{|\theta|}{2}.$$
つまり $|\sin\theta| \leq |\theta|$ であり, ゆえに $-|\theta| \leq \sin\theta \leq |\theta|$. 絶対値関数の連続性より $|\theta| \xrightarrow[\theta \to 0]{} 0$ であり, これにはさみうちの原理を適用すれば $\sin\theta \xrightarrow[\theta \to 0]{} 0$. □

命題 8.2.4 三角関数 $\sin x, \cos x, \tan x$ はそれぞれ連続である.

証明 (sin): $\lim_{\delta \to 0} \dfrac{\delta}{2} = 0$ および $\lim_{x \to 0} \sin x = 0$ に命題 7.2.2 を適用すれば, $\lim_{\delta \to 0} \sin \dfrac{\delta}{2} = 0$ である. これと命題 7.2.6, および和と積の公式[1]から,
$$\sin(\theta + \delta) - \sin\theta = 2\cos\frac{(\theta+\delta)+\theta}{2}\sin\frac{(\theta+\delta)-\theta}{2} = (有界関数) \cdot \sin\frac{\delta}{2} \xrightarrow[\delta \to 0]{} 0.$$
上は $\lim_{x \to \theta} \sin x = \sin\theta$ を意味する (命題 7.2.3).

---

[1] $\sin A - \sin B = 2\cos\dfrac{A+B}{2}\sin\dfrac{A-B}{2}.$

(cos)：二つの連続関数 $f(x) = x + \dfrac{\pi}{2}$ および $g(y) = \sin y$ の合成である $g(f(x)) = \sin\left(x + \dfrac{\pi}{2}\right) = \cos x$ は連続である (系 8.1.5).

(tan)：系 8.1.4 (4) より $\tan x = \dfrac{\sin x}{\cos x}$ は連続である. □

冪関数と指数関数の連続性は 9.9 節で示す．対数関数と逆三角関数の連続性は，次節で述べる定理 8.3.1 による．

― ε-δ 論法の直接の定義から連続性を導く (よりみち) ―

本節では，具体的な関数の連続性を数列の極限やはさみうちの原理に帰着させて導いた．ここで，これらの連続性を ε-δ 論法で示すときに，δ としてどのような数を与えたらよいのか気になる読者もいよう．例えば点 a 付近における f の変化の度合を抑えられれば，δ は次のように決定できる：

命題 8.2.5 $f : (\alpha, \beta) \to \mathbb{R}$ を微分可能な関数とし，$a \in (\alpha, \beta)$ とする．さらに a を含む開区間 $U = (a-t, a+t) \subset (\alpha, \beta)$ において $|f'(x)|$ が上に有界であり，$M > 0$ をその上界とする．このとき任意の $\varepsilon > 0$ に対して，$\delta = \min\left\{\dfrac{\varepsilon}{M}, t\right\} > 0$ とすれば，「$|x - a| < \delta \implies |f(x) - f(a)| < \varepsilon$」が成り立つ．

証明 $|x-a| < \delta$ とすれば $x \in U$ である．平均値の定理 (定理 A.5.3) より $\dfrac{f(x) - f(a)}{x - a} = f'(c)$ を満たす c が x と a の間に存在する．このとき $c \in U$ ゆえ $|f'(c)| \leq M$ であり，$|f(x) - f(a)| = |f'(c)| \cdot |x - a| < M \cdot \varepsilon / M = \varepsilon$. □

なお，はさみうちの原理を用いれば，点 a における微分可能性のみから，a における連続性が導かれる (命題 A.1.3).

8.3 逆関数の連続性

定理 8.3.1 $X, Y \subset \mathbb{R}$ とし，X を区間とする．このとき，狭義単調な全射 $f : X \to Y$ の逆関数 $g = f^{-1} : Y \to X$ は連続である．

証明 ここでは f が狭義単調増加である場合を考えよう．このとき g も狭義単調増加である (命題 6.3.3). 点 $b \in Y$ における g の連続性を示すには，$\lim_{y \to b+} g(y) = g(b) = \lim_{y \to b-} g(y)$ を言えばよい (命題 7.3.3).

まず $\lim_{y \to b+} g(y) = g(b)$, すなわち $\lim_{y \to b} g|_{Y_+}(y) = g(b)$ (ただし $Y_+ := Y \cap [b, \infty)$) を示そう．$b = \max Y$ の場合は $Y_+ = \{b\}$ ゆえ，$\lim_{y \to b} g|_{Y_+}(y) = g(b)$ は明らか．そこで，b が Y の最大元でない場合を考えよう．このとき $a := g(b)$ とすれば (つまり

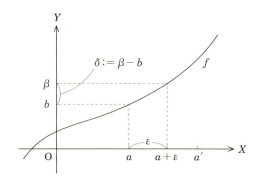

図 8.1

$f(a) = b$), a も X の最大元ではないから, $a < a'$ を満たす $a' \in X$ が存在する[2]. $\lim_{y \to b} g|_{Y_+}(y) = g(b)$ を示すために任意に $\varepsilon > 0$ を取ろう. ここで $\alpha := \min\{a', a + \varepsilon\}$ とおくと, $a < \alpha \leq a'$ であり, X は区間ゆえ $\alpha \in X$. そこで $\beta := f(\alpha)$ (つまり $g(\beta) = \alpha$) とおくと, $a < \alpha$ ゆえ $f(a) < f(\alpha)$, つまり $b < \beta$ である. $\delta := \beta - b > 0$ とおき, いまから「$y \in Y_+$ かつ $|b - y| < \delta \implies |g(b) - g(y)| < \varepsilon$」を示そう. $|b - y| < \delta$ を満たす各 $y \in Y_+$ について, $b \leq y < b + \delta = \beta$ ゆえ $g(b) \leq g(y) < g(\beta)$, すなわち $a \leq g(y) < \alpha \leq a + \varepsilon$ が成り立つ. ゆえに $|g(b) - g(y)| = |a - g(y)| < \varepsilon$. 以上より $\lim_{y \to b} g|_{Y_+}(y) = g(b)$. また, 左極限についても上と類似する論法で示される.

f が狭義単調減少である場合も, 証明の本質は上と変わらない. □

上の定理において f に連続性を仮定する必要はない. なお, f の仮定「狭義単調な全射」を「連続全単射」に置き換えた主張も成り立つ (系 13.6.5).

例 8.3.2 定理 8.3.1 (あるいは系 13.6.5) から次が導かれる：

(1) 三角関数は連続である. よって, 制限された三角関数の狭義単調性 (あるいは単射性) から, それらの逆関数は連続である. すなわち, $\sin^{-1} : [-1, 1] \to \left[-\frac{\pi}{2}, \frac{\pi}{2}\right]$, $\cos^{-1} : [-1, 1] \to [0, \pi]$, $\tan^{-1} : \mathbb{R} \to \left(-\frac{\pi}{2}, \frac{\pi}{2}\right)$ はそれぞれ連続である.

(2) 後に示すように, $a > 0$ (ただし $a \neq 1$) とすれば, 指数関数 $f : \mathbb{R} \to (0, \infty)$ ($f(x) = a^x$) は狭義単調な連続全射である (命題 9.9.2, 9.9.4 および練習 9.2). ゆえに, その逆関数 $g : (0, \infty) \to \mathbb{R}$ ($g(y) = \log_a y$) も連続である.

---

[2] b が Y の最大元でないことから, $b < b'$ を満たす $b' \in Y$ が取れる. このとき g の狭義単調性より $g(b) < g(b')$. つまり, $a' := g(b') \in X$ とすれば, $a < a'$.

8.4 有理数における値が連続関数を決定する

幅をもつ区間を定義域とする連続関数では，有理数における関数の値さえ決まれば無理数における値も自動的に決まってしまう．この事実は，正数 a の無理数冪が a の有理数冪を通して自然に定まることを示唆している[3]．無理数冪は，次章で詳しく論じる．

定理 8.4.1 連続関数 $f, g : \mathbb{R} \to \mathbb{R}$ において，$f|_{\mathbb{Q}} = g|_{\mathbb{Q}}$ ならば $f = g$.

証明 各 $x \in \mathbb{R}$ について $f(x) = g(x)$ を示す．有理数の稠密性 (定理 4.2.4) より，x に収束する有理数列 x_n が存在する．このとき仮定より，$f(x_n) = g(x_n)$. また，点 x における f と g の連続性より $f(x) = \lim_{n \to \infty} f(x_n) = \lim_{n \to \infty} g(x_n) = g(x)$. □

例 8.4.2 連続関数 $f : \mathbb{R} \to \mathbb{R}$ が各 $x, y \in \mathbb{R}$ について $f(x + y) = f(x) + f(y)$ を満たすならば，f は 1 次関数 $f(x) = f(1)x$ である．

証明 $r := f(1)$ とおき，$f(x) = rx$ を示そう．まず $f(0) = f(0 + 0) = f(0) + f(0)$ の両辺から $f(0)$ を引き，$f(0) = 0$ を得る．また各 $x \in \mathbb{R}$ について，$0 = f(0) = f(x + (-x)) = f(x) + f(-x)$ より $f(-x) = -f(x)$ である．次に，各 $n \in \mathbb{N}$ について $f(1/n) = r/n$ となることが下の計算から分かる：

$$r = f(1) = f\left(\frac{n}{n}\right) = f\underbrace{\left(\frac{1}{n} + \cdots + \frac{1}{n}\right)}_{n \text{ 個の和}} = \underbrace{f\left(\frac{1}{n}\right) + \cdots + f\left(\frac{1}{n}\right)}_{n \text{ 個の和}} = n \cdot f\left(\frac{1}{n}\right).$$

正の有理数 $x = p/q \in \mathbb{Q}$ $(p, q \in \mathbb{N})$ について，次の計算より $f(x) = rx$ である．

$$f(x) = f\left(\frac{p}{q}\right) = f\underbrace{\left(\frac{1}{q} + \cdots + \frac{1}{q}\right)}_{p \text{ 個の和}} = \underbrace{f\left(\frac{1}{q}\right) + \cdots + f\left(\frac{1}{q}\right)}_{p \text{ 個の和}} = p \cdot f\left(\frac{1}{q}\right) = p \cdot \frac{r}{q} = rx.$$

負の有理数 y について，$x := -y$ と定めれば，x は正の有理数であり，$f(y) = f(-x) = -f(x) = -rx = -r(-y) = ry$. 以上より，各有理数 x について $f(x) = rx$ が示された．関数 $g : \mathbb{R} \to \mathbb{R}$ を $g(x) := rx$ と定めれば，$f|_{\mathbb{Q}} = g|_{\mathbb{Q}}$ であり，定理 8.4.1 より $f = g$. すなわち，$f(x) = rx$ である．□

無理数の稠密性からは，次の命題が導かれる (証明略)．

命題 8.4.3 連続関数 $f, g : \mathbb{R} \to \mathbb{R}$ において，$f|_{\mathbb{R} \setminus \mathbb{Q}} = g|_{\mathbb{R} \setminus \mathbb{Q}}$ ならば $f = g$.

---

[3] 関数 $f(x) = a^x$ が連続になるように a の無理数冪を定める方法があるとすれば，そのような関数はただ一つしかないことが定理 8.4.1 から分かる．

8.5 関数の不連続性

$f : X \to \mathbb{R}$ の点 $a \in X$ における不連続性を乱暴に述べれば,「$x \in X$ が a からわずかしか動かないにもかかわらず $f(x)$ が $f(a)$ から極端にずれる」となる."極端にずれる" は "跳ねる (ジャンプする)" とも形容できよう.この条件を正確に書けば,それは定理 7.1.5 の直前に述べた通りである.すなわち,

¬(ii) 次を満たす $\varepsilon > 0$ が存在する：各 $\delta > 0$ について,
"$|a - x| < \delta$ かつ $|f(a) - f(x)| \geq \varepsilon$" をみたす $x \in X$ が存在する.

上の条件は,x が a からほんのわずか (δ はどんなに小さな正数でもよい) しか動かないにもかかわらず,その一瞬の間に f の値が ε 以上の極端な変動を起こす場合があることを言っている.

さて,点 a の付近で $f(x)$ が跳ねるならば,その地点で f のグラフが途切れることが連想される[4].一方,f が連続であれば,そのグラフが繋がっていることも予想され,次の主張に至る：

定理 8.5.1 (中間値の定理)　区間 $X \subset \mathbb{R}$ を定義域とする連続関数 $f : X \to \mathbb{R}$,および $a, b \in X$ が与えられているとする.このとき $f(a)$ と $f(b)$ の間にある任意の数 c について,$f(x) = c$ を満たす x が a と b の間に存在する.

図 8.2 における f のグラフ上の点 $(a, f(a))$ から点 $(b, f(b))$ までグラフに沿って進むとき,必ず直線 $y = c$ 上を通過する (図では 4 か所).このような地点 (x, c) について $f(x) = c$ が成り立つ.グラフと直線 $y = c$ が交わる理由を乱暴に述べれば,それは連続関数 f のグラフが途切れずに繋がっているためである.区間を定義域とする連続関数のグラフが必ず繋がっていること,および中間値の定理が成立することの詳細は 13 章で見る.

なお,単に関数が連続だからといってグラフが繋がるとは限らない.次の例は,連続関数のグラフが繋がるためには定義域自身が繋がっている必要があることを示唆する：

例 8.5.2　$f : \mathbb{Q} \to \mathbb{R}$ $\left(f(x) = \begin{cases} 1 & (x > \sqrt{2}), \\ -1 & (x < \sqrt{2}) \end{cases} \right)$ は連続である.このグラフは明らかに繋がっていない.

---

[4] このような想像は少々厄介で,実はグラフが途切れない不連続関数もある (例 13.5.11).

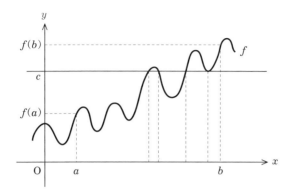

図 **8.2** 連続関数 f のグラフと直線 $y = c$ の交点

証明の概略 点 $a \in \mathbb{Q}$ における連続性を示そう．$\delta := |a - \sqrt{2}| > 0$ と定めれば，$|a - x| < \delta$ を満たす $x \in \mathbb{Q}$ について，$|f(a) - f(x)| = 0$ が成り立つ． □

高校数学で現れた不連続関数の例は，いずれも定義域上の有限個の点のみにおいて不連続であり，それ以外のすべての点で連続となるものであった．そして，区間を定義域とする任意の関数はこのような性質を満たすのではないかと初学者ならば思うだろう．実際，微積分学成立の萌芽期には，多くの数学者もそう考えていた．しかし，すべての点で不連続な関数や，ある 1 点でのみ連続な関数も存在する．ここではその簡単な例を挙げよう．以下の議論で鍵となるのは，有理数および無理数の稠密性である．不連続性の証明では条件 ¬(ii) を導いてもよいが，ここでは理解がたやすい数列による形で述べた．

例 8.5.3 関数 $f : \mathbb{R} \to \mathbb{R}$ を次で定義する：$f(x) = \begin{cases} 1 & (x \in \mathbb{Q}), \\ -1 & (x \notin \mathbb{Q}). \end{cases}$ このとき，各 $a \in \mathbb{R}$ について，f は点 a で連続でない．

証明 a が有理数か否かで場合分けしよう．a が有理数のときは，a に収束する無理数列 a_n がとれる (命題 4.3.2)．このとき，$\lim_{n \to \infty} f(a_n) = \lim_{n \to \infty} (-1) = -1 \neq 1 = f(a)$．ゆえに f は a で連続でない．a が無理数の場合は，a に収束する有理数列 a_n がとれる (定理 4.2.4)．このとき，$\lim_{n \to \infty} f(a_n) = \lim_{n \to \infty} 1 = 1 \neq -1 = f(a)$．ゆえに f は a で連続でない． □

例 8.5.4 関数 $f : \mathbb{R} \to \mathbb{R}$ を次で定義する：$f(x) = \begin{cases} x & (x \in \mathbb{Q}), \\ -x & (x \notin \mathbb{Q}). \end{cases}$

（1） $a = 0$ で f は連続である．

（2） $a \neq 0$ なるすべての点で f は連続でない．

証明 （1） $\lim_{x \to 0} f(x) = 0$ を示そう．各 $x \in \mathbb{R}$ に対して $-|x| \leq f(x) \leq |x|$ である．はさみうちの原理を適用し，$\lim_{x \to 0} f(x) = 0$．

（2） 例 8.5.3 と同様に場合分けすればよい．$a \in \mathbb{Q}$ のときは，a に収束する無理数列 a_n を取れば $\lim_{n \to \infty} f(a_n) = \lim_{n \to \infty} (-a_n) = -a \neq a = f(a)$ ゆえ f は a で連続でない．$a \in \mathbb{R} \setminus \mathbb{Q}$ のときは，a に収束する有理数列 a_n を取り，このとき $\lim_{n \to \infty} f(a_n) = \lim_{n \to \infty} a_n = a \neq -a = f(a)$．ゆえに f は a で連続でない． □

微分可能な関数は連続であり，ゆえに微分法では連続関数しか扱わない．また積分法 (リーマン積分) でも連続関数の積分を主に考える．したがって，上のような特異な関数は微積分の理論とは無縁のように思われるかもしれない．しかしながら，さらに進んだ解析学では，連続関数の列の極限が連続関数になるとは限らないという事情をふまえ[5]，積分と極限操作の交換を行う利便性の観点から，上述の不連続関数も想定するような積分理論が検討される (ルベーグ積分)．このような高度な積分論は，関数解析学はもとより，確率論を学ぶ際にも必須である．

---

[5] ここで，関数列の収束には，いくつかの異なる定義があり (例：各点収束，一様収束，広義一様収束など)，ある定義によっては収束し，別の定義では収束しないということが起こり得る．

章末問題

練習 8.1 $f: \mathbb{R} \to \mathbb{Z}$ $(f(x) = [x])$ が各整数において不連続であることを示せ.

練習 8.2 系 8.1.5 (連続関数の合成は連続である) を数列の議論に帰着させることによって示せ.

練習 8.3 指数関数と対数関数の連続性を認めたうえで, 関数 x^x $(x > 0)$ の連続性を示せ.

練習 8.4 ε-δ 論法により, $f(x) = 1/x$ の連続性を示せ (ヒント:命題 8.2.5).

例 13.5.11 を見よ

第9章
指数法則

数の冪について復習したうえで，指数法則を証明する．これをもとにして，指数関数と冪関数の基本的性質，とくに単調性と連続性が得られる．なお，本章の一部の議論において，現段階では未証明である中間値の定理 (定理 8.5.1) を用いる[1]．

本章の大部分は，読者にとって既知と思われる性質の復習に充てられる．分数と根号，および指数法則について十分に熟知しているという読者は，9.10 節から読み始めてもよい．

9.1 自然数による冪

実数 a および自然数 n に対して，a 自身の n 個の積を a の n **乗**と呼び，a^n と書く．すなわち，
$$a^n := \underbrace{a \times \cdots \times a}_{n \text{ 個の積}}.$$
この定義を形式的な立場から述べれば次のようになる．これは証明のための定義と考えて差し支えない．

> **定義 9.1.1** a を実数とする．$a^1 := a$ と定め，自然数 n について a^n が既に定まっているとき，$a^{n+1} := a^n \cdot a$ と定める．これを帰納的に繰り返すことで，任意の $n \in \mathbb{N}$ について a^n が定義される．

a^n なる表示を，a の**冪** (または**累乗**) という．また，冪 a^n における a を**底**，n を**指数** (または**冪数**) と言う．

---

[1] 実は，これまでに本書で述べた知識のみで定理 8.5.1 を示すことができる (例えば巻末にある参考文献の [1] や [2], [3] を見よ)．本書では，この定理が成り立つ背景を細かく分析することで，個々の証明において多くの事柄を同時に検討せずにすむ，より簡単な (しかも高次元の場合も含めた) 証明を 13 章で与える．

義務教育で学んだ次の命題は，直感的には明らかといってよい．ここでは形式的な証明を与えるが，興味がなければ読み飛ばして構わない．

命題 9.1.2 (自然数冪に関する指数法則)　$a, b \in \mathbb{R}$ および $m, n \in \mathbb{N}$ について，
（1）$a^{m+n} = a^m \cdot a^n$,　（2）$(ab)^n = a^n \cdot b^n$,　（3）$(a^m)^n = a^{mn}$.

証明　各等式は，n に関する帰納法によりそれぞれ別個に示される．ここでは紙面の都合で，並行して証明を記す．$n = 1$ のときに等式が成立することは定義 9.1.1 から直ちに分かる．次に，$n = k$ のときに等式が成立すると仮定しよう．すなわち，任意の自然数 ℓ について

$$a^{\ell+k} = a^\ell \cdot a^k, \quad (ab)^k = a^k \cdot b^k, \quad (a^\ell)^k = a^{\ell k}$$

が成立しているとする．このとき，$\ell = m + 1$ について $a^{(m+1)+k} = a^{m+1} \cdot a^k$ が成り立つことから，

$$a^{m+(k+1)} = a^{(m+1)+k} = a^{m+1} \cdot a^k = (a^m \cdot a) \cdot a^k = a^m \cdot (a \cdot a^k) = a^m \cdot a^{k+1},$$
$$(ab)^{k+1} = (ab)^k \cdot (ab) = (a^k \cdot b^k) \cdot (ab) = (a^k \cdot a) \cdot (b^k \cdot b) = a^{k+1} \cdot b^{k+1}.$$

さらに，(1) が既に証明済みとすれば $a^{mk+m} = a^{mk} \cdot a^m$ が成り立つ．ゆえに

$$a^{m(k+1)} = a^{mk+m} = a^{mk} \cdot a^m = (a^m)^k \cdot a^m = (a^m)^{k+1}.$$

以上により $n = k + 1$ における等式の成立が分かった．□

9.2　分数

ここで老婆心ながら，分数表記について復習しておこう．実数 $a \neq 0$ との積が 1 になる数を a の**逆数**と呼ぶ．このような数の存在を，事実 2.2.1 (1) において我々は認めたのであった[2]．

定義 9.2.1　a の逆数はただ一つである．そこで，これを $\dfrac{1}{a}$ (あるいは $1/a$) と書く．

証明　b と c を a の逆数とすれば，$b = b \cdot 1 = b \cdot (a \cdot c) = (b \cdot a) \cdot c = 1 \cdot c = c$．□

四則演算における**減法 (引き算)** を，-1 倍を加えることと定義する (すなわち $a - b := a + (-b)$)．また，**除法 (割り算)** を逆数をかけることと定める．つまり $b \div a := b \cdot (1/a)$．

---

[2]「体」の公理の中で逆数の存在が仮定されている．

さて，各 $b \in \mathbb{R}$ について，積の可換性から $b \cdot \dfrac{1}{a} = \dfrac{1}{a} \cdot b$ が成り立つ．そこで，この数を $\dfrac{b}{a}$（あるいは b/a）と記す．ここで，記号 $\dfrac{1}{a}$ に二通りの解釈：(1) a の逆数，(2) a の逆数と $b=1$ の積，が与えられるが，これらは同じ数ゆえ，どちらで解釈しても構わない．表記 $\dfrac{b}{a}$ を**分数**と呼ぶ．

本書では記号 $\div$ を用いずに，商はすべて分数で表す．

命題 9.2.2 $a,b,c,d \in \mathbb{R}$（ただし $a,c \neq 0$）について次が成り立つ．

(1) $\dfrac{a}{a} = 1,$ (2) $\dfrac{1}{1/a} = a,$ (3) $\dfrac{1}{a} \cdot \dfrac{1}{c} = \dfrac{1}{ac},$

(4) $\dfrac{b}{a} \cdot \dfrac{d}{c} = \dfrac{bd}{ac},$ (5) $\dfrac{1}{c/a} = \dfrac{a}{c},$ (6) $\dfrac{b}{a} + \dfrac{d}{a} = \dfrac{b+d}{a}.$

証明 (1) 定義より $\dfrac{a}{a} = a \cdot \dfrac{1}{a}$．この右辺は $\dfrac{1}{a}$ の定義から 1 に等しい．

(2) 左辺は $1/a$ との積が 1 になる数である．したがってそれは a に等しい．

(3) 左辺が ac の逆数であることを確認すればよい．

$$\left(\dfrac{1}{a} \cdot \dfrac{1}{c}\right) \cdot (ac) = \dfrac{1}{a} \cdot \left(\dfrac{1}{c} \cdot a\right) \cdot c = \dfrac{1}{a} \cdot \left(a \cdot \dfrac{1}{c}\right) \cdot c = \left(\dfrac{1}{a} \cdot a\right) \cdot \left(\dfrac{1}{c} \cdot c\right) = 1^2 = 1.$$

(4) $\dfrac{b}{a} \cdot \dfrac{d}{c} = \left(b \cdot \dfrac{1}{a}\right) \cdot \left(d \cdot \dfrac{1}{c}\right) = bd \cdot \left(\dfrac{1}{a} \cdot \dfrac{1}{c}\right) = bd \cdot \dfrac{1}{ac} = \dfrac{bd}{ac}.$

(5) 右辺が c/a の逆数であることは (4) および (1) から直ちに導かれる．

(6) 分配法則による：(左辺) $= \dfrac{1}{a} \cdot b + \dfrac{1}{a} \cdot d = \dfrac{1}{a}(b+d) =$ (右辺). $\square$

上の (5) より，$\dfrac{b}{a} \div \dfrac{d}{c} = \dfrac{b}{a} \times \dfrac{1}{d/c} = \dfrac{b}{a} \times \dfrac{c}{d}$ である（ただし $a,c,d \neq 0$）．

命題 9.2.3 実数 $a \neq 0$ および $m,n \in \mathbb{N}$（ただし $m \neq n$）について，

(1) $\left(\dfrac{1}{a}\right)^n = \dfrac{1}{a^n},$ (2) $\dfrac{a^m}{a^n} = \begin{cases} a^{m-n} & m > n \text{ のとき,} \\ \dfrac{1}{a^{n-m}} & m < n \text{ のとき.} \end{cases}$

証明 (1) n に関する帰納法で示す．$n=1$ の場合は定義より明らか．$n=k$ のときに成り立つと仮定すれば，$\left(\dfrac{1}{a}\right)^{k+1} = \left(\dfrac{1}{a}\right)^k \cdot \dfrac{1}{a} = \dfrac{1}{a^k} \cdot \dfrac{1}{a} = \dfrac{1}{a^k \cdot a} = \dfrac{1}{a^{k+1}}.$

(2) $m > n$ のとき，$k := m - n$ とおけば，$k \in \mathbb{N}$ かつ $m = n + k$．指数法則を適用すれば $\dfrac{a^m}{a^n} = \dfrac{a^{n+k}}{a^n} = \dfrac{a^n \cdot a^k}{a^n} = \dfrac{a^n}{a^n} \cdot a^k = 1 \cdot a^{m-n} = a^{m-n}.$ また $m < n$ のとき，$l := n - m$ とおけば，$l \in \mathbb{N}$ かつ $n = m + l$．ゆえに $\dfrac{a^m}{a^n} = \dfrac{a^m}{a^{m+l}} = \dfrac{a^m}{a^m \cdot a^l} = \dfrac{a^m}{a^m} \cdot \dfrac{1}{a^l} = 1 \cdot \dfrac{1}{a^{n-m}} = \dfrac{1}{a^{n-m}}.$ $\square$

―― 実数の加法と乗法 (よりみち) ――――――――――――――――――

本節において，実数の四則演算のうち減法と除法がそれぞれ加法と乗法に還元できることを見た．それでは，演算の根源をなす加法 (足し算) と乗法 (かけ算) はいかにして定められるのだろうか．本書の立場では，天下り的に事実 2.2.1 (1) を認めることにより，実数には加減乗除があらかじめ備わっていることになっている．しかしながら公理として認める以前に，数直線上の位置として実数の和と積がどのように説明できるか検討してみるのも悪くない．

数直線上の 2 点 $a, b > 0$ が与えられているとき，$a+b$ と $a \times b$ に対応する数直線上の位置を定める方法を考えよう．正数 x に対応する数直線上の点は，原点 0 からの距離がちょうど x に一致する点になっている．したがって我々の問題は，二つの長さ $a, b > 0$ が与えられたとき，$a+b$ および $a \times b$ に対応する長さを定めることと換言できる．

$a+b$ については，長さ a の線分と長さ b の線分を繋げた新しい線分の長さを $a+b$ と定めればよい．これを数直線上の位置で言えば，点 a から正の方向に長さ b だけ移動した点となる．

一方 $a \times b$ の長さを得るには，関数 $y = ax$ のグラフ L (これは $\mathbb{R}^2$ 上の点 $(1, a)$ と原点を結ぶ直線に等しい) を描き，直線 $x = b$ と L の交点 P を取ればよい．P から x 軸へ引いた垂線の長さが ab である．また，これと類似する方法で $a > 0$ の逆数に対応する長さも定められる．実際，直線 $y = 1$ と L の交点から y 軸へ引いた垂線の長さは $1/a$ に等しい．

9.3 累乗根と根号

実数 a および自然数 n に対して，n 乗すると a になる数のことを a の **n 乗根** という．2 乗根および 3 乗根はそれぞれ**平方根**，**立方根**とも呼ばれる．これらに $n \geq 4$ の場合も加えた n 乗根を総称して**累乗根** (あるいは**冪根**) と呼ぶ．正数 a の n 乗根のうち正数であるものがただ一つ存在し (命題 9.3.2)，その数を $\sqrt[n]{a}$ と書く．記号 $\sqrt{}$ は**根号**と呼ばれる．$\sqrt[2]{a}$ を $\sqrt{a}$ と略記する．また，0 の n 乗根は 0 以外にないことから，$\sqrt[n]{0} = 0$ と定める．以上をまとめると，

命題 9.3.1 各 $a \geq 0$ および $n \in \mathbb{N}$ について，$(\sqrt[n]{a})^n = a$ が成り立つ．

正数に対する累乗根の存在は，実数の連続性により保証されている．ここでは中間値の定理を用いて，これを示そう．

命題 9.3.2 $n \in \mathbb{N}$ について，$f : [0, \infty) \to [0, \infty)$ $(f(x) = x^n)$ は全単射である．

証明 f は，区間 $[0, \infty)$ において狭義単調増加ゆえ単射である (例 6.4.1 (1))．全射性を示すために任意に $c \in [0, \infty)$ を取れば，$\lim_{x \to \infty} f(x) = \infty$ より $f(M) > c$ を満たす $M > 0$ が存在する．このとき $c \in [0, f(M)]$ ゆえ，中間値の定理より $f(\xi) = c$ を満たす $\xi \in [0, M]$ が存在する．すなわち f は全射である． □

根号の基本的性質を復習しよう．

命題 9.3.3 $a \geq 0$ および $b > 0$, $n \in \mathbb{N}$ について
$$\sqrt[n]{ab} = \sqrt[n]{a} \cdot \sqrt[n]{b}, \quad \sqrt[n]{\frac{a}{b}} = \frac{\sqrt[n]{a}}{\sqrt[n]{b}}.$$

証明 関数 $f(x) = x^n$ $(x \geq 0)$ の単射性より，$x, y \geq 0$ かつ $f(x) = f(y)$ ならば $x = y$ である．つまり上式の両辺の n 乗が一致すれば，もとの数も一致する．命題 9.1.2 (2) および 9.2.3 (1) を用いて，右辺の n 乗を計算すれば，
$$\left(\sqrt[n]{a} \cdot \sqrt[n]{b}\right)^n = \left(\sqrt[n]{a}\right)^n \cdot \left(\sqrt[n]{b}\right)^n = ab.$$
$$\left(\frac{\sqrt[n]{a}}{\sqrt[n]{b}}\right)^n = \left(\frac{1}{\sqrt[n]{b}} \cdot \sqrt[n]{a}\right)^n = \left(\frac{1}{\sqrt[n]{b}}\right)^n \cdot \left(\sqrt[n]{a}\right)^n = \frac{1}{\left(\sqrt[n]{b}\right)^n} \cdot a = \frac{a}{b}.$$
ゆえに，これらは左辺の n 乗に等しい． □

9.4 整数による冪

実数 $a \neq 0$ および $b \in \mathbb{Z}$ について，a^b なる数の定義を復習する．冪の定義を拡張する際の基本理念は，「指数法則 $a^{m+n} = a^m \cdot a^n$ が成立するという原則にもとづいて定義する」である．

- $b = 0$ の場合：指数法則のもとでは次の式が成り立たねばならない：
$$a^0 \cdot a = a^0 \cdot a^1 = a^{0+1} = a^1 = a.$$
いま $a \neq 0$ ゆえ，上式が成立するためには $a^0 := 1$ と定めるほかない．

- b が負の整数の場合：各 $m \in \mathbb{N}$ について，次の等式が成立せねばならない：
$$a^{-m} \cdot a^m = a^{-m+m} = a^0 = 1.$$
これは $a^{-m} = \dfrac{1}{a^m}$ を意味する．そこで，負の整数 b について $a^b := \dfrac{1}{a^{-b}}$ と定める．

定義から a^{-m} は a^m の逆数である．特に $m = 1$ について，

命題 9.4.1 $a^{-1} = \dfrac{1}{a}$.

上の定義のもとで指数法則を確認しよう．

命題 9.4.2 (整数冪に関する指数法則) 実数 $a, b \neq 0$ および $m, n \in \mathbb{Z}$ について
(1) $a^{m+n} = a^m \cdot a^n$, (2) $(ab)^n = a^n \cdot b^n$, (3) $(a^m)^n = a^{mn}$.

証明 (1) と (3) について，m, n のうちいずれか一方が 0 の場合は定義から直ちに分かる．また (2) について，$n = 0$ の場合は明らかである．以下では $m, n \neq 0$ とする．いずれの証明も m, n の符号に応じて場合わけをする．$m, n > 0$ の場合は命題 9.1.2 による．

(1) <u>m, n の符号が異なる場合</u>：$n < 0 < m$ としても一般性を失わない．さらに $m + n$ の符号で場合わけしよう．$m + n = 0$ ならば $-n = m$ ゆえ，$a^m \cdot a^n = a^m \cdot \dfrac{1}{a^{-n}} = a^m \cdot \dfrac{1}{a^m} = 1 = a^0 = a^{m+n}$．$m + n > 0$ ならば，$m > -n > 0$ ゆえ命題 9.2.3 (2) から $\dfrac{a^m}{a^{-n}} = a^{m-(-n)}$．よって $a^m \cdot a^n = a^m \cdot \dfrac{1}{a^{-n}} = \dfrac{a^m}{a^{-n}} = a^{m-(-n)} = a^{m+n}$．$m + n < 0$ ならば，$0 < m < -n$ ゆえ命題 9.2.3 (2) から $\dfrac{a^m}{a^{-n}} = \dfrac{1}{a^{-n-m}}$．ゆえに $a^m \cdot a^n = a^m \cdot \dfrac{1}{a^{-n}} = \dfrac{a^m}{a^{-n}} = \dfrac{1}{a^{-n-m}} = \dfrac{1}{a^{-(m+n)}} = a^{m+n}$．

<u>$m, n < 0$ の場合</u>：$-m, -n > 0$ について命題 9.1.2 (1) を適用すれば，$a^{(-m)+(-n)} = a^{-m} \cdot a^{-n}$．ゆえに，$a^m \cdot a^n = \dfrac{1}{a^{-m}} \cdot \dfrac{1}{a^{-n}} = \dfrac{1}{a^{-m} \cdot a^{-n}} = \dfrac{1}{a^{(-m)+(-n)}} = \dfrac{1}{a^{-(m+n)}} = a^{m+n}$．

(2) $n < 0$ とする．$-n > 0$ について命題 9.1.2 (2) を適用すれば，$(ab)^{-n} = a^{-n} \cdot b^{-n}$．ゆえに，$(ab)^n = \dfrac{1}{(ab)^{-n}} = \dfrac{1}{a^{-n} \cdot b^{-n}} = \dfrac{1}{a^{-n}} \cdot \dfrac{1}{b^{-n}} = a^n \cdot b^n$．

(3) <u>$n < 0 < m$ の場合</u>：$m, -n > 0$ について命題 9.1.2(3) を適用すれば $(a^m)^{-n} = a^{-mn}$．ゆえに，$(a^m)^n = \dfrac{1}{(a^m)^{-n}} = \dfrac{1}{a^{-mn}} = a^{mn}$．

<u>$m < 0 < n$ の場合</u>：$-m, n > 0$ について命題 9.1.2 (3) を適用すれば $(a^{-m})^n = a^{-mn}$．また $n > 0$ および命題 9.2.3 (1) より，$\left(\dfrac{1}{a^{-m}}\right)^n = \dfrac{1}{(a^{-m})^n}$ である．ゆえに，$(a^m)^n = \left(\dfrac{1}{a^{-m}}\right)^n = \dfrac{1}{(a^{-m})^n} = \dfrac{1}{a^{-mn}} = a^{mn}$．

<u>$m, n < 0$ の場合</u>：$-n > 0$ について命題 9.2.3 (1) を適用すれば，$\left(\dfrac{1}{a^{-m}}\right)^{-n} = \dfrac{1}{(a^{-m})^{-n}}$．また $-m, -n > 0$ より，この分母は $(a^{-m})^{-n} = a^{(-m)(-n)} = a^{mn}$ である（命題 9.1.2 (3)）．これらを念頭に，定義に従って変形すれば，

$$(a^m)^n = \left(\dfrac{1}{a^{-m}}\right)^n = \dfrac{1}{\left(\dfrac{1}{a^{-m}}\right)^{-n}} = \dfrac{1}{1/(a^{-m})^{-n}} = \dfrac{1}{1/a^{mn}} = a^{mn}.$$

□

9.5 有理数による冪

$a > 0$ および $b \in \mathbb{Q}$ について，a^b なる数の定義を復習する．定義に根号を用いることから，a が負数の場合は考えない．

- $b = 1/n$ $(n \in \mathbb{N})$ の場合：指数法則を仮定すれば，$a = a^1 = a^{\frac{n}{n}} = a^{\frac{1}{n}+\cdots+\frac{1}{n}} = \underbrace{a^{\frac{1}{n}} \cdot a^{\frac{1}{n}} \cdots a^{\frac{1}{n}}}_{n \text{ 個の積}} = (a^{\frac{1}{n}})^n$．つまり，$a^{\frac{1}{n}}$ は a の n 乗根でなければならない．したがって，$\boxed{a^{\frac{1}{n}} := \sqrt[n]{a}} > 0$ と定めるのが自然である．

- b が有理数の場合：$b = p/q$ $(p \in \mathbb{Z}, q \in \mathbb{N})$ と書ける．そこで $a^b := (a^{\frac{1}{q}})^p > 0$ と定める．ここで，上式の値が b の分数表示に依らずに定まることに注意する：

補題 9.5.1 $\dfrac{p}{q} = \dfrac{p'}{q'}$ $(p, p' \in \mathbb{Z}, q, q' \in \mathbb{N})$ ならば，$(a^{\frac{1}{q}})^p = (a^{\frac{1}{q'}})^{p'}$．

証明 関数 $f(x) = x^{qq'}$ $(x > 0)$ の単射性から，それぞれ qq' 乗した数が等しければ，もとの数も等しい．左辺と右辺それぞれの qq' 乗を計算すると，整数冪において指数法則 $(a^m)^n = a^{mn}$ $(m, n \in \mathbb{Z})$ が成立することから，
$$((a^{\frac{1}{q}})^p)^{qq'} = (a^{\frac{1}{q}})^{pqq'} = ((a^{\frac{1}{q}})^q)^{pq'} = a^{pq'}, \quad 同様に \quad ((a^{\frac{1}{q'}})^{p'})^{qq'} = a^{p'q}.$$
仮定 $p/q = p'/q'$ より，$pq' = p'q$ である．ゆえに上の二つの数は等しい． □

命題 9.5.2 (有理数冪に関する指数法則) $a, b > 0$ および $x, y \in \mathbb{Q}$ について
(1) $a^{x+y} = a^x \cdot a^y$, (2) $(ab)^x = a^x \cdot b^x$, (3) $(a^x)^y = a^{xy}$.

証明 $x = p/q, y = r/s$ (ただし $p, r \in \mathbb{Z}, q, s \in \mathbb{N}$) と書ける．
(1) 整数冪に関する指数法則を用いて変形すれば，
$$a^{\frac{p}{q}+\frac{r}{s}} = a^{\frac{ps+qr}{qs}} = (a^{\frac{1}{qs}})^{ps+qr} = (a^{\frac{1}{qs}})^{ps} \cdot (a^{\frac{1}{qs}})^{qr}$$
$$= ((a^{\frac{1}{qs}})^s)^p \cdot ((a^{\frac{1}{qs}})^q)^r = (a^{\frac{s}{qs}})^p \cdot (a^{\frac{q}{qs}})^r = (a^{\frac{1}{q}})^p \cdot (a^{\frac{1}{s}})^r = a^{\frac{p}{q}} \cdot a^{\frac{r}{s}}.$$
(2) 根号の性質 (命題 9.3.3) から導かれる：
$$(ab)^{\frac{p}{q}} = ((ab)^{\frac{1}{q}})^p = (\sqrt[q]{ab})^p = (\sqrt[q]{a} \cdot \sqrt[q]{b})^p = (\sqrt[q]{a})^p \cdot (\sqrt[q]{b})^p = a^{\frac{p}{q}} \cdot b^{\frac{p}{q}}.$$
(3) 両辺の qs 乗が一致することを示せばよい．$c := a^x$ とおくと，
$$((a^x)^y)^{qs} = (c^{\frac{r}{s}})^{qs} = ((c^{\frac{1}{s}})^r)^{qs} = (c^{\frac{1}{s}})^{rqs} = c^{\frac{rqs}{s}} = c^{rq} = (c^q)^r$$
$$= ((a^{\frac{p}{q}})^q)^r = (((a^{\frac{1}{q}})^p)^q)^r = ((a^{\frac{1}{q}})^{pq})^r = (((a^{\frac{1}{q}})^q)^p)^r = (a^p)^r = a^{pr},$$
$$(a^{xy})^{qs} = (a^{\frac{pr}{qs}})^{qs} = ((a^{\frac{1}{qs}})^{pr})^{qs} = (a^{\frac{1}{qs}})^{prqs} = ((a^{\frac{1}{qs}})^{qs})^{pr} = a^{pr}. \quad \square$$

各 $n \in \mathbb{N}$ について $\sqrt[n]{0} = 0$ であることから，$\boxed{0^{\frac{1}{n}} := 0}$ とする．さらに各 $q \in \mathbb{Q} \cap (0, \infty)$ について $\boxed{0^q := 0}$ と定める．これにより，有理冪関数 $f(x) = x^q$ が $x = 0$ においても定義される．

命題 9.5.3 $p, q \in \mathbb{Q}$, $p < 0 < q$ とする.
(1) $f : [0, \infty) \to [0, \infty)$ ($f(x) = x^q$) は,連続かつ狭義単調増加である.
(2) $f : (0, \infty) \to (0, \infty)$ ($f(x) = x^p$) は,連続かつ狭義単調減少である.

証明 (1) $q = \dfrac{m}{n}$ ($m, n \in \mathbb{N}$) とおく.関数 $f_n(x) = x^{\frac{1}{n}}$ ($x \geq 0$) は連続かつ狭義単調増加である (例 6.4.1 および 8.2.2).これと $g_m(x) = x^m$ ($x \geq 0$) による合成 $g_m \circ f_n(x) = (x^{\frac{1}{n}})^m = x^{\frac{m}{n}}$ は,連続関数の合成ゆえ連続である (系 8.1.5).また,狭義単調増加関数の合成ゆえ,f は狭義単調増加である (練習 6.2).

(2) (1) より関数 $\varphi(x) = x^{-p}$ ($x > 0$) は連続かつ狭義単調増加である.$h(x) = \dfrac{1}{x}$ ($x > 0$) は連続かつ狭義単調減少であり (例 6.4.1 および 8.2.1),再び系 8.1.5 および練習 6.2 により,これらの合成 $h \circ \varphi(x) = (x^{-p})^{-1} = x^p$ は連続かつ狭義単調減少である. □

9.6 $\mathbb{Q}$ を定義域とする指数関数の性質

指数関数 $f(x) = a^x$ の基本的な性質を,まず定義域が $\mathbb{Q}$ の場合について示す.

補題 9.6.1 $a > 1$ および $m \in \mathbb{N}$ について $a^{\frac{1}{m}} > 1$.

証明 仮に $a^{\frac{1}{m}} \leq 1$ とすると,この両辺を m 乗すれば,関数 $f(x) = x^m$ ($x > 0$) の単調性より $a \leq 1$ となり,これは $a > 1$ に矛盾する. □

補題 9.6.2 $a > 0$ とする.関数 $f : \mathbb{Q} \to \mathbb{R}$ ($f(x) = a^x$) は $a > 1$ ならば狭義単調増加であり,$0 < a < 1$ ならば狭義単調減少である.

証明 まず $a > 1$ の場合を考えよう.各 $b, c \in \mathbb{Q}$ について次の二つが示されれば,f は狭義単調増加である.
(1) $0 < b < c \implies a^0 = 1 < a^b < a^c$.
(2) $b < c < 0 \implies a^b < a^c < 1 = a^0$.

(1) $b = q/m$, $c = r/m$ とかけば (ただし $q, r \in \mathbb{Z}$, $m \in \mathbb{N}$),仮定より $0 < q < r$.ここで $x := a^{\frac{1}{m}}$ とおけば,前補題より $x > 1$ である.$q, r \in \mathbb{N}$ および $x > 1$ から $1 < x^q < x^r$.つまり $1 < (a^{\frac{1}{m}})^q < (a^{\frac{1}{m}})^r$,すなわち $1 < a^b < a^c$.

(2) $b' := -b$, $c' := -c$ とおけば $0 < c' < b'$ であり,既に上で示したことから $1 < a^{c'} < a^{b'}$.これらの逆数をとれば不等式の向きが逆になり,$a^{-b'} < a^{-c'} < 1$.すなわち $a^b < a^c < 1$ を得る.

次に $0 < a < 1$ の場合を考える．$b < c$ $(b, c \in \mathbb{Q})$ とし，$a^b > a^c$ を示したい．$\alpha := a^{-1}$ とおけば $\alpha > 1$ であり，既に示したことから $\alpha^b < \alpha^c$ である．この逆数を取れば $\alpha^{-b} > \alpha^{-c}$．つまり $(a^{-1})^{-b} > (a^{-1})^{-c}$，すなわち $a^b > a^c$． □

補題 9.6.3 $a > 0$ について $\lim_{n \to \infty} a^{\frac{1}{n}} = \lim_{n \to \infty} a^{-\frac{1}{n}} = 1$.

証明 $a = 1$ の場合は明らか．まず $a > 1$ とする．はじめに $\lim_{n \to \infty} a^{\frac{1}{n}} = 1$ を示す．補題 9.6.1 および 9.6.2 より数列 $a^{\frac{1}{n}} \geq a^0 = 1$ は下に有界な単調減少列ゆえ $\alpha = \inf\{a^{\frac{1}{n}} \mid n \in \mathbb{N}\}$ に収束する (系 4.1.3)．$\alpha = 1$ を示そう．1 は $\{a^{\frac{1}{n}} \mid n \in \mathbb{N}\}$ の下界ゆえ $1 \leq \alpha$ である．いまから $\alpha \leq 1$ を背理法で示す．$\alpha > 1$ とすれば，数列 α^n は ∞ に発散する (例 3.8.7)．ゆえに $\alpha^N > a$ を満たす $N \in \mathbb{N}$ が存在する．一方，α は $\{a^{\frac{1}{n}} \mid n \in \mathbb{N}\}$ の下限ゆえ $\alpha \leq a^{\frac{1}{N}}$ であり，この両辺を N 乗すれば $\alpha^N \leq a$．これは $\alpha^N > a$ に反する．以上より $\alpha = 1$．また，$a^{\frac{1}{n}}$ が 1 に収束することから，その逆数の列 $(a^{\frac{1}{n}})^{-1} = a^{-\frac{1}{n}}$ は，1 の逆数である 1 に収束する (関数 $f(x) = x^{-1} = 1/x$ の連続性)．

次に $0 < a < 1$ とする．$b := a^{-1}$ とおけば $b > 1$ であり，先ほど示したことを用いれば，$\lim_{n \to \infty} a^{\frac{1}{n}} = \lim_{n \to \infty} b^{-\frac{1}{n}} = 1$．また，$\lim_{n \to \infty} a^{-\frac{1}{n}} = \lim_{n \to \infty} b^{\frac{1}{n}} = 1$． □

補題 9.6.4 $a > 0$ とする．b_n を 0 に収束する有理数列とすれば，$\lim_{n \to \infty} a^{b_n} = 1$.

証明 $a = 1$ の場合は明らか．$a > 1$ の場合について示そう．任意の $\varepsilon > 0$ に対して，補題 9.6.3 により $|1 - a^{\pm \frac{1}{N_0}}| < \varepsilon$ (つまり $1 - \varepsilon < a^{\pm \frac{1}{N_0}} < 1 + \varepsilon$) を満たす $N_0 \in \mathbb{N}$ が存在する．また，$1/N_0 > 0$ に対して，$\lim_{n \to \infty} b_n = 0$ より次を満たす $N \in \mathbb{N}$ が存在する：各 $n > N$ について $|b_n| < 1/N_0$．このとき「$n > N \Longrightarrow -1/N_0 < b_n < 1/N_0$」であり，この不等式と関数 $f(x) = a^x$ の単調性 (補題 9.6.2) から「$n > N \Longrightarrow |1 - a^{b_n}| < \varepsilon$」を得る．実際，$n > N$ とすれば，
$$1 - \varepsilon < a^{-\frac{1}{N_0}} < a^{b_n} < a^{\frac{1}{N_0}} < 1 + \varepsilon$$
より，$|1 - a^{b_n}| < \varepsilon$．以上により $\lim_{n \to \infty} a^{b_n} = 1$ である．

$0 < a < 1$ の場合は，$f(x) = a^x$ の単調減少性を用いて，いまと類似する議論を展開すればよい． □

9.7 実数による冪

$a > 0$ および $b \in \mathbb{R}$ について a^b の定義を復習する．b の小数点第 n 位以下を切り捨てた数を b_n とすれば，$\lim_{n \to \infty} b_n = b$ である (4.2 節を見よ)．有理数列 b_n の有界単調

性および関数 $f(x) = a^x$ の単調性 (補題 9.6.2) から，数列 a^{b_n} も有界単調列であり，したがって数列 a^{b_n} は収束する．そこで，$a^b := \lim_{n\to\infty} a^{b_n}$ と定める．

いま，b に収束する特別な有理数列 b_n を用いて a^b を定めた．しかし，上で挙げた b_n は 10 進法表記において親しみやすいというだけであり，冪を定義するうえで 10 進法にこだわる必然性はどこにもない．例えば 2 進法表記における b の小数点第 n 位以下を切り捨てた数を c_n とすれば，c_n も b に収束し，このとき，当然 $\lim_{n\to\infty} a^{c_n} = \lim_{n\to\infty} a^{b_n}$ となることが望まれる．この事実を確認しよう：

命題 9.7.1 $a > 0$ とする．c_n および d_n を $b \in \mathbb{R}$ に収束する有理数列とすれば，数列 a^{c_n} および a^{d_n} は収束し，$\lim_{n\to\infty} a^{c_n} = \lim_{n\to\infty} a^{d_n}$．

証明 数列 a^{c_n} が収束することを示すには，これがコーシー列であることを示せば十分である (定理 4.6.4)．c_n は収束列ゆえ有界であり，したがって次を満たす $M \in \mathbb{N}$ が存在する：各 $n \in \mathbb{N}$ について $-M < c_n < M$．そこで $L := \max\{a^M, a^{-M}\}$ と置けば，$\mathbb{Q}$ を定義域とする指数関数 $f(x) = a^x$ の単調性 (補題 9.6.2) から各 $n \in \mathbb{N}$ について $a^{c_n} \leq L$ である．一方，c_n は収束列ゆえコーシー列である (命題 4.6.2)．すなわち，有理数 $c_m - c_n$ について $\lim_{m,n\to\infty}(c_m - c_n) = 0$ であり，これと補題 9.6.4 から $\lim_{m,n\to\infty} a^{c_m - c_n} = 1$．したがって

$$|a^{c_m} - a^{c_n}| = a^{c_m} \cdot |1 - a^{c_n - c_m}| \leq L \cdot |1 - a^{c_n - c_m}| \xrightarrow[m,n\to\infty]{} 0. \qquad (9.1)$$

つまり a^{c_n} はコーシー列である．数列 a^{d_n} の収束も同様に示される．

$\lim_{n\to\infty} a^{c_n} = \lim_{n\to\infty} a^{d_n}$ も上と同様の評価により得られる．実際，有理数列 $d_n - c_n$ について，仮定より $\lim_{n\to\infty}(d_n - c_n) = 0$ であり，$|a^{c_n} - a^{d_n}| = a^{c_n} \cdot |1 - a^{d_n - c_n}| \leq L \cdot |1 - a^{d_n - c_n}| \longrightarrow 0 \ (n \to \infty)$． □

〔補足〕 式 (9.1) では，二つの自然数 m, n で添え字づけられた数列 $x_{m,n} := |a^{c_m} - a^{c_n}|$ に関するはさみうちの原理を用いた．これは本書では未証明の事実である．とはいえ難しくはないゆえ，余力あるものは $x_{m,n}$ が実数 α に収束することの定義を与えたうえで[3]，この型の "はさみうちの原理" の証明を検討せよ．あるいは，a^{c_n} がコーシー列であることは，ε-N 論法による定義に戻れば，直ちに証明できることでもある (練習 9.5)．

改めて，実数冪の定義を与えよう．

---

[3] 任意の $\varepsilon > 0$ に応じて次を満たす $N \in \mathbb{N}$ が存在するとき，$x_{m,n}$ は $m, n \to \infty$ において α に収束するという：$m, n > N$ ならば $|\alpha - x_{m,n}| < \varepsilon$．このとき，$\lim_{m,n\to\infty} x_{m,n} = \alpha$ と書く．

定義 9.7.2 $a > 0$ および $b \in \mathbb{R}$ とする．このとき，
$$a^b := \lim_{n \to \infty} a^{b_n} \quad (\text{ただし } b_n \text{ は } b \text{ に収束する有理数列})$$
と定める．

上の数列 a^{b_n} が収束すること，および有理数列 b_n の取り方によらずに a^b が定まることは命題 9.7.1 が保証している．また，$a^b > 0$ である．実際，$a \geq 1$ のとき，上の b_n を単調増加列として取れば，$0 < a^{b_1} \leq a^{b_n}$ ゆえ $0 < a^{b_1} \leq a^b$．また，$0 < a < 1$ のときは，b_n を単調減少列として取ることで，やはり $0 < a^{b_1} \leq a^b$ を得る．

備考 9.7.3 有理数列を用いずに a^b を定める方法もある．例えば，
$$a^b := \begin{cases} \sup\{a^q \mid q \in \mathbb{Q} \text{ かつ } q \leq b\} & (a \geq 1 \text{ のとき}), \\ \inf\{a^q \mid q \in \mathbb{Q} \text{ かつ } q \leq b\} & (0 < a < 1 \text{ のとき}) \end{cases}$$
と定義すればよい．この定義と定義 9.7.2 は一致する．

証明 $a \geq 1$ の場合を考えよう．定義 9.7.2 により定める a^b を x とする．$Y := \{a^q \mid q \in \mathbb{Q} \text{ かつ } q \leq b\}$, $y := \sup Y$ とし，$x = y$ を示そう．$a = 1$ の場合は $x = 1$ であり，$Y = \{1\}$ より $y = 1$ である．次に $a > 1$ とする．b に収束する有理単調増加列 b_n，および b に収束する有理単調減少列 b'_n を一つ取れば，$b_n \leq b \leq b'_n$ であり，数列 a^{b_n} および $a^{b'_n}$ はともに x に収束する．また，$f(x) = a^x$ の単調性 (補題 9.6.2) から，各 $n \in \mathbb{N}$ について $a^{b_n} \leq y \leq a^{b'_n}$ が導かれる．実際，$a^{b_n} \in Y$ ゆえ $a^{b_n} \leq y$ である．一方，$q \leq b$ なる任意の $q \in \mathbb{Q}$ について $q \leq b'_n$ ゆえ $a^q \leq a^{b'_n}$．つまり $a^{b'_n}$ は Y の上界であり，y は Y の上界の最小元ゆえ $y \leq a^{b'_n}$．以上より $a^{b_n} \leq y \leq a^{b'_n}$ であり，$n \to \infty$ として $x \leq y \leq x$，つまり $x = y$ を得る．

$0 < a < 1$ の場合も類似の論法により示される． □

9.8　0 の冪

有理数 $q > 0$ について $0^q = 0$ と定めていた．ゆえに実数 $r > 0$ についても $0^r = 0$ とするのがよかろう．問題は 0^0 についてである．多項式を総和記号 $\sum$ を用いて記述する際に，定数項を変数の 0 乗の項とみなし，$0^0 = 1$ とすると都合がよい．そこで本書では，0^y なる数を次のように扱う：
$$0^y = \begin{cases} 0 & y > 0 \text{ のとき}, \\ 1 & y = 0 \text{ のとき}. \end{cases}$$

これにより，多項式 $f(x) = a_n x^n + a_{n-1} x^{n-1} + \cdots + a_1 x + a_0$ を $f(x) = \sum_{k=0}^{n} a_k x^k$ と書くことができる．この表記において $f(0) = a_0 \cdot 0^0 = a_0$ となる．

なお，$\lim_{x \to 0+} x^x = 1$ であり (例 A.6.5)，これと練習 8.3 を合わせれば，x^x $(x \geq 0)$ は連続関数である．

0 には逆数が存在しないことから，0 の負冪は定義しない．

写像の形式的定義 (よりみち)

自然数 m, n について，m 点集合から n 点集合への写像の総数は n^m 個である．この事実から，∅ から ∅ への写像の総数が 0^0 個であることが類推される．ここで，写像の個数を慎重に数えるのであれば，写像の厳密な定義が必要である．定義 5.2.1 において，我々は「操作」や「対応」「代入」といった未定義語を用いて写像を説明した．このような暴挙が許されたのは，$\sin x$ や $\log_2 x$ といった具体的な関数に読者が親しんでおり，はなから関数概念を共有していたことによる．これを反省し，未定義語を避けた写像の定義を与えよう．$f: X \to Y$ のグラフ $G = \Gamma_f$ が次を満たすことに着目する：

$$\text{任意の } x \in X \text{ について，} (\{x\} \times Y) \cap G \text{ はちょうど 1 点からなる．} \quad (9.2)$$

グラフを見れば関数のすべての情報を復元できることから，グラフは関数概念において本質的である．そこで，この事実を逆手に取り，上の条件を満たす G，すなわちグラフそれ自体を写像と呼ぶ．

定義 9.8.1 X, Y を集合とする．$X \times Y$ の部分集合 G が条件 (9.2) をみたすとき，G を X から Y への**写像**という．このとき，各 $x \in X$ に対して，$(\{x\} \times Y) \cap G$ は 1 点集合ゆえ $(x, y_x) \in (\{x\} \times Y) \cap G$ を満たす $y_x \in Y$ がただ一つ取れる．この y_x を，写像 G によって x に対応する Y の元とみなし，y_x を改めて $G(x)$ と書く．

$X, Y = \emptyset$ とすれば，$\emptyset \times \emptyset$ の部分集合である $G = \emptyset$ は条件 (9.2) を満たす．ゆえに ∅ は，∅ から ∅ への写像である．$\emptyset \times \emptyset$ はこれ以外に部分集合を持たないことから (備考 1.6.3)，結局 ∅ から ∅ への写像の総数は 1 つ，すなわち $0^0 = 1$ を得る．なお，空でない任意の集合 Y について，∅ から Y への写像の総数は 1 つ，Y から ∅ への写像の総数は 0 である．Y の元の総数を $n \in \mathbb{N}$ とすると，これらの写像の個数も，本章で与えた冪の定義 $n^0 = 1$ および $0^n = 0$ に一致する．

9.9 実数冪の指数法則

命題 9.9.1 (指数法則 1) $a > 0$ および $b, c \in \mathbb{R}$ について，
(1) $a^{b+c} = a^b \cdot a^c$, (2) $(ab)^c = a^c \cdot b^c$.

証明 b および c に収束する有理数列を一つずつ取り，それらを b_n, c_n とする．

（1） $b_n + c_n$ も有理数列であり，$\lim_{n\to\infty}(b_n + c_n) = b + c$．したがって，有理数冪の指数法則から $a^{b+c} = \lim_{n\to\infty} a^{b_n+c_n} = \lim_{n\to\infty}(a^{b_n} \cdot a^{c_n}) = a^b \cdot a^c$．

（2） $(ab)^c = \lim_{n\to\infty}(ab)^{c_n} = \lim_{n\to\infty}(a^{c_n} \cdot b^{c_n}) = a^c \cdot b^c$． □

上の (1) から，各 $a > 0$ および $b \in \mathbb{R}$ について，a^{-b} は a^b の逆数である．

命題 9.9.2 (指数関数の単調性)　$a > 0$ とする．関数 $f : \mathbb{R} \to \mathbb{R}$ $(f(x) = a^x)$ は，$a > 1$ ならば狭義単調増加であり，$0 < a < 1$ ならば狭義単調減少である．

証明　$a > 1$ とする．$b < c$ $(b, c \in \mathbb{R})$ について $a^b < a^c$ を示そう．b および c に収束する有理数列 b_n, c_n を，次の不等式を満たすように取る：

$$b \leq \cdots \leq b_3 \leq b_2 \leq b_1 \quad < \quad c_1 \leq c_2 \leq c_3 \leq \cdots \leq c.$$

$f|_\mathbb{Q}$ の狭義単調増加性 (補題 9.6.2) より $a^{b_n} \leq a^{b_1} < a^{c_1} \leq a^{c_n}$ であり，命題 3.4.3 から $a^b = \lim_{n\to\infty} a^{b_n} \leq a^{b_1} < a^{c_1} \leq \lim_{n\to\infty} a^{c_n} = a^c$．以上より $a^b < a^c$ である．

$0 < a < 1$ の場合は，$f|_\mathbb{Q}$ の狭義単調減少性より得られる． □

上の事実と命題 6.3.3 から，対数関数の狭義単調性を得る．

補題 9.9.3　$a > 0$ とする．b_n を 0 に収束する実数列とすれば，$\lim_{n\to\infty} a^{b_n} = 1$．

証明　補題 9.6.4 の証明において補題 9.6.2 を用いていた部分を，命題 9.9.2 に置き換えるだけで求める主張を得る． □

命題 9.9.4　$a > 0$ とする．$f(x) = a^x$ は連続である．

証明　「$\lim_{n\to\infty} c_n = c \Longrightarrow \lim_{n\to\infty} a^{c_n} = a^c$」を示そう．$c_n - c$ は 0 に収束する実数列であるから，補題 9.9.3 より $\lim_{n\to\infty} a^{c_n - c} = 1$．また，命題 9.9.1 より $a^{c_n} = a^c \cdot a^{c_n - c}$ ゆえ，$|a^c - a^{c_n}| = |a^c - a^c \cdot a^{c_n - c}| = a^c \cdot |1 - a^{c_n - c}| \longrightarrow 0 \ (n \to \infty)$． □

命題 9.9.5 (指数法則 2)　$a > 0$ および $b, c \in \mathbb{R}$ について，$(a^b)^c = a^{bc}$．

証明　b および c に収束する有理数列を一つずつ選び，これらを b_m, c_n とする．

はじめに $(a^b)^{c_n} = a^{bc_n}$ を示す．有理数冪に関する指数法則から $(a^{b_m})^{c_n} = a^{b_m c_n}$ が成り立つ．ここで，c_n を定数とみなした m に関する数列 $b_m c_n$ について $\lim_{m\to\infty} b_m c_n = bc_n$ であり，$f(x) = a^x$ の連続性より $f(bc_n) = \lim_{m\to\infty} f(b_m c_n)$．また，

有理冪関数 $g(x) = x^{c_n}$ は連続であり (命題 9.5.3),ゆえにこれらの合成関数 $g \circ f$ も連続である.以上の事実を合わせれば,$(a^b)^{c_n} = g \circ f(b) = \lim_{m \to \infty} g \circ f(b_m) = \lim_{m \to \infty} (a^{b_m})^{c_n} = \lim_{m \to \infty} a^{b_m c_n} = \lim_{m \to \infty} f(b_m c_n) = f(bc_n) = a^{bc_n}$.

最後に,$h(x) = (a^b)^x$ の連続性に注意すれば,$(a^b)^c = h(c) = \lim_{n \to \infty} h(c_n) = \lim_{n \to \infty} (a^b)^{c_n} = \lim_{n \to \infty} a^{bc_n} = \lim_{n \to \infty} f(bc_n) = f(bc) = a^{bc}$. □

命題 9.9.6 $a, b > 0$ および $c \in \mathbb{R}$ について,$\left(\dfrac{b}{a}\right)^c = \dfrac{b^c}{a^c}$.

証明 $\left(\dfrac{b}{a}\right)^c = (b \cdot a^{-1})^c = b^c \cdot (a^{-1})^c = b^c \cdot (a^c)^{-1} = b^c \cdot \dfrac{1}{a^c} = \dfrac{b^c}{a^c}$. □

命題 9.9.7 (冪関数の単調性と連続性) $\alpha, \beta \in \mathbb{R}$ ($\beta < 0 < \alpha$) とする.
(1) $f: [0, \infty) \to [0, \infty)$ ($f(x) = x^\alpha$) は,連続かつ狭義単調増加である.
(2) $f: (0, \infty) \to (0, \infty)$ ($f(x) = x^\beta$) は,連続かつ狭義単調減少である.

証明 (1) はじめに単調性「$0 < b < c \implies b^\alpha < c^\alpha$」を示そう.$0 < b < c$ より $d := \dfrac{c}{b} > 1$ である.$g(x) = d^x$ の単調性 (命題 9.9.2) および $\alpha > 0$ から $d^\alpha > d^0 = 1$. つまり,$1 < d^\alpha = \left(\dfrac{c}{b}\right)^\alpha = \dfrac{c^\alpha}{b^\alpha}$. ゆえに $b^\alpha < c^\alpha$.

次に,点 $a = 1$ における f の連続性,すなわち $\lim_{x \to 1} x^\alpha = 1$ を示そう.$0 < r < \alpha < s$ を満たす有理数 r, s を与えておく.$x > 1$ のとき,$h(y) = x^y$ の単調増加性より $x^r < x^\alpha < x^s$. また,$0 < x < 1$ のときは h の単調減少性より $x^r > x^\alpha > x^s$. よって x と 1 の大小関係に関わらず次が成り立つ:

$$\min\{x^r, x^s\} < x^\alpha < \max\{x^r, x^s\}.$$

有理冪関数の連続性より $\lim_{x \to 1} x^r = 1$, $\lim_{x \to 1} x^s = 1$ であり,上式の左右の両辺は 1 に収束する[4].ゆえに,はさみうちの原理より $\lim_{x \to 1} x^\alpha = 1$ を得る.

点 $a > 0$ における f の連続性を示そう.$x \to a$ のとき $\dfrac{x}{a} \to 1$ であり,さきほど示したことから $\lim_{x \to a} \left(\dfrac{x}{a}\right)^\alpha = 1$. したがって,$x^\alpha = \left(a \cdot \dfrac{x}{a}\right)^\alpha = a^\alpha \cdot \left(\dfrac{x}{a}\right)^\alpha \longrightarrow a^\alpha$ ($x \to a$). ゆえに f は点 $a > 0$ において連続である.

また,既に述べたように $0 \leq x \leq 1$ のとき $0 \leq x^\alpha \leq x^r$ である.命題 9.5.3 より $\lim_{x \to 0+} x^r = 0$ ゆえ,はさみうちの原理を適用すれば $\lim_{x \to 0+} x^\alpha = 0$. つまり f は点 $a = 0$ においても連続である.

---

[4] ここで,$\min\{x^r, x^s\}, \max\{x^r, x^s\} \longrightarrow 1$ ($x \to 1$) を示す際に練習 3.5 を用いている.

（2） 命題 9.5.3 (2) の証明と同様にして得られる． □

指数関数と冪関数の全射性は練習問題として残す (練習 9.2)．

9.10　関数の発散のはやさ

$a > 1$, $\alpha > 0$ について，指数関数 a^x, 冪関数 x^α, 対数関数 $\log_a x$ はいずれも $x \to \infty$ において無限大に発散する (練習 9.1 および命題 6.5.7)．そこで，これらの発散のはやさを比の極限を通して比べよう．次の二つの極限は，微分法で学ぶロピタルの定理 (定理 A.6.3) を応用すれば容易に求められることであるが，ここでは微分法に頼らない初等的な証明を与える．

指数関数の発散のはやさは，冪関数のそれに勝る：

命題 9.10.1　$a > 1$ および $\ell \in \mathbb{N}$ について，$\displaystyle\lim_{x\to\infty} \frac{a^x}{x^\ell} = \infty$．

証明　x を自然数に限った場合に ∞ に発散することは，例 3.8.13 において示されている．ここで一般の実数 x に対して，x を超えない最大の整数 $N = [x]$ をとれば $N \leq x < N+1$ であり，$x \to \infty$ のとき $N \to \infty$．指数関数と冪関数の単調性から
$$\frac{a^x}{x^\ell} > \frac{a^N}{(N+1)^\ell} = \frac{1}{a} \cdot \frac{a^{N+1}}{(N+1)^\ell} \longrightarrow \infty \ (x \to \infty).$$　□

〔備考〕　上の $\displaystyle\lim_{x\to\infty} \frac{a^{N+1}}{(N+1)^\ell} = \infty$ の証明において命題 7.4.9 を用いた．実際，$f: [1, \infty) \to \mathbb{N}$ ($f(x) = [x]$)，$g : \mathbb{N} \to \mathbb{R}$ $\left(g(N) = \dfrac{a^{N+1}}{(N+1)^\ell}\right)$ として命題 7.4.9 を適用すれば，$\displaystyle\lim_{x\to\infty} \frac{a^{[x]+1}}{([x]+1)^\ell} = \infty$．

冪関数の発散のはやさは，対数関数のそれに勝る (練習 9.4 も見よ)：

命題 9.10.2　$a > 0$ (ただし $a \neq 1$) について，$\displaystyle\lim_{x\to\infty} \frac{\log_a x}{x} = 0$．

証明　まず $a > 1$ の場合を示す．任意に $\varepsilon > 0$ を取って固定する．実数のアルキメデス性より $\dfrac{1}{k} < \varepsilon$ を満たす $k \in \mathbb{N}$ が存在する．命題 9.10.1 より $\displaystyle\lim_{x\to\infty} \frac{a^x}{x^k} = \infty$ であり，ゆえに次を満たす $M > 0$ が存在する：$x > M$ ならば $x^k < a^x$．このとき「$x > M \Longrightarrow \dfrac{\log_a x}{x} < \varepsilon$」が成り立つ．実際，$x > M$ とすれば，$\log_a$ の単調性より $\log_a x^k < \log_a a^x$．これを変形すれば $k \log_a x < x$．つまり，$\dfrac{\log_a x}{x} < \dfrac{1}{k} < \varepsilon$．

$0 < a < 1$ の場合は，$b = 1/a > 1$ とおけば $\log_a x = -\log_b x$ である (練習 6.3)．ゆえに，$\dfrac{\log_a x}{x} = -\dfrac{\log_b x}{x}$ は既に示したことから 0 に収束する． □

章末問題

練習 9.1 次を示せ.
(1) $a > 1$ について,$\lim_{x \to \infty} a^x = \infty$ および $\lim_{x \to -\infty} a^x = 0$.
(2) $0 < a < 1$ について,$\lim_{x \to \infty} a^x = 0$ および $\lim_{x \to -\infty} a^x = \infty$.
(3) $\alpha > 0$ について,$\lim_{x \to \infty} x^\alpha = \infty$ および $\lim_{x \to 0} x^\alpha = 0$.
(4) $\alpha < 0$ について,$\lim_{x \to \infty} x^\alpha = 0$ および $\lim_{x \to 0} x^\alpha = \infty$.

練習 9.2 中間値の定理を用いて,次の連続関数の全射性を示せ.
(1) $a > 0\ (a \neq 1)$ とし,$f(x) := a^x$ で定められる指数関数 $f : \mathbb{R} \to (0, \infty)$.
(2) $\alpha > 0$ とし,$f(x) := x^\alpha$ で定められる冪関数 $f : [0, \infty) \to [0, \infty)$.
(3) $\alpha < 0$ とし,$f(x) := x^\alpha$ で定められる冪関数 $f : (0, \infty) \to (0, \infty)$.

練習 9.3 $a > 1$ および $b \in \mathbb{R}$ について,$\lim_{x \to \infty} \dfrac{a^x}{x^b} = \infty$ を示せ.

練習 9.4 各 $a, b > 0$ (ただし $a \neq 1$) について,$\lim_{x \to \infty} \dfrac{\log_a x}{x^b} = 0$ を示せ.

練習 9.5 命題 9.7.1 において,数列 a^{c_n} がコーシー列になることを ε-N 論法による定義に戻って示せ.

愛情の表しかたは人それぞれ

第III部
距離空間の幾何学

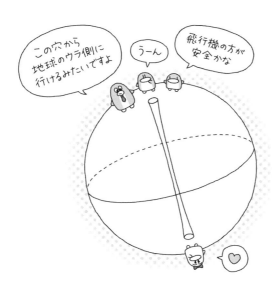

第10章 点列の収束と写像の連続性

これまで数直線 $\mathbb{R}$ における収束および実数値関数の連続性について論じてきた.そして,それらの議論における核心は,2点間の距離 $|x-y|$ の評価にあった.ここから次のことが類推できる:数直線上の点に限らずとも,ある集合上の点について2点間の距離さえ定めることができれば,そのような対象においてもこれまでと類似の議論が展開できるのではないか.本章では,これに答える枠組みとして "距離空間" という概念を提示したうえで,図形の間の収束や多変数関数の連続性について論じる.

後の微分法において,多変数関数の (全) 微分可能性を導くには,その各偏導関数の連続性を示せば十分であることを学ぶ.それらの連続性を判断する際に,10.6 節で紹介する手法が有効となる.

10.1 ベクトルの和とスカラー倍

高校で学習したように,$\mathbb{R}^2$ や $\mathbb{R}^3$ 上のベクトルには和とスカラー倍が定まるのであった.これと同様のことが $\mathbb{R}^n$ においても定義される.$\mathbb{R}^n$ の原点 $(0,\cdots,0)$ を $\mathbf{0}$ と書く.

$\mathbb{R}^n$ の二つのベクトル $(x_1,\cdots,x_n),(y_1,\cdots,y_n) \in \mathbb{R}^n$ および実数 $r \in \mathbb{R}$ に対して,ベクトルの**和**および**差**,**スカラー倍**を次で定める:

- 和:
$$(x_1,\cdots,x_n) + (y_1,\cdots,y_n) := (x_1+y_1,\cdots,x_n+y_n),$$

- 差:
$$(x_1,\cdots,x_n) - (y_1,\cdots,y_n) := (x_1-y_1,\cdots,x_n-y_n),$$

- スカラー倍:
$$r(x_1,\cdots,x_n) := (rx_1,\cdots,rx_n).$$

$\boldsymbol{x},\boldsymbol{y} \in \mathbb{R}^n$ (ただし $n=2,3$) に対して,$\mathbf{0},\boldsymbol{x},\boldsymbol{x}+\boldsymbol{y},\boldsymbol{y}$ の 4 点を頂点とする四角形が平

行四辺形になることを高校で学んだ．おそらく $n \geq 4$ の場合も同様のことが成り立つであろう．三次元の世界に住む我々には高次元の幾何学を直接に見る術はないが，このように高次元の空間がもつ性質のいくつかが想像できる．

10.2 ユークリッド距離

はじめに，2 点間の距離が定まる空間の例として $\mathbb{R}^3$ を挙げよう．$\mathbb{R}^3$ 上のベクトル $\boldsymbol{x} = (a, b, c)$ の長さ，すなわち原点 $\boldsymbol{0} = (0, 0, 0)$ と $\boldsymbol{x}$ の間の距離 $\|\boldsymbol{x}\|$ は次のように計算される：

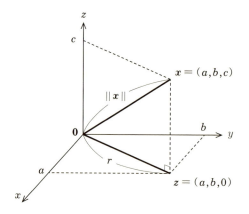

図 10.1 原点 $\boldsymbol{0}$ と $\boldsymbol{x} = (a, b, c)$ の距離

点 $\boldsymbol{x}$ から xy 平面に引いた垂線の足を $\boldsymbol{z} = (a, b, 0)$ とすれば，$\boldsymbol{0}$ と $\boldsymbol{z}$ を結ぶ線分の長さ r はピタゴラスの定理により，$r = \sqrt{a^2 + b^2}$ である．さらに，$\boldsymbol{x}$ および $\boldsymbol{0}, \boldsymbol{z}$ の三点を頂点とする直角三角形についてピタゴラスの定理を適用すれば $\|\boldsymbol{x}\| = \sqrt{r^2 + c^2}$．すなわち，

$$\|\boldsymbol{x}\| = \sqrt{a^2 + b^2 + c^2}.$$

また，各 $\boldsymbol{x}, \boldsymbol{y} \in \mathbb{R}^3$ について，$\boldsymbol{x}$ と $\boldsymbol{y}$ の間の距離 $\rho_{\mathbb{R}^3}(\boldsymbol{x}, \boldsymbol{y})$ は，これらを $-\boldsymbol{y}$ 方向に平行移動した 2 点 $\boldsymbol{x} - \boldsymbol{y}$ と $\boldsymbol{0}$ の間の距離に等しいから

$$\rho_{\mathbb{R}^3}(\boldsymbol{x}, \boldsymbol{y}) = \|\boldsymbol{x} - \boldsymbol{y}\|$$

である．いまの考察から類推されることとして，$\mathbb{R}^n$ における距離を次で定める：

定義 10.2.1 $\mathbb{R}^n$ の各元 $\boldsymbol{x} = (x_1, \cdots, x_n)$ に対して定められる次の数 $\|\boldsymbol{x}\|$ を $\boldsymbol{x}$ の**ユークリッド・ノルム**とよぶ：
$$\|\boldsymbol{x}\| := \sqrt{x_1{}^2 + x_2{}^2 + \cdots + x_n{}^2} \geq 0.$$
$\|\boldsymbol{x}\|$ は，点 $\boldsymbol{x}$ と原点 $\boldsymbol{0}$ との間の距離 (あるいはベクトル $\boldsymbol{x}$ の長さ，大きさ) と考えられる．さらに $\boldsymbol{x}$ と $\boldsymbol{y} = (y_1, \cdots, y_n) \in \mathbb{R}^n$ との間の**ユークリッド距離** $\rho_{\mathbb{R}^n}(\boldsymbol{x}, \boldsymbol{y})$ を次のように定める：
$$\rho_{\mathbb{R}^n}(\boldsymbol{x}, \boldsymbol{y}) := \|\boldsymbol{x} - \boldsymbol{y}\| = \sqrt{(x_1 - y_1)^2 + (x_2 - y_2)^2 + \cdots + (x_n - y_n)^2}.$$

$n = 1$ の場合は $\mathbb{R}^1 = \mathbb{R}$ であり，各 $x, y \in \mathbb{R}$ について $\rho_{\mathbb{R}}(x, y) = \sqrt{(x-y)^2} = |x - y|$ である．本書の以降では，記号 $\rho_{\mathbb{R}^n}$ でユークリッド距離を表すとする．

次は，ユークリッド・ノルムの定義から直ちに導かれる (証明略)．

命題 10.2.2 $\boldsymbol{x} \in \mathbb{R}^n$ および $t \in \mathbb{R}$ について，$\|t\boldsymbol{x}\| = |t| \cdot \|\boldsymbol{x}\|$．

次はユークリッド距離の基本的性質である．

命題 10.2.3 各 $\boldsymbol{x}, \boldsymbol{y}, \boldsymbol{z} \in \mathbb{R}^n$ について，次が成り立つ．
 (1) $\rho_{\mathbb{R}^n}(\boldsymbol{x}, \boldsymbol{y}) = 0 \iff \boldsymbol{x} = \boldsymbol{y}$,
 (2) $\rho_{\mathbb{R}^n}(\boldsymbol{x}, \boldsymbol{y}) = \rho_{\mathbb{R}^n}(\boldsymbol{y}, \boldsymbol{x})$,
 (3) $\rho_{\mathbb{R}^n}(\boldsymbol{x}, \boldsymbol{z}) \leq \rho_{\mathbb{R}^n}(\boldsymbol{x}, \boldsymbol{y}) + \rho_{\mathbb{R}^n}(\boldsymbol{y}, \boldsymbol{z})$. (三角不等式)

上の (1) および (2) は定義から直ちに導かれる．また，三角形の二辺の長さの和が，残す一辺の長さ以上であることを (3) は主張している．(3) の成立を疑う読者はいないと思うが，この証明は 10.8 節で与える．

10.3 距離空間

$\mathbb{R}^n$ 上を動く点 $\boldsymbol{x}$ が，ある固定された点 $\boldsymbol{a}$ に「限りなく近づく」という極限概念を定式化しようとすれば，それは $\boldsymbol{x}$ と $\boldsymbol{a}$ のユークリッド距離の値が 0 に限りなく近づくことと定めるのが自然である．また，機転のきく読者は，$\mathbb{R}^n$ を定義域とする関数の連続性がユークリッド距離を用いて導入できることにお気づきと思う．しかしながら極限や連続性の定義は次節までお待ちいただき，ここではもう少しだけ足踏みをして，上の論点をさらに抽象化しよう．すなわち，「ある特定の関数の値が 0 に限りなく近づくこと」でもってさまざまな対象に極限概念を導入できるのではないか，という類推の検討である．このような考えのもとに，現代数学では極限概念のさまざまな定式化が与えられている．その中で最も基礎的なものが三角不等式の公理を要求する次の空間概念である：

定義 10.3.1 X を集合とする．関数 $d : X \times X \to [0, \infty)$ が次の性質をすべて満たすとき，d を X 上の**距離**という．
 (1) 各 $x, y \in X$ について，$d(x, y) = 0 \iff x = y$,
 (2) 各 $x, y \in X$ について，$d(x, y) = d(y, x)$,
 (3) 各 $x, y, z \in X$ について，$d(x, z) \leq d(x, y) + d(y, z)$. (三角不等式)
集合 X，および X 上の距離 d の組 (X, d) を**距離空間**という．

定義 1.6.1 にあるように，以下では上の距離 d の定義域 $X \times X$ を X^2 と書く．

例 10.3.2 (1) $\mathbb{R}^n$ において，定義 10.2.1 で定めたユークリッド距離 $\rho_{\mathbb{R}^n}$ は定義 10.3.1 にある (1) から (3) の性質を満たす (命題 10.2.3)．ゆえに $\rho_{\mathbb{R}^n}$ は $\mathbb{R}^n$ 上の距離であり，組 $(\mathbb{R}^n, \rho_{\mathbb{R}^n})$ は距離空間である．

 (2) "図形" の定義は数学書によってまちまちである．例えば，**図形**を $\mathbb{R}^n$ の部分集合のことと定めてみよう[1]．このとき，図形 $Z \subset \mathbb{R}^n$ の上には，ユークリッド距離の制限によって距離を定めることができる．すなわち，関数 $d : Z \times Z \to [0, \infty)$ を $d(\boldsymbol{x}, \boldsymbol{y}) := \rho_{\mathbb{R}^n}(\boldsymbol{x}, \boldsymbol{y})$ (ただし $\boldsymbol{x}, \boldsymbol{y} \in Z$) と定めれば (つまり $d = \rho_{\mathbb{R}^n}|_{Z^2}$)，$d$ は Z 上の距離であり，組 (Z, d) は距離空間である．

備考 10.3.3 距離空間の議論において，次のように約束する．
 (1) 距離空間 (X, d) の元 $x \in X$ のことを X 上の**点**と呼ぶ．これは，X を広い意味における図形と考え，X の各元を図形上の点 (位置) とみなすことによる．
 (2) 距離空間 (X, d) が与えられたとき，そこでの議論においては X を全体集合とみなす．例えば集合 $X \subset \mathbb{R}^2$ を例 10.3.2 (2) によって距離空間とみなすとき，X の部分集合 $A \subset X$ の**補集合**とは，$X \setminus A$ のことを指す．これを集合 $\mathbb{R}^2 \setminus A$ と混同する恐れがある場合は，前者を「X における A の補集合」，後者を「$\mathbb{R}^2$ における A の補集合」と呼んで区別する．
 (3) 距離空間 (X, d) において，全体集合 X は**全空間**とも呼ぶ．
 (4) 後で述べるように，一つの集合の上にいくつもの距離関数を与えることができる．論じるべき集合 X 上の距離について誤解が生じる恐れがなければ (あるいは距離の具体的な定義によらずに議論が展開できる場合は)，組 (X, d) を略して単に X と書く．また本書において，距離空間 X に関する話題で断りなく記号 d あるいは d_X が現れるとき，これらは X 上に与えられた距離を指すとする．
 (5) 誤解がない範囲において，例 10.3.2 (2) で与えた組 (Z, d) について，しばし

---

[1] 平面図形を $\mathbb{R}^2$ の部分集合として，空間図形を $\mathbb{R}^3$ の部分集合として定義することがある．

ば距離 d の記述を略す．特に $(\mathbb{R}^n, \rho_{\mathbb{R}^n})$ を $\mathbb{R}^n$ と書く．

ユークリッド距離と異なる距離の例は，10.7 節で与える．

備考 10.3.4 $\mathbb{R}^3$ 内の図形について，ユークリッド距離のみを論じればよしとする考えは賢明ではない．例えば，「エルサレムから東京までの距離」と述べるときに通常想定される量は，飛行機等で実際に移動する道のり (つまり円弧の長さ) であり，地球の内部を掘り進むことによる直線距離を意味しない[2]．なお，球面上の 2 点に対して，それらを結ぶ短い方の円弧長を対応させる関数は球面上の距離になることが知られている．この事実の証明は本書の範囲を離れるため割愛しよう．

10.4 距離空間における極限

数列概念の類推として，集合 A の元を次々に並べたもの $a_1, a_2, a_3, \cdots$ を A 上の点列と呼ぶ．距離空間のもとで，点列の収束や関数の連続性が次のように定義される．

定義 10.4.1 (X, d) を距離空間とし，a_n を X 上の点列とする (ただし $n \in \mathbb{N}$). ある点 $a \in X$ と実数列 $d(a_n, a)$ に関する条件「$\lim_{n \to \infty} d(a, a_n) = 0$」が成立するとき，$a_n$ を (X, d) における **収束列** と呼ぶ．またこのとき，<u>a_n は (X, d) において a に収束する</u>といい，a を a_n の **極限** と呼ぶ．

議論の対象となっている距離空間 (X, d) が何であるかについて誤解が生じる恐れがないとき，上の下線部は「a_n は a に収束する」という表現に略される．誤解の恐れがある場合の詳細は 12.2 節で論じるとして，ここでは次の例を挙げるに留める:

例 10.4.2 無理数 α を一つとり，α の小数点 n 位以下を切り捨てた数を a_n とする．このとき，数列 a_n は <u>$(\mathbb{R}, \rho_{\mathbb{R}})$ において α に収束する</u>．一方で，a_n は距離空間 $(\mathbb{Q}, d)$ 上の数列ともみなせる (ただし $d = \rho_{\mathbb{R}}|_{\mathbb{Q}^2}$). このとき，数列 a_n は <u>$(\mathbb{Q}, d)$ において収束しない</u> (極限が $\mathbb{Q}$ 上に存在しないため).

点列 a_n が (X, d) における収束列であるとき，次の命題によりその極限はただ一つに定まり，これを記号 $\lim_{n \to \infty} a_n$ で表す．

命題 10.4.3 距離空間 X において，収束点列の極限はただ一つである．

証明 点列 $a_n \in X$ が $\alpha, \beta \in X$ に収束するならば，$0 \le d(\alpha, \beta) \le d(\alpha, a_n) + d(a_n, \beta) \longrightarrow 0 \ (n \to \infty)$ ゆえ，$d(\alpha, \beta) = 0$. 定義 10.3.1 (1) から $\alpha = \beta$. □

---

[2] 第 III 部の扉絵を見よ．

定義 10.4.4 二つの距離空間 (X, d_X) および (Y, d_Y) の間に写像 $f: X \to Y$ が与えられているとする．点 $a \in X$ において f が **連続** であるとは，次の同値な条件が成立することをいう (同値性の証明は練習 10.1)．

（i）a に収束する任意の点列 $x_n \in X$ について，点列 $f(x_n)$ は Y において $f(a)$ に収束する．すなわち，「$\lim_{n \to \infty} x_n = a \implies \lim_{n \to \infty} f(x_n) = f(a)$」が成り立つ．

（ii）任意の $\varepsilon > 0$ に応じて，次の条件を満たす $\delta > 0$ が存在する：
$$x \in X \text{ かつ } d_X(a, x) < \delta \implies d_Y(f(a), f(x)) < \varepsilon.$$

さらに，定義域上のすべての点で連続な写像を **連続** であるという．

写像 $f: X \to Y$ が連続か否かは，X と Y に与えられている距離によって決まる．そこで，どのような距離について連続性を論じているかを明確にする場合は，上の写像を $f: (X, d_X) \to (Y, d_Y)$ と書く．

これまで述べてきた実数に関する極限の性質の多くは，距離空間における極限としても成り立つ．しかもその証明もほとんど変わらない．すなわち，これまでの証明において "$|x - y|$" と記していた部分をすべて "$d(x, y)$" に置き換えるだけで済む．次に挙げる各々の主張はこのようにして証明できる．

命題 10.4.5 (参考：命題 7.2.2) 距離空間の間の写像 $f: X \to Y$ および $g: Y \to Z$ が与えられているとする．点 $a \in X$ において f が連続であり，点 $b := f(a) \in Y$ において g が連続ならば，これらの合成 $g \circ f: X \to Z$ は点 a において連続である．とくに，距離空間の間の連続写像の合成は連続である．

命題 10.4.6 (参考：系 8.1.4) 距離空間 X 上の実数値関数 $f, g: X \to \mathbb{R}$ が点 $a \in X$ において連続ならば，次で定める $h: X \to \mathbb{R}$ も点 a において連続である．
（1）$h(x) := f(x) + g(x)$, （2）$h(x) := f(x) - g(x)$, （3）$h(x) := f(x) \cdot g(x)$,
（4）$h(x) := \dfrac{f(x)}{g(x)}$（ただし $g(x)$ は 0 に値をとらないとする）．
とくに，f と g がともに連続ならば，h も連続である．

命題 10.4.7 (参考：命題 8.1.6) 距離空間 (X, d) 上の連続関数 $f: X \to \mathbb{R}$，および定数 $c \in \mathbb{R}$ が与えられているとする．このとき点 $a \in X$ について $f(a) < c$ が成り立つならば，次の条件を満たす $\delta > 0$ が存在する：
$$x \in X \text{ かつ } d(a, x) < \delta \implies f(x) < c.$$

さらに，3.7 節で述べた命題と同等の主張が，距離空間上の点列についても成り立つ：

命題 10.4.8 a_n を距離空間 X 上の点列とし,$\alpha \in X$ および $k \in \mathbb{N}$ とする.
 (1) 点列 $b_n := a_{n+k}$ について,$\lim_{n\to\infty} a_n = \alpha$ と $\lim_{n\to\infty} b_n = \alpha$ は同値である.
 (2) a_n の並び順を入れ替えた点列 b_n について,$\lim_{n\to\infty} a_n = \alpha$ と $\lim_{n\to\infty} b_n = \alpha$ は同値である.
 (3) a_n が α に収束するならば,その部分列も α に収束する.

10.5　$\mathbb{R}^n$ における収束

距離空間 $(\mathbb{R}^n, \rho_{\mathbb{R}^n})$ における点列の収束を判定するには,各座標ごとの数列の収束を調べればよい (命題 10.5.2).既に述べたように,$(\mathbb{R}^n, \rho_{\mathbb{R}^n})$ を単に $\mathbb{R}^n$ と略す.

補題 10.5.1 $\boldsymbol{x} = (x_1, \cdots, x_n)$ と $\boldsymbol{y} = (y_1, \cdots, y_n) \in \mathbb{R}^n$,および各座標 $k = 1, \cdots, n$ について,$|x_k - y_k| \leq \rho_{\mathbb{R}^n}(\boldsymbol{x}, \boldsymbol{y})$.

証明　$|x_k - y_k| = \sqrt{(x_k - y_k)^2} \leq \sqrt{\sum_{i=1}^{n}(x_i - y_i)^2} = \rho_{\mathbb{R}^n}(\boldsymbol{x}, \boldsymbol{y})$.　□

命題 10.5.2 点 $\boldsymbol{a} = (\alpha_1, \cdots, \alpha_n) \in \mathbb{R}^n$ および点列 $\boldsymbol{a}_m = (a_{m,1}, a_{m,2}, \cdots, a_{m,n}) \in \mathbb{R}^n$ について次は同値である.
 (1) $\lim_{m\to\infty} \boldsymbol{a}_m = \boldsymbol{a}$ (すなわち,点列 $\boldsymbol{a}_m$ は $\mathbb{R}^n$ において $\boldsymbol{a}$ に収束する),
 (2) 各 $k = 1, \cdots, n$ について $\lim_{m\to\infty} a_{m,k} = \alpha_k$ (数列 $a_{m,k}$ は $\mathbb{R}$ において α_k に収束する).

証明　(1)⇒(2):補題 10.5.1 より,$0 \leq |\alpha_k - a_{m,k}| \leq \rho_{\mathbb{R}^n}(\boldsymbol{a}, \boldsymbol{a}_m) \xrightarrow[m\to\infty]{} 0$.
(2)⇒(1):x^2 の連続性,および命題 3.4.7 より $\sum_{i=1}^{n}(\alpha_i - a_{m,i})^2 \xrightarrow[m\to\infty]{} 0 \cdot n = 0$.さらに $\sqrt{x}$ の連続性から,$\rho_{\mathbb{R}^n}(\boldsymbol{a}, \boldsymbol{a}_m) = \sqrt{\sum_{i=1}^{n}(\alpha_i - a_{m,i})^2} \xrightarrow[m\to\infty]{} 0$.　□

10.6　多変数関数の連続性

多変数関数の連続性を導く際に基本となる命題を与える.

定義 10.6.1 $i = 1, \cdots, n$ とする.各 $\boldsymbol{x} = (x_1, \cdots, x_n) \in \mathbb{R}^n$ に対して $\boldsymbol{x}$ の第 i 座標を対応させる写像 $(x_1, \cdots, x_n) \mapsto x_i$ を i 座標への**射影** (projection) とよび,これを $\mathrm{pr}_i : \mathbb{R}^n \to \mathbb{R}$ で表す.すなわち $\mathrm{pr}_i(\boldsymbol{x}) = x_i$ であり,$\boldsymbol{x} = (\mathrm{pr}_1(\boldsymbol{x}), \cdots, \mathrm{pr}_n(\boldsymbol{x}))$ が成り立つ.

命題 10.6.2 射影 $\mathrm{pr}_i : \mathbb{R}^n \to \mathbb{R}$ は連続である.

証明 点 $\boldsymbol{a} = (a_1, \cdots, a_n)$ における連続性を示そう. そのためには $\boldsymbol{a}$ に収束する点列 $\boldsymbol{a}_m = (a_{m,1}, \cdots, a_{m,n})$ を任意に取り,$\mathrm{pr}_i(\boldsymbol{a}_m) = a_{m,i}$ が $\mathrm{pr}_i(\boldsymbol{a}) = a_i$ に収束することを示せばよい. $\lim_{m\to\infty} a_{m,i} = a_i$ は命題 10.5.2 より導かれる. □

もちろん,$X \subset \mathbb{R}^n$ に制限した射影 $\mathrm{pr}_i|_X : (X, \rho_{\mathbb{R}^n}|_{X^2}) \to \mathbb{R}$ も連続である.

微分積分学で扱う多変数関数の多くは,次の例と同様の手法により,その連続性を示すことができる.

例 10.6.3 $f : \mathbb{R}^2 \to \mathbb{R}$ を $f(x, y) := x \sin y$ と定めれば,これは連続である.

証明 $f(x, y)$ は,$\mathrm{pr}_1(x, y) = x$ と合成関数 $\sin(\mathrm{pr}_2(x, y)) = \sin y$ の積で表される. 前命題より $\mathrm{pr}_1(x, y)$ は連続であり,また連続関数の合成 $\sin(\mathrm{pr}_2(x, y))$ も連続である (命題 10.4.5).よって,これらの積で表される $f(x, y)$ も連続である (命題 10.4.6). □

$\mathbb{R}^n$ への写像の連続性は,次の命題を通して導くことが多い.

命題 10.6.4 距離空間 X を定義域とする写像 $f : X \to \mathbb{R}^n$ ($f(x) = (f_1(x), \cdots, f_n(x))$) について次は同値である.
 (1) f は連続である.
 (2) 各 $i = 1, \cdots, n$ について $f_i = \mathrm{pr}_i \circ f : X \to \mathbb{R}$ は連続である.

証明 (1)⇒(2):$f_i = \mathrm{pr}_i \circ f$ が連続写像の合成であることから明らか.
(2)⇒(1):点 $a \in X$ における連続性を示そう. そのためには a に収束する点列 $a_m \in X$ を任意に取り,$f(a_m) = (f_1(a_m), \cdots, f_n(a_m))$ が $f(a) = (f_1(a), \cdots, f_n(a))$ に収束することを示せばよい. 仮定より各 f_i は連続ゆえ $f_i(a_m)$ は $f_i(a)$ に収束する. つまり,各座標ごとの収束がいえるから,命題 10.5.2 より $f(a_m)$ は $f(a)$ に収束する. □

例 10.6.5 $f : \mathbb{R} \to \mathbb{R}^2$ を $f(x) := (\cos x, \sin x)$ と定めれば,これは連続である. 実際,$\mathrm{pr}_1 \circ f(x) = \cos x$ および $\mathrm{pr}_2 \circ f(x) = \sin x$ が連続であることから,前命題より f の連続性が導かれる.

例 10.6.6 次で与えられる関数は,いずれも連続である.
 (1) $M : \mathbb{R}^2 \to \mathbb{R},\ M(x, y) = \max\{x, y\}$.

(2) $m : \mathbb{R}^2 \to \mathbb{R}$, $m(x, y) = \min\{x, y\}$.
(3) $\mu_n : \mathbb{R}^n \to \mathbb{R}$, $\mu_n(x_1, \cdots, x_n) = \max\{x_1, \cdots, x_n\}$.
(4) $\nu_n : \mathbb{R}^n \to \mathbb{R}$, $\nu_n(x_1, \cdots, x_n) = \min\{x_1, \cdots, x_n\}$.

証明 (1) $\boldsymbol{x} = (x, y)$ に収束する点列 $\boldsymbol{x}_n = (x_n, y_n)$ について，$\lim_{n \to \infty} M(\boldsymbol{x}_n) = \max\{x, y\}$ を示せばよい．しかしこれは練習 3.5 で既に示した．(2) も同様．
(3) 帰納法により示す．$n = 2$ の場合は (1) に相当する．μ_n の連続性を仮定して μ_{n+1} の連続性を示そう．次のように書けることに留意する：

$$\mu_{n+1}(\boldsymbol{x}) = \mu_2\Big(\mu_n(\mathrm{pr}_1(\boldsymbol{x}), \cdots, \mathrm{pr}_n(\boldsymbol{x})), \mathrm{pr}_{n+1}(\boldsymbol{x})\Big).$$

つまり μ_{n+1} は連続写像の合成として表せるゆえ連続である．ここで，上の右辺が本当に連続写像の合成と言えるのか気になる読者がいるかもしれないゆえ，かみ砕いた解説をしておこう．まず，$P : \mathbb{R}^{n+1} \to \mathbb{R}^n$ ($P(\boldsymbol{x}) := (\mathrm{pr}_1(\boldsymbol{x}), \cdots, \mathrm{pr}_n(\boldsymbol{x}))$) は命題 10.6.4 により連続である．よって，連続写像の合成 $\mu_n \circ P : \mathbb{R}^{n+1} \to \mathbb{R}$ は連続である．次に，$G : \mathbb{R}^{n+1} \to \mathbb{R}^2$ ($G(\boldsymbol{x}) := (\mu_n \circ P(\boldsymbol{x}), \mathrm{pr}_{n+1}(\boldsymbol{x}))$) の連続性を命題 10.6.4 より得る．結局，$\mu_{n+1} = \mu_2 \circ G$ は連続写像の合成である．(4) も同様に示せる． □

上のさらなる帰結として，例えば 1 変数連続関数 $f_1(x)$ および $f_2(x)$ が与えられているとき，$g(x) = \max\{f_1(x), f_2(x)\}$ や $h(x, y) = \max\{f_1(x), f_2(y)\}$ の連続性が導かれる (練習 10.3)．

例 10.6.7 $X = ((0, \infty) \times \mathbb{R}) \cup \{(0, y) \in \mathbb{R}^2 \mid y \geq 0\} \subset \mathbb{R}^2$ とし，これをユークリッド距離の制限 $\rho_{\mathbb{R}^2}|_{X^2}$ によって距離空間とみなす．このとき，$f : X \to \mathbb{R}$ ($f(x, y) = x^y$) は，点 $(0, 0)$ で不連続であり，それ以外の点で連続である．

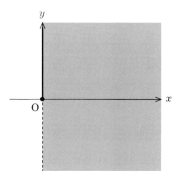

図 **10.2** 例 10.6.7 で定めた関数 x^y の定義域

証明 （1）点 $(0,0)$ における不連続性：点列 $\left(0, \dfrac{1}{n}\right)$ は $(0,0)$ に収束する．一方で $f\left(0, \dfrac{1}{n}\right) = 0^{\frac{1}{n}} = 0$ ゆえ数列 $f\left(0, \dfrac{1}{n}\right)$ は 0 に収束し，これは $f(0,0) = 1$ に収束しない．

（2）点 $(0, b)$（ただし $b > 0$）における連続性：$(0, b)$ に収束する任意の点列 $(a_n, b_n) \in X$ について，$\displaystyle\lim_{n\to\infty} f(a_n, b_n) = f(0, b) = 0$ を示そう．数列 a_n が 0 に収束することから，十分先のすべての項について $a_n < 1$ としてよい．また，数列 b_n が $b > 0$ に収束することから，十分先のすべての項について $b_n > b/2 > 0$ としてよい．$0 < a < 1$ とすれば関数 $g(x) = a^x$ が単調減少であること，および関数 $h(x) = x^{\frac{b}{2}}$ $(x \geq 0)$ の連続性から，十分先のすべての項について

$$0 \leq a_n{}^{b_n} \leq a_n{}^{\frac{b}{2}} \longrightarrow 0^{\frac{b}{2}} = 0 \qquad (n \to \infty).$$

〔備考〕 上の不等式は $a_n = 0$ の場合も想定され，このときは $a_n{}^{b_n} = a_n{}^{\frac{b}{2}}$ となる．

（3）$(0, \infty) \times \mathbb{R}$ 上の各点における連続性：$(a, b) \in (0, \infty) \times \mathbb{R}$ に収束する任意の点列 $(a_n, b_n) \in X$ について，$\displaystyle\lim_{n\to\infty} f(a_n, b_n) = f(a, b)$ を示したい．a_n は $a > 0$ に収束するゆえ，十分先のすべての項について $a_n > 0$ である．したがって，$(a_n, b_n) \in (0, \infty) \times \mathbb{R}$ として論じても一般性を失わない．さて，関数 $G : (0, \infty) \times \mathbb{R} \to \mathbb{R}$ を

$$G(x, y) := \log_2 (f(x, y)) = y \log_2 x$$

と定めれば，これは連続関数の積ゆえ連続である．さらに $F(x, y) = 2^{G(x,y)}$ で定められる関数 $F : (0, \infty) \times \mathbb{R} \to \mathbb{R}$ を考えれば，これは連続関数の合成である[3]．ゆえに F は連続であり，$\displaystyle\lim_{n\to\infty} F(a_n, b_n) = F(a, b)$．また，

$$F(x, y) = 2^{G(x,y)} = 2^{\log_2 f(x,y)} = f(x, y).$$

つまり $F = f|_{(0,\infty)\times\mathbb{R}}$ であり，したがって $\displaystyle\lim_{n\to\infty} f(a_n, b_n) = f(a, b)$． □

10.7 $\mathbb{R}^n$ 上の距離関数の例

ユークリッド距離 $\rho_{\mathbb{R}^n}$ とは異なる $\mathbb{R}^n$ 上の距離を紹介しよう．ここで注意すべきことは，集合 X 上に二つの距離 d_1, d_2 が定まっているとき，点列 $a_n \in X$ が (X, d_1) においては収束するが (X, d_2) においては収束しないという状況が起こり得ることである．つまり，点列が収束するかどうかは，<u>距離関数の定め方に依存して決まる</u>．

---

[3] 実際，$P : \mathbb{R} \to \mathbb{R}$ を $P(x) = 2^x$ と定めれば $F = P \circ G$．

定義 10.7.1 集合 X 上に定められる次の関数 $d_0(x,y)$ は距離の定義を満たす．これを X 上の**離散距離**という．

$$d_0(x,y) = \begin{cases} 1 & (x \neq y), \\ 0 & (x = y). \end{cases}$$

例 10.7.2 $\mathbb{R}^2$ 上の点列 $\boldsymbol{a}_n = \left(\dfrac{1}{n}, \dfrac{1}{n}\right)$ について考える．

（1） $\mathbb{R}^2$ 上の離散距離 d_0 について $(\mathbb{R}^2, d_0)$ を距離空間とみなそう．このとき $\boldsymbol{a}_n$ は，$(\mathbb{R}^2, d_0)$ において原点 $\boldsymbol{0} = (0,0) \in \mathbb{R}^2$ に収束しない．なぜなら，$\boldsymbol{a}_n$ と $\boldsymbol{0}$ の距離が 0 に収束しないからである．実際，$\displaystyle\lim_{n\to\infty} d_0(\boldsymbol{a}_n, \boldsymbol{0}) = \lim_{n\to\infty} 1 = 1 \neq 0$．

（2） $\boldsymbol{a}_n$ は $(\mathbb{R}^2, \rho_{\mathbb{R}^2})$ において $\boldsymbol{0}$ に収束する．実際，$\|\boldsymbol{0} - \boldsymbol{a}_n\| = \dfrac{\sqrt{2}}{n} \xrightarrow[n\to\infty]{} 0$．

命題 10.7.3 集合 X 上の離散距離 d_0 および点列 $a_n \in X$ について，a_n が (X, d_0) において点 $x \in X$ に収束するならば，有限個の項を除いて $a_n = x$ である．

証明 $\displaystyle\lim_{n\to\infty} d_0(x, a_n) = 0$ より，$\varepsilon = 1/2 > 0$ に対して次を満たす $N \in \mathbb{N}$ が存在する：各 $n > N$ について $d_0(x, a_n) < 1/2$．離散距離 $d_0(x, a_n)$ は 0 か 1 の値しか取らないゆえ，$d_0(x, a_n) < 1/2$ ならば $d_0(x, a_n) = 0$，つまり $a_n = x$ である．以上より，第 $N+1$ 項以降の各項について $a_n = x$ を得る． $\square$

10.2 節ではユークリッド・ノルムを用いてユークリッド距離を定めた．このほかにも，各ベクトルと原点との間に新たな仮想的距離（これをノルムという）を定めることで，$\mathbb{R}^n$ にさまざまな距離を導入できる．

定義 10.7.4 次を満たす関数 $\|\cdot\| : \mathbb{R}^n \to [0, \infty)$ を $\mathbb{R}^n$ 上の**ノルム**と呼ぶ[4]．
（1） 各 $\boldsymbol{x} \in \mathbb{R}^n$ について，$\|\boldsymbol{x}\| = 0 \iff \boldsymbol{x} = \boldsymbol{0}$,
（2） 各 $\boldsymbol{x} \in \mathbb{R}^n$ および $c \in \mathbb{R}$ について，$\|c\boldsymbol{x}\| = |c| \cdot \|\boldsymbol{x}\|$,
（3） 各 $\boldsymbol{x}, \boldsymbol{y} \in \mathbb{R}^n$ について，$\|\boldsymbol{x} + \boldsymbol{y}\| \leq \|\boldsymbol{x}\| + \|\boldsymbol{y}\|$．（三角不等式）

ノルムに関する三角不等式は，劣加法性とも呼ばれる．

例 10.7.5 次で定められる $\mathbb{R}^n$ 上の関数 $\|\cdot\|_1, \|\cdot\|_2, \|\cdot\|_\infty$ はノルムである．
（1） $\|(x_1, \cdots, x_n)\|_1 := |x_1| + \cdots + |x_n|$．（$\ell_1$-ノルム）
（2） $\|(x_1, \cdots, x_n)\|_2 := \sqrt{x_1^2 + \cdots + x_n^2}$．（ユークリッド・ノルム）

---

[4] より一般には，線形空間を定義域とする非負関数としてノルムが定義される．

（3） $\|(x_1,\cdots,x_n)\|_\infty := \sup\{|x_1|,\cdots,|x_n|\}$．（一様ノルム）

〔備考〕 上の sup は max に置き換えてもよい．関数解析で扱う類似のノルムを念頭に，sup と記した．

これらのノルムに関する三角不等式の証明は，練習 10.6 および命題 10.8.8 を見よ．ユークリッド・ノルムは ℓ_2-ノルムとも呼ばれる．一様ノルムは，sup-ノルムあるいは ℓ_∞-ノルムとも呼ばれる．

次の三角不等式は，命題 3.2.5 (2) および (3) の証明と同様にして得られる：

命題 10.7.6 $\|\cdot\|$ を $\mathbb{R}^n$ 上のノルムとする．各 $\boldsymbol{x}, \boldsymbol{y}, \boldsymbol{z} \in \mathbb{R}^n$ について，
（1） $\|\boldsymbol{x}-\boldsymbol{y}\| \leq \|\boldsymbol{x}-\boldsymbol{z}\| + \|\boldsymbol{z}-\boldsymbol{y}\|$, （2） $\big|\|\boldsymbol{x}\| - \|\boldsymbol{y}\|\big| \leq \|\boldsymbol{x} \pm \boldsymbol{y}\|$.

次の定義により，ノルムは線形空間に極限概念を与え，これにより，線形代数学において解析学の手法が持ち込まれる．上述とは異なるノルムの例も含めて，より詳しいことは関数解析学において論じられるであろう．

定義 10.7.7 $\|\cdot\|$ を $\mathbb{R}^n$ 上のノルムとする．$d: \mathbb{R}^n \times \mathbb{R}^n \to [0,\infty)$ を $d(\boldsymbol{x},\boldsymbol{y}) := \|\boldsymbol{x}-\boldsymbol{y}\|$ と定めれば，d は $\mathbb{R}^n$ 上の距離関数である．この d を $\|\cdot\|$ から定まる距離という．とくに，ℓ_p-ノルム（$p=1,2,\infty$）から定まる距離を **ℓ_p-距離**と呼ぶ．

ℓ_2-距離はユークリッド距離に等しい．

---マンハッタン距離---

下の地図上の二つの地点 $A=(a_1,a_2)$ と $B=(b_1,b_2)$ を路に沿って結ぶいくつかのルートのなかで，移動距離が最短となるものを考える．

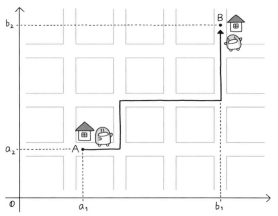

> そのような最短ルートは複数あるものの，その最短の移動距離は，いずれも ℓ_1-距離で測った
> $$\|A - B\|_1 = |a_1 - b_1| + |a_2 - b_2|$$
> に等しい．これは，この地区の道が碁盤の目のように区切ってひかれていることによる．このような街並みの代表的な地区名を取って，欧米では ℓ_1-距離を**マンハッタン距離**とも呼んでいる．これを京都距離と和訳するかどうかは読者の判断に委ねよう．

以上のように $\mathbb{R}^n$ 上にはさまざまな距離が定義され，したがって $\mathbb{R}^n$ において複数の収束概念を定めることができる．しかしながら実は，上の三つのノルム $\|\cdot\|_1, \|\cdot\|_2, \|\cdot\|_\infty$ による収束概念はすべて一致することがすぐに分かる (命題 10.7.9)．この事実は，点列の収束や写像の連続性が，個々の距離関数による定量的な評価ではなく，別の定性的な何かによって規定されうる性質であることを示唆する．この "定性的な何か" のことを数学では位相と呼ぶ[5]．位相は，次章より先の議論において中心的役割を果たす．

補題 10.7.8 （1） $a, b \geq 0$ について，$\sqrt{a+b} \leq \sqrt{a} + \sqrt{b}$．
（2） $x_i \geq 0 \; (i = 1, \cdots, n)$ について，$\sqrt{\sum_{i=1}^n x_i} \leq \sum_{i=1}^n \sqrt{x_i}$．
（3） 各 $\boldsymbol{x} \in \mathbb{R}^n$ について，$\|\boldsymbol{x}\|_\infty \leq \|\boldsymbol{x}\|_2 \leq \|\boldsymbol{x}\|_1$．

証明 （1） $(\text{左辺})^2 = a + b \leq a + 2\sqrt{ab} + b = (\text{右辺})^2$．
（2） (1) を $n - 1$ 回繰り返し適用することで得られる．
（3） $\|\boldsymbol{x}\|_2 \leq \|\boldsymbol{x}\|_1$ は (2) による．また，$\boldsymbol{x} = (x_1, \cdots, x_n)$，$\boldsymbol{y} = \boldsymbol{0}$ として補題 10.5.1 を適用すれば，$\|\boldsymbol{x}\|_2$ は集合 $S = \{|x_i| \mid i = 1, \cdots, n\}$ の上界であることが分かる．ゆえに $\|\boldsymbol{x}\|_\infty = \sup S \leq \|\boldsymbol{x}\|_2$． □

命題 10.7.9 点 $\boldsymbol{a} \in \mathbb{R}^n$ および点列 $\boldsymbol{a}_m \in \mathbb{R}^n$ について次の 3 条件は同値である：
（1） $\lim_{m \to \infty} \|\boldsymbol{a} - \boldsymbol{a}_m\|_1 = 0$,
（2） $\lim_{m \to \infty} \|\boldsymbol{a} - \boldsymbol{a}_m\|_2 = 0$,
（3） $\lim_{m \to \infty} \|\boldsymbol{a} - \boldsymbol{a}_m\|_\infty = 0$.

証明 $\boldsymbol{x}_m := \boldsymbol{a} - \boldsymbol{a}_m$ とおいて論じよう．(1)⇒(2)：$0 \leq \|\boldsymbol{x}_m\|_2 \leq \|\boldsymbol{x}_m\|_1 \longrightarrow 0 \; (m \to \infty)$．(2)⇒(3) も同様にして得られる．(3)⇒(1)：$0 \leq \|\boldsymbol{x}_m\|_1 = |x_1| + \cdots + |x_n| \leq n\|\boldsymbol{x}_m\|_\infty \longrightarrow n \cdot 0 = 0 \; (m \to \infty)$． □

---

[5] 位相の定義は 11 章で与える．

10.8 コーシー-シュワルツの不等式

ユークリッド距離における三角不等式の証明を与える．はじめに唐突ではあるが，内積の性質について検討しておく．

定義 10.8.1 $\mathbb{R}^n$ の各元 $\boldsymbol{x} = (x_1, x_2, \cdots, x_n)$ および $\boldsymbol{y} = (y_1, y_2, \cdots, y_n)$ に対して，次で定められる数 $(\boldsymbol{x}, \boldsymbol{y})$ を $\boldsymbol{x}$ と $\boldsymbol{y}$ の**標準内積**という[6]：
$$(\boldsymbol{x}, \boldsymbol{y}) := x_1 y_1 + x_2 y_2 + \cdots + x_n y_n.$$

ユークリッド・ノルムは，標準内積を用いて表現できる．すなわち，
$$\sqrt{(\boldsymbol{x}, \boldsymbol{x})} = \sqrt{x_1{}^2 + x_2{}^2 + \cdots + x_n{}^2} = \|\boldsymbol{x}\|_2.$$

このことから通例では標準内積の定義を先に与え，上の左辺でもってユークリッド・ノルムの定義とする．以下，断りがない限り，添え字のないノルム $\|\boldsymbol{x}\|$ はユークリッド・ノルム $\|\boldsymbol{x}\|_2$ を表すとする．

次は標準内積の定義から直ちに導かれる (練習 10.9)．

命題 10.8.2 $\boldsymbol{x}, \boldsymbol{y}, \boldsymbol{z} \in \mathbb{R}^n$ および $t \in \mathbb{R}$ について次が成り立つ．

(1) $(\boldsymbol{x}, \boldsymbol{x}) \geq 0$,   (2) $(\boldsymbol{x}, \boldsymbol{x}) = 0 \iff \boldsymbol{x} = \boldsymbol{0}$,

(3) $(\boldsymbol{x}, \boldsymbol{y}) = (\boldsymbol{y}, \boldsymbol{x})$,   (4) $(t\boldsymbol{x}, \boldsymbol{y}) = t(\boldsymbol{x}, \boldsymbol{y}) = (\boldsymbol{x}, t\boldsymbol{y})$,

(5) $(\boldsymbol{x}, \boldsymbol{y} + \boldsymbol{z}) = (\boldsymbol{x}, \boldsymbol{y}) + (\boldsymbol{x}, \boldsymbol{z})$,   (6) $(\boldsymbol{x} + \boldsymbol{y}, \boldsymbol{z}) = (\boldsymbol{x}, \boldsymbol{z}) + (\boldsymbol{y}, \boldsymbol{z})$.

〔発展〕 線形空間 V 上の二つの元に対して実数を定める演算 $(\cdot, \cdot)$ が上の性質を満たすとき，演算 $(\cdot, \cdot)$ を**内積**と呼び，線形空間と内積の組 $(V, (\cdot, \cdot))$ を**内積空間**と呼ぶ．本節では標準内積の性質に限って論じるが，以降の証明では標準内積の定義まで戻ることなく，命題 10.8.2 で与えた性質のみを用いる．したがって，以下で述べられる標準内積の性質は，一般の内積においても成立する．詳しくは線形代数の教科書を参照されたい．

以下，本書では標準内積のことを単に内積と呼ぼう．

定義 10.8.3 $\boldsymbol{x}, \boldsymbol{y} \in \mathbb{R}^n \setminus \{\boldsymbol{0}\}$ について，$t\boldsymbol{x} = \boldsymbol{y}$ を満たす $t \in \mathbb{R}$ が存在するとき，$\boldsymbol{x}$ と $\boldsymbol{y}$ は**平行**であるという．さらに $t > 0$ のとき，これらは**向きが等しい**という．

例 10.8.4 $\boldsymbol{x} \in \mathbb{R}^n \setminus \{\boldsymbol{0}\}$ と向きが等しい長さ 1 のベクトルは，$\dfrac{1}{\|\boldsymbol{x}\|}\boldsymbol{x}$ に限る．実際，$\left\|\dfrac{1}{\|\boldsymbol{x}\|}\boldsymbol{x}\right\| = \dfrac{1}{\|\boldsymbol{x}\|}\|\boldsymbol{x}\| = 1$．また，$t\boldsymbol{x}\ (t > 0)$ の長さが 1 であるとすれば，$1 = \|t\boldsymbol{x}\| = t\|\boldsymbol{x}\|$ より $t = 1/\|\boldsymbol{x}\|$ を得る．

---

[6] 内積の記号として，ほかにも $(\boldsymbol{x}|\boldsymbol{y}), \langle \boldsymbol{x}, \boldsymbol{y} \rangle, \langle \boldsymbol{x}|\boldsymbol{y} \rangle, \boldsymbol{x} \cdot \boldsymbol{y}$ などが用いられる．

補題 10.8.5 $x, y \in \mathbb{R}^n \setminus \{\mathbf{0}\}$ が平行であるとき，x と y の向きが等しければ $(x, y) > 0$ であり，そうでなければ $(x, y) < 0$ である．

証明 仮定より，$y = tx$ をみたす $t \neq 0$ が存在する．命題 10.8.2 (1) と (2) より $(x, x) > 0$. また，$(x, y) = (x, tx) = t(x, x)$ ゆえ，(x, y) と t の符号は等しい． □

補題 10.8.6 関数 $f : \mathbb{R} \to \mathbb{R}$ ($f(t) = at^2 + bt + c$) が負の値を取らないならば，$b^2 - 4ac \leq 0$ が成り立つ (ここで，定数 $a, b, c \in \mathbb{R}$ は 0 でもよい)．

証明 a が 0 か否かで分ける．$a = 0$ のとき，仮に $b \neq 0$ とすれば $f(t)$ は 1 次関数ゆえ負の値を取り得る (練習 7.1)．ゆえに $b = 0$ であり，$b^2 - 4ac = 0$ ゆえ不等式 $b^2 - 4ac \leq 0$ が成立する．$a \neq 0$ のとき，f が負値を取らないので $a > 0$ でなければならない (練習 7.1)．さらに，方程式 $f(t) = 0$ は二つの実数解を持ってはならない．なぜなら，仮に異なる解 $\alpha < \beta$ を持てば $f(t) = a(t - \alpha)(t - \beta)$ と因数分解され，このとき $\alpha < t < \beta$ を満たす t について，$a > 0$, $t - \alpha > 0$, $t - \beta < 0$ より $f(t) < 0$ となるからである．したがって，方程式 $f(t) = 0$ は二つの実数解を持たず，ゆえに $b^2 - 4ac \leq 0$. □

定理 10.8.7 (コーシー-シュワルツの不等式) 各 $x, y \in \mathbb{R}^n$ について，
 (1) $(x, y)^2 \leq (x, x) \cdot (y, y)$,
 (2) $|(x, y)| \leq \|x\| \cdot \|y\|$,
 (3) $(x, y) \leq \|x\| \cdot \|y\|$.
さらに，$x, y \neq \mathbf{0}$ の場合について，次が成り立つ：
- (1) と (2) における等号成立の必要十分条件は，x と y が平行なことである．
- (3) における等号成立の必要十分条件は，x と y の向きが等しいことである．

証明 (1) 任意の $t \in \mathbb{R}$ について，次で与えられる非負の数を計算すると，
$$0 \leq \|tx + y\|^2 = (tx + y, tx + y) = (tx + y, tx) + (tx + y, y)$$
$$= \big((tx, tx) + (y, tx)\big) + \big((tx, y) + (y, y)\big)$$
$$= t^2(x, x) + t(y, x) + t(x, y) + (y, y) = t^2(x, x) + 2t(x, y) + (y, y).$$
ゆえに $a := (x, x)$, $b := (x, y)$, $c := (y, y)$ とおけば $at^2 + 2bt + c \geq 0$. すなわち関数 $f(t) = at^2 + 2bt + c$ は負の値を取らない．補題 10.8.6 より $(2b)^2 - 4ac \leq 0$. つまり $b^2 \leq ac$ であり，これは求めるべき不等式を意味している．

$x, y \neq \mathbf{0}$ なる場合の等号成立条件を確認しよう．いま $x \neq \mathbf{0}$ ゆえ $a = (x, x) > 0$ である．2 次関数 $f(t) = (tx + y, tx + y) = at^2 + 2bt + c$ が負の値を取らないことに

注意すれば,

$$(\boldsymbol{x},\boldsymbol{y})^2 = (\boldsymbol{x},\boldsymbol{x}) \cdot (\boldsymbol{y},\boldsymbol{y})$$
$$\iff b^2 = ac \iff (2b)^2 - 4ac = 0$$
$$\iff f(t_0) = 0 \text{ を満たす } t_0 \in \mathbb{R} \text{ が存在する}$$
$$\iff (t_0\boldsymbol{x}+\boldsymbol{y}, t_0\boldsymbol{x}+\boldsymbol{y}) = 0 \text{ を満たす } t_0 \in \mathbb{R} \text{ が存在する}$$
$$\iff t_0\boldsymbol{x}+\boldsymbol{y} = \boldsymbol{0} \text{ を満たす } t_0 \in \mathbb{R} \text{ が存在する} \quad (\text{命題 } 10.8.2\,(2))$$
$$\iff -t_0\boldsymbol{x} = \boldsymbol{y} \text{ を満たす } t_0 \in \mathbb{R} \text{ が存在する} \iff \boldsymbol{x} \text{ と } \boldsymbol{y} \text{ は平行}.$$

（2） これは (1) と同値な不等式である．実際，関数 $\sqrt{x}\,(x \geq 0)$ の単調性より，(1) の両辺の平方根をとれば

$$|(\boldsymbol{x},\boldsymbol{y})| = \sqrt{(\boldsymbol{x},\boldsymbol{y})^2} \leq \sqrt{(\boldsymbol{x},\boldsymbol{x}) \cdot (\boldsymbol{y},\boldsymbol{y})} = \|\boldsymbol{x}\| \cdot \|\boldsymbol{y}\|.$$

また (2) の両辺の自乗をとることで (1) を得る．

（3） 不等式の成立は (2) より明らか．$\boldsymbol{x},\boldsymbol{y} \neq \boldsymbol{0}$ の場合における等号成立条件について論じよう．$\boldsymbol{x},\boldsymbol{y}$ の向きが等しければ，$(\boldsymbol{x},\boldsymbol{y}) > 0$ ゆえ $(\boldsymbol{x},\boldsymbol{y}) = |(\boldsymbol{x},\boldsymbol{y})|$．いま，(2) において等号が成立しており，これは (3) の等号成立を意味する．次に，(3) の等号成立を仮定しよう．このとき等式 (3) の両辺の絶対値を取ることで等式 (2) が得られ，ゆえに $\boldsymbol{x}$ と $\boldsymbol{y}$ は平行である．また，$\boldsymbol{x},\boldsymbol{y} \neq \boldsymbol{0}$ ゆえ等式 (3) の右辺は正数であり，したがって $(\boldsymbol{x},\boldsymbol{y})$ も正数でなければならない．よって，補題 10.8.5 より $\boldsymbol{x}$ と $\boldsymbol{y}$ の向きは等しい． □

〔備考〕 上の (1) の証明において，$f(t)$ の代わりに $g(t) := \|t\boldsymbol{x}-\boldsymbol{y}\|^2 = at^2 - 2bt + c$ を用いるのが一般的である．これは，$g(t)$ が 0 の値を取ることの同値条件が「$t_0\boldsymbol{x} = \boldsymbol{y}$ を満たす $t_0 \in \mathbb{R}$ が存在する」になることによる．

命題 10.8.8（三角不等式） $\boldsymbol{x},\boldsymbol{y},\boldsymbol{z} \in \mathbb{R}^n$ について次が成り立つ．
（1） $\|\boldsymbol{x}+\boldsymbol{y}\| \leq \|\boldsymbol{x}\| + \|\boldsymbol{y}\|$,
（2） $\|\boldsymbol{x}-\boldsymbol{z}\| \leq \|\boldsymbol{x}-\boldsymbol{y}\| + \|\boldsymbol{y}-\boldsymbol{z}\|$,
（3） $\bigl|\|\boldsymbol{x}\| - \|\boldsymbol{y}\|\bigr| \leq \|\boldsymbol{x} \pm \boldsymbol{y}\|$.

証明 （1） 不等式 $(\boldsymbol{x},\boldsymbol{y}) \leq \|\boldsymbol{x}\| \cdot \|\boldsymbol{y}\|$ より得られる．実際，

$$\|\boldsymbol{x}+\boldsymbol{y}\| = \sqrt{(\boldsymbol{x}+\boldsymbol{y}, \boldsymbol{x}+\boldsymbol{y})} = \sqrt{(\boldsymbol{x},\boldsymbol{x}) + 2(\boldsymbol{x},\boldsymbol{y}) + (\boldsymbol{y},\boldsymbol{y})}$$
$$\leq \sqrt{(\boldsymbol{x},\boldsymbol{x}) + 2\|\boldsymbol{x}\| \cdot \|\boldsymbol{y}\| + (\boldsymbol{y},\boldsymbol{y})} = \sqrt{\|\boldsymbol{x}\|^2 + 2\|\boldsymbol{x}\| \cdot \|\boldsymbol{y}\| + \|\boldsymbol{y}\|^2}$$
$$= \sqrt{(\|\boldsymbol{x}\| + \|\boldsymbol{y}\|)^2} = \|\boldsymbol{x}\| + \|\boldsymbol{y}\|.$$

(2) および (3) は命題 10.7.6 による． □

上の (2) を $\rho_{\mathbb{R}^n}$ を用いて表した式が命題 10.2.3 (3) である．

方向微分

微分可能な関数 $f(x_1, \cdots, x_n)$ および点 $\boldsymbol{a} \in \mathbb{R}^n$ が与えられているとする．ここで，変数ベクトル $\boldsymbol{x} \in \mathbb{R}^n$ を $\boldsymbol{a}$ からわずかだけ動かして $f(\boldsymbol{x})$ の値をより大きくしようとするとき，どちらの方向に移動させるとよいだろうか．その答えを得るには，$\boldsymbol{v} \in \mathbb{R}^n$ (ただし $\|\boldsymbol{v}\| = 1$) 方向に移動させた際における瞬間の変化率

$$\frac{d}{dt} f(\boldsymbol{a} + t\boldsymbol{v}) \Big|_{t=0} \quad (\text{これを}\textbf{方向微分}\text{という})$$

が最大となるような $\boldsymbol{v}$ を探し，この $\boldsymbol{v}$ が指す方向に $\boldsymbol{x}$ を動かせばよい．合成関数の偏微分公式によれば，上式は勾配 $(\nabla f)(\boldsymbol{a}) = (f_{x_1}(\boldsymbol{a}), \cdots, f_{x_n}(\boldsymbol{a}))$ と $\boldsymbol{v}$ の内積に一致する．定理 10.8.7(3) により，この値は $\|(\nabla f)(\boldsymbol{a})\| \cdot \|\boldsymbol{v}\| = \|(\nabla f)(\boldsymbol{a})\|$ 以下であり，$(\nabla f)(\boldsymbol{a})$ と $\boldsymbol{v}$ の向きが等しいときに最大値 $\|(\nabla f)(\boldsymbol{a})\|$ をとる．

章末問題

練習 10.1 定理 7.1.5 の証明を参考にしながら，定義 10.4.4 における条件 (i) および (ii) の同値性を示せ．

練習 10.2 距離空間 (X, d) 上の点列 a_n および b_n がともに $\alpha \in X$ に収束しているとする．このとき，任意の $\delta > 0$ に応じて，$d(a_N, b_N) < \delta$ を満たす $N \in \mathbb{N}$ が取れることを示せ．

〔備考〕 実際は，第 N 項以降のすべての項について $d(a_n, b_n) < \delta$ を満たすように N を取ることができる．

練習 10.3 $f_1, f_2, \cdots, f_n : \mathbb{R} \to \mathbb{R}$ を連続関数とする．次の連続性を示せ．
 (1) $g : \mathbb{R} \to \mathbb{R}$, $g(x) = \max \{ f_1(x), f_2(x), \cdots, f_n(x) \}$.
 (2) $h : \mathbb{R}^n \to \mathbb{R}$, $h(x_1, x_2, \cdots, x_n) = \max \{ f_1(x_1), f_2(x_2), \cdots, f_n(x_n) \}$.

練習 10.4 $X = ((0, \infty) \setminus \{ 1 \}) \times (0, \infty) \subset \mathbb{R}^2$ とし，これをユークリッド距離の制限 $\rho_{\mathbb{R}^2}|_{X^2}$ によって距離空間とみなす．このとき，$f : X \to \mathbb{R}$ ($f(x, y) = \log_x y$) の連続性を示せ．

練習 10.5 $f : \mathbb{R}^2 \to \mathbb{R}$ を連続関数とし，1 点 $b \in \mathbb{R}$ を取って固定しておく．このとき，$g(x) := f(x, b)$ なる 1 変数関数 $g : \mathbb{R} \to \mathbb{R}$ が連続であることを示せ．

練習 10.6 $\mathbb{R}^n$ 上の ℓ_1-ノルムと ℓ_∞-ノルムが三角不等式を満たすことを示せ．

練習 10.7 $\|\cdot\|$ を $\mathbb{R}^n$ 上のノルムとし，このノルムから定まる $\mathbb{R}^n$ 上の距離を d とする (つまり $d(\boldsymbol{x}, \boldsymbol{y}) = \|\boldsymbol{x} - \boldsymbol{y}\|$)．このとき，次で与える写像の連続性を示せ．ただし，$r \in \mathbb{R}$ および $\boldsymbol{b} \in \mathbb{R}^n$ は固定された元とする．
(1) $\|\cdot\| : (\mathbb{R}^n, d) \to \mathbb{R}$,
(2) $S : (\mathbb{R}^n, d) \to (\mathbb{R}^n, d)$, $S(\boldsymbol{x}) = r\boldsymbol{x}$,
(3) $T : (\mathbb{R}^n, d) \to (\mathbb{R}^n, d)$, $T(\boldsymbol{x}) = \boldsymbol{x} + \boldsymbol{b}$,
(4) $f : \mathbb{R} \to (\mathbb{R}^n, d)$, $f(t) = t\boldsymbol{b}$.

練習 10.8 (よりみち) 距離空間 X 上の点列 a_n および点 $\alpha \in X$ について次の同値性を示せ：
(1) a_n は α に収束する．
(2) a_n の任意の部分列 a_{n_k} は，α に収束する部分列 $a_{n_{(k_1)}}, a_{n_{(k_2)}}, \cdots$ を持つ．

練習 10.9 命題 10.8.2 を示せ．
(1) $(\boldsymbol{x}, \boldsymbol{x}) \geq 0$,
(2) $(\boldsymbol{x}, \boldsymbol{x}) = 0 \iff \boldsymbol{x} = \boldsymbol{0}$,
(3) $(\boldsymbol{x}, \boldsymbol{y}) = (\boldsymbol{y}, \boldsymbol{x})$,
(4) $(t\boldsymbol{x}, \boldsymbol{y}) = t(\boldsymbol{x}, \boldsymbol{y}) = (\boldsymbol{x}, t\boldsymbol{y})$,
(5) $(\boldsymbol{x}, \boldsymbol{y} + \boldsymbol{z}) = (\boldsymbol{x}, \boldsymbol{y}) + (\boldsymbol{x}, \boldsymbol{z})$,
(6) $(\boldsymbol{x} + \boldsymbol{y}, \boldsymbol{z}) = (\boldsymbol{x}, \boldsymbol{z}) + (\boldsymbol{y}, \boldsymbol{z})$.

第11章 位相

点列の収束や写像の連続性を分析する際に本質的に関わる数学的概念である位相 (topology)[1] の定義を本章で与える．距離空間のいくつかの性質は位相を用いて表現される．また，高校数学で学んだ中間値の定理や最大値・最小値の定理が成立する背景が，閉区間の持つ位相的性質を通して深く理解できる (詳しくは 13 章および 14 章)．

本章の主に後半では汎用性を考慮し，距離空間 (X, d) 全般において成立する事実を論じる．これが抽象的すぎると感じる者は，具体例として X を $\mathbb{R}^n$ 上に配置された図形 (つまり $\mathbb{R}^n$ の部分集合) であるとし，距離 d としてユークリッド距離の制限 $\rho_{\mathbb{R}^n}|_{X^2}(\boldsymbol{x}, \boldsymbol{y}) = \|\boldsymbol{x} - \boldsymbol{y}\|_2$ を想定しながら読むとよい．しかしながら 11.4 節以降の各命題の証明を見れば分かるように，$\rho_{\mathbb{R}^n}$ に関する各座標ごとの細かい計算を考慮することなく，定義 10.3.1 であたえた距離に関する三つの性質のみから多くの事実が導かれるのである．その様子は，線形代数において行列の各成分の値に言及せずとも，行列に関する多くの性質が論じられる事情と似ている．

11.1 ε-近傍

これまで散々論じていたことは，条件「$|a - x| < \varepsilon$」を満たす点 x において何を導くことができるか，であった．この条件を満たす点の集まりに，定義を与えておく．

定義 11.1.1 (X, d) を距離空間とする．点 $a \in X$ および正数 ε に対して定まる次の集合を，距離空間 (X, d) における点 a の **ε-近傍** (または **ε-開近傍**) と呼ぶ：

$$N_d(a, \varepsilon) := \{ x \in X \mid d(a, x) < \varepsilon \}.$$

〔注意〕 上の定義において，$N_d(a, \varepsilon) \subset X$ であることを忘れないこと．

---

1) ここで扱う位相は，同じ訳語が与えられている物理用語のフェイズ (phase) とは異なる．

距離 d に誤解がない場合はこれを省略し，$N(a,\varepsilon)$ あるいは $N_\varepsilon(a)$ などと書く．X における ε-近傍であることを強調し，$N_X(a,\varepsilon)$ と書く場合もある．文献によっては ε-近傍の記号に $U_d(a,\varepsilon)$ や $B_d(a,\varepsilon)$ なども用いられる．その定義から，a の ε-近傍は a 自身を含む．

例 11.1.2 $(\mathbb{R}^n,\rho_{\mathbb{R}^n})$ について次が成り立つ．ここで，ε を正数とする．
（1） $a\in\mathbb{R}$ の ε-近傍は，開区間 $(a-\varepsilon,a+\varepsilon)$ に等しい．
（2） $\boldsymbol{a}\in\mathbb{R}^2$ の ε-近傍は，点 $\boldsymbol{a}$ を中心とする半径 ε の円板内の点全体 (ただし境界となる円周上の点は含まない) に等しい．
（3） $\boldsymbol{a}\in\mathbb{R}^3$ の ε-近傍は，点 $\boldsymbol{a}$ を中心とする半径 ε の球内の点全体 (ただし境界となる $\boldsymbol{a}$ を中心とする半径 ε の球面上の点は含まない) に等しい．

上に挙げた境界を含まない円板や球のことを，それぞれ**開円板**，**開球**と呼ぶ．一般に，たんに円板あるいは球と呼んだ場合は境界を含む図形を指し，これらが境界を含むことを強調する場合は，それぞれ**閉円板**，**閉球**と呼ぶ[2]．

例 11.1.3 距離空間 (X,d) における ε-近傍は，全体集合 X の部分集合である．したがって，X の取り方によって点 a の ε-近傍は異なる集合になりうる．例えば，次で定める $\mathbb{R}$ の部分集合 X を全体集合とし，X に絶対値から定まる距離を与えよう．このとき，距離空間 X における点 0 の $1/2$-近傍は次のようになる：
（1） $X=[-1,1]$ のとき，$N\left(0,\dfrac{1}{2}\right)=\left(-\dfrac{1}{2},\dfrac{1}{2}\right)$．
（2） $X=[0,1]$ のとき，$N\left(0,\dfrac{1}{2}\right)=\left[0,\dfrac{1}{2}\right)$．
（3） $X=\left\{0,\dfrac{1}{4},\dfrac{1}{2},\dfrac{3}{4},1\right\}$ のとき，$N\left(0,\dfrac{1}{2}\right)=\left\{0,\dfrac{1}{4}\right\}$．

10.4 節で与えた極限の定義を ε-近傍を用いて書けば次のようになる：

備考 11.1.4 (X,d_X) および (Y,d_Y) を距離空間とし，$f:X\to Y$ を写像とする．
（1） 点列 $a_n\in X$ が $a\in X$ に収束するとは，任意の $\varepsilon>0$ に応じて次を満たす $N\in\mathbb{N}$ が存在することである：各 $n>N$ について $a_n\in N_{d_X}(a,\varepsilon)$．
（2） $a\in X$ とする．$x\in X$ に関する条件「$d_X(a,x)<\delta\implies d_Y(f(a),f(x))<\varepsilon$」を ε-近傍を用いて言い換えれば「$x\in N_{d_X}(a,\delta)\implies f(x)\in N_{d_Y}(f(a),\varepsilon)$」．さらに，この条件は次と同値である：

---

2) 本書では，半径 $\varepsilon>0$ の閉球を $\overline{N}_{\rho_{\mathbb{R}^n}}(\boldsymbol{a},\varepsilon)$ で表す．この記号の一般的な定義は 180 ページに記した．

$$f\Big(N_{d_X}(a,\delta)\Big) \subset N_{d_Y}(f(a),\varepsilon).$$

そして，補題 5.4.1 により，上式は次と同値である：
$$N_{d_X}(a,\delta) \subset f^{-1}\Big(N_{d_Y}(f(a),\varepsilon)\Big).$$

（3） つまり，写像 $f: X \to Y$ が点 $a \in X$ で連続であるための条件 (定義 10.4.4 (ii)) は次のように言い換えられる：

(ii) 任意の $\varepsilon > 0$ に応じて，次を満たす $\delta > 0$ が存在する：
$$N_{d_X}(a,\delta) \subset f^{-1}\Big(N_{d_Y}(f(a),\varepsilon)\Big).$$

図 11.1 は，ℓ_p-距離 ($p = 1, 2, \infty$) に関する $\mathbb{R}^2$ の原点の 1-近傍を表す．ここで，図形を点線で囲むことにより，その図形が境界上の点を含んでいない様子を強調している．

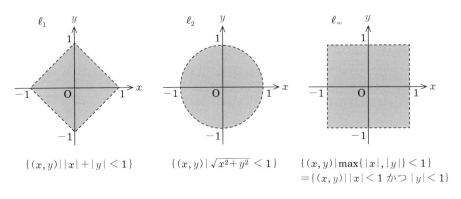

$\{(x,y) \mid |x|+|y| < 1\}$　　$\{(x,y) \mid \sqrt{x^2+y^2} < 1\}$　　$\{(x,y) \mid \max\{|x|,|y|\} < 1\}$
$= \{(x,y) \mid |x|<1 \text{ かつ } |y|<1\}$

図 11.1

各点 $a \in \mathbb{R}^n$ において，ノルムから定まる距離に関する a の ε-近傍は，原点のそれを a 方向に平行移動した図形に等しい (練習 11.1)．ここで，ℓ_p-距離を ρ_p と書くことにすれば ($p = 1, 2, \infty$)，上の図から直ちに

$$N_{\rho_1}(a, \varepsilon) \subset N_{\rho_2}(a, \varepsilon) \subset N_{\rho_\infty}(a, \varepsilon) \tag{11.1}$$

となることが見て取れよう (証明は練習 11.2)．多変数の微分積分学においては，通常は ℓ_2-距離 (ユークリッド距離) による ε-近傍が用いられる．しかしながら，議論を展開する上での技術的側面において円板よりも正方形の方が扱いやすいことから，代わりに ℓ_∞-距離による ε-近傍を用いて議論することがある．このとき，ℓ_2-距離について a の十分近くを考えるべきところを ℓ_∞-距離の議論に置き換えても構わないことの

根拠となる命題が次で与えられる：

命題 11.1.5 $x = (x_1, \cdots, x_n) \in \mathbb{R}^n$ および $\varepsilon > 0$ について次が成り立つ．
(1) 次を満たす $\delta > 0$ が存在する：$N_{\rho_\infty}(x, \delta) \subset N_{\rho_1}(x, \varepsilon)$．
(2) 次を満たす $\delta > 0$ が存在する：$N_{\rho_\infty}(x, \delta) \subset N_{\rho_2}(x, \varepsilon)$．

証明 (1) $\delta := \varepsilon/n$ とおく．各 $y = (y_1, \cdots, y_n) \in N_{\rho_\infty}(x, \delta)$ に対して，
$$\delta > \|x - y\|_\infty = \max\{|x_i - y_i| \mid i = 1, \cdots, n\} \geq |x_i - y_i| \quad (i = 1, \cdots, n)$$
であるから，$\|x - y\|_1 = \sum_{i=1}^n |x_i - y_i| < n\delta = \varepsilon$．ゆえに $y \in N_{\rho_1}(x, \varepsilon)$ である．
(2) (1) および $N_{\rho_1}(x, \varepsilon) \subset N_{\rho_2}(x, \varepsilon)$ から明らか． □

11.2 開集合と閉集合

平面上の基本的な図形には，境界上の点を含むものとそうでないものがある．例えば高校数学では，不等式が成立する平面上の領域において，これらの違いを見た．本節では，境界上の点を含まない図形の抽象化として "開集合" を，境界を包含する図形の抽象化として "閉集合" を導入する．なお，ここでは "境界" を未定義語として用いるが，この概念も数学的に定義できる (定義 11.3.2)．

定義 11.2.1 (X, d) を距離空間とする．次の条件を満たす $U \subset X$ を，X における**開集合** (あるいは X の開集合) という：

$$\text{各 } x \in U \text{ について，次を満たす } \delta_x > 0 \text{ が存在する：} N_d(x, \delta_x) \subset U. \tag{11.2}$$

図 11.2 にある U の中央付近に位置する点 $x_1 \in U$ において，U に含まれる x_1 の ε_1-近傍を図示することは比較的容易である．一方で，U の境界付近に位置する点 $x_2 \in U$ において，U に含まれる x_2 の ε_2-近傍を得るには $\varepsilon_2 > 0$ をかなり小さく取る必要がある．点 x_2 付近の様子を虫眼鏡で拡大してみれば，x_2 が U の境界からある程度は離れていることがよくわかり，拡大図においては U に含まれる ε_2-近傍の図も描きやすい．このように，U に含まれるような δ-近傍が各点で必ず取れるのは，U が境界上の点を含まないことによる．開集合は，境界点を含まない図形の特徴を巧みに表す概念である．

一変数の微分法では，開区間を定義域とする関数について微分を定める．一方，多変数の微分法では，関数の定義域が $\mathbb{R}^n$ の開集合であるとして，理論を展開する．

定義 11.2.2 X を距離空間とする．$F \subset X$ の補集合 $X \setminus F$ が X の開集合であるとき，F を X における**閉集合** (あるいは X の閉集合) という．

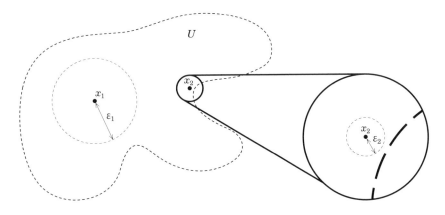

図 **11.2** 境界上の点を含まない集合 U

〔備考〕 老婆心ながらもう一度述べよう．閉集合の補集合は開集合である．そして，開集合の補集合は閉集合である (U が開ならば $X \setminus U$ の補集合 $X \setminus (X \setminus U) = U$ は開)．

開集合が自身の境界上の点をまったく含まないということは，その補集合である閉集合は自身の境界上の点をすべて含む．つまり，閉集合は境界点をすべて含む図形の抽象化と言える．

次の例が開集合 (あるいは閉集合) であることは，境界を含むか否かを通して直感的には把握できることと思う．これらが開集合 (あるいは閉集合) であることを証明するための基本的技術は 11.6 節にて与える．

例 11.2.3 $\mathbb{R}$ 上の絶対値から定まる距離について，次が成り立つ．
(1) 開区間 (a, b) は $\mathbb{R}$ の開集合である．
(2) 閉区間 $[a, b]$ は $\mathbb{R}$ の閉集合である．

例 11.2.4 $(\mathbb{R}^2, \rho_{\mathbb{R}^2})$ において，次が成り立つ (図 11.3 参照)．
(1) 次で定める U_1, U_2, U_3 は $\mathbb{R}^2$ における開集合である．
- $U_1 = \{\, (x, y) \in \mathbb{R}^2 \mid x^2 < y \,\}$,
- $U_2 = \{\, (x, y) \in \mathbb{R}^2 \mid 1 < x^2 + y^2 < 4 \,\}$,
- $U_3 = \{\, (x, y) \in \mathbb{R}^2 \mid \sin x < y < \cos x \,\}$.

(2) 次で定める F_1, F_2, F_3 は $\mathbb{R}^2$ における閉集合である．
- $F_1 = \{\, (x, y) \in \mathbb{R}^2 \mid \sin x \leq y \leq \cos x \,\}$,
- $F_2 = \{\, (x, y) \in \mathbb{R}^2 \mid 1 \leq x^2 + y^2 \leq 4 \,\}$,
- $F_3 = \{\, (x, y) \in \mathbb{R}^2 \mid x^2 + y^2 = 4 \,\}$.

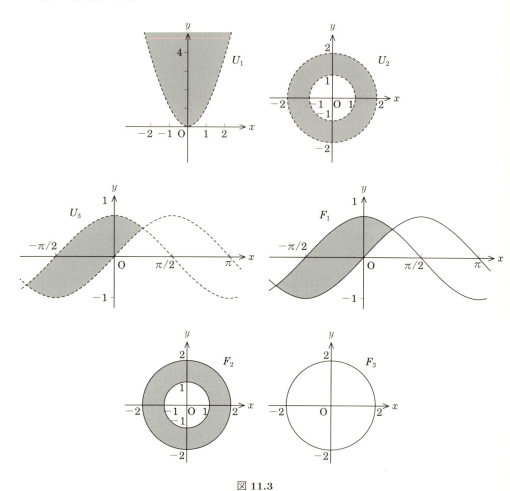

図 11.3

ε-近傍がそうであったように，与えられた部分集合が開集合か否かは，全体集合をどう定めたかに依存して決まる．開集合か否かは絶対的性質ではないゆえ，"X の開集合" というふうに，できるかぎり全体集合を明示したほうがよい．この件に関する詳しい事情は 12.2 節で論じる．

11.3　開でない部分集合

閉集合の定義を略して「開集合の補集合のこと」と述べると，これを<u>開でない集合</u>と勘違いしてしまう可能性がある．誤解の原因は，次の意味で補集合を考えたことに

よる：距離空間 X の部分集合をすべて集めた集合[3])を $\mathcal{P}$ とし，X の開集合全体を $\mathcal{T}$ とおき，$\mathcal{P}$ における $\mathcal{T}$ の補集合 $\mathcal{P} \setminus \mathcal{T}$ を考える．このとき，$\mathcal{P} \setminus \mathcal{T}$ に属する集合は，開でない X の部分集合である．このような誤解の原因は，条件の否定と補集合の関係を不適切な形で対応づけたことにある．

X の閉集合全体を $\mathcal{F}$ とすれば，後で述べるように $X, \emptyset \in \mathcal{T} \cap \mathcal{F}$ が成り立つ．開であることと閉であることは両立し得る性質であり，これらは否定の関係にあるのではない．

改めて，部分集合が開でないことの言い換えを考えよう．距離空間 X の部分集合 U が X の<u>開集合でない</u>とは，次を満たす $x \in U$ が存在することである：

$$\text{任意の } \delta > 0 \text{ について，} N(x, \delta) \not\subset U. \tag{11.3}$$

図 11.4 における $U = \{(x, y) \in \mathbb{R}^2 \mid x \geq 0 \text{ かつ } y > 0\}$ は $(\mathbb{R}^2, \rho_{\mathbb{R}^2})$ の開集合ではない．なぜなら境界上の点 $\boldsymbol{x} = (0, 1) \in U$ の δ-近傍が U に完全に含まれることはあり得ないからである．実際，U に含まれない点 $\boldsymbol{y} = (-\delta/2, 1) \in N(\boldsymbol{x}, \delta)$ が取れる．

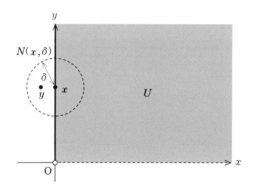

図 **11.4** 開でない集合 U

例 11.3.1 $a_0 \in \mathbb{R}$ について，1 点集合 $U = \{a_0\}$ は $(\mathbb{R}, \rho_{\mathbb{R}})$ の開集合ではない．実際，各 $\delta > 0$ について，$x = a_0 + \delta/2$ とおけば $x \in N(a_0, \delta) \setminus U$ である．つまり $N(a_0, \delta) \not\subset U$ が成り立つ．

---

3) これを X の**冪集合**という．

接する点と境界上の点 (発展)

集合 $U \subset \mathbb{R}^2$ が $(\mathbb{R}^2, \rho_{\mathbb{R}^2})$ の開集合でないとしよう．開集合とは自身の境界上の点をまったく含まない集合のことであった．この性質が U において否定されることから，ある境界点 x を U は含む (x はベクトルであるが，ここでは太字にしないで記す)．この境界点 x が満たす性質を書き下したものが条件 (11.3) である．一方で，U に含まれない点として $x \in \mathbb{R}^2$ を取れば，(11.3) はいつでも成り立つ．つまり，(11.3) を満たすというだけで x を U の境界点と呼ぶのは早とちりである．むしろ (11.3) の正確な意味は「点 x は $\mathbb{R}^2 \setminus U$ と接する」であると考えられる．これについて，(11.3) を次の同値条件に言い換えると見通しがよい：
$$\text{任意の } \delta > 0 \text{ について，} N(x, \delta) \cap (\mathbb{R}^2 \setminus U) \neq \emptyset.$$
以上の考察を通して，次の定義に至る：

> **定義 11.3.2** 距離空間 X の部分集合 A について，次を満たす点 $x \in X$ のことを，X における A の **触点** と呼ぶ：
> $$\text{任意の } \delta > 0 \text{ について，} N(x, \delta) \cap A \neq \emptyset.$$
> また，A の触点であり，かつ $X \setminus A$ の触点でもある点 $x \in X$ のことを，X における A の **境界点** と呼ぶ．A の触点全体および境界点全体のなす集合をそれぞれ $\mathrm{cl}_X A$, $\mathrm{bd}_X A$ で表し，これらを A の **閉包** (closure) および **境界** (boundary) と呼ぶ．

言い換えれば，$\mathrm{bd}_X A := (\mathrm{cl}_X A) \cap \mathrm{cl}_X (X \setminus A)$ である．定義から直ちに，(1) $A \subset \mathrm{cl}_X A$, (2) $\mathrm{bd}_X A \subset \mathrm{cl}_X A$, (3) $\mathrm{bd}_X A = \mathrm{bd}_X (X \setminus A)$ が導かれる．

以上の設定のもとで，境界点をまったく含まない集合，および境界点すべてを含む集合として，開集合と閉集合を特徴づけることができる (練習 11.14)．

11.4 開集合の性質

開集合の定義を見れば，それは無限個の δ-近傍の和集合によって構成されることが分かる．実際，U を距離空間 (X, d) の開集合とし，各 $x \in U$ について $N_d(x, \delta_x) \subset U$ が成り立つとするならば，集合 $N_d(x, \delta_x)$ たちを集めた和集合は U に一致する．すなわち，
$$\bigcup_{x \in U} N_d(x, \delta_x) = U. \tag{11.4}$$

〔備考〕 無限個の集合を扱うためのパラメータとして，ここでは x を用いた．また，パラメータの動く範囲は U である．

式 (11.4) の証明 ($\subset$)：$y \in$ (左辺) とすれば，$y \in N_d(x, \delta_x)$ を満たす $x \in U$ が存在する．上で与えた δ_x の定め方から $N_d(x, \delta_x) \subset U$ であり，したがって $y \in U$．($\supset$)：$y \in U$ とすれば，$y \in N_d(y, \delta_y)$ である．ゆえに $y \in$ (左辺)． □

図 11.5 は，境界上の点を含まない図形が大小さまざまな ε-近傍の和集合として構成される様子を表す模式図である．実際には無限個の ε-近傍によって構成されるため，正確な図を描くことはできない．また，各 ε-近傍は点線を用いて描写すべきであるが，ここでは実線を用いて図示した．

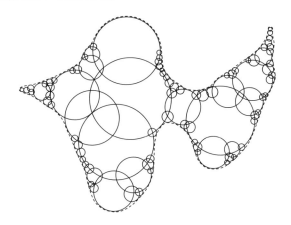

図 **11.5** 無限個の ε-近傍の和集合

このように，ε-近傍は開集合を構成するための元素[4]のような性格を持つ．もちろん，ε-近傍自身も開集合である：

例 11.4.1 (X, d) を距離空間とし，$a \in X$, $\varepsilon > 0$ とする．次の集合は X の開集合である．
(1)　$U = N_d(a, \varepsilon)$,
(2)　$V = \{\, x \in X \mid d(a, x) > \varepsilon \,\}$.

〔**(1)** の証明の方針〕　各 $x \in U$ に対して，$\delta > 0$ をどれくらい小さく取れば $N_d(x, \delta) \subset U$ となるかを検討すればよい．δ の値は，図 11.6 から $\varepsilon - d(a, x)$ とすればよいことが予想できる．

証明　(1)　任意に点 $x \in U$ を取る．$d(a, x) < \varepsilon$ であるから，$\delta := \varepsilon - d(a, x)$ と置けば $\delta > 0$．このとき，$N_d(x, \delta) \subset U$ が次のようにして示せる．各 $y \in N_d(x, \delta)$ について，$d(x, y) < \delta$ から，三角不等式より $d(a, y) \leq d(a, x) + d(x, y) < d(a, x) + \delta = d(a, x) + (\varepsilon - d(a, x)) = \varepsilon$．ゆえに $y \in U$．
(2)　任意に $x \in V$ を取る．$d(a, x) > \varepsilon$ より $\delta := d(a, x) - \varepsilon$ と置けば $\delta > 0$ で

---

4)　"元素" よりも "基底" のほうが合点がいくだろうか．

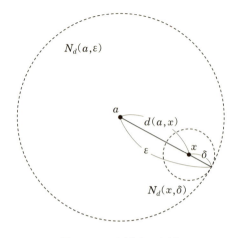

図 11.6　ε-近傍と δ-近傍

ある．このとき $N_d(x,\delta) \subset V$ となる．実際，各 $y \in N_d(x,\delta)$ について $d(a,x) \leq d(a,y) + d(y,x) < d(a,y) + \delta = d(a,y) + (d(a,x) - \varepsilon)$．これを整理して $\varepsilon < d(a,y)$ を得る．つまり $y \in V$. □

上で与えた V の補集合を $\overline{N}_d(a,\varepsilon)$ で表し，点 a の X における **ε-閉近傍**と呼ぶ．

$$\text{すなわち，}\quad \overline{N}_d(a,\varepsilon) := \{\, x \in X \mid d(a,x) \leq \varepsilon \,\}.$$

これは開集合の補集合ゆえ閉集合である．

次の図に見られるように，境界を含まない図形どうしの共通部分は，やはり境界を含まない図形となる．

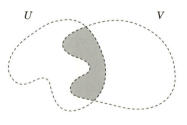

図 11.7　二つの開集合の共通部分

また境界を含まない図形どうしの和集合も，境界を含まない図形となることが容易に想像できるだろう．これらの事実は定義に基づいて示すことができる：

命題 11.4.2 距離空間 (X,d) について次が成り立つ.

(1) X 自身は X の開集合である. また, $\emptyset$ は X の開集合である.

(2) X の開集合 U,V の共通部分 $U \cap V$ は X の開集合である. したがって, 有限個の開集合による共通部分は再び開集合となる.

(3) X の無限個 (有限個でもよい) の開集合による和集合は, X の開集合である.

証明 (1) 各点 $x \in X$ について $N_d(x,1) \subset X$ が成り立つことから, X 自身は開集合である. また, $U = \emptyset$ について, 定義 11.2.1 の条件 (11.2) における仮定「$x \in U$」は成立しない. これは, U が条件 (11.2) を満たすことを意味する. 別の言い方をすれば, 仮に U が開集合でないとすると, 177 ページの式 (11.3) を満たす x を U は含み, これは U が元を含まないことに反する[5]).

(2) $x \in U \cap V$ とする. $x \in U$ より, $N_d(x,\delta_1) \subset U$ を満たす $\delta_1 > 0$ が存在する. また, $x \in V$ より $N_d(x,\delta_2) \subset V$ を満たす $\delta_2 > 0$ が存在する. ここで $\varepsilon := \min\{\delta_1,\delta_2\}$ と置けば, $N_d(x,\varepsilon) \subset N_d(x,\delta_1) \subset U$ かつ $N_d(x,\varepsilon) \subset N_d(x,\delta_2) \subset V$. すなわち, $N_d(x,\varepsilon) \subset U \cap V$.

(3) 無限個の開集合族をパラメータ λ により U_λ $(\lambda \in \Lambda)$ で表し, これらの和集合 $U := \bigcup_{\lambda \in \Lambda} U_\lambda$ が開集合であることを示す. 各 $x \in U$ について, x はいずれかの U_λ に属する. そこで $x \in U_{\lambda_0}$ とすれば, U_{λ_0} が開であることから $N_d(x,\delta) \subset U_{\lambda_0}$ を満たす $\delta > 0$ が存在する. $U_{\lambda_0} \subset U$ より $N_d(x,\delta) \subset U$ である. □

上の (1) より, 開集合である全体集合 X の補集合 $\emptyset$ は閉集合である. また, 開集合である $\emptyset$ の補集合 X は閉集合である. なお, $(\mathbb{R}^n, \rho_{\mathbb{R}^n})$ の部分集合で開かつ閉となるものは, $\mathbb{R}^n$ 自身と $\emptyset$ のみに限る. この事実は 13 章で証明する.

例 11.4.3 無限個の開集合に関する共通部分は開集合になるとは限らない. 例えば $(\mathbb{R}, \rho_\mathbb{R})$ における 0 の $1/n$-近傍 $N(0,1/n) = (-1/n,1/n)$ による共通部分 $\bigcap_{n \in \mathbb{N}} (-1/n,1/n) = \{0\}$ は $(\mathbb{R}, \rho_\mathbb{R})$ の開集合ではない (例 11.3.1).

例 11.4.4 $(\mathbb{N}, \rho_\mathbb{R}|_{\mathbb{N}^2})$ の任意の部分集合 V は $\mathbb{N}$ の開集合かつ閉集合である.

証明 $\mathbb{N}$ の各点 $n \in \mathbb{N}$ について 1 点集合 $U_n := \{n\}$ は $\mathbb{N}$ の開集合である. 実際, 各 $x \in U_n$ について $x = n$ であり, $N\left(x, \frac{1}{2}\right) = \{x\} = \{n\} = U_n$, つまり $N\left(x, \frac{1}{2}\right) \subset U_n$ が成り立つ. したがって各部分集合 $V \subset \mathbb{N}$ (ただし $V \neq \emptyset$) は, 次の

---

[5] 一般論として, 例 B.8.1 (2) がある.

ように開集合の和集合として表すことができる：$V = \bigcup_{n \in V} U_n$．ゆえに命題 11.4.2 (3) より V は $\mathbb{N}$ の開集合である．同様の理由により $\mathbb{N} \setminus V$ も $\mathbb{N}$ の開集合であり，したがってその補集合である V は $\mathbb{N}$ の閉集合である． □

上の証明とまったく同じ議論により，次が得られる (証明略)．

命題 11.4.5 集合 X 上の離散距離を d_0 とすれば，距離空間 (X, d_0) の任意の部分集合は X の開集合かつ閉集合である．

開集合であるかどうかを点列の収束を用いて記述することもできる．

命題 11.4.6 距離空間 (X, d) の部分集合 U に関する次の条件は同値である．
（1） U は X の開集合である．
（2） $a \in U$ および a に収束する点列 $a_n \in X$ を任意に取れば，次を満たす $N \in \mathbb{N}$ が存在する：各 $n > N$ について $a_n \in U$．

証明 (1)⇒(2)：$a \in U$ および $\lim_{n \to \infty} a_n = a$ を仮定する．(1) より U は開であり，ゆえに $N_d(a, \varepsilon) \subset U$ を満たす $\varepsilon > 0$ が存在する．この $\varepsilon > 0$ に対して $\lim_{n \to \infty} a_n = a$ を適用すれば，次を満たす $N \in \mathbb{N}$ が取れる：各 $n > N$ について $a_n \in N_d(a, \varepsilon)$．このとき $N_d(a, \varepsilon) \subset U$ より，「各 $n > N$ について $a_n \in U$」である．

(2)⇒(1)：対偶を示そう．そこで U が X の開集合でないとする．つまり，次を満たす点 $a \in U$ が存在する：各 $\delta > 0$ について $N_d(a, \delta) \not\subset U$．とくに，各 $n \in \mathbb{N}$ において $N_d(a, 1/n) \not\subset U$ である．つまり $a_n \in N_d(a, 1/n) \setminus U$ が取れる．こうして得られた点列 a_n について，$d(a, a_n) < 1/n$ より a_n は a に収束する．以上により，U に含まれることのない点列 a_n であり，$a \in U$ に収束するものが構成できた．これは (2) の否定が示されたことを意味する． □

11.5 極限と連続性の再定式化

命題 11.4.6 とは別の見方として，点列の収束性を開集合に関する条件として言い換えることもできる：

命題 11.5.1 X を距離空間とし，$a_n, a \in X$ $(n \in \mathbb{N})$ とすれば，次は同値である．
（1） $\lim_{n \to \infty} a_n = a$，
（2） a を含む任意の開集合 U に応じて，次を満たす $N \in \mathbb{N}$ が存在する：
$$n > N \implies a_n \in U.$$

証明 (1)⇒(2)：命題 11.4.6 の条件 (2) より直ちに得られる．

(2)⇒(1)：$\varepsilon > 0$ を任意に取ろう．$U = N(a, \varepsilon)$ は開集合であり (例 11.4.1)，この U について仮定 (2) を適用すれば，次を満たす $N \in \mathbb{N}$ が存在する：$n > N$ ならば $a_n \in U = N(a, \varepsilon)$．これは $\lim_{n\to\infty} a_n = a$ を意味する． □

点列の収束を用いて表現される写像の連続性は，命題 11.5.1 によって開集合に関する条件に言い換えられるはずである．あるいは，そのような表現が原理的には可能であるにしても，かなり複雑な条件になると大方の読者は予想されるかもしれない．しかしながら意外なことに，開集合による連続性の表現こそが最も簡明なのである (定理 11.5.2)．この事実を述べたいがために，これまで抽象的な議論を続けてきたといっても過言ではない．

定理 11.5.2 距離空間の間の写像 $f : X \to Y$ に関する次の条件は同値である：
(1) f は連続である (すなわち各 $a \in X$ において連続である)．
(2) Y における任意の開集合 U に対して，$f^{-1}(U)$ は X の開集合である．

証明 X および Y 上に与えられた距離をそれぞれ d_X, d_Y とする．

(1)⇒(2)：任意に $a \in f^{-1}(U)$ を取る．すると $f(a) \in U$ である．U が Y の開集合であることから $N_{d_Y}(f(a), \varepsilon) \subset U$ を満たす $\varepsilon > 0$ が存在する．この ε に対して点 a における f の連続性を適用すれば，備考 11.1.4 (3) より次を満たす $\delta > 0$ が存在する：$N_{d_X}(a, \delta) \subset f^{-1}(N_{d_Y}(f(a), \varepsilon))$．つまり，

$$N_{d_X}(a, \delta) \subset f^{-1}(N_{d_Y}(f(a), \varepsilon)) \subset f^{-1}(U).$$

ゆえに $f^{-1}(U)$ は X の開集合である．

(2)⇒(1)：$a \in X$ を任意に取り，a における f の連続性を示そう．ここでは備考 11.1.4 (3) で述べた条件 (ii) を導く．そこで $\varepsilon > 0$ を任意に取る．すると $U := N_{d_Y}(f(a), \varepsilon)$ は Y の開集合であるから，仮定 (2) より $f^{-1}(U)$ は X の開集合である．$f(a) \in U$ より $a \in f^{-1}(U)$ であり，$f^{-1}(U)$ は開集合ゆえ $N_{d_X}(a, \delta) \subset f^{-1}(U)$ を満たす $\delta > 0$ が存在する．以上より $N_{d_X}(a, \delta) \subset f^{-1}(N_{d_Y}(f(a), \varepsilon))$． □

上の二つの主張によれば，空間のいかなる部分集合が開であるかさえ判断できれば，点列の収束性や写像の連続性を判定することができる．このような考え方から，我々は次の概念に辿りつく．

定義 11.5.3 距離空間 (X,d) 上の開集合をすべて集めた集合族を (X,d) の位相，あるいは d から定まる X の位相と呼ぶ．

2 点間の距離の値それ自体は，収束・発散や連続性の判定において決定的な役割を果たすわけではない．実際，次の例 11.5.5 に見られるように，異なる距離が同じ位相 (したがって同値な収束概念) を定めることがある．つまり，収束性や連続性の議論において，距離の値がいくらであるかよりも，どんな集合が開集合であるかのほうが本質をつく．

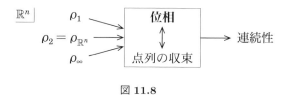

図 11.8

定義 11.5.4 $\mathbb{R}^n$ の部分集合 Y について，ユークリッド距離の制限 $\rho_{\mathbb{R}^n}|_{Y^2}$ から定まる Y の位相を，Y の**通常の位相**という．

議論の前提に「$Y \subset \mathbb{R}^n$ には通常の位相が与えられている」という宣言があるとき，これは，ユークリッド距離を用いて Y の開集合が定義されていることを指す．開集合の定義さえ与えてしまえば，もはや距離の計算にまで戻らずとも連続性や収束・発散が論じられることが，このような宣言の背景にある．

例 11.5.5 (1) $\mathbb{R}^n$ 上の ℓ_p-距離 ρ_p ($p = 1, 2, \infty$) について，これらの距離に関する点列の収束性はすべて同値である (命題 10.7.9)．また，収束性を用いて開集合を特徴づけられることから (命題 11.4.6)，ρ_1 および ρ_∞ から定まる位相は，いずれも $\mathbb{R}^n$ の通常の位相に等しい．

(2) $Y \subset \mathbb{R}^n$ とする．ℓ_p-距離 ($p = 1, \infty$) の制限 $\rho_p|_{Y^2}$ から定まる Y の位相は，Y の通常の位相に等しい．その理由は (1) と同じである．

(3) 離散距離が定める $\mathbb{N}$ の位相は，$\mathbb{N}$ の通常の位相に等しい (例 11.4.4 および命題 11.4.5)．すなわち，それは $\mathbb{N}$ の部分集合全体 ($\mathbb{N}$ の冪集合) のことである．

(4) d_1 を X 上の距離とすれば，$d_2(x,y) := 2d_1(x,y)$ も X 上の距離となる．このとき，d_1 から定まる X の位相と d_2 から定まる X の位相は等しい．

位相空間 (発展)

収束・発散や連続性を判断するには開集合の全体像さえ分かれば十分であるという理屈を逆手にとれば，あらかじめ集合 X に仮想的な開集合概念さえ与えておけば，命題 11.5.1 の条件 (2) および定理 11.5.2 の条件 (2) でもって，X 上の収束や連続性が定義できるという発想にたどりつく．このような立場で定められる空間概念があり，これを "位相空間" という．このとき仮想的な開集合に要求すべき最低限の性質として，命題 11.4.2 にある諸性質が公理として仮定される．こうして現代数学では，距離関数すら定義されていない非常に抽象的な空間においても，収束・発散や連続性が論じられている．位相空間の詳細は，集合と位相の教科書を参照されたい．

11.6 開あるいは閉になることの示し方

与えられた部分集合が開 (閉) 集合であることを示す際に用いる命題をまとめた．本節において，$\mathbb{R}$ には通常の位相が与えられているとする．

命題 11.6.1 $a, b \in \mathbb{R}$ とする．
(1) 区間 (a, b) および $(a, \infty), (-\infty, a)$ は $\mathbb{R}$ の開集合である．
(2) 区間 $[a, b]$ および $[a, \infty), (-\infty, a]$ は $\mathbb{R}$ の閉集合である．

証明 (1) $U := (a, b)$ とする．各 $x \in U$ について，$(x - \delta, x + \delta) \subset (a, b)$ を満たす $\delta > 0$ が取れる (補題 3.2.4)．つまり $N(x, \delta) \subset U$，すなわち U は開集合である．ほかの二つについては $\delta := |x - a|$ とすればよい．
(2) 開集合の和集合 $(-\infty, a) \cup (b, \infty)$ は開集合である．したがって，その補集合 $[a, b]$ は閉集合である．ほかの二つも，(1) より開集合の補集合である． □

例 11.2.4 で挙げた各集合が開あるいは閉であることは，次の命題から導かれる．

命題 11.6.2 X を距離空間とし，$f, g, h : X \to \mathbb{R}$ を連続関数とする．
(1) 各 $t \in \mathbb{R}$ について，$U_1 = \{x \in X \mid f(x) < t\}$ は X の開集合である．
(2) 各 $t \in \mathbb{R}$ について，$U_2 = \{x \in X \mid f(x) > t\}$ は X の開集合である．
(3) $V = \{x \in X \mid f(x) < g(x)\}$ は X の開集合である．
(4) $W = \{x \in X \mid f(x) < g(x) < h(x)\}$ は X の開集合である．
(5) $F = \{x \in X \mid f(x) \geq g(x)\}$ は X の閉集合である．
(6) $H = \{x \in X \mid f(x) = g(x)\}$ は X の閉集合である．
(7) $c \in \mathbb{R}$ について，$f^{-1}(c)$ は X の閉集合である．

証明 (1) 開集合の逆像が開集合であることから直ちに得られる．実際，$U_1 =$

$f^{-1}((-\infty, t))$ であること,および区間 $(-\infty, t)$ が $\mathbb{R}$ の開集合であることから,U_1 は X の開集合である.

(2) (1) と同様にして示せる.

(3) 各 $t \in \mathbb{R}$ について,$V_t := \{x \in X \mid f(x) < t < g(x)\}$ とおけば,$V_t = \{x \in X \mid f(x) < t\} \cap \{x \in X \mid t < g(x)\}$. つまり V_t は二つの開集合の共通部分ゆえ開集合である.$V = \bigcup_{t \in \mathbb{R}} V_t$ より,V も開集合である.

(4) $W = \{x \in X \mid f(x) < g(x)\} \cap \{x \in X \mid g(x) < h(x)\}$ である. つまり二つの開集合の共通部分ゆえ開集合である.

(5) F は開集合 V の補集合ゆえ閉集合である.

(6) H は,開集合 $G := \{x \in X \mid f(x) > g(x)\} \cup \{x \in X \mid f(x) < g(x)\}$ の補集合ゆえ閉集合である.

(7) (6) における $g(x) \equiv c$ (定数関数) の場合に他ならない. □

〔別証〕 上の (6) の証明において,次節の命題 11.7.2 より,閉集合の共通部分として表されるからと言ってもよい:$H = \{x \in X \mid f(x) \leq g(x)\} \cap \{x \in X \mid f(x) \geq g(x)\}$.

11.7 閉集合の性質

次の命題は,閉集合が極限について "収まっている (閉じている)" ことを意味する. これが閉集合の語源である[6]).

> **命題 11.7.1** 距離空間 X の部分集合 A に関する次の条件は同値である.
> (1) A は閉集合である.
> (2) X 上の任意の収束列 a_n について,$\{a_n \mid n \in \mathbb{N}\} \subset A \implies \lim_{n \to \infty} a_n \in A$.
> (すなわち,A に属する収束列の極限は A に収まっていて,A の外に飛び出ない.)

〔備考〕 上の条件 (2) を満たす A を,距離空間 X における閉集合と定める場合もある.

証明 $U := X \setminus A$ とおく.

(1)⇒(2):A を閉集合とする. このとき U は開集合である. いまから $a_n \in A$ かつ $a = \lim_{n \to \infty} a_n$ を仮定し,$a \in A$ を背理法によって示そう. 仮に $a \notin A$ とすれば a は開集合 U に属する. このとき命題 11.5.1 (2) より $a_N \in U$ を満たす $N \in \mathbb{N}$ が存在する. $a_N \in U = X \setminus A$ ゆえ $a_N \notin A$ であり,これは仮定 $a_N \in A$ に反する.

(2)⇒(1):対偶を示す. A が閉集合でないとすれば U は開集合でないから,次を満たす $a \in U$ が存在する:各 $\delta > 0$ について $N(a, \delta) \not\subset U$. とくに,各 $n \in \mathbb{N}$ について

---

[6]) あるいは触点や境界点について閉じていると見てもよい (練習 11.13 および 11.14).

$N(a, 1/n) \not\subset U$ ゆえ, $a_n \in N(a, 1/n) \setminus U$ が取れる. $a_n \notin U$ ゆえ $a_n \in X \setminus U = A$ であり, $d(a, a_n) < 1/n$ より点列 a_n は $a \notin A$ に収束する. 以上より条件 (2) は成り立たない. □

閉集合とは開集合の補集合のことであった. これと集合演算におけるド・モルガンの法則 (命題 1.7.3) を合わせることで, 開集合に関する性質のいくつかを閉集合の言葉に翻訳できる. 例えば, 命題 11.4.2 にド・モルガンの法則を適用することで, 直ちに次を得る.

命題 11.7.2 距離空間 (X, d) について次が成り立つ.
(1) $\emptyset$ は X の閉集合である. また, X 自身は X の閉集合である.
(2) X の閉集合 F, H の和集合 $F \cup H$ は X の閉集合である. したがって, 有限個の閉集合による和集合は再び閉集合となる.
(3) X の無限個 (有限個でもよい) の閉集合による共通部分は, X の閉集合である.

証明 (3) のみ示す. 各 A_λ ($\lambda \in \Lambda$) を X の閉集合とすれば, $U_\lambda := X \setminus A_\lambda$ は X の開集合である. ゆえに $U = \bigcup_{\lambda \in \Lambda} U_\lambda$ は開集合であり (命題 11.4.2 (3)), その補集合 $X \setminus U$ は閉集合である. ド・モルガンの法則 (命題 1.7.3) より

$$X \setminus U = X \setminus \bigcup_{\lambda \in \Lambda} U_\lambda = \bigcap_{\lambda \in \Lambda}(X \setminus U_\lambda) = \bigcap_{\lambda \in \Lambda} A_\lambda.$$

つまり, A_λ ($\lambda \in \Lambda$) たちの共通部分は閉集合 $X \setminus U$ に等しい. □

写像 $f: X \to Y$ に関する一般論において $f^{-1}(Y \setminus U) = X \setminus f^{-1}(U)$ が成り立つ (補題 5.4.2 (4)). この事実を定理 11.5.2 の条件 (2) に適用すれば, 閉集合に関する同値条件として次を得る.

系 11.7.3 距離空間の間の写像 $f: X \to Y$ に関する次の条件は同値である:
(1) f は連続である,
(2) Y における任意の開集合 U に対して, $f^{-1}(U)$ は X の開集合である,
(3) Y における任意の閉集合 F に対して, $f^{-1}(F)$ は X の閉集合である.

証明 (1)⇔(2) は既に示している. (2)⇒(3) を示そう. F を Y の閉集合とすれば $U := Y \setminus F$ は Y の開集合である. 仮定 (2) より $f^{-1}(U)$ は X の開集合であり, その補集合 $X \setminus f^{-1}(U) = f^{-1}(Y \setminus U) = f^{-1}(F)$ は X の閉集合である. 同様の議論で (3)⇒(2) も示せる. □

章末問題 I

練習 11.1 $\mathbb{R}^n$ 上のノルム $\|\cdot\|$ から定まる距離によって $\mathbb{R}^n$ を距離空間とみなすとき,各 $\boldsymbol{a} \in \mathbb{R}^n$ と $\varepsilon > 0$ について $N(\boldsymbol{a}, \varepsilon) = \{\,\boldsymbol{x} + \boldsymbol{a} \mid \boldsymbol{x} \in N(\boldsymbol{0}, \varepsilon)\,\}$ を示せ.

練習 11.2 173 ページにある式 (11.1) を示せ.

練習 11.3 (1) 半開区間 $A = (0, 1]$ が $(\mathbb{R}, \rho_\mathbb{R})$ の開集合でないことを示せ.
(2) n 次元単位立方体 $B = [0, 1]^n$ が $(\mathbb{R}^n, \rho_{\mathbb{R}^n})$ の開集合でないことを示せ.
(3) $A = (0, 1]$ が $(\mathbb{R}, \rho_\mathbb{R})$ の閉集合でないことを示せ.

練習 11.4 距離空間 X の部分集合について,次を示せ.
(1) 1 点集合は閉集合である.
(2) 有限集合は閉集合である.

練習 11.5 $\emptyset \ne A \subset B \subset \mathbb{R}$ とし,B を $(\mathbb{R}, \rho_\mathbb{R})$ の閉集合とする.次を示せ.
(1) A が上に有界ならば $\sup A \in B$.
(2) A が下に有界ならば $\inf A \in B$.

練習 11.6 $(\mathbb{R}, \rho_\mathbb{R})$ の有界閉集合 $Y \ne \emptyset$ は最大元と最小元を持つことを示せ.

練習 11.7 X を距離空間とし,$U \subset X$ を開集合,$F \subset X$ を閉集合とする.このとき次を示せ.
(1) $U \setminus F$ は開集合である,
(2) $F \setminus U$ は閉集合である.

練習 11.8 $(\mathbb{N}, \rho_\mathbb{R}|_{\mathbb{N}^2})$ から距離空間 (X, d) への任意の写像 $f : \mathbb{N} \to X$ は連続である.この事実を,次の連続性の条件を直接に示す形で証明せよ.
(1) 点列の収束による条件 (定義 10.4.4 (i)).
(2) ε-δ 論法による条件 (定義 10.4.4 (ii)).
(3) 開集合による条件 (定理 11.5.2 (2)).

章末問題 II (発展)

練習 11.9 定理 11.5.2 の同値条件を用いて,連続写像の合成が連続になることを示せ.

練習 11.10 (距離空間のハウスドルフ性) 距離空間 X 上の異なる 2 点 x, y について，次を満たす開集合 U, V が存在することを示せ：
$$x \in U, \quad y \in V, \quad U \cap V = \emptyset.$$

練習 11.11 距離空間の間の連続写像 $f, g : X \to Y$ について次を示せ．
(1) 各 $c \in Y$ について $f^{-1}(c)$ は X の閉集合である．
(2) $W = \{ x \in X \mid f(x) \neq g(x) \}$ は X の開集合である．
(3) $F = \{ x \in X \mid f(x) = g(x) \}$ は X の閉集合である．

練習 11.12 距離空間 X の部分集合 A について，$\mathrm{cl}_X A$ が X の閉集合であることを示せ．

練習 11.13 距離空間 X の部分集合 A に関する次の条件の同値性を示せ．
(1) A は X の閉集合である．
(2) $\mathrm{cl}_X A = A$. (注意：この条件は $\mathrm{cl}_X A \subset A$ と同値である．)

練習 11.14 距離空間 X の部分集合 A, U について，次を示せ．
(1) A は閉集合である $\iff$ A のすべての境界点を A は含む．
(2) U は開集合である $\iff$ U のいかなる境界点も U に属さない．

〔備考〕 練習 11.13 の条件 (2)，あるいは練習 11.14 (1) でもって，距離空間 X における閉集合を定義してもよい．

第12章 距離空間に関する諸概念

第 I 部および第 II 部で論じた数直線 $\mathbb{R}$ に関するさまざまな性質を距離空間の枠組みで述べなおす方法を検討する．

備考 10.3.3 (5) で述べた通り，$\mathbb{R}^n$ やその部分集合を断りなく距離空間とみなすとき，そこで用いる距離はユークリッド距離 (およびその制限) であるとする．

12.1 集合の直径と有界性

平面 $\mathbb{R}^2$ の各点について，それらに大小関係はない．したがって，$\mathbb{R}^2$ の部分集合について "上 (下) に有界" なる概念を定めることはできない．しかし，次のように有界性は定義できる．

定義 12.1.1 (X, d) を距離空間とし，A を X の部分集合とする．次で与えられる $\pm\infty$ を込めた値
$$\mathrm{diam}\, A := \sup\{d(x, y) \mid x, y \in A\}$$
を A の**直径** (diameter) と呼ぶ．

次の (1) および (4) は備考 2.7.2 (2) による．

備考 12.1.2 距離空間 X の部分集合 A, B について，次が成り立つ．
 (1) $\sup \emptyset = -\infty$ と定めたことから，$\mathrm{diam}\, \emptyset = -\infty$ である．
 (2) A が 2 点以上の元を含むとき，$x, y \in A$ (ただし $x \neq y$) とすれば $\mathrm{diam}\, A \geq d(x, y) > 0$．つまり $\mathrm{diam}\, A$ は正または ∞ の値を取る．
 (3) $\mathrm{diam}\, A = 0$ ならば A は 2 点以上を含まず，空でもない．つまり A は 1 点集合である．
 (4) $A \subset B$ ならば $\mathrm{diam}\, A \leq \mathrm{diam}\, B$ である．

例 12.1.3 実数 $a < b$ について，区間 $(a, b), [a, b), (a, b], [a, b]$ の直径は，いずれも

$b-a$ に等しい．実際，I をこれらいずれかの区間とすれば，$\operatorname{diam} I = \sup\{\,|x-y|\mid x,y\in I\,\} = \sup\{\,x-y\mid x,y\in I\,\} = \sup I - \inf I = b-a$（練習 2.4 (5)）．

a の ε-閉近傍を $\overline{N}(a,\varepsilon) = \{\,x\in X\mid d(a,x)\leq\varepsilon\,\}$ と書くのであった．

例 12.1.4 距離空間 X 上の点 a，および $L>0$ について，$\operatorname{diam}\overline{N}(a,L) \leq 2L$．

証明 各 $x,y\in\overline{N}(a,L)$ について $d(x,y)\leq d(x,a)+d(a,y)\leq L+L=2L$．つまり $2L$ は集合 $\{\,d(x,y)\mid x,y\in\overline{N}(a,L)\,\}$ の上界ゆえ $\operatorname{diam}\overline{N}(a,L)\leq 2L$． □

$N(a,L)\subset\overline{N}(a,L)$ より $\operatorname{diam} N(a,L)\leq 2L$ である．$\mathbb{R}^n$ にノルムから定まる距離を与えるとき，各 $\boldsymbol{a}\in\mathbb{R}^n$ について $\operatorname{diam} N(\boldsymbol{a},L)=2L$ が成り立つ（練習 12.1）．しかし，一般には $\operatorname{diam} N(a,L)=2L$ は成り立たない（例 11.1.3 (2) および (3)）．

定義 12.1.5 $\operatorname{diam} A < \infty$ が成り立つとき，すなわち $\mathbb{R}$ の部分集合 $\{\,d(x,y)\mid x,y\in A\,\}$ が上に有界であるとき，A を**有界**であると言う．これは次を満たす正数 M が存在することにほかならない：

$$\text{各 } x,y\in A \text{ について，} d(x,y)\leq M.$$

$A\subset\mathbb{R}$ に対して，定義 2.5.1 で定めた有界性と上の定義によるそれは同値である（練習 12.2）[1]．

命題 12.1.6 距離空間 X において，有界部分集合の有限和は有界である．

証明 二つの和について示せば，帰納法により有限個の和集合についても示される．$A, B\subset X$ を有界集合とし，$A\cup B$ が有界であることを示そう．$A=\emptyset$ または $B=\emptyset$ の場合は，$A\cup B$ は A,B のいずれかに等しく，ゆえにその有界性は明らかである．そこで $A,B\neq\emptyset$ とし，$a_0\in A$ および $b_0\in B$ を一つずつとって固定する．A,B の有界性より，それぞれ次を満たす $M_1, M_2 > 0$ が存在する：

各 $a,a'\in A$ について $d(a,a')\leq M_1$, 各 $b,b'\in B$ について $d(b,b')\leq M_2$．

このとき，$M:=M_1+d(a_0,b_0)+M_2$ と置けば，各 $x,y\in A\cup B$ について $d(x,y)\leq M$ が成り立つ．実際，$x,y\in A$ の場合は $d(x,y)\leq M_1\leq M$，$x,y\in B$ の場合は $d(x,y)\leq M_2\leq M$ である．$x\in A$ かつ $y\in B$ の場合は，$d(x,y)\leq d(x,a_0) +$

---

[1] $\mathbb{R}$ において $\overline{N}(0,M)=[-M,M]$ であり（ただし $M>0$），ゆえに $x_0=0$ とすれば練習 12.2 (1) は練習 2.2 で述べた条件に等しい．

$d(a_0, b_0) + d(b_0, y) \leq M_1 + d(a_0, b_0) + M_2 = M$. $x \in B$ かつ $y \in A$ の場合も同様にして $d(x,y) \leq M$ が示される． □

距離空間上の点列 a_n が**有界**であるとは，集合 $\{a_n \mid n \in \mathbb{N}\}$ が有界であることと定める．命題 3.4.2 の証明を修正することで，次が得られる：

命題 12.1.7 距離空間 X において，収束点列は有界である．

証明 命題 3.4.2 の証明において，$M := \max\{1, d(a_1, \alpha), d(a_2, \alpha), \cdots, d(a_N, \alpha)\}$ と置きなおせばよい．このとき，各 $m, n \in \mathbb{N}$ について $d(a_n, a_m) \leq d(a_n, \alpha) + d(\alpha, a_m) \leq M + M$． □

$\mathbb{R}^n$ における有界閉集合は，14 章で詳しく解説するコンパクト性を満たすことから，そうでない図形と比べて分析がたやすい．ここで，そのような図形の例を挙げておく．これらの有界閉性の証明は練習 12.3 として残す．

例 12.1.8 $0 < r < R$ および $n \in \mathbb{N}$ とする．次は $\mathbb{R}^n$ における有界閉集合である．
 (1) 半径 r の $\boldsymbol{n}$ **次元閉球** $D^n(r) := \overline{N}(\boldsymbol{0}, r) = \{\boldsymbol{x} \in \mathbb{R}^n \mid \|\boldsymbol{x}\|_2 \leq r\}$．$D^2(r)$ は**閉円板**とも呼ばれる．また，$D^n(1)$ を $\boldsymbol{n}$ **次元単位閉球**と呼び，これを D^n と略す．
 (2) 半径 r の $\boldsymbol{n-1}$ **次元球面** $S^{n-1}(r) := \{\boldsymbol{x} \in \mathbb{R}^n \mid \|\boldsymbol{x}\|_2 = r\}$．$S^1(r)$ は円周である．$S^{n-1}(1)$ を $\boldsymbol{n-1}$ **次元単位球面**と呼び，これを S^{n-1} と略す．
 (3) $\boldsymbol{n}$ **次元直方体** $[a_1, b_1] \times \cdots \times [a_n, b_n] \subset \mathbb{R}^n$ (ただし $a_i < b_i$)．とくに $[0,1]^n$ を $\boldsymbol{n}$ **次元単位立方体**という．
 (4) **円環 (アニュラス)** $A(R, r) := \{\boldsymbol{x} \in \mathbb{R}^2 \mid r \leq \|\boldsymbol{x}\|_2 \leq R\}$．

〔備考〕 上で与えた記号 D^n は，集合 D について n 個の直積をとったものではなく，肩の添え字 n は対応する次元を指す．S^{n-1} についても同様である．一方，$[0,1]^n$ は区間 $[0,1]$ の直積を指す．

12.2 部分距離空間

実数の連続性は，有理数に限定した世界では成立しなかった．このように，全空間を部分集合に限ることで，もとの空間とは異なる様子が見えることがある．

はじめに，全空間を制限する (極限を排除する) ことにより収束列が部分空間において発散する場合があることを確認しよう[2]．X 上の点列 a_n が<u>収束しない</u>とは，「任意の $\alpha \in X$ について a_n は α に収束しない」ということである．

---

[2] このような現象は閉集合に制限する限りにおいては当然おこり得ない (命題 11.7.1).

例 12.2.1 数列 $a_n = 1/n$ について次が成り立つ.

（1） $X := [0,1]$ とすれば, X において a_n は $0 \in X$ に収束する.

（2） $X := (0,1]$ とすれば, X において a_n は収束しない. なぜなら, いかなる点 $x \in X$ も a_n の極限になり得ないからである. 実際, $\lim_{n\to\infty}|x - a_n| = \lim_{n\to\infty}|x - 1/n| = x > 0$ より, a_n は x に収束しない.

全空間をどこに制限したかを明確にするために, 部分空間なる概念を与える.

定義 12.2.2 (X,d) を距離空間とし, $A \subset X$ とする. このとき, A を全体集合とし, 制限 $d|_{A^2} : A^2 \to [0,\infty)$ を距離とする距離空間 $(A, d|_{A^2})$ が考えられる. これを X の**部分距離空間** (あるいは単に**部分空間**) という. とくに A が X の開 (閉) 集合であるとき, $(A, d|_{A^2})$ を X の**開 (閉) 部分空間**という.

これまで, $\mathbb{R}^n$ の部分集合 X を距離空間の例として見てきた. これは, 距離空間 $(\mathbb{R}^n, \rho_{\mathbb{R}^n})$ の部分空間 $(X, \rho_{\mathbb{R}^n}|_{X^2})$ を考えていることにほかならない.

次の二つの備考より先では, しばしば制限距離 $d|_{A^2}$ を略して d と書く.

備考 12.2.3 距離空間 (X,d) の部分空間 A 上の点列 a_n について, 次が成り立つ.

（1） a_n が部分空間 A において $\alpha \in A$ に収束するならば, a_n は距離空間 X においても α に収束する. 実際, X における a_n と α の距離 $d(a_n, \alpha) = d|_{A^2}(a_n, \alpha)$ は, 仮定より 0 に収束する.

（2） a_n が X において α に収束し, かつ $\alpha \in A$ ならば, a_n は部分空間 A においても α に収束する. 実際, A における a_n と α の距離 $d|_{A^2}(a_n, \alpha) = d(a_n, \alpha)$ は, 仮定より 0 に収束する.

全空間の定め方によって ε-近傍の範囲に違いが現れることを例 11.1.3 で見た. より一般に, 次が成り立つ.

備考 12.2.4 距離空間 (X,d) の部分空間 A, および $a \in A$, $\varepsilon > 0$ が与えられているとする. 距離空間 X における a の ε-近傍を $N_X(a, \varepsilon)$ と表すとき, 部分空間 A における a の ε-近傍 $N_A(a, \varepsilon)$ は次の集合に等しい：

$$N_A(a, \varepsilon) := \{\, x \in A \mid d|_{A^2}(a,x) < \varepsilon \,\} = \{\, x \in A \mid d(a,x) < \varepsilon \,\}$$
$$= \{\, x \in X \mid d(a,x) < \varepsilon \,\} \cap A = N_X(a, \varepsilon) \cap A.$$

部分空間における開 (閉) 集合と, もとの空間における開 (閉) 集合との関係について, 次が成り立つ. 部分空間において与えられた集合が開 (閉) 集合であることを示

す際に，いちいち距離を用いた定義まで戻るのが面倒になりはじめると，この命題を利用するようになるであろう．

命題 12.2.5 距離空間 X の部分集合 $W, H \subset A \subset X$ について次が成り立つ．
(1) W は A の開集合 $\iff W = U \cap A$ を満たす X の開集合 U が存在する．
(2) H は A の閉集合 $\iff H = F \cap A$ を満たす X の閉集合 F が存在する．

証明 (1) ($\Rightarrow$)：各 $w \in W$ について，W が A の開集合であることから，$N_A(w, \delta_w) \subset W$ を満たす $\delta_w > 0$ が存在する．そこで $U := \bigcup_{w \in W} N_X(w, \delta_w)$ と定めれば，これは X の開集合であり (例 11.4.1 (1) および命題 11.4.2 (3))，さらに $W = U \cap A$ が成り立つ．実際，

$$U \cap A = \left(\bigcup_{w \in W} N_X(w, \delta_w)\right) \cap A = \bigcup_{w \in W} (N_X(w, \delta_w) \cap A) = \bigcup_{w \in W} N_A(w, \delta_w) = W.$$

なお，上の二つ目の等式は練習 1.4，最後の等式は 178 ページの式 (11.4) による．

($\Leftarrow$)：各 $w \in W = U \cap A$ について，U が X の開集合であること，および $w \in U$ より $N_X(w, \varepsilon) \subset U$ を満たす $\varepsilon > 0$ が存在する．このとき $N_A(w, \varepsilon) = N_X(w, \varepsilon) \cap A \subset U \cap A = W$．ゆえに W は部分空間 A における開集合である．

(2) ($\Rightarrow$)：$H \subset A$ を部分空間 A の閉集合とすれば，A における H の補集合 $W := A \setminus H$ は A の開集合であり，ゆえに (1) より $W = U \cap A$ を満たす X の開集合 U が存在する．このとき $F := X \setminus U$ とすれば F は X の閉集合であり，$H = F \cap A$ が成り立つ．これはド・モルガンの法則の亜種として一般に成り立つことであり，図 12.1 からも明らかであろう．しかしながら，図によらない $H = F \cap A$ の証明を下に記す．

- $H \subset F \cap A$：$h \in H$ とすれば $h \notin W$ であり，したがって $h \notin U$ (なぜなら $h \in U$ とすれば，これと $h \in H \subset A$ を合わせて $h \in U \cap A = W$ となってしまう)．ゆえに $h \in X \setminus U = F$ であり，これと $h \in H \subset A$ を合わせて $h \in F \cap A$．
- $F \cap A \subset H$：$x \in F \cap A$ とすれば，$x \in F$ より $x \notin U$．したがって x は U の部分集合である W にも含まれない．これと $x \in A$ を合わせて $x \in A \setminus W = H$．

($\Leftarrow$)：$U := X \setminus F$ とおけば，U は X の開集合であり，(1) より $W := U \cap A$ は A の開集合である．ゆえに $A \setminus W$ は A の閉集合である．$A \setminus W = F \cap A$ であることは上と同様にすぐに分かり (図 12.1)，ゆえに $F \cap A$ は A の閉集合である． □

〔発展〕(2) の ($\Rightarrow$) において，$H = F \cap A$ を満たす X の閉集合 F を直接に定める方法もある．実際，$F := \mathrm{cl}_X H$ とおくと，F は X の閉集合であり (練習 11.12)，練習 11.13 より $H = \mathrm{cl}_A H$，また練習 12.4 より $A \cap F = \mathrm{cl}_A H = H$．

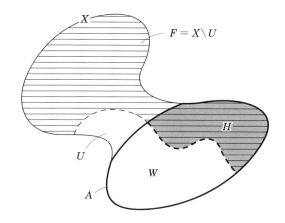

図 **12.1** $F \cap A = H = A \setminus W$

上の命題の具体的な応用は，例 13.1.2 にて述べる．

系 12.2.6 X を距離空間とし，$B \subset X$ を開部分空間，$D \subset X$ を閉部分空間とする．このとき，部分集合 $W \subset B$ および $H \subset D$ について次が成り立つ．
 (1) W は B の開集合である $\iff$ W は X の開集合である．
 (2) H は D の閉集合である $\iff$ H は X の閉集合である．

証明 (1) を示す．W を B の開集合とすれば，X の開集合 U を用いて $W = U \cap B$ と書ける (命題 12.2.5 (1))．U, B は X の開集合ゆえ，その共通部分 W も X の開集合である．逆に W を X の開集合とすれば，$W \subset B$ ゆえ $W = W \cap B$ であり，再び命題 12.2.5 (1) より W は B の開集合である ($A := B$, $U := W$ として命題 12.2.5 (1) の ($\Leftarrow$) を適用せよ)．(2) も類似する論法により得られる． □

連続写像の定義域や終域を制限しても連続性は失われない．これは，ε-δ 論法による連続性の定義から明らかである：

命題 12.2.7 距離空間の間の連続写像 $f : X \to Y$ が与えられているとする．$A \subset X$ および $B \subset Y$ について $f(A) \subset B$ が成り立つとき，定義域と終域をそれぞれ部分空間に制限した写像 $g : A \to B$ ($g(x) := f(x)$) も連続である．

一方，制限関数の連続性から，もとの関数の連続性が復元できる場合として，次の命題がある．場合わけを用いて定義される写像の連続性を示す際に，しばしば用いられる事実である．

命題 12.2.8 距離空間の間の写像 $f : X \to Y$ について次が成り立つ.

(1) X の開集合族 $U_\lambda \subset X \ (\lambda \in \Lambda)$ が $X = \bigcup_{\lambda \in \Lambda} U_\lambda$ を満たすとする. このとき, 各 $\lambda \in \Lambda$ について $f|_{U_\lambda} : U_\lambda \to Y$ が連続ならば, f 自身も連続である.

(2) X の有限個の閉集合 $F_i \subset X \ (i = 1, \cdots, n)$ が $X = \bigcup_{i=1}^{n} F_i$ を満たすとき, 各 $i = 1, \cdots, n$ について $f|_{F_i} : F_i \to Y$ が連続ならば, f 自身も連続である.

証明 (1) 開集合の逆像が開集合になることを示す. Y の任意の開集合 V について, $f^{-1}(V) = \bigcup_{\lambda \in \Lambda} f|_{U_\lambda}^{-1}(V)$ であり[3], $f|_{U_\lambda}$ の連続性より各 $f|_{U_\lambda}^{-1}(V)$ は部分空間 U_λ の開集合である. 系 12.2.6 (1) により $f|_{U_\lambda}^{-1}(V)$ は X の開集合でもあり, その和集合として表される $f^{-1}(V)$ も X の開集合である.

(2) 上と同様にして, 閉集合の逆像が閉になることを示せばよい. □

12.3 完備距離空間

距離空間上の概念としてのコーシー列は, 次のように定義される:

定義 12.3.1 a_n を距離空間 (X, d) 上の点列とする. 次の性質を満たす $N \in \mathbb{N}$ の存在が任意の $\varepsilon > 0$ に対していえるとき, a_n は**コーシー (点) 列**であるという:
$$m, n > N \implies d(a_m, a_n) < \varepsilon.$$
a_n がコーシー列であることを次の記号で表す: $\lim_{m,n \to \infty} d(a_m, a_n) = 0$.

命題 12.3.2 距離空間において次が成り立つ.

(1) 収束点列はコーシー列である. (2) コーシー点列は有界である.

証明 (1) 命題 4.6.2 と同様にして示せる.

(2) 命題 4.6.3 の証明において $M := \max \{ d(a_i, a_{N+1}) \mid i = 1, \cdots, N \}$ と置きなおせば $\{ a_n \mid n \in \mathbb{N} \} \subset \overline{N}(a_{N+1}, M + 1)$ が成り立つ. □

数直線 $\mathbb{R}$ は, 次の意味で完備なのであった:

定義 12.3.3 任意のコーシー列が収束列となる距離空間を**完備**であるという.

定理 12.3.4 $(\mathbb{R}^n, \rho_{\mathbb{R}^n})$ は完備距離空間である.

---

[3] 詳しい証明は練習 12.5 として残す.

証明 $\boldsymbol{a}_m = (a_{m,1}, a_{m,2}, \cdots, a_{m,n}) \in \mathbb{R}^n$ をコーシー列とすれば, 各 $i = 1, \cdots, n$ および $m, \ell \in \mathbb{N}$ について $|a_{m,i} - a_{\ell,i}| \leq \rho_{\mathbb{R}^n}(\boldsymbol{a}_m, \boldsymbol{a}_\ell)$ より, $\boldsymbol{a}_m$ の第 i 座標成分に関する数列 $a_{1,i}, a_{2,i}, a_{3,i}, \cdots$ はコーシー列である. 実数の完備性によりこれは収束し, その極限値を α_i としよう. このとき点列 $\boldsymbol{a}_m = (a_{m,1}, a_{m,2}, \cdots, a_{m,n})$ は, 命題 10.5.2 により $(\alpha_1, \alpha_2, \cdots, \alpha_n)$ に収束する. □

上の証明から, ℓ_p-距離 ($p = 1, \infty$) を与えても, $\mathbb{R}^n$ は完備になることが分かる.

12.4 複素数平面

複素数の四則演算について, 事実 2.2.1 (1) と同様の性質が成り立つことは高校数学で学習した通りである. また, 複素数 $z = a + bi$ ($a, b \in \mathbb{R}$, i は虚数単位) の **絶対値** $|z|$ は, 次で定めるのであった:

$$|z| := \sqrt{a^2 + b^2} = \|(a, b)\|_2.$$

命題 12.4.1 $z = a + bi$, $w = c + di$ ($a, b, c, d \in \mathbb{R}$) について,
(1) $|zw| = |z| \cdot |w|$,
(2) $|z \pm w| = \|(a, b) \pm (c, d)\|_2$ (複号同順).

証明 (1) $|zw| = |(ac - bd) + (ad + bc)i| = \sqrt{(ac - bd)^2 + (ad + bc)^2}$
$= \sqrt{a^2c^2 + b^2d^2 + a^2d^2 + b^2c^2} = \sqrt{a^2 + b^2}\sqrt{c^2 + d^2} = |z||w|$.
(2) $|z \pm w| = |(a \pm c) + (b \pm d)i| = \|(a \pm c, b \pm d)\|_2 = \|(a, b) \pm (c, d)\|_2$. □

上の (2) から, 複素数の絶対値も三角不等式を満たすことが分かる. すなわち, 絶対値から定まる距離によって $\mathbb{C}$ は距離空間となる:

命題 12.4.2 (三角不等式) 各 $z, w, v \in \mathbb{C}$ について,
(1) $|z + w| \leq |z| + |w|$, (2) $|z - w| \leq |z - v| + |v - w|$,
(3) $||z| - |w|| \leq |z \pm w|$.

証明 (1) $z = a + bi$, $w = c + di$ (ただし $a, b, c, d \in \mathbb{R}$) とすれば, $|z + w| = \|(a, b) + (c, d)\|_2 \leq \|(a, b)\|_2 + \|(c, d)\|_2 = |z| + |w|$. (2) と (3) も同様にして示せる. あるいは, 命題 3.2.5 のように直接導いてもよい. □

$\mathbb{R}^2$ と $\mathbb{C}$ は, $f : \mathbb{R}^2 \to \mathbb{C}$ ($f(a, b) = a + bi$) によって 1 対 1 の対応がつく. この事実から, $\mathbb{C}$ を **複素数平面** と呼ぶ. この対応は $|f(\boldsymbol{x}) - f(\boldsymbol{y})| = \|\boldsymbol{x} - \boldsymbol{y}\|_2$ を満たす (命題 12.4.1 (2)). また, いまの式において $\boldsymbol{x} = f^{-1}(z)$, $\boldsymbol{y} = f^{-1}(w)$ を代入すれば, $|z - $

$w| = \|f^{-1}(z) - f^{-1}(w)\|_2$. つまり, f と f^{-1} は距離の値を保つ写像であり[4], したがってこれらは連続である. この対応から次の事実は明らかであるが, 初学者への配慮として証明を記す.

命題 12.4.3　(1)　絶対値関数 $|\cdot| : \mathbb{C} \to [0, \infty)$ は連続である.
(2)　$f : \mathbb{R}^2 \to \mathbb{C}$ ($f(a,b) = a + bi$), および $B \subset \mathbb{C}$ とする.
　(i)　B は $\mathbb{C}$ の閉集合である $\iff$ $f^{-1}(B)$ は $\mathbb{R}^2$ の閉集合である.
　(ii)　B は $\mathbb{C}$ の開集合である $\iff$ $f^{-1}(B)$ は $\mathbb{R}^2$ の開集合である.
　(iii)　$\operatorname{diam} f^{-1}(B) = \operatorname{diam} B$.
(3)　$\mathbb{C}$ は完備距離空間である.

証明　(1)　練習 10.7 (1) と同様にして示せる. あるいは $|z| = \|f^{-1}(z)\|_2$ に注意すれば, これは二つの連続写像 f^{-1} および $\|\cdot\|_2$ の合成ゆえ連続である.
(2)　(i)　($\Rightarrow$): B が閉ならば, f の連続性より $f^{-1}(B)$ も閉である. ($\Leftarrow$): $A := f^{-1}(B)$ が閉ならば, $g := f^{-1}$ の連続性から $g^{-1}(A)$ は閉である. このとき, $f^{-1}(B)$ と $g^{-1}(A)$ を逆写像による像と見れば,
$$g^{-1}(A) = g^{-1}(f^{-1}(B)) = g^{-1} \circ f^{-1}(B) = g^{-1} \circ g(B) = \operatorname{id}_{\mathbb{C}}(B) = B.$$
つまり B は閉である. (ii) も同様にして示せる.
(iii)　$f^{-1}(B)$ を逆写像による像と見れば, $\operatorname{diam} f^{-1}(B) = \sup\{\|f^{-1}(z) - f^{-1}(w)\|_2 \mid z, w \in B\} = \sup\{|z - w| \mid z, w \in B\} = \operatorname{diam} B$.
(3)　$z_n = a_n + b_n i$ ($a_n, b_n \in \mathbb{R}$, $n \in \mathbb{N}$) をコーシー列とする. このとき, $\boldsymbol{x}_n = (a_n, b_n) \in \mathbb{R}^2$ とおけば, $\|\boldsymbol{x}_n - \boldsymbol{x}_m\|_2 = |z_n - z_m|$ ゆえ $\boldsymbol{x}_n$ は $\mathbb{R}^2$ 上のコーシー列である. 定理 12.3.4 より $\boldsymbol{x}_n$ は収束し, その極限を $\boldsymbol{x} = (a, b) \in \mathbb{R}^2$ とすれば, z_n は $z = a + bi$ に収束する. 実際, $\lim_{n \to \infty} |z - z_n| = \lim_{n \to \infty} \|\boldsymbol{x} - \boldsymbol{x}_n\|_2 = 0$. □

命題 3.4.7 および 4.7.2 は複素数列についても成り立つ (証明も変わらない):

命題 12.4.4　$\lim_{n \to \infty} z_n = z$ および $\lim_{n \to \infty} w_n = w$ を満たす複素数列について,
(1)　$\lim_{n \to \infty} (z_n \pm w_n) = z \pm w$,　(2)　複素数 c について $\lim_{n \to \infty} (c \cdot z_n) = c \cdot z$,
(3)　$\lim_{n \to \infty} (z_n \cdot w_n) = z \cdot w$,　(4)　$\lim_{n \to \infty} \dfrac{z_n}{w_n} = \dfrac{z}{w}$ (ただし $w \neq 0$, $w_n \neq 0$).

---

[4]　一般に, 距離を保つ写像を**等長写像**と呼ぶ. 等長写像は単射である. また, 等長な全射を**等長同型**と呼ぶ.

命題 12.4.5 z_n を複素数列とする.
(1) 級数 $\sum_{n=1}^{\infty} z_n$ が収束するならば, z_n は 0 に収束する.
(2) 級数 $\sum_{n=1}^{\infty} |z_n|$ が収束するならば, 級数 $\sum_{n=1}^{\infty} z_n$ も収束する.

12.5 稠密部分集合 (発展)

$\mathbb{R}$ における有理数や無理数のような配置のされ方を一般化した概念がある.

定義 12.5.1 距離空間 X の部分集合 $A \subset X$ が, X における任意の空でない開集合と交わるとき, A は X において **稠密** であるという.

命題 12.5.2 $A \subset X$ を距離空間 X の部分集合とすれば, 次は同値である.
(1) A は X において稠密である.
(2) 各 $x \in X$ は, A に属するある点列の X における極限となる.

証明 (1)⇒(2): 各 $n \in \mathbb{N}$ に対して開集合 $N(x, 1/n)$ と A は交わる. そこで $a_n \in N(x, 1/n) \cap A$ をとれば, これは x に収束する点列である.
(2)⇒(1): $U \neq \emptyset$ を X の開集合とし, $x_0 \in U$ を一つ取っておく. 仮定より x_0 に収束する点列 $a_n \in A$ が存在し, U が開集合であることから十分先の項について $a_n \in U$ (命題 11.5.1). つまり $a_n \in U \cap A$ であり, U と A は交わる. □

例 12.5.3 (1) 有理数全体 $\mathbb{Q}$ は $\mathbb{R}$ の稠密部分集合である (定理 4.2.4).
(2) 無理数全体 $\mathbb{R} \setminus \mathbb{Q}$ は $\mathbb{R}$ の稠密部分集合である (命題 4.3.2).
(3) $X = \left\{ \dfrac{n}{2^m} \mid m \in \mathbb{N}, n \in \mathbb{Z} \right\}$ とすれば, X は $\mathbb{R}$ の稠密部分集合である.

(3) の証明 X は 2 進数表記における有限小数全体に等しい. 我々は 10 進数表記における有限小数全体のなす集合が $\mathbb{R}$ の稠密部分集合であることを 4.2 節において示していた. これと類似の議論を 2 進数表記において展開すればよい. □

定理 8.4.1 の証明とほぼ同様の論法で次を示すことができる. ここでは点列を用いない証明を紹介しよう.

定理 12.5.4 X, Y を距離空間とし, $A \subset X$ を X の稠密部分集合とする. 二つの連続写像 $f, g: X \to Y$ が $f|_A = g|_A$ を満たすならば $f = g$ が成り立つ.

証明 対偶, すなわち $f \neq g$ を仮定して $f|_A \neq g|_A$ を示す. $U = \{x \in X \mid f(x) \neq g(x)\}$ とおけば, これは X の開集合である (練習 11.11 (2)). いま $f \neq g$ を仮定し

ているゆえ U は空でない．A の稠密性から $a \in A \cap U$ が存在し，U の定め方から $f(a) \neq g(a)$．これは $f|_A \neq g|_A$ を意味する． □

章末問題

練習 12.1　$\|\cdot\|$ を $\mathbb{R}^n$ 上のノルムとし，このノルムから定まる $\mathbb{R}^n$ 上の距離を d とする．このとき，各 $L > 0$ について $\operatorname{diam} N_d(\boldsymbol{a}, L) = \operatorname{diam} \overline{N}_d(\boldsymbol{a}, L) = 2L$ を示せ．

練習 12.2　距離空間 X および点 $x_0 \in X$ が与えられているとする．このとき，$A \subset X$ に関する次の条件の同値性を示せ．
 （1）$A \subset \overline{N}(x_0, M)$ を満たす正数 M が存在する．
 （2）$\operatorname{diam} A < \infty$.

練習 12.3　例 12.1.8 で挙げた図形が $\mathbb{R}^n$ の有界閉集合であることを示せ．

練習 12.4（発展）　距離空間 X およびその部分空間 $A \subset X$，A の部分集合 H が与えられているとする．このとき $A \cap \operatorname{cl}_X H = \operatorname{cl}_A H$ を示せ．

練習 12.5　命題 12.2.8 (1) の証明に現れる $f^{-1}(V) = \bigcup_{\lambda \in \Lambda} f|_{U_\lambda}^{-1}(V)$ を示せ．

練習 12.6　距離空間の間の写像 $f : X \to Y$，および開集合 $U \subset X$ が与えられているとする．制限 $f|_U : U \to Y$ が連続ならば，各点 $a \in U$ において f が連続であることを示せ．

〔備考〕　例 10.6.7 の証明 (3) において，この特別な場合を論じている．

練習 12.7　複素数列 a_n, b_n の級数がそれぞれ α, β に収束するとき，これらを交互に並べた数列 $a_1, b_1, a_2, b_2, \cdots$ の級数が $\alpha + \beta$ に収束することを示せ．

練習 12.8（発展）　距離空間 X の部分空間 Y が完備ならば，Y は X の閉集合であることを示せ．

練習 12.9（発展）　完備距離空間 X の部分集合 Y に関する次の条件の同値性を示せ：
 （1）Y は X の閉集合である，
 （2）部分空間 Y は完備である．

練習 12.10（よりみち）　$\mathbb{R}$ の部分集合 X に関する次の条件の同値性を示せ．

(1) X は $\mathbb{R}$ の閉集合である．
(2) 部分空間 X は完備である．
(3) 任意の部分集合 $A \subset X$ について，A が $\mathbb{R}$ の有界部分集合ならば，A の上限と下限を X は含む．
(4) X に含まれる任意の有界単調な実数列について，X はその極限を含む．

第13章
連結空間と中間値の定理

空間が全体としてつながっているという状態を位相的性質として表現する方法を紹介する．また，そのような空間を定義域とする連続関数について中間値の定理が成立することを見る．

何度も述べている通り特に断りがない場合は，$\mathbb{R}^n$ および，その部分空間には通常の位相 (ユークリッド距離から定まる位相) が与えられているとする[1]．とくに，$X \subset \mathbb{R}$ には絶対値から定まる距離によって位相が与えられているとする．

13.1 空間の連結性

定義 13.1.1 距離空間 X の部分集合 A が X の開集合であり，かつ閉集合でもあるとき，A を X の**クロープン (clopen) 集合**という．

距離空間 X において，全体集合 X と空集合 $\emptyset$ は常にクロープンである．そこで，全体集合でも空集合でもない開 (閉) 集合を**自明でない** (あるいは**非自明**な開 (閉) 集合) という．自明でないクロープン集合の補集合もまた自明でないクロープン集合である．

次の例に挙げた自明でないクロープン集合をもつ空間は，何らかの意味で分断されているといえよう．

例 13.1.2 （1） $X = [0,1] \cup [2,3]$ において，$A = [0,1]$ はクロープンである．
（2） $A = (-\infty, \sqrt{2}) \cap \mathbb{Q}$ は，$\mathbb{Q}$ におけるクロープン集合である．
（3） $\mathbb{N}$ における任意の部分集合はクロープンである．

証明 （1） 命題 12.2.5 を用いて開かつ閉であることを示す．A は $\mathbb{R}$ の閉集合であり $A = A \cap X$ と書けるゆえ，A は X の閉集合である．また，$U = \left(-\dfrac{1}{2}, \dfrac{3}{2}\right)$ は $\mathbb{R}$

---

[1] もちろん，備考 11.5.5 (2) で述べたように ℓ_1-距離や ℓ_∞-距離によって位相が与えられていると考えてもよい．

の開集合であり，ゆえに $U \cap X = A$ は X の開集合である．

(2) $(-\infty, \sqrt{2})$ は $\mathbb{R}$ の開集合ゆえ，A は $\mathbb{Q}$ の開集合である．また，$F = (-\infty, \sqrt{2}]$ は $\mathbb{R}$ の閉集合であり，ゆえに $F \cap \mathbb{Q} = A$ は $\mathbb{Q}$ の閉集合である．

(3) 例 11.4.4 による． □

一方，$\mathbb{R}$ や区間において，自明でないクロープン集合は直感的には存在しないように思われる (この事実は後で証明する)．また，そう直感する背景には，数直線が途切れなく繋がっていることが関係しているのではないだろうか．こうした状況を鑑みて，自明でないクロープン集合を持つ空間を不連結な空間と定め，そうでない空間を連結空間と定めよう．これらの形式的定義は，次で与えるのが一般的である：

定義 13.1.3 距離空間 X において，次の条件をすべて満たす開集合 U, V が存在するとき，X は**不連結**である (あるいは**連結でない**) という．
(1) $U \neq \emptyset$, (2) $V \neq \emptyset$, (3) $U \cup V = X$, (4) $U \cap V = \emptyset$.
また，X が不連結でないとき**連結**であるという．

不連結性と連結性を次のように言い換えてもよい．例 13.1.2 で挙げた空間 X や $\mathbb{Q}, \mathbb{N}$ は不連結である．

命題 13.1.4 距離空間 X において，次の (i) から (iii) の条件は同値である：
(i) X は不連結である．
(ii) 自明でない X のクロープン集合が存在する．
(iii) 次の条件をすべて満たす二つの閉集合 F, H が存在する：
 (1) $F \neq \emptyset$, (2) $H \neq \emptyset$, (3) $F \cup H = X$, (4) $F \cap H = \emptyset$.

証明 (i)⇒(ii)：X が不連結であるとすれば定義 13.1.3 で述べた条件を満たす開集合 U, V が存在する．$U = X \setminus V$ が示されれば，これは開集合 V の補集合ゆえ閉集合である．$U = X \setminus V$ となることは定義 13.1.3 の条件 (3) および (4) より明らかであるが，形式的には練習 1.3 を用いて次のように計算できる．$X \setminus V = (U \cup V) \setminus V = (U \setminus V) \cup (V \setminus V) = U \cup \emptyset = U$.

(ii)⇒(iii)：X が自明でないクロープン集合 F を持つとすれば，$H := X \setminus F$ も自明でないクロープン集合であり，このとき閉集合 F, H は (iii) にある四つの条件を満たす (命題 1.4.4 (5) および (6))．

(iii)⇒(i)：仮定 (iii) における四つの条件を満たす閉集合 F, H に対して，これらの補集合 $U := X \setminus F = H$ および $V := X \setminus H = F$ は定義 13.1.3 にある四つの条件を満たす開集合である．ゆえに X は連結でない． □

命題 13.1.5 距離空間 X において，次の (i) から (iv) の条件は同値である：
(i) X は連結である．
(ii) X を空でない二つの開集合 U, V の和集合として表せば，$U \cap V \neq \emptyset$.
(iii) X を空でない二つの閉集合 F, H の和集合として表せば，$F \cap H \neq \emptyset$.
(iv) X は非自明なクロープン集合を持たない．

証明 (i)⇒(ii)：$U, V \subset X$ をともに空でない開集合とし，さらに $U \cup V = X$ が成り立つとする．このとき，U と V は定義 13.1.3 にある条件 (1) から (3) を満たす．仮定より X は不連結でないから，条件 (4) は成立しない．ゆえに $U \cap V \neq \emptyset$.

(ii)⇒(i)：対偶を示す．X を不連結とすれば，定義 13.1.3 にある条件 (1) から (4) をすべて満たす開集合 $U, V \subset X$ が存在する．条件 (1) から (3) は，X が空でない二つの開集合 U, V の和として表せることを意味する．しかしながら条件 (4) より $U \cap V = \emptyset$. つまり (ii) は成り立たない．

(i)⇔(iii)：(i)⇔(ii) の証明と類似の論法により得られる (命題 13.1.4 (iii))．

(i)⇔(iv)：これは命題 13.1.4 における (ii)⇔(i) の対偶命題である． □

連結空間の重要な例は閉区間 $[0,1]$ および $\mathbb{R}$ である．$[0,1]$ の連結性の証明は 13.3 節で与える．$\mathbb{R}$ の連結性については 13.5 節を見よ．

連結性は，連結でないことの否定，すなわち表現上は二重否定によって定義される．空間の不連結性を示すには自明でないクロープン集合を一つ挙げればよいのに対して，連結性を示すには自明でないクロープン集合の非存在証明をせねばならない[2]．こうした事情から，連結性の証明では対偶命題を示したり，背理法の形式をとることが多い．

〔背理法の是非について〕 背理法による証明では実際には起こり得ない虚構の議論が続き，主張の正しさは分かっても論じている対象の実像が見えてこない．こうした事情から，背理法による証明はできれば避けたほうがよい．他方で，背理法を拒否する立場に固執すれば，場合分けを多用する必要に迫られることもあり，これでは証明が簡明でなくなる．これらのよしあしを天秤にかけながら証明の戦略を練ろう．

---

[2] ただし，命題 13.1.5 にあるように，連結性を「空間を空でない二つの開 (閉) 集合の和で表すと必ず共有点を持つ」と言い換えれば，存在証明に直すことができる．

13.2 連結空間の基本的性質

ここでは後半の話題に関連する性質に限って紹介する．より詳しいことについては，集合と位相の教科書を参照するとよい．

命題 13.2.1 連結空間の連続像は連結である．すなわち，距離空間の間の連続全射 $f: X \to Y$ があるとき，X が連結ならば，Y も連結である．

証明 対偶，すなわち Y が連結でないとすれば X も連結でないことを示そう．Y を不連結とすれば，互いに交わらない非自明な開集合 U と V の和で Y は表せる．f の連続性より $f^{-1}(U)$ と $f^{-1}(V)$ は X の開集合であり，補題 5.4.2 から，

$$X = f^{-1}(Y) = f^{-1}(U \cup V) = f^{-1}(U) \cup f^{-1}(V), \quad f^{-1}(U) \cap f^{-1}(V) = \emptyset.$$

また，$U \neq \emptyset$ ゆえ $y \in U$ を取れば，f の全射性より $f(x) = y$ を満たす $x \in X$ が存在する．このとき $f(x) = y \in U$ ゆえ $x \in f^{-1}(U)$．つまり $f^{-1}(U) \neq \emptyset$ である．同様にして $f^{-1}(V) \neq \emptyset$ も示され，以上より X は連結でない． □

次の事実から，連続関数を「グラフが繋がっている関数のこと」と形容することがある．関数のグラフの定義は 99 ページで与えた．

命題 13.2.2 (発展) $X \subset \mathbb{R}^n$ を連結な部分空間とする．このとき，任意の連続写像 $f: X \to \mathbb{R}$ のグラフ Γ_f は，$\mathbb{R}^{n+1}$ の連結な部分空間である．

証明 $F: X \to \Gamma_f$ を $F(x_1, \cdots, x_n) := (x_1, \cdots, x_n, f(x_1, \cdots, x_n))$ と定める．Γ_f とは F の像のことであり，ゆえに F は全射である．また，F の連続性は命題 10.6.4 より明らか．最後に命題 13.2.1 より Γ_f の連結性を得る． □

しかし，連続でないにも関わらずグラフが繋がるような関数もある (例 13.5.11)．次の主張は，例 13.5.11 で与えるグラフの連結性の証明に用いる．

定理 13.2.3 (発展)　距離空間 X の稠密部分集合 A について，A が部分空間として連結ならば X も連結である．

証明　対偶を示そう．X が不連結であるとすれば，互いに交わらない非自明な開集合 U と V の和で X は表せる．このとき，$U' := U \cap A$, $V' := V \cap A$ とおけば，これらは A の稠密性より空ではなく，命題 12.2.5 より A の開集合となる．また，$A = X \cap A = (U \cup V) \cap A = (U \cap A) \cup (V \cap A) = U' \cup V'$ であり (ここで練習 1.3 (1) を用いた)，さらに $U' \cap V' \subset U \cap V = \emptyset$ ゆえ $U' \cap V' = \emptyset$．以上より，部分空間 A の不連結性が導かれた．　□

13.3　区間の連結性

本章で述べる抽象論が空虚でないことの根拠は，閉区間 $[0,1]$ の連結性にある．

定理 13.3.1　閉区間 $I = [0,1]$ は連結である．

〔証明の方針〕　互いに交わらない二つの閉集合 $F, H \neq \emptyset$ に $[0,1]$ を分けようとすると，図 13.1 のようになる．もちろん，このようなことは不可能である．その理由を直感的に言えば，矢印で指し示した点が F と H のいずれにも含まれそうだからである．そこで，これらの点のいずれかに明確な定義を与え (これを x とする)，あとは閉集合の性質を用いて $x \in F \cap H$ を導けばよい．

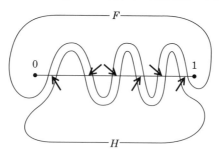

図 **13.1**　F と H による $[0,1]$ の分割

証明　空でない二つの閉集合 $F, H \subset I$ の和集合として I を表すと，F と H が必ず共有点を持つことを示そう (命題 13.1.5 (iii))．F と H のいずれかは $0 \in I$ を含み，ここでは $0 \in F$ として話を進める．ここでさらに $0 \in H$ も成り立つならば，$0 \in F \cap H$ ゆえ主張を得る．そこで $0 \notin H$ の場合を考えよう．H は空でない $\mathbb{R}$ の有界部分集

合であるから，実数の連続性より下限 $x = \inf H$ を持つ．

いまから $x \in F \cap H$ を示そう．まず，I が $\mathbb{R}$ の閉集合であることから，H は $\mathbb{R}$ の閉集合でもあり（系 12.2.6 (2))，ゆえに $x = \inf H \in H$（練習 11.5)．これと $0 \notin H$ を合わせて $x > 0$ を得る．また，H の任意の元は x 以上であるから，$[0, x)$ の各元は H に含まれない．つまり $[0, x) \subset F$ である．そこで x に収束する $[0, x)$ 上の数列を取れば（例えば $a_n := (1 - 1/n)x$ とせよ），それは F 上の数列であり，F は閉ゆえその極限 x は F に含まれる．以上により $x \in F \cap H$． □

上の証明と類似する戦略で，一般の区間の連結性も示せる．しかしながら，これらの連結性は 13.5 節で述べる弧状連結性を経由して導くほうが容易である．

いま，実数の連続性から $\mathbb{R}$ の連結性が導かれることが分かった．逆に次の事実で見るように，$\mathbb{R}$ の連結性から実数の連続性が導かれ，ゆえにこれらの性質は同値である．隙間なく繋がっている数直線の性質を表現するための公理として実数の連続性を導入するという立場を取るのであれば，この公理はむしろ「実数の連結性」と呼ぶほうが相応しいのかもしれない．

命題 13.3.2 (よりみち) 事実 2.2.1 のもとで $\mathbb{R}$ の連結性を仮定すれば，実数の連続性が導かれる．

証明 対偶を示そう．仮に $\mathbb{R}$ において実数の連続性が満たされないとすれば，上に有界かつ上限を持たない集合 $A \subset \mathbb{R}$ (ただし $A \neq \emptyset$) が存在する．そこで，A の上界でない数をすべて集めた集合を

$$L := \{ x \in \mathbb{R} \mid x < a \text{ を満たす } a \in A \text{ が存在する．} \}$$

とおく．A は上限を持たないゆえ，とくに最大元を持たず，つまり A の各元に対して自身よりも大きい A の元が存在する．したがって $A \subset L$，とくに $L \neq \emptyset$ である．さらに A の上界全体の集合を R とすれば，A が上に有界であることから $R \neq \emptyset$ である．また，L, R の定め方から $L \cap R = \emptyset$ かつ $L \cup R = \mathbb{R}$ が成り立つ．あとは L および R が $\mathbb{R}$ の開集合であることが示されれば，$\mathbb{R}$ の不連結性を得る．

各 $x \in L$ に対して，x は A の上界ではないから $x < a$ をみたす $a \in A$ が存在する．このとき $\varepsilon := a - x > 0$ とすれば $N(x, \varepsilon) \subset L$ である．実際，$N(x, \varepsilon) = (x - \varepsilon, x + \varepsilon) = (x - \varepsilon, a)$ の各元は a よりも小さく，したがって L に含まれる．また，各 $y \in R$ に対して，A が上限を持たないことから y は R の最小値ではない．つまり $z < y$ を満たす $z \in R$ が存在する．このとき $\delta := y - z > 0$ とすれば $N(y, \delta) \subset R$ である．実際，$N(y, \delta) = (y - \delta, y + \delta) = (z, y + \delta)$ の各元は，A の上界である z よりも大きく，

したがって A の上界ゆえ R に含まれる. □

区間縮小法の原理 (命題 4.4.1) を用いて $[0,1]$ の連結性を示すこともできる:

定理 13.3.1 の別証明 (よりみち)　$A, B \subset [0,1]$ を $A \cup B = [0,1]$ を満たす空でない I の閉集合とし,$A \cap B \neq \emptyset$ を示そう. $I_1 := [0,1]$ とし,次の性質を満たす閉区間の縮小列 $I_1 \supset I_2 \supset I_3 \supset \cdots$ を帰納的に与えよう.
 (i)　各 I_n は I_{n-1} の上半分か下半分に等しく,ゆえにその長さは $\frac{1}{2^{n-1}}$.
 (ii)　各 I_n は A, B のいずれとも交わる.

(Step 1)　$a_1 := 0$ および $b_1 := 1$ と置く.$I_1 = [a_1, b_1]$ を上半分と下半分に分けた集合を $Y_1 := [a_1, c_1]$, $Z_1 := [c_1, b_1]$ (ただし $c_1 := (a_1 + b_1)/2 = 1/2$) とする.このとき,少なくとも Y_1, Z_1 のいずれか一方は,A, B のいずれとも交わることが次のように分かる.$c_1 \in Y_1 \cap Z_1$ は A, B のいずれかに含まれている.$c_1 \in A$ の場合は,Y_1 と Z_1 のうち B と交わるほうを選べば,それは A の元 c_1 を含むゆえ,A, B のいずれとも交わる.また $c_1 \in B$ の場合は,A と交わるほうを選べばよい.そこで,Y_1 と Z_1 のうち,A, B のいずれとも交わるほうを一つ選び,これを $I_2 = [a_2, b_2]$ とする.

(Step n)　上の条件 (i) および (ii) を満たす $I_n = [a_n, b_n]$ が得られていると仮定し,いまから I_{n+1} を定めよう. I_n を上半分と下半分に分けた集合をそれぞれ $Y_n := [a_n, c_n]$, $Z_n := [c_n, b_n]$ (ただし $c_n := (a_n + b_n)/2$) とする.このとき,少なくとも Y_n, Z_n のいずれか一方は,A, B のいずれとも交わることが次のように分かる.$c_n \in Y_n \cap Z_n$ は A, B のいずれかに含まれている.そこでまず $c_n \in A$ の場合を考えよう.このとき帰納法の仮定 (ii) により,$B \cap I_n \neq \emptyset$ ゆえ,Y_n と Z_n のいずれかは B と交わり,さらにそれは A の元 c_n を含むゆえ,A, B のいずれとも交わる.$c_n \in B$ の場合は,A と交わるほうを選べばよい.そこで,Y_n と Z_n のうち,A, B のいずれとも交わるほうを一つ選び,これを $I_{n+1} = [a_{n+1}, b_{n+1}]$ と定める.

以上の手順で得られた区間の減少列 I_n において,区間縮小法の原理により $x \in \bigcap_{n \in \mathbb{N}} I_n$ が取れる.また,条件 (ii) より $\alpha_n \in I_n \cap A$ および $\beta_n \in I_n \cap B$ が取れる.このとき $x, \alpha_n \in I_n$ ゆえ $|x - \alpha_n| \leq 1/2^{n-1}$.つまり α_n は x に収束し,また,同様の理由で β_n も x に収束する.A, B は閉集合ゆえ極限について閉じており (命題 11.7.1),したがって $x \in A \cap B$. □

〔備考〕　上の証明では各 I_n を半分に分けたときに共有点 c_n があることが利いている.一般に,区間縮小法の原理が適用できる距離空間をコンパクト空間という (14.5 節).コンパクト空間が必ず連結になるわけではないが,コンパクト空間である例 12.1.8 で挙げた図形については,上

の別証明と類似する戦略で空間を細かく分割していく手法が適用できて，これらの連結性を示すことができる (ただし $S^0(r) = \{-r, r\}$ を除く). しかしながら，これらの連結性も弧状連結性を経由して導くほうが容易である．

13.4 中間値の定理

高校数学で学んだ中間値の定理 (定理 8.5.1) は，次の定理における空間 X として閉区間 $[a, b]$ を適用した主張である．

定理 13.4.1 (中間値の定理) X を連結な距離空間とし，$f: X \to \mathbb{R}$ を連続関数とする．また，$x, y \in X$ が $f(x) \leq f(y)$ を満たすとする．このとき，任意の $c \in [f(x), f(y)]$ に応じて，$f(z) = c$ を満たす $z \in X$ が存在する．

証明 $\mathbb{R}$ の閉集合 $A := (-\infty, c]$ および $B := [c, \infty)$ を取れば，$\mathbb{R} = A \cup B$ である．このとき X は，空でない閉集合 $f^{-1}(A)$ と $f^{-1}(B)$ の和集合になる．実際，f の連続性より $f^{-1}(A)$ と $f^{-1}(B)$ は X の閉集合であり，$f(x) \leq c \leq f(y)$ より $x \in f^{-1}(A)$ および $y \in f^{-1}(B)$，つまりこれらは空でない．また，$X = f^{-1}(\mathbb{R}) = f^{-1}(A \cup B) = f^{-1}(A) \cup f^{-1}(B)$ である (補題 5.4.2). よって，X の連結性より $f^{-1}(A) \cap f^{-1}(B) \neq \emptyset$ (命題 13.1.5 (iii)). つまり，$z \in f^{-1}(A) \cap f^{-1}(B) = f^{-1}(A \cap B) = f^{-1}(\{c\})$ が取れて，$z \in f^{-1}(\{c\})$ より $f(z) = c$ である． □

本書では 9 章において中間値の定理を何度か用いた．微分積分学では，例えば微分可能な陰関数の存在を導く際に中間値の定理が利用される．このほか，中間値の定理の帰結として次の命題がある：

命題 13.4.2 連続関数 $f: [0, 1] \to [0, 1]$ は $f(x_0) = x_0$ なる点 $x_0 \in [0, 1]$ を持つ．

証明 $f(0) = 0$ あるいは $f(1) = 1$ の場合は命題の主張が直ちにいえる．そこで $f(0) > 0$ かつ $f(1) < 1$ と仮定しよう．関数 $g: [0, 1] \to \mathbb{R}$ を $g(x) := f(x) - x$ と定めれば，これは連続である．ここで，$g(0) = f(0) - 0 > 0$ および $g(1) = f(1) - 1 < 0$ ゆえ $g(1) < 0 < g(0)$. よって中間値の定理より，$g(x_0) = 0$ を満たす $x_0 \in [0, 1]$ が存在し，このとき $f(x_0) = x_0$ である． □

写像 $f: X \to X$ において，$f(x) = x$ を満たす点 $x \in X$ を f の**不動点**という．

例 13.4.3 単位円 $S^1 := \{(x, y) \in \mathbb{R}^2 \mid x^2 + y^2 = 1\}$ は連結である．実際，$f: [0, 1] \to S^1$ を $f(\theta) := (\cos(2\pi\theta), \sin(2\pi\theta))$ と定めれば，f は連結空間 $[0, 1]$ を定義域とする連続全射である．ゆえに命題 13.2.1 より S^1 は連結である．

命題 13.4.4 $f: S^1 \to \mathbb{R}$ を連続関数とすれば，$f(\boldsymbol{x}_0) = f(-\boldsymbol{x}_0)$ を満たす点 $\boldsymbol{x}_0 \in S^1$ が存在する．

〔備考〕 この定理の例え話として，地球上の各点に対してその地点の気温を与える関数が連続であると仮定したうえで「赤道上のある地点において，地球の裏側と気温が等しい場所が存在する」といった説明がなされることが多い．もちろん，気温に限る必要はなく，湿度や気圧などについて考えてもよい．また，定理 13.4.6 における $n=2$ の場合の例えとして，「地表のある地点において，地球の裏側との気温および湿度がいずれも一致する場所が存在する」などと説明される．

証明 関数 $g: S^1 \to \mathbb{R}$ を $g(\boldsymbol{x}) := f(\boldsymbol{x}) - f(-\boldsymbol{x})$ と定めれば，これは連続であり[3]，$g(-\boldsymbol{x}) = -g(\boldsymbol{x})$ を満たす．ここで $\boldsymbol{x}_1 \in S^1$ を一つ取ろう．もし $g(\boldsymbol{x}_1) = 0$ ならば $f(\boldsymbol{x}_1) = f(-\boldsymbol{x}_1)$ である．そこで $g(\boldsymbol{x}_1) \neq 0$ の場合を考えよう．$g(\boldsymbol{x}_1) = -g(-\boldsymbol{x}_1)$ ゆえ，$g(\boldsymbol{x}_1)$ と $g(-\boldsymbol{x}_1)$ の符号は異なる．そこで必要があれば $\boldsymbol{x}_1$ と $-\boldsymbol{x}_1$ の立場を入れ替えて，$g(-\boldsymbol{x}_1) < 0 < g(\boldsymbol{x}_1)$ としてよい．S^1 は連結ゆえ，中間値の定理より，$g(\boldsymbol{x}_0) = 0$ を満たす $\boldsymbol{x}_0 \in S^1$ が存在する．このとき，$f(\boldsymbol{x}_0) = f(-\boldsymbol{x}_0)$ である． □

命題 13.4.2 および 13.4.4 の高次元版として次が知られる．これらの証明は本書の枠を大きく超える．興味ある読者は位相幾何学の専門書を参照されたい．

定理 13.4.5 (ブラウワーの不動点定理) $f: D^n \to D^n$ を連続写像とすれば，f は不動点を持つ．

定理 13.4.6 (ボルスーク-ウラムの定理) $f: S^n \to \mathbb{R}^n$ を連続写像とすれば，$f(\boldsymbol{x}_0) = f(-\boldsymbol{x}_0)$ を満たす点 $\boldsymbol{x}_0 \in S^n$ が存在する．

13.5 弧状連結空間

「つながる」という言葉から連想される日常の事象として，細い線状のものによって結びついている例が多く挙げられる．例えば「街道につながる」「電気がつながる」「赤い糸で結ばれる」といった具合である．このように線状のもの (曲線) を用いて視覚的に連結性を定めることもできる．これを幾何学では弧状連結と呼ぶ．

定義 13.5.1 a, b を距離空間 X 上の点とする．このとき，$f(0) = a$ および $f(1) = b$ をみたす連続写像 $f: [0,1] \to X$ を a と b を結ぶ X 上の曲線 (あるいは道) という[4]．また，a と b を結ぶ X 上の曲線が存在するとき，a と b は X において**曲線で結ばれる**という．

---

[3] ここで，$A: \mathbb{R}^n \to \mathbb{R}^n$ $(A(\boldsymbol{x}) = -\boldsymbol{x})$ の連続性を用いた．A は等長同型ゆえ連続である．あるいは A の連続性は，命題 10.6.4 から導いてもよいし，練習 10.7 (2) の特別な場合でもある．

曲線の終域を指す「X 上の」「X において」といった語句は，誤解がない限り略す．曲線の変数には文字 t を用いることが多い．これは，定義域を時刻の集合と考え，曲線を"時間の経過とともに運動する点"と見なすことによる．なお，曲線 $f:[0,1]\to X$ の像 $f([0,1])$ も，しばしば曲線と呼ばれる[5]．

2 点が曲線で結ばれるという関係は，次の性質をみたす[6]：

命題 13.5.2 距離空間 X の各点 a, b, c について次が成り立つ．
 (1) a と a は曲線で結ばれる．
 (2) a と b が曲線で結ばれるならば，b と a も曲線で結ばれる．
 (3) a と b，および b と c がそれぞれ曲線で結ばれるならば，a と c も曲線で結ばれる．

証明 (1) a に値を取る定値写像 $f:[0,1]\to X$ は a と a を結ぶ曲線である．

(2) 仮定より $f(0)=a$, $f(1)=b$ を満たす連続写像 $f:[0,1]\to X$ が存在する．$g:[0,1]\to X$ を $g(t):=f(1-t)$ と定めれば，$g(0)=b$, $g(1)=a$ である．g は，連続関数 $h(t)=1-t$ と f の合成ゆえ連続であり，したがって b と a を結ぶ曲線である．

(3) 仮定より，$f(0)=a$ および $f(1)=b$, $g(0)=b$, $g(1)=c$ を満たす連続写像 $f, g:[0,1]\to X$ が存在する．このとき，$h:[0,1]\to X$ を

$$h(t) := \begin{cases} f(2t) & 0 \le t \le \frac{1}{2} \text{ のとき}, \\ g(2t-1) & \frac{1}{2} < t \le 1 \text{ のとき} \end{cases}$$

と定めれば，$h(0)=a$, $h(1)=c$ である．$h|_{[0,\frac{1}{2}]}$ と $h|_{[\frac{1}{2},1]}$ の連続性[7]，および命題 12.2.8 (2) より，h は連続であり，ゆえに a と c を結ぶ曲線である． □

補題 13.5.3 2 点 $\boldsymbol{a},\boldsymbol{b}\in\mathbb{R}^n$ について，$f:[0,1]\to\mathbb{R}^n$ を $f(t)=(1-t)\boldsymbol{a}+t\boldsymbol{b}$ と定めれば，これは $\boldsymbol{a}$ と $\boldsymbol{b}$ を結ぶ曲線である．

---

4) ここでいう曲線および道は，それぞれ curve, path の訳語である．曲線とは，狭義には無限回微分可能なものを指すが，ここでは微分構造が入らないような空間でも扱える広い意味での曲線 (すなわち区間からの連続写像) を指す．また定義から，$\mathbb{R}^n$ 上の曲線は折線や直線，定数関数としての 1 点も含む．なお，曲線が写像として単射であるとき，これを弧 (arc) と言う．距離空間上の異なる 2 点が曲線で結べるとき，その曲線を弧に置き換えられることが知られている (証明はやさしくない)．

5) ところが，全射連続写像 $\gamma:[0,1]\to[0,1]^2$ の存在が知られている (ペアノ曲線)．この像である単位正方形 $[0,1]^2$ を曲線と呼ぶのは避けたいところである．

6) この性質が同値関係の例であることを後に学ぶであろう．

7) $h(1/2)=b$ であるから，$t=1/2$ の場合も含めて $h|_{[\frac{1}{2},1]}(t)=g(2t-1)$ と書ける．つまり $h|_{[\frac{1}{2},1]}$ は連続である．

〔備考〕 この f の像は $\boldsymbol{a}$ と $\boldsymbol{b}$ を結ぶ線分に等しい．

証明 $f(0) = \boldsymbol{a}$ および $f(1) = \boldsymbol{b}$ は明らか．$\boldsymbol{a} = (a_1, \cdots, a_n)$，$\boldsymbol{b} = (b_1, \cdots, b_n)$ と成分表示すれば，$f(t) = \bigl((1-t)a_1 + tb_1, \cdots, (1-t)a_n + tb_n\bigr)$．$f$ の連続性は，多項式関数 $f_i : [0,1] \to \mathbb{R}$ ($f_i(t) = (1-t)a_i + tb_i$) の連続性（例 8.2.1）および命題 10.6.4 から導かれる[8]． □

定義 13.5.4 距離空間 X 上の任意の 2 点が X 上の曲線で結ばれるとき，X は **弧状連結** であるという．

例 13.5.5 次で与える $\mathbb{R}^n$ の部分空間は弧状連結である（ただし $\boldsymbol{x} \in \mathbb{R}^n$, $\varepsilon > 0$）．
（1）区間，　（2）$\mathbb{R}^n$，　（3）$N_{\rho_{\mathbb{R}^n}}(\boldsymbol{x}, \varepsilon)$，　（4）$\overline{N}_{\rho_{\mathbb{R}^n}}(\boldsymbol{x}, \varepsilon)$．

証明　（1）$I \subset \mathbb{R}$ を区間とし，任意に 2 点 $a, b \in I$ ($a \leq b$) を取る．$n = 1$ として補題 13.5.3 で定めた f の像が I に含まれることを示せば十分である．

$$a = (1-t)a + ta \leq f(t) = (1-t)a + tb \leq (1-t)b + tb = b.$$

ゆえに $a \leq f(t) \leq b$ であり，区間の定義から $f(t) \in I$．

（2）補題 13.5.3 より明らか．

（3）各点 $\boldsymbol{a}, \boldsymbol{b} \in N_{\rho_{\mathbb{R}^n}}(\boldsymbol{x}, \varepsilon)$ に対して補題 13.5.3 で定めた f の像が $N_{\rho_{\mathbb{R}^n}}(\boldsymbol{x}, \varepsilon)$ に含まれることを示せば十分である．$f(t) \in N_{\rho_{\mathbb{R}^n}}(\boldsymbol{x}, \varepsilon)$ は次のように確認できる：

$$\begin{aligned}
\|\boldsymbol{x} - f(t)\|_2 &= \|((1-t)\boldsymbol{x} + t\boldsymbol{x}) - ((1-t)\boldsymbol{a} + t\boldsymbol{b})\|_2 \\
&\leq \|(1-t)\boldsymbol{x} - (1-t)\boldsymbol{a}\|_2 + \|t\boldsymbol{x} - t\boldsymbol{b}\|_2 \\
&= (1-t)\|\boldsymbol{x} - \boldsymbol{a}\|_2 + t\|\boldsymbol{x} - \boldsymbol{b}\|_2 < (1-t)\varepsilon + t\varepsilon = \varepsilon.
\end{aligned}$$

（4）（3）の証明における不等号 $<$ を $\leq$ に変えるだけで得られる． □

球面 S は弧状連結である．なぜなら S 上の勝手な 2 点 P, Q に対して，これらと S の中心を通る平面で S を切ると，その切り口は半径が S のそれと一致する円であり（このような円を S における **大円** という），この大円上の弧 PQ は P と Q を結ぶ曲線となるからである．弧 PQ が連続写像の像として記述できることは，次のように説明される．

例 13.5.6 $S^{n-1} = \{\boldsymbol{x} \in \mathbb{R}^n \mid \|\boldsymbol{x}\|_2 = 1\}$ ($n \geq 2$) は弧状連結である．

---

[8] $f(t) = t(\boldsymbol{b} - \boldsymbol{a}) + \boldsymbol{a}$ を練習 10.7 で挙げた連続写像の合成とみなしてもよい．

証明 各 $a, b \in S^{n-1}$ を結ぶ曲線を構成しよう．はじめに $b \neq -a$ の場合を考える．補題 13.5.3 で定めた $f : [0,1] \to \mathbb{R}^n$ について，$f(t) \neq \mathbf{0}$ を確認する．仮に $f(t) = \mathbf{0}$ をみたす $t \in (0,1)$ があるならば，$b = -\dfrac{1-t}{t}a$ ゆえ，これらのノルムを取れば

$$1 = \|b\|_2 = \left\|-\frac{1-t}{t}a\right\|_2 = \frac{1-t}{t}\|a\|_2 = \frac{1-t}{t} \cdot 1 = \frac{1-t}{t}.$$

つまり $b = -a$ となり，これは $b \neq -a$ に反する．ゆえに各 $t \in [0,1]$ について $f(t) \neq \mathbf{0}$ である．そこで，$g : [0,1] \to S^{n-1}$ を

$$g(t) := \frac{1}{\|f(t)\|_2}f(t) = \left(\frac{1}{\|f(t)\|_2}((1-t)a_1 + tb_1), \cdots, \frac{1}{\|f(t)\|_2}((1-t)a_n + tb_n)\right)$$

と定めれば，これは $g(0) = a$, $g(1) = b$ を満たす連続写像である（ノルム $\|\cdot\|_2$ の連続性は練習 10.7 による）．

次に $b = -a$ とする．いま，$n \geq 2$ ゆえ S^{n-1} は 3 つ以上の点を持つ．実際，$(1, 0, \cdots, 0)$ および $(-1, 0, \cdots, 0), (0, 1, 0, \cdots, 0)$ は S^{n-1} の異なる点である．つまり，$\pm a$ とは異なる点 $c \in S^{n-1}$ を取ることができて，上で示したことにより a と c は曲線で結ばれ，c と $-a$ も曲線で結ばれる．ゆえに a と $-a$ も曲線で結ばれる（命題 13.5.2 (3)）． □

例 13.5.5 および 13.5.6 の証明は ℓ_2-ノルムの特殊性によらない．したがって，ℓ_p-ノルム ($p = 1, \infty$) を用いて定めた図形に対しても類似の主張が成り立つ．

閉区間 $[0,1]$ の連結性を根拠に，弧状連結空間の連結性が得られる：

命題 13.5.7 距離空間 X は，弧状連結ならば連結である．

証明 背理法により示す．X を不連結とすれば，互いに交わらない非自明な開集合 U と V の和で X は表せる．$U, V \neq \emptyset$ より $a \in U$ および $b \in V$ を一つずつ選べば，X の弧状連結性から $f(0) = a$, $f(1) = b$ を満たす連続写像 $f : [0,1] \to X$ が存在する．$X = U \cup V$ および $U \cap V = \emptyset$ に補題 5.4.2 を適用すれば，$[0,1] = f^{-1}(X) = f^{-1}(U \cup V) = f^{-1}(U) \cup f^{-1}(V)$，および $f^{-1}(U) \cap f^{-1}(V) = \emptyset$ を得る．f の連続性から $f^{-1}(U)$ と $f^{-1}(V)$ はともに $[0,1]$ の開集合であり，$0 \in f^{-1}(U)$ および $1 \in f^{-1}(V)$ より，$f^{-1}(U)$ と $f^{-1}(V)$ はいずれも空ではない．以上により，$[0,1]$ は互いに交わらない非自明な開集合 $f^{-1}(U)$ と $f^{-1}(V)$ の和で表せる．これは $[0,1]$ の連結性に反する． □

したがって，区間や $\mathbb{R}^n$ は連結である．区間に関しては次も成り立つ：

定理 13.5.8 $X \subset \mathbb{R}$ に関する次の条件は同値である：
（1） X は連結である， （2） X は弧状連結である， （3） X は区間である．

証明 (3)⇒(2)⇒(1) は例 13.5.5 (1) および命題 13.5.7 に他ならない．(1)⇒(3) の対偶を示そう．$X \subset \mathbb{R}$ が区間でないとすれば，$a < x < b$ を満たす $a, b \in X$ および $x \in \mathbb{R} \setminus X$ が存在する．$U := X \cap (-\infty, x)$，$V := X \cap (x, \infty)$ とおけば $a \in U$，$b \in V$ であり，$U \cap V = \emptyset$，$U \cup V = X$ が成り立つ．また，U, V は X の開集合である (命題 12.2.5)．以上により，X は互いに交わらない非自明な開集合 U, V の和集合として表される．つまり X は連結でない． □

図形の連結性を証明する場合，たいていは弧状連結性を示すことが多い．

例 13.5.9 次に挙げる図形は弧状連結であることが知られている．これらがいったいどのような図形であるか各自で調べよ．
（1） 例 12.1.8 で挙げたもののうち，$S^0(r) = \{-r, r\}$ を除くすべての図形．
（2） メビウスの帯，トーラス，射影平面，クラインの壺．これらはユークリッド空間の有界閉集合として実現できることが知られている．
（3） 体 $\mathbb{R}$ 上のノルム空間，木 (tree)，ペアノ連続体．

命題 13.2.1 と類似の主張が弧状連結性についても成り立つ：

命題 13.5.10 弧状連結空間の連続像は弧状連結である (練習 13.5)．

命題 13.5.7 の逆は成り立たないことが知られている．

─ グラフが連結な不連続関数 ─

例 13.5.11 次の不連続関数 $f: [0,1] \to \mathbb{R}$ のグラフ Γ_f は連結である：
$$f(x) = \begin{cases} \sin \dfrac{1}{x} & (x > 0 \text{ のとき}), \\ 0 & (x = 0 \text{ のとき}). \end{cases}$$

証明 $X = \Gamma_f$ の連結性を示すには，制限関数 $g := f|_{(0,1]}$ のグラフ Γ_g について，Γ_g が X の稠密部分集合であること，および Γ_g の連結性を示せばよい (定理 13.2.3)．Γ_g の連結性は命題 13.2.2 による．Γ_g の稠密性を示そう．Γ_g と x 軸の交点を右から順に並べれば，これは $\mathbf{0}$ に収束する点列である．$X = \Gamma_g \cup \{\mathbf{0}\}$ および命題 12.5.2 より，Γ_g は X において稠密である． □

上の X は弧状連結ではない．実際，$\mathbf{0}$ と Γ_g の各点とを結ぶ X 上の曲線は存在しない．その証明は集合と位相の教科書に譲ろう．

13.6 連続関数の単調性と単射性 (よりみち)

実数値関数の単射性を示す際に，その根拠に狭義単調性を挙げることが多い．一方，連続関数の単射性が分かっていながら狭義単調性が未知な状況は稀で，単調性を導くために次の定理を実用することはまずないであろう．しかしながら，連続関数の単射性と単調性の関係について疑問が残らぬよう一般論として記す．本書では，命題 A.2.2 (逆関数の微分可能性) の証明において，この定理の帰結である系 13.6.4 および 13.6.5 を用いる．

定理 13.6.1 区間 $X \subset \mathbb{R}$ を定義域とする連続関数 $f : X \to \mathbb{R}$ について次は同値である．
 (1) f は狭義単調関数である， (2) f は単射である．

補題 13.6.2 連続単射 $f : [\alpha, \beta] \to \mathbb{R}$ について次が成り立つ．
 (1) $f(\alpha) \leq f(\beta)$ ならば，各 $\gamma \in [\alpha, \beta]$ について，$f(\alpha) \leq f(\gamma) \leq f(\beta)$．
 (2) $f(\alpha) \geq f(\beta)$ ならば，各 $\gamma \in [\alpha, \beta]$ について，$f(\alpha) \geq f(\gamma) \geq f(\beta)$．

証明 (1) まず $f(\alpha) \leq f(\gamma)$ を背理法により示す．そこで $f(\alpha) > f(\gamma)$ と仮定する．このとき $\alpha \neq \gamma$，つまり $\alpha < \gamma$ である．そこで $c := f(\alpha)$ とすれば大小関係 $f(\gamma) < c \leq f(\beta)$ が成立し，制限関数 $g := f|_{[\gamma, \beta]} : [\gamma, \beta] \to \mathbb{R}$ について中間値の定理を適用することで，$c = f(\delta)$ をみたす $\delta \in [\gamma, \beta]$ が取れる．このとき $\alpha < \delta$ かつ $f(\alpha) = f(\delta) = c$ であり，これは f の単射性に反する．以上より，$f(\alpha) \leq f(\gamma)$ でなければならない．$f(\gamma) \leq f(\beta)$ も類似の論法によって示される．

(2) 関数 $g(x) := -f(x)$ について (1) を適用することで，$g(\alpha) \leq g(\gamma) \leq g(\beta)$ を得る．これらを -1 倍すれば $f(\alpha) \geq f(\gamma) \geq f(\beta)$ である． □

補題 13.6.3 連続単射 $f:[a,b] \to \mathbb{R}$ は狭義単調関数である.

証明 $a \leq b$ とすれば,$f(a) \leq f(b)$ および $f(a) > f(b)$ のいずれかは成り立つ.ここでは前者を仮定し,まず f が広義単調増加であることを示そう.$c \leq d$ を満たす $c,d \in [a,b]$ を任意に取り,$f(c) \leq f(d)$ を示したい.そこで $f(a) \leq f(b)$ および $c \in [a,b]$ について補題 13.6.2 (1) を適用すれば $f(a) \leq f(c) \leq f(b)$ を得る.さらに $f(c) \leq f(b)$ および $d \in [c,b]$ に対して再び補題 13.6.2 (1) を適用すれば $f(c) \leq f(d) \leq f(b)$,つまり $f(c) \leq f(d)$.以上より f は広義単調増加であり,これと単射性を合わせれば f は狭義単調増加である (練習 6.1).$f(a) > f(b)$ の場合は,補題 13.6.2 (2) を適用することで狭義単調減少性を得る. □

定理 13.6.1 の証明 (1)$\Rightarrow$(2):f の連続性に関わらず成り立つ (命題 6.3.2).

(2)$\Rightarrow$(1):X の元の総数が 1 点以下の場合は明らかゆえ,X が 2 点以上を含む場合を考える.まず,あらかじめ 2 点 $a_0, b_0 \in X$ ($a_0 < b_0$) を取り固定しておく.f の単射性より $f(a_0) < f(b_0)$ または $f(a_0) > f(b_0)$ である.ここでは前者を仮定して,f の狭義単調増加性を示そう.そこで,任意に $x, y \in X$ ($x < y$) を取り,$f(x) < f(y)$ を示したい.$m := \min\{a_0, b_0, x, y\}$,$M := \max\{a_0, b_0, x, y\}$ と置けば,$a_0, b_0, x, y \in [m, M]$ であり,X は区間ゆえ $[m, M] \subset X$.このとき補題 13.6.3 により,制限 $f|_{[m,M]} : [m, M] \to \mathbb{R}$ は狭義単調関数である.いま,$a_0 < b_0$ かつ $f(a_0) < f(b_0)$ としていたから,$f|_{[m,M]}$ は狭義単調増加でなければならない.したがって $f(x) < f(y)$.以上により,f 自身の狭義単調増加性が示された.$f(a_0) > f(b_0)$ の場合も類似の議論により狭義単調減少性が示される. □

(a, ∞) および $(-\infty, a), (-\infty, \infty)$ も開区間と呼ぶことにすれば,次が成り立つ.

系 13.6.4 開区間 U を定義域とする連続単射 $f: U \to \mathbb{R}$ の像は開区間である.

証明 定理 13.5.8 および命題 13.2.1 より $f(U)$ は区間である.また,定理 13.6.1 により,f は狭義単調である.U が最大元と最小元を持たないことから,$f(U)$ もそうであり,そのような区間は定理 2.9.1 により開区間に限る. □

定理 8.3.1 は次を意味する:

系 13.6.5 $X, Y \subset \mathbb{R}$ とし,X を区間とする.このとき連続全単射 $f: X \to Y$ の逆関数は連続である.

章末問題

練習 13.1　奇数次の実数係数多項式 $f(x)$ について，方程式 $f(x) = 0$ は必ず実数解を持つことを示せ．

練習 13.2　弧状連結空間を定義域とする連続関数における中間値の定理を定理 8.5.1 から直接に導け．

練習 13.3　距離空間 X に関する次の条件の同値性を示せ．
（1）X は連結である．
（2）X を定義域とする任意の連続関数 $f : X \to \mathbb{R}$ の像は区間である．
（3）連続関数 $f : X \to \{0, 1\}$ は定数関数に限る．

練習 13.4　練習 13.3 にある条件 (3) を用いて，次を導く方法を検討せよ．
（1）命題 13.2.1.
（2）定理 13.2.3（ヒント：定理 12.5.4 を用いる）．

練習 13.5　命題 13.5.10 を示せ．

第14章 点列コンパクト空間

点列コンパクト性は，連続関数の最大値・最小値の存在や一様連続性 (14.4 節) を導くための鍵となる概念である．微分法では，最大値・最小値の定理によって極値の存在が保証され，これにより平均値の定理をはじめとするさまざまな存在定理が導かれる．また積分法においては，連続関数が積分可能であること，すなわち関数 $f(x)$ のグラフと x 軸ではさまれた図形の面積が定まることは，有界閉区間における f の一様連続性が根拠となっている．つまり，本章の内容を基礎におくことによって，はじめて微分積分学の理論が基礎づけられるのである．

本章の後半では，点列コンパクト性を開集合の言葉に翻訳したコンパクト性についても触れる．この概念を通して，さまざまな図形において区間縮小法の原理が適用できることが理解されるであろう．章末に紹介した代数学の基本定理の証明を読み解くには，14.2 節までの知識のみで十分である．

前章に引き続き，本章においても，$\mathbb{R}^n$ およびその部分空間には通常の位相が与えられているとする．

14.1 空間の点列コンパクト性

定義 14.1.1 X を距離空間とする．X 上の任意の点列が収束部分列を持つとき，X を**点列コンパクト**であるという．

例 14.1.2 （1）$\mathbb{R}$ は点列コンパクトでない．実際，数列 $a_n = n$ の任意の部分列は無限大に発散する．この例から，無限の彼方まで広がりを持つような空間は点列コンパクトでないことが示唆される (命題 14.1.6)．

（2）閉区間 $[0,1]$ は点列コンパクトである (定理 4.4.2 および命題 11.7.1)．本節では高次元の場合も含めた定理 14.1.8 を示す．

（3）半開区間 $(0,1]$ は点列コンパクトでない．

(3) の証明 数列 $a_n = 1/n$ は $X = (0,1]$ において収束部分列を持たない．これを

背理法で示そう．仮に収束部分列 a_{n_k} を持ち，その収束先が $a \in (0,1]$ であるとしよう．このとき $|a - a_{n_k}|$ の極限は 0 となるはずであるが，実際には $\lim_{k\to\infty} |a - a_{n_k}| = \lim_{k\to\infty} |a - 1/n_k| = a > 0$ であり，不合理を得る． □

点列コンパクト空間に関する基本的な事実を挙げよう．

命題 14.1.3 距離空間 X が点列コンパクトであるとき，その閉部分空間 A も点列コンパクトである．

証明 $a_n \in A$ を任意の点列とすれば，これは X 上の点列でもある．X の点列コンパクト性から a_n は収束部分列 a_{n_k} を持つ．a_{n_k} の極限を $\alpha \in X$ とすれば命題 11.7.1 より $\alpha \in A$．つまり a_{n_k} は部分空間 A における収束列である． □

次は練習 14.1 および 12.8 の系として直ちに導かれるが，ここでは直接的な証明を与える．

命題 14.1.4 距離空間 X の部分空間 A が点列コンパクトならば，A は X の閉集合である．

証明 A が閉集合であることを示すために，命題 11.7.1 の条件 (2) を確認しよう．すなわち，X 上の収束列 $a_n \in A$ について，その極限 $\alpha \in X$ が A に含まれることを示せばよい．部分空間 A の点列コンパクト性より，a_n は A において収束部分列 a_{n_k} を持つ．つまり a_{n_k} は，ある $\beta \in A$ に収束する．a_{n_k} は，X 上の点列とみなした場合でも β に収束する (備考 12.2.3 (1))．一方，α に収束する X 上の点列 a_n の部分列 a_{n_k} は，α に収束する (命題 10.4.8 (3))．X における点列の収束先は唯一であるから (命題 10.4.3)，$\alpha = \beta \in A$． □

定義 14.1.5 距離空間 X において X 自身が X の有界部分集合となるとき，距離空間 X を**有界**であるという．

命題 14.1.6 距離空間 X が点列コンパクトならば，X は有界である．

証明 対偶を示そう．X が有界でないとし，いまから互いに距離が 1 以上離れる点列，すなわち

- 各 $n, m \in \mathbb{N}$ (ただし $m \neq n$) について $d(a_m, a_n) \geq 1$

を満たす点列 $a_k \in X$ が帰納的に取れることを示す．まず $a_1 \in X$ を一つ取る ($\emptyset$ は有界ゆえ $X \neq \emptyset$)．X の非有界性から $X \not\subset N(a_1, 1)$ であり，$a_2 \in X \setminus N(a_1, 1)$ が存在

する．このとき $a_2 \notin N(a_1, 1)$ ゆえ $d(a_1, a_2) \geq 1$ である．次に，$a_1, \cdots, a_k$ までが既に与えられており，各 $m, n \leq k$ $(m \neq n)$ について $d(a_m, a_n) \geq 1$ を満たすと仮定する．このとき，次を満たす $a_{k+1} \in X$ の存在を示そう：

- 各 $m, n \leq k+1$ (ただし $m \neq n$) について $d(a_m, a_n) \geq 1$.

各 $N(a_i, 1)$ $(i = 1, \cdots, k)$ は有界ゆえ，これらの有限和 $\bigcup_{i=1}^{k} N(a_i, 1)$ も有界である (命題 12.1.6)．ゆえに $X \not\subset \bigcup_{i=1}^{k} N(a_i, 1)$ であり，$a_{k+1} \in X \setminus \bigcup_{i=1}^{k} N(a_i, 1)$ が存在する．この a_{k+1} は求める性質を満たす．実際，各 $i = 1, \cdots, k$ について，$a_{k+1} \notin N(a_i, 1)$ ゆえ $d(a_i, a_{k+1}) \geq 1$ である．さて，以上のようにして得られた点列 a_k の任意の部分列はコーシー列ではない．収束列はコーシー列ゆえ，これは a_k の任意の部分列が収束しないことを意味する．ゆえに X は点列コンパクトでない． □

次の定理は，定理 4.4.2 の証明と類似する戦略[1]で，直接に (つまり定理 4.4.2 を用いずに) 示すこともできる．しかしここでは定理 4.4.2 を用いた．

定理 14.1.7 $\mathbb{R}^n$ 上の有界な点列は収束部分列を持つ．

証明 $n = 2$ の場合を示す ($n \geq 3$ については練習 14.2 として残す)．$\boldsymbol{a}_m = (x_m, y_m) \in \mathbb{R}^2$ を有界点列とすれば，各 $m, \ell \in \mathbb{N}$ について $|x_m - x_\ell|, |y_m - y_\ell| \leq \rho_{\mathbb{R}^n}(\boldsymbol{a}_m, \boldsymbol{a}_\ell)$ ゆえ，数列 x_m, y_m はそれぞれ有界である．定理 4.4.2 より数列 x_m は収束部分列 x_{m_k} を持ち，その極限を α とする．次に数列 y_m の部分列 y_{m_k} を考えれば，これも有界である．ゆえに，数列 y_{m_k} は収束部分列 $y_{m_{(k_j)}}$ を持ち，その極限を β とする．このとき，数列 $x_{m_{(k_j)}}$ は，α に収束する列 x_{m_k} の部分列ゆえ，やはり α に収束する (命題 3.7.4)．以上より，$\lim_{j \to \infty} \boldsymbol{a}_{m_{(k_j)}} = \lim_{j \to \infty} (x_{m_{(k_j)}}, y_{m_{(k_j)}}) = (\alpha, \beta)$．つまり $\boldsymbol{a}_m$ の収束部分列 $\boldsymbol{a}_{m_{(k_j)}}$ が得られた． □

ユークリッド空間の部分空間については次が成り立つ．

定理 14.1.8 $X \subset \mathbb{R}^n$ について次は同値である．
（1） 部分空間 X は点列コンパクトである，
（2） X は $\mathbb{R}^n$ の有界閉集合である．

証明 (1)⇒(2)：命題 14.1.4 および 14.1.6 による．

---

[1] n 次元立方体を，その半分の大きさである 2^n 個の n 次元立方体に分割していく方法．

(2)⇒(1)：点列 $a_m \in X$ を任意に取る．X の有界性から a_m は $\mathbb{R}^n$ 上の有界点列であり，したがって $\mathbb{R}^n$ において収束部分列 a_{m_k} を持つ (定理 14.1.7)．その収束先を $x \in \mathbb{R}^n$ とすれば，X が $\mathbb{R}^n$ の閉集合であることから $x \in X$ である (命題 11.7.1)．ゆえに a_m は距離空間 X において収束部分列を持つ． □

一般の距離空間においては，その部分空間は有界閉だからといって点列コンパクトになるとは限らない．次の (2) にあるように，完備距離空間の場合でさえ有界閉性から点列コンパクト性は導かれない．

例 14.1.9 （1）$X = \mathbb{R} \setminus \{0\}$ の部分集合 $A = (0, 1]$ は，X の有界閉集合である．しかし，A は点列コンパクトではない (例 14.1.2 (3))．

（2）離散距離 d_0 によって $(\mathbb{N}, d_0)$ を距離空間とみなせば，$\operatorname{diam} \mathbb{N} = 1$ ゆえ $\mathbb{N}$ 自身は $(\mathbb{N}, d_0)$ の有界閉集合である．しかし，$a_n = n$ は収束部分列を持たないゆえ，$(\mathbb{N}, d_0)$ は点列コンパクトでない．

14.2 最大値・最小値の定理

点列コンパクト性は連続像によって保たれる．そして，その帰結として最大値・最小値の定理を得る．

命題 14.2.1 点列コンパクト空間の連続像は点列コンパクトである．

証明 X を点列コンパクト空間とし，$f: X \to Y$ を連続全射とする．このとき Y も点列コンパクト空間であることを示そう．そこで，任意に点列 $y_n \in Y$ を取る．各 $n \in \mathbb{N}$ に応じて，f の全射性より $f(x_n) = y_n$ を満たす $x_n \in X$ が存在する．X の点列コンパクト性から，x_n は収束部分列 x_{n_k} を持つ．$x := \lim_{k \to \infty} x_{n_k}$ とすれば，点 x における f の連続性から $\lim_{k \to \infty} f(x_{n_k}) = f(x)$．つまり，点列 $y_{n_k} = f(x_{n_k})$ は $f(x) \in Y$ に収束する．以上により，y_n の収束部分列の存在が示された． □

$\mathbb{R}^2$ と $\mathbb{C}$ の各点は自然に対応づけられることから，定理 14.1.8 は次も主張する：

系 14.2.2 $X \subset \mathbb{C}$ について次は同値である．
（1）部分空間 X は点列コンパクトである，
（2）X は $\mathbb{C}$ の有界閉集合である．

証明 (1)⇒(2) の証明は定理 14.1.8 と同様ゆえ (2)⇒(1) のみ示す．$f: \mathbb{R}^2 \to \mathbb{C}$ を命題 12.4.3 (2) で与えた写像とする．X が $\mathbb{C}$ の有界閉集合ならば，$Y = f^{-1}(X)$ は

$\mathbb{R}^2$ の有界閉集合であり (命題 12.4.3 (2))，ゆえに Y は点列コンパクトである．したがって，その連続像 $f(Y) = f(f^{-1}(X)) = X$ は点列コンパクトである． □

定義 14.2.3 関数 $f: X \to \mathbb{R}$ の像が最大元 $\max f(X)$ や最小元 $\min f(X)$ を持つとき，これらをそれぞれ f の**最大値**および**最小値**と呼ぶ．

実数 M が $f: X \to \mathbb{R}$ の最大値であるとき，$f(a) = M$ を満たす $a \in X$ が存在する．このとき，「関数 $f(x)$ は $x = a$ において最大値 $f(a) = M$ を取る」という．f の最小値についても同様の言い回しがなされる．

$\mathbb{R}$ の空でない有界閉集合は最大元と最小元を持つ (練習 11.6)．したがって，

定理 14.2.4 (最大値・最小値の定理)　空でない点列コンパクト空間 X を定義域とする連続関数 $f: X \to \mathbb{R}$ は最大値と最小値を持つ．

証明　$f: X \to f(X)$ を連続全射と見れば，命題 14.2.1 より $f(X)$ は $\mathbb{R}$ の点列コンパクト部分空間であり，ゆえに $f(X)$ は $\mathbb{R}$ の有界閉集合である (定理 14.1.8)．したがって $f(X)$ は最大元と最小元をもつ． □

中間値の定理と最大値・最小値の定理を合わせれば，有界閉区間を定義域とする実数値連続関数の像は有界閉区間になることが分かる：

命題 14.2.5　$a, b \in \mathbb{R}$ $(a \leq b)$ とする．連続関数 $f: [a, b] \to \mathbb{R}$ の像は閉区間 $[m, M]$ に一致する．ただし，$m := \min f([a, b])$，および $M := \max f([a, b])$．

証明　前定理より，ある点 $\alpha, \beta \in [a, b]$ において，f は最小値 $m = f(\alpha)$ および最大値 $M = f(\beta)$ を取る．最小性と最大性から $f([a, b]) \subset [m, M]$．一方，$[m, M] \subset f([a, b])$ を示すために任意に $c \in [m, M] = [f(\alpha), f(\beta)]$ を取れば，中間値の定理により $f(x) = c$ を満たす $x \in [a, b]$ が存在する．ゆえに $c = f(x) \in f([a, b])$． □

〔備考〕　上の命題は，定義域を「空でない連結な点列コンパクト距離空間」に一般化しても成り立つ．証明もまったく同じである．

─ 微分法における最大・最小問題 ─

微分可能な関数 $f: \mathbb{R}^n \to \mathbb{R}$ が点 $\boldsymbol{a} \in \mathbb{R}^n$ において最大値 (あるいは最小値) を取るとき，点 $\boldsymbol{a}$ において f の微分は消える．したがって，$f(\boldsymbol{x})$ の最大値を求めるには，微分が消える点をすべて列挙し，それらの点の中で $f(\boldsymbol{x})$ が最大となる点を探せばよい．この方法は，グラフの概形を描かずとも計算のみで判断できる点において有用である (多変数関数のグラフの概形を描くのは容易ではない)．しかし，ここで注意せねばならないのは，微分が消える点

はいくつか存在するものの，関数に最大・最小が存在しない可能性についてである (3 次関数がその典型である)．すなわち，上の方法は，$f(\boldsymbol{x})$ に最大値が存在することがあらかじめ分かっている場合に限り有効となる．

そこで，最大値・最小値の存在を保証する定理 14.2.4 を活用できるとよい．特に威力を発揮するのは，$f(\boldsymbol{x})$ の定義域を次のような集合
$$X = \{\, \boldsymbol{x} \in \mathbb{R}^n \mid g(\boldsymbol{x}) = 0 \,\}$$
に制限した，$f|_X$ の最大・最小を求める場合である (この手の問題を条件付き極値問題と呼ぶ)．ここで $g : \mathbb{R}^n \to \mathbb{R}$ は，$\mathbb{R}^n$ 上の図形 X を定めるために与えられた f とは無関係な関数である．例えば $g(x,y) = x^2 + y^2 - 1$ の場合は $X = S^1$ (単位円) となる．一般に，g が連続ならば $X = g^{-1}(0)$ は $\mathbb{R}^n$ の閉集合であり (命題 11.6.2)，したがって X が有界であることが分かれば $f|_X$ は最大・最小を持つ．

多変数の微分法において，条件付き極値問題を変数の追加によって通常の極値問題に帰着させる手法を学ぶ (ラグランジュの未定乗数法)．ここでも求められるのはあくまで最大・最小の候補であり，真に最大・最小を取る点であることを確認するには，上述の論理的手続きが必要となる．

14.3　逆写像の連続性 (発展)

一般に，全単射連続写像の逆写像は連続ではない (例 14.3.2)．しかし，定義域が点列コンパクト距離空間ならば，逆写像も連続となる．

定理 14.3.1　X, Y を距離空間とし，X を点列コンパクトとする．このとき，連続な全単射 $f : X \to Y$ の逆写像 $f^{-1} : Y \to X$ は連続である．

証明　$g := f^{-1}$ とおき，g の連続性を示す．そのためには，各閉集合 $A \subset X$ について $g^{-1}(A)$ が Y の閉集合になることを言えばよい．g の全単射性から $g^{-1}(A) = f(A)$ であることに注意しておこう (97 ページの練習 5.3 の備考)．X の閉部分空間 A は点列コンパクトであり (命題 14.1.3)，その連続像 $f(A)$ も部分空間として点列コンパクトである (命題 14.2.1)．したがって，命題 14.1.4 より $f(A)$ は Y の閉集合である．以上により，$g^{-1}(A) = f(A)$ が閉集合であることが分かった． □

上の主張を位相空間の視点で一般化した定理を，幾何学ではよく用いる．

例 14.3.2　(1)　$f : \mathbb{N} \cup \{0\} \to \left\{ \dfrac{1}{n} \,\middle|\, n \in \mathbb{N} \right\} \cup \{0\}$ を
$$f(n) = \begin{cases} \dfrac{1}{n} & (n \in \mathbb{N} \text{ のとき}), \\ 0 & (n = 0 \text{ のとき}) \end{cases}$$

と定めれば，f は連続全単射である．しかし f^{-1} は連続でない．実際，$y_n = \dfrac{1}{n}$ は $\left\{\dfrac{1}{n} \,\middle|\, n \in \mathbb{N}\right\} \cup \{0\}$ における収束列であり，$f^{-1}(y_n) = n$ は収束しない．

（2） 半開区間から単位円への写像 $f : [0, 2\pi) \to S^1$ ($f(\theta) = (\cos\theta, \sin\theta)$) は連続全単射である．しかし逆写像 $f^{-1} : S^1 \to [0, 2\pi)$ は連続ではない．実際 $\boldsymbol{a}_n := \left(\cos\left(2\pi - \dfrac{1}{n}\right), \sin\left(2\pi - \dfrac{1}{n}\right)\right) \in S^1$ とおけば，点列 $\boldsymbol{a}_n$ は $(1, 0) \in S^1$ に収束する．しかしながら，$f^{-1}(\boldsymbol{a}_n) = 2\pi - \dfrac{1}{n}$ は距離空間 $[0, 2\pi)$ において収束しない．つまり f^{-1} は点 $\boldsymbol{a} = (1, 0)$ において連続ではない．

14.4 一様連続写像

点列コンパクト性から導かれる連続写像の性質の一つである一様連続性を解説する．この性質は，連続関数の積分可能性 (定理 A.9.5) の証明で用いる．

$f : \mathbb{R} \to \mathbb{R}$ が連続であるとし，許容誤差 $\varepsilon > 0$ が与えられているとする．このとき，点 $a \in \mathbb{R}$ における連続性より，x と a が十分近ければ (例えば $\delta_a > 0$ 未満の近さであれば) $f(x)$ と $f(a)$ の誤差を ε 未満にできる．他方で，a とは別の点 $b \in \mathbb{R}$ についても，連続性により x と b が十分近ければ $f(x)$ と $f(b)$ の誤差は ε 未満になる．しかしながら，このとき x と b の距離が δ_a 未満だからといって $|f(b) - f(x)| < \varepsilon$ を満たすとは限らない．一般には点 a 付近における f の変化の度合と点 b 付近におけるそれは異なり，したがって $f(x)$ と $f(b)$ の誤差を ε 未満にするには，点 b 付近の変化の度合に合わせる形で x を b に近づけねばならない．つまり，δ_a とは別の $\delta_b > 0$ について，「$|b - x| < \delta_b \Longrightarrow |f(b) - f(x)| < \varepsilon$」が成り立つ．

一方で，変化の度合が場所に依らず，上で与えた δ_a や δ_b を各点に依存しないかたちで定めることができる関数もある．このような，より強い連続性のことを一様連続性と呼ぶ：

定義 14.4.1 距離空間の間の写像 $f : (X, d_X) \to (Y, d_Y)$ が次の同値条件をみたすとき，**一様連続**であるという．

（ i ） 任意の $\varepsilon > 0$ に応じて，次の条件を満たすような $\delta > 0$ が存在する：
$$a, b \in X \text{ かつ } d_X(a, b) < \delta \implies d_Y(f(a), f(b)) < \varepsilon.$$
（ii） $a_n, b_n \in X$ について，$\displaystyle\lim_{n\to\infty} d_X(a_n, b_n) = 0 \implies \lim_{n\to\infty} d_Y(f(a_n), f(b_n)) = 0.$

〔備考〕 上の (ii) において a_n と b_n が収束列である必要はない．

上の (i) と (ii) の同値性の証明は練習 14.3 として残した．連続性と一様連続性の違いを明確にするには，これらの条件を論理式で書き下してみるとよい (例 B.3.6 (6) お

よび (7)). 一様連続関数は連続である.

例 14.4.2 （1） $f(x) = ax + b$ は一様連続である.
（2） $\sin x$ は一様連続である.

証明 （1） $a = 0$ の場合は定数関数ゆえ，その一様連続性は明らかである．そこで $a \neq 0$ とする．任意の $\varepsilon > 0$ に対して，$\delta := \varepsilon/|a|$ とおく．このとき $|x_1 - x_2| < \delta$ とすれば，$|(ax_1 + b) - (ax_2 + b)| = |a| \cdot |x_1 - x_2| < |a| \cdot \delta = |a| \cdot \varepsilon/|a| = \varepsilon$.
（2） 命題 8.2.4 で連続性を示したときと同様に評価すればよい．$\lim_{n \to \infty} |a_n - b_n| = 0$ とすれば，$\sin x$ の $x = 0$ における連続性より，
$$|\sin a_n - \sin b_n| = \left|2\cos\frac{a_n + b_n}{2}\sin\frac{a_n - b_n}{2}\right| \leq 2 \cdot \left|\sin\frac{a_n - b_n}{2}\right| \xrightarrow[n \to \infty]{} 0. \quad \square$$

より一般に，微分可能な関数の導関数が有界ならば，もとの関数は一様連続である（練習 14.4）.

写像 $f : (X, d_X) \to (Y, d_Y)$ が<u>一様連続でない</u>ことは，次と同値である：
- 次の条件 (※) を満たす $\varepsilon > 0$ が存在する：

$$\text{各 } \delta > 0 \text{ に応じて，次を満たす } a, b \in X \text{ が取れる：} \atop d_X(a,b) < \delta \text{ かつ } d_Y(f(a), f(b)) \geq \varepsilon. \tag{※}$$

例 14.4.3 $f : \mathbb{R} \to \mathbb{R}$ ($f(x) = x^2$) は一様連続でない．

証明 $\varepsilon := 1$ について，上の (※) が成立することを示そう．各 $\delta > 0$ に対して，$M := 1/\delta$ とおき，さらに $a := M, b := M + \delta/2$ とすれば $|a - b| < \delta$ であり，
$$|a^2 - b^2| = b^2 - a^2 = (b-a)(b+a) = \frac{\delta}{2} \cdot (b+a) > \frac{\delta}{2} \cdot 2M = \delta M = 1. \quad \square$$

定理 14.4.4 (X, d_X) を点列コンパクト空間とすれば，距離空間の間の連続写像 $f : (X, d_X) \to (Y, d_Y)$ は一様連続である．

証明 対偶，すなわち f が一様連続でないならば，連続でないことを示す．f が一様連続でないことから，上の条件 (※) をみたす $\varepsilon > 0$ が存在する．そこで各 $n \in \mathbb{N}$ ごとに，$\delta = 1/n > 0$ について条件 (※) を適用し，次を満たす $a_n, b_n \in X$ を得る：
$$d_X(a_n, b_n) < \frac{1}{n} \text{ かつ } d_Y(f(a_n), f(b_n)) \geq \varepsilon.$$

次に X の点列コンパクト性を適用して a_n の収束部分列 a_{n_i} を取り，$x = \lim_{i \to \infty} a_{n_i}$ とおく．このとき b_n の部分列 b_{n_i} も x に収束する．実際,

$$d_X(x, b_{n_i}) \leq d_X(x, a_{n_i}) + d_X(a_{n_i}, b_{n_i}) < d_X(x, a_{n_i}) + \frac{1}{n_i} \longrightarrow 0 \quad (i \to \infty).$$

最後に，点 x において f が連続でないことを背理法によって示そう．x における連続性を仮定すれば，a_{n_i}, b_{n_i} が x に収束することから $f(a_{n_i}), f(b_{n_i})$ は $f(x)$ に収束する．ゆえに十分大きな $K \in \mathbb{N}$ について $d_Y(f(a_{n_K}), f(b_{n_K})) < \varepsilon$ が成り立つ（練習10.2）．しかし a_n, b_n の取り方から，$d_Y(f(a_{n_K}), f(b_{n_K})) \geq \varepsilon$ である． □

上の証明では対偶命題について論じたゆえ，点列コンパクト性がどのように一様連続性を導くのか，直感的な把握が難しいと感じる読者もいることだろう．実は，次節で紹介するコンパクト性こそが，一様連続性を直接に導く性質である．その詳細は集合と位相の教科書に譲ろう．

14.5 コンパクト空間 (発展)

これまでにいくつかの事実を開集合に関する性質として論じてきたことから，点列コンパクト性を開集合の言葉で分かりやすく翻訳する方法を模索することは自然であろう．これに応える概念がコンパクト性である．

> **定義 14.5.1** 次の条件 (C) を満たす距離空間 X を**コンパクト**であるという．
> (C) X の開集合族 U_λ $(\lambda \in \Lambda)$ が $\bigcup_{\lambda \in \Lambda} U_\lambda = X$ を満たすならば，これらの中から有限個 $U_{\lambda_1}, \cdots, U_{\lambda_n}$ を上手く取りだして (有限個であれば個数はいくつでもよい)，$\bigcup_{i=1}^n U_{\lambda_i} = X$ とできる．

例 14.5.2 （1） 距離空間 X は，有限集合ならばコンパクトである．
（2） $\mathbb{R}$ はコンパクトではない．

証明 （1） $X = \{x_1, \cdots, x_n\}$ とし，X の開集合族 U_λ $(\lambda \in \Lambda)$ が $\bigcup_{\lambda \in \Lambda} U_\lambda = X$ を満たすとする．このとき，各 $i = 1, \cdots, n$ について x_i を含む U_{λ_i} を一つ決めておく．すると $\bigcup_{i=1}^n U_{\lambda_i} = X$ である．

（2） $U_n := (-n, n)$ $(n \in \mathbb{N})$ とすれば，これらは $\mathbb{R}$ の開集合であり $\bigcup_{n \in \mathbb{N}} U_n = \mathbb{R}$ を満たす．しかし，U_n たちの中から有限個 $U_{n_1}, \cdots, U_{n_k}$ をどのように選んだとしても，$\bigcup_{i=1}^k U_{n_i} \neq \mathbb{R}$ である．実際，$x_0 := \max\{n_1, \cdots, n_k\} \in \mathbb{R}$ とおけば，$x_0 \notin (-x_0, x_0) = \bigcup_{i=1}^k U_{n_i}$. 以上より，条件 (C) は成り立たない． □

次の命題により，コンパクト空間は区間縮小法の原理が適用できる対象に相当することが分かる．集合 X の部分集合族 $\mathcal{A} = \{A_\lambda \mid \lambda \in \Lambda\}$ が次の条件 (Fip) を満たすとき，$\mathcal{A}$ は**有限交叉性** (finite intersection property) を持つという：

(Fip)　$\mathcal{A}$ に属する任意の有限個[2]の集合 $A_{\lambda_1}, \cdots, A_{\lambda_n}$ について，$\bigcap_{i=1}^{n} A_{\lambda_i} \neq \emptyset$.

命題 14.5.3　コンパクト距離空間 X について次が成り立つ．

(1)　X の任意の閉集合族 $\mathcal{A} = \{A_\lambda \mid \lambda \in \Lambda\}$ について，$\mathcal{A}$ が有限交叉性を持つならば，これらは共有点を持つ．すなわち，$\bigcap_{\lambda \in \Lambda} A_\lambda \neq \emptyset$.

(2)　(1) のもとで，さらに $\inf \{\operatorname{diam} A_\lambda \mid \lambda \in \Lambda\} = 0$ が成り立つならば，$\bigcap_{\lambda \in \Lambda} A_\lambda$ は 1 点集合である．

証明　(1) 背理法により示す．仮に $\bigcap_{\lambda \in \Lambda} A_\lambda = \emptyset$ とすれば，ド・モルガンの法則から $\bigcup_{\lambda \in \Lambda} (X \setminus A_\lambda) = X$ が成り立つ．そこで，開集合族 $\{X \setminus A_\lambda \mid \lambda \in \Lambda\}$ について X のコンパクト性を適用すれば，$\bigcup_{i=1}^{n} (X \setminus A_{\lambda_i}) = X$ となるように有限個の $\lambda_1, \cdots, \lambda_n \in \Lambda$ を上手く選ぶことができる．ここでもう一度ド・モルガンの法則を用いれば $\bigcap_{i=1}^{n} A_{\lambda_i} = \emptyset$．これは $\mathcal{A}$ が有限交叉性を持つことに反する．

(2)　$A := \bigcap_{\lambda \in \Lambda} A_\lambda$ とすれば，(1) より A は空でないゆえ $\operatorname{diam} A \geq 0$ である．また，各 $\lambda \in \Lambda$ について $A \subset A_\lambda$ ゆえ $\operatorname{diam} A \leq \operatorname{diam} A_\lambda$．つまり，$\operatorname{diam} A$ は集合 $D = \{\operatorname{diam} A_\lambda \mid \lambda \in \Lambda\}$ の下界ゆえ $\operatorname{diam} A \leq \inf D = 0$．以上より $\operatorname{diam} A = 0$．すなわち，$A$ は 1 点集合である (備考 12.1.2)．　□

実は，命題 14.5.3 (1) の性質は，空間のコンパクト性と同値である (練習 14.5)．

次の定理 14.5.4 および系 14.5.5 は現代数学において常識とされる．分野の区別なく断りなく何度も用いられるであろう．証明は次節に記す．

定理 14.5.4　距離空間 X について次は同値である：

(1)　X は点列コンパクトである，　　(2)　X はコンパクトである．

上の定理と定理 14.1.8 を合わせることで，直ちに次が得られる：

系 14.5.5 (ハイネ-ボレルの被覆定理)　$X \subset \mathbb{R}^n$ について次は同値である：

(1)　X は $\mathbb{R}^n$ の有界閉集合である，　　(2)　部分空間 X はコンパクトである．

---

[2] 有限個であれば，どんなに多くても構わない．

系 14.2.2 からは，次も成り立つ．

系 14.5.6 $X \subset \mathbb{C}$ について次は同値である：
(1) X は $\mathbb{C}$ の有界閉集合である，
(2) 部分空間 X はコンパクトである，
(3) 部分空間 X は点列コンパクトである．

── コンパクト性の導入にあたって ──

いま，読者はコンパクトなる珍妙な概念をいかに捉えたらよいか困惑していることと思う．その要因の一つは，コンパクト性の定義において空間を覆うような有限個の開集合が取り出せることが超越的に認められているにすぎず，その具体的な選び方が一切分からないところにある．しかしながら，このような超越的な操作を用いた定義は点列の収束や関数の連続性，空間の完備性や点列コンパクト性においても現れており，コンパクト性に限った話ではない．もしかすると，これらの概念とコンパクト性との間にある決定的な違いは，その性質を通して何を示すことができるのか，はじめのうちはまったく見当がつかないことにあるのかもしれない．これに加えて，点列コンパクト性や有界閉性といった，よりイメージのわきやすい概念が既に与えられていることを思えば，コンパクト性の導入に初学者が疑問を持つのも当然だろう．

点列コンパクト性や有界閉性と比べたコンパクト性の利点は証明における技術的な側面にある．誤解を恐れずに乱暴に述べれば，有限個の開集合が上手く取り出せることを通して有限的な議論に帰着する，という戦略がコンパクト空間においては練りやすい．いまの説明を実感するには，解析学や幾何学に現れる具体的な対象においてコンパクト性を用いた証明を経験せねばならない．しかし，これは本書の枠を超えており，読者の課題の一つとして挙げるに留めよう．本書としてせいぜいできることは，そのような数学を学ぶ際に暗黙知として了解されるハイネ-ボレルの被覆定理の証明である．

コンパクト性の表現がまわりくどくならないよう，次の語句を導入する．

定義 14.5.7 X を距離空間とする．いま，パラメータ集合 Λ の各元 $\lambda \in \Lambda$ について，X の開集合 U_λ が与えられているとする．この設定のもとで $\bigcup_{\lambda \in \Lambda} U_\lambda = X$ が成り立つとき，開集合族 $\mathcal{U} := \{U_\lambda \mid \lambda \in \Lambda\}$ を X の**開被覆**と呼ぶ．また，$\Gamma \subset \Lambda$ について，$\mathcal{V} := \{U_\gamma \mid \gamma \in \Gamma\}$ も X の開被覆となるとき（つまり $\bigcup_{\gamma \in \Gamma} U_\gamma = X$ を満たすとき），$\mathcal{V}$ を $\mathcal{U}$ の**部分被覆**という．とくに有限個の開集合からなる部分被覆を**有限部分被覆**と呼ぶ（これは上の Γ が有限集合となる場合に相当する）．

いま，定義 14.5.1 で述べた条件 (C) は次のように言い換えられる：
(C) X の任意の開被覆は有限部分被覆を持つ．

14.6 ハイネ-ボレルの被覆定理 (発展)

ハイネ-ボレルの被覆定理を導くために，定理 14.5.4 の証明を与える．このうち，コンパクト距離空間の点列コンパクト性は，定理 4.4.2 の証明に類似する戦略で導ける (練習 14.6)．しかしここでは，それとは異なる手法を紹介しよう．

微積分の定義に現れる極限においては，分母が 0 にならぬよう 0 に値を取らずに 0 に限りなく近づけていく．これと同じように，点 $x \in X$ には一致させずに $A \subset X$ の元を x に限りなく近づけることを考えよう．これが可能であるとき，x を A の集積点という．集積点の形式的定義を次で与える：

定義 14.6.1 距離空間 X の部分集合 A および点 $x \in X$ について，次の条件が成り立つとき x を A の**集積点**という．

$$x \text{ を含む } X \text{ の任意の開集合 } U \text{ について，} (A \setminus \{x\}) \cap U \neq \emptyset.$$

〔備考〕 A の集積点は A の触点である．

命題 14.6.2 コンパクト距離空間 X の部分集合 A について次が成り立つ．

$$A \text{ は無限集合である} \implies A \text{ は集積点 } x \in X \text{ を持つ．}$$

証明 対偶を示す．A が集積点を持たないと仮定する．すると各 $x \in X$ について，x を含む開集合 U_x であり，$(A \setminus \{x\}) \cap U_x = \emptyset$ をみたすものが取れる．このとき $A \cap U_x$ は 1 点集合 $\{x\}$ あるいは $\emptyset$ である．X の開被覆 $\mathcal{U} = \{U_x \mid x \in X\}$ に対してコンパクト性を適用すれば，次を満たす有限個の点 $x_1, \cdots, x_n \in X$ が選べる：$X = \bigcup_{i=1}^{n} U_{x_i}$．ここで $A = A \cap X = \bigcup_{i=1}^{n} (A \cap U_{x_i}) \subset \{x_1, \cdots, x_n\}$．つまり A は有限集合である． □

補題 14.6.3 距離空間 X 上の点列 a_n について，点 $\alpha \in X$ が $A = \{a_n \mid n \in \mathbb{N}\}$ の集積点ならば，α に収束する a_n の部分列が存在する．

証明 $d(a_{n_k}, \alpha) < 1/k$ を満たすように自然数の増大列 $n_1 < n_2 < \cdots$ を帰納的に定めていく．既に n_k までが定まっているとする．このとき，$U = N\left(\alpha, \dfrac{1}{k+1}\right) \setminus (\{a_1, a_2, \cdots, a_{n_k}\} \setminus \{\alpha\})$ は α を含む開集合である (練習 11.4 および 11.7)．仮定より $(A \setminus \{\alpha\}) \cap U \neq \emptyset$ であり，ゆえに $a_{n_{k+1}} \in (A \setminus \{\alpha\}) \cap U$ を満たす $n_{k+1} \in \mathbb{N}$ が取れる．このとき $a_{n_{k+1}}$ は，$a_1, a_2, \cdots, a_{n_k}, \alpha$ のいずれでもない．つまり $n_{k+1} > n_k$． □

定理 14.6.4　コンパクト距離空間は点列コンパクトである.

証明　任意に点列 $a_n \in X$ を取り, $A = \{a_n \mid n \in \mathbb{N}\}$ とおく. A が無限集合の場合は命題 14.6.2 より A の集積点 $\alpha \in X$ が存在し, 補題 14.6.3 より α に収束する部分列が取れる. 一方, A が有限集合ならば, $A = \{x_1, \cdots, x_m\}$ と書ける. このとき, 点列 a_n において無限回重複して現れるものがある. 実際, 点列を写像 $a : \mathbb{N} \to X$ とみなせば無限集合 $\mathbb{N}$ の分割 $\mathbb{N} = a^{-1}(x_1) \cup \cdots \cup a^{-1}(x_m)$ が得られ, このいずれかの $a^{-1}(x_i)$ は無限集合である. 無限集合 $a^{-1}(x_i)$ の元を小さい順に並べた列を $n_1 < n_2 < \cdots$ とすれば, 部分列 $a_{n_k} = x_i$ は定値点列ゆえ収束する. □

次に, 点列コンパクト性からコンパクト性を導こう.

補題 14.6.5　点列コンパクト距離空間 $X \neq \emptyset$ は, 次の条件 (T) を満たす:
(T)　任意の $\varepsilon > 0$ に応じて, 次を満たす有限個の点 $x_1, \cdots, x_n \in X$ が存在する (n は ε に依存して定まる自然数である) : $X = \bigcup_{i=1}^{n} N(x_i, \varepsilon)$.

〔補足〕　条件 (T) を満たす距離空間を**全有界** (totally bounded) であるという.

証明　対偶を示す. すなわち, どのようにたくさんの有限点 $x_1, \cdots, x_n \in X$ を取りだしても $X \not\subset \bigcup_{i=1}^{n} N(x_i, \varepsilon)$ となるような $\varepsilon > 0$ の存在を仮定し, このとき X が点列コンパクトでないことを示そう. これは命題 14.1.6 の証明と類似する手法を展開することで示される. いまから

$$各 n, m \in \mathbb{N} \text{ (ただし } m \neq n) \text{ について } d(a_m, a_n) \geq \varepsilon$$

を満たす点列 $a_k \in X$ が帰納的に取れることを示す. まず $a_1 \in X$ を一つ取る. 仮定より $X \not\subset N(a_1, \varepsilon)$ であり, $a_2 \in X \setminus N(a_1, \varepsilon)$ が存在する. このとき $a_2 \notin N(a_1, \varepsilon)$ ゆえ $d(a_1, a_2) \geq \varepsilon$ である. 次に, $a_1, \cdots, a_k$ までが既に与えられており, 各 $m, n \leq k$ ($m \neq n$) について $d(a_m, a_n) \geq \varepsilon$ を満たすと仮定する. このとき, 次を満たす $a_{k+1} \in X$ の存在を示そう:

$$各 m, n \leq k+1 \text{ (ただし } m \neq n) \text{ について } d(a_m, a_n) \geq \varepsilon.$$

仮定より $X \not\subset \bigcup_{i=1}^{k} N(a_i, \varepsilon)$ であり, $a_{k+1} \in X \setminus \bigcup_{i=1}^{k} N(a_i, \varepsilon)$ が存在する. この a_{k+1} は求める性質を満たす. 実際, 各 $i = 1, \cdots, k$ について, $a_{k+1} \notin N(a_i, \varepsilon)$ ゆえ $d(a_i, a_{k+1}) \geq \varepsilon$ である. 以上のようにして得られた点列 a_k の任意の部分列はコーシー列ではない. つまり a_k の任意の部分列は収束せず, ゆえに X は点列コンパクト

でない. □

補題 14.6.6 $\mathcal{U}$ を点列コンパクト距離空間 X の開被覆とすれば，次を満たす $\varepsilon > 0$ が存在する：

$$\text{各点 } x \in X \text{ に応じて, } N(x, \varepsilon) \subset U_x \text{ を満たす } U_x \in \mathcal{U} \text{ が存在する.} \quad (L)$$

〔補足〕 ある $\varepsilon > 0$ について上の条件 (L) が成り立つとき，次も成り立つ：

$$A \subset X \text{ かつ } \operatorname{diam} A < \varepsilon \Longrightarrow A \subset U_A \text{ を満たす } U_A \in \mathcal{U} \text{ が存在する:} \quad (L')$$

条件 (L') を満たすような $\varepsilon > 0$ を開被覆 $\mathcal{U}$ の**ルベーグ数**という.

証明 背理法により示す. 各 $\varepsilon > 0$ について (L) が成り立たないとすれば, 次を満たす $x_\varepsilon \in X$ が取れる：

$$\text{すべての } U \in \mathcal{U} \text{ について } N(x_\varepsilon, \varepsilon) \not\subset U. \quad (14.1)$$

そこで各 $n \in \mathbb{N}$ ごとに，$\varepsilon_n = 1/n > 0$ に関して (14.1) を満たす点として $y_n \in X$ を与える (つまり $y_n := x_{\varepsilon_n}$). 点列コンパクト性から y_n は収束部分列 y_{n_i} をもち，その極限を $y \in X$ とする. y を含む開集合 $U_0 \in \mathcal{U}$ を取れば，十分小さな $\delta > 0$ について $N(y, 2\delta) \subset U_0$ が成り立つ. また収束の定義から次を満たす自然数 N が存在する：各 $i > N$ について $d(y, y_{n_i}) < \delta$. さらに $1/n_k < \delta$ を満たすように $k > N$ を十分大きくとれば, 各 $z \in N(y_{n_k}, 1/n_k)$ について

$$d(y, z) \leq d(y, y_{n_k}) + d(y_{n_k}, z) < \delta + \frac{1}{n_k} < 2\delta.$$

ゆえに $N(y_{n_k}, 1/n_k) \subset N(y, 2\delta) \subset U_0$ であり, これは $\varepsilon = 1/n_k$ について $x_\varepsilon = y_{n_k}$ が (14.1) を満たすことに反する. □

定理 14.6.7 点列コンパクト距離空間はコンパクトである.

証明 X を点列コンパクト距離空間とし, その開被覆 $\mathcal{U}$ を任意に取る. この $\mathcal{U}$ に対して補題 14.6.6 の条件 (L) を満たす $\varepsilon > 0$ を取り, さらに, この ε に対して補題 14.6.5 を適用すれば,

$$X = \bigcup_{i=1}^{n} N(x_i, \varepsilon)$$

を満たすような有限個の点 $x_1, \cdots, x_n \in X$ が得られる. さて, 各 $i = 1, \cdots, n$ について, 条件 (L) から $N(x_i, \varepsilon) \subset U_i$ を満たす $U_i \in \mathcal{U}$ が存在し, このとき $\bigcup_{i=1}^{n} U_i \supset \bigcup_{i=1}^{n} N(x_i, \varepsilon) = X$. つまり $\{U_1, \cdots, U_n\}$ は $\mathcal{U}$ の有限部分被覆である. □

以上により, 定理 14.5.4 が示された. このほか, 次もよく知られた事実ゆえ紹介し

定理 14.6.8 (よりみち)　距離空間 $X \neq \emptyset$ について次は同値である：
 (1)　X はコンパクトである，
 (2)　X は点列コンパクトである，
 (3)　X は全有界かつ完備である．

証明　(1)⇔(2) は既に示した．(2)⇒(3) について，全有界性は補題 14.6.5 による．完備性については練習 14.1 として残す．また，(3)⇒(2) も練習 14.6(2) として残す． □

14.7　代数学の基本定理 (よりみち)

数学科のカリキュラムにおいては，複素関数論の学習の過程でリューヴィルの定理の系として次の定理を導くことが多い．ここでは本書の知識のみで理解できる証明を紹介しよう．

定理 14.7.1 (代数学の基本定理)　n を自然数とする．複素数係数の n 次多項式 $f(z)$ について，方程式 $f(z) = 0$ は複素数の範囲において解を持つ．

以下，本節では $n \in \mathbb{N}$ とし，$f(z) = \sum_{j=0}^{n} a_j z^j$ (ただし $a_n \neq 0$) を複素数係数の n 次多項式とする．また，$\overline{N}(0, R)$ は $\mathbb{C}$ における原点の R-閉近傍を表す．代数学の基本定理の証明の大筋は，次の二つの補題からなる．

補題 14.7.2　次を満たす $R > 0$ が存在する：
$$z \in \mathbb{C} \setminus \overline{N}(0, R) \implies |f(0)| \leq |f(z)|.$$

証明　$|f(z)| = |z^n| \left| a_n + \dfrac{a_{n-1}}{z} + \dfrac{a_{n-2}}{z^2} + \cdots + \dfrac{a_0}{z^n} \right|$ と書けることに注意し，この右辺の後半に対して三角不等式 (命題 12.4.2 (3)) を適用すれば，
$$|z^n| \left(|a_n| - \left| \frac{a_{n-1}}{z} \right| - \left| \frac{a_{n-2}}{z^2} \right| - \cdots - \left| \frac{a_0}{z^n} \right| \right) \leq |f(z)|$$
$$|z|^n \left(|a_n| - \left(\frac{|a_{n-1}|}{|z|} + \frac{|a_{n-2}|}{|z|^2} + \cdots + \frac{|a_0|}{|z|^n} \right) \right) \leq |f(z)|.$$
また，$\lim_{x \to \infty} (1/x^k) = 0$ (ただし $k \in \mathbb{N}$) より，次を満たす正数 L が存在する：
$$z \in \mathbb{C} \text{ について，} \quad |z| > L \implies \frac{|a_{n-1}|}{|z|} + \frac{|a_{n-2}|}{|z|^2} + \cdots + \frac{|a_0|}{|z|^n} < \frac{|a_n|}{2}.$$

したがって，「$|z| > L \Longrightarrow |z|^n \cdot |a_n|/2 \leq |f(z)|$」である．また $\lim_{x \to \infty} x^n = \infty$ ゆえ，次を満たす正数 $R > L$ が存在する：$|z| > R$ ならば $|f(0)| \leq |z|^n \cdot |a_n|/2$．すなわち，「$|z| > R \Longrightarrow |f(0)| \leq |f(z)|$」が成り立つ． □

命題 12.4.4 から，複素関数としての多項式 $f(z)$ の連続性が導かれる．また，連続関数の合成は連続ゆえ，$|f(z)|$ も連続である．

系 14.7.3 $A : \mathbb{C} \to [0, \infty)$ $(A(z) = |f(z)|)$ は最小値を持つ．

証明 補題 14.7.2 にあるように $R > 0$ を取る．このとき，$\overline{N}(0, R)$ は $\mathbb{C}$ の有界閉集合であるから，(点列) コンパクトである (系 14.2.2)．ゆえに連続関数 $A|_{\overline{N}(0,R)}$ は最小値 $|f(z_0)|$ (ただし $z_0 \in \overline{N}(0,R)$) を持つ．$0 \in \overline{N}(0,R)$ ゆえ $|f(z_0)| \leq |f(0)|$ であり，また R の取り方から，$\overline{N}(0,R)$ の外側の点 z について $|f(0)| \leq |f(z)|$．つまり，$|f(z_0)|$ は A の最小値である． □

複素数 z の偏角を θ とするとき，絶対値が $\sqrt[n]{|z|}$ であり，偏角が θ/n となる複素数は，z の n 乗根の一つである (ド・モアブルの定理より)．

補題 14.7.4 ある $z_0 \in \mathbb{C}$ について $|f(z_0)| \neq 0$ ならば，$|f(w_0)| < |f(z_0)|$ を満たす $w_0 \in \mathbb{C}$ が存在する．

〔証明の方針〕 $C_0 := f(z_0)$ とおく．$w = z_0 + \delta$ (ただし $\delta \in \mathbb{C}$) とおき，δ を変数とする関数と見て $|f(w)| - |f(z_0)|$ を書きなおしてみよう．$f(w) = f(z_0 + \delta)$ は δ の多項式であるから，$f(z_0 + \delta) = B_n \delta^n + \cdots + B_1 \delta + B_0$ と書ける (ただし $B_j \in \mathbb{C}$, $j = 0, \cdots, n$)．ここで $\delta = 0$ を代入して $B_0 = C_0$ を得る．δ を変数とみるとき $f(z_0 + \delta)$ は定数関数ではないから，$B_1, \cdots, B_n$ のいずれかは 0 でない．そこで，$B_1, B_2, \cdots, B_n$ と並べたとき，最初に現れる 0 でない数を B_k とする．さらに $f(z_0 + \delta)$ の $k+1$ 次以上の項をまとめて $g(\delta)$ とおけば，$f(z_0 + \delta) = g(\delta) + B_k \delta^k + C_0$ である．以上の設定のもとで

$$|f(w)| - |f(z_0)| = |g(\delta) + B_k \delta^k + C_0| - |C_0|.$$

ここでさらに，$-C_0/B_k$ の k 乗根を一つ取って r とする．ε を開区間 $(0,1)$ 上を動く変数とし，$\delta = r\varepsilon$ と変数変換すれば $\delta^k = \varepsilon^k(-C_0/B_k)$ が成り立つから，

$$|f(w)| - |f(z_0)| = |g(\delta) - C_0 \varepsilon^k + C_0| - |C_0| = |g(\delta) + C_0(1 - \varepsilon^k)| - |C_0|$$
$$\leq |g(\delta)| + |C_0|(1 - \varepsilon^k) - |C_0| = |g(\delta)| - |C_0|\varepsilon^k.$$

$g(\delta) = g(r\varepsilon)$ は ε を変数とする $k+1$ 次以上の項しか現れない多項式であるから，$\varepsilon > 0$ が十分小さいとき，$|g(\delta)|$ は $|C_0|\varepsilon^k$ に比べればはるかに小さい．つまり，上の最後の式は負の値を取りうる．

証明 ε を開区間 $(0,1)$ 上を動く変数とし，$C_0, B_1, \cdots, B_n, r \in \mathbb{C}$ および $\mathbb{C}$ 係数多項式 $g(\delta)$ を上の方針に沿って定める．ここで，$\delta = r\varepsilon$ と変数変換すれば，上で述べた計算により

$$|f(z_0 + r\varepsilon)| - |f(z_0)| \leq |g(r\varepsilon)| - |C_0|\varepsilon^k = -\varepsilon^k \left(|C_0| - \left|\frac{g(r\varepsilon)}{\varepsilon^k}\right|\right).$$

$g(r\varepsilon)$ は $k+1$ 次以上の項しか含まない ε を変数とする多項式だから，$g(r\varepsilon)/\varepsilon^k$ は定数項を含まない多項式であり，ゆえに $\lim_{\varepsilon \to 0+} g(r\varepsilon)/\varepsilon^k = 0$ を得る．したがって，十分小さい $\varepsilon_0 > 0$ について，$|g(r\varepsilon_0)/\varepsilon_0{}^k| < |C_0|/2$ が成り立つ．このとき，

$$|C_0| - \left|\frac{g(r\varepsilon_0)}{\varepsilon_0{}^k}\right| > |C_0| - \frac{|C_0|}{2} = \frac{|C_0|}{2} > 0.$$

以上より，$w_0 := z_0 + r\varepsilon_0$ について，$|f(w_0)| - |f(z_0)| \leq -\varepsilon_0{}^k \times$ 正数．すなわち，これらは負数である． □

代数学の基本定理の証明 系 14.7.3 より関数 $|f(z)|$ は最小値 $|f(z_0)|$ を持つ．ここで $|f(z_0)| = 0$ であれば，$f(z_0) = 0$ ゆえ z_0 は方程式 $f(z) = 0$ の解となる．$|f(z_0)| = 0$ を背理法により示そう．$|f(z_0)| \neq 0$ とすれば，補題 14.7.4 より $|f(w_0)| < |f(z_0)|$ を満たす $w_0 \in \mathbb{C}$ が取れる．しかしこれは z_0 が関数 $|f(z)|$ の最小値であることに反する．ゆえに $|f(z_0)| = 0$． □

章末問題

練習 14.1 点列コンパクト距離空間 X が完備であることを示せ．

練習 14.2 $n \geq 3$ に関する定理 14.1.7 の証明を与えよ．

練習 14.3 定義 14.4.1 における条件 (i) および (ii) の同値性を示せ．

練習 14.4 開区間 U を定義域とする微分可能な関数 $f : U \to \mathbb{R}$ の導関数が有界ならば，f は一様連続である．これを示せ．

練習 14.5 (よりみち) 距離空間 X が命題 14.5.3 (1) の性質を満たすとする．このとき，X がコンパクトであることを示せ．

練習 14.6 (よりみち)
（1）有限交叉性（命題 14.5.3）を用いて定理 14.6.4 を示せ（ヒント：定理 4.4.2 の証明を参考にするとよい）．

（2） 全有界な完備距離空間が点列コンパクトであることを示せ．

練習 14.7（発展） $m, n \in \mathbb{N}$ とし $f: S^{m-1} \to \mathbb{R}^n$ を連続写像とする．このとき，f の連続な拡張 $\widetilde{f}: D^m \to \mathbb{R}^n$ が存在することを示せ．

付　録

付録A

より厳密な微分積分法へ

本書を通して学んできた基礎的な概念が微分積分法を理論立てる際にどのように現れるのか，その導入段階に限って紹介する．本文内で下線を引いた部分は，これまでに扱った議論を本質的に用いていることを指す．

A.1 接線と微分

開区間 $U \subset \mathbb{R}$ を定義域とする関数 $f : U \to \mathbb{R}$ および点 $a \in U$ が与えられているとしよう．このとき，a を点 $b \in U$ まで変化させたときの f の**平均変化率**は

$$\frac{f(b) - f(a)}{b - a}$$

で与えられる．これは f のグラフ上の 2 点 $\mathrm{P} = (a, f(a))$ と $\mathrm{Q} = (b, f(b))$ を通る直線 L_b の傾きに等しい．

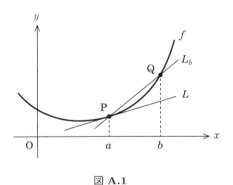

図 A.1

ここで，b を a に近づけていくと，L_b は，点 P における f のグラフの接線 L に近づいていくと推察される．つまり，L の傾きは L_b のそれの極限

$$\lim_{\substack{b \to a \\ b \neq a}} \frac{f(b) - f(a)}{b - a} \tag{A.1}$$

に一致すると思われる．ここで，「推察される」あるいは「思われる」といった曖昧な表現に違和感を覚える読者もいよう．しかし，そうせざるを得ないのは，我々が「接線」の定義を与えていないことによる．この問題を逆手にとり，接線の定義を次のように与える：

定義 A.1.1 開集合 $U \subset \mathbb{R}$ を定義域とする関数 $f : U \to \mathbb{R}$ および点 $a \in U$ について，極限 (A.1) が存在するとき，この値を点 a における f の**微分** (あるいは**微分係数**) とよび，$f'(a)$ で表す．点 a における微分係数が存在するとき，f は，a において**微分可能**であるという．

定義 A.1.2 開集合 $U \subset \mathbb{R}$ を定義域とする関数 $f : U \to \mathbb{R}$ が点 $a \in U$ において微分可能であるとき，点 $\mathrm{P} = (a, f(a))$ を通る傾き $f'(a)$ の直線のことを，点 P における f のグラフの**接線**と呼ぶ．

以下，極限 (A.1) における "$b \neq a$" の部分は誤解がない限り省略する．

微分は，かすか (微か) に分けた差に関する比の極限である．実際，f が連続ならば，a と b が十分近いとき，$f(a)$ と $f(b)$ も近い．なお，極限 (A.1) が存在するとき，a において f は連続である：

命題 A.1.3 f が点 a で微分可能ならば，点 a において連続である．

証明 $f(x) - f(a) = \dfrac{f(x) - f(a)}{x - a} \cdot (x - a) \xrightarrow[x \to a]{} f'(a) \cdot 0 = 0.$ □

$h = b - a$ と変数変換すれば $b \to a$ と $h \to 0$ (ただし $h \neq 0$) は同値であり，極限 (A.1) をしばしば次のように表す：

$$f'(a) = \lim_{h \to 0} \frac{f(a + h) - f(a)}{h}.$$

例 A.1.4 $f : \mathbb{R} \to \mathbb{R}$ ($f(x) = x^2$) は各点 $x \in \mathbb{R}$ で微分可能であり $f'(x) = 2x$．

証明 $x \in \mathbb{R}$ を固定しよう．$F(h) := \dfrac{f(x + h) - f(x)}{h}$ と定めれば，これは $\mathbb{R} \setminus \{0\}$ を定義域とする関数である ($F(h)$ に $h = 0$ を代入することはできない)．また，3.1 節で述べた式変形により，$F(h) = 2x + h$ が成り立つ．そこで，新たな関数 $\widetilde{F} : \mathbb{R} \to \mathbb{R}$ を $\widetilde{F}(h) := 2x + h$ と定めれば，これは F の拡張である．さて，$\widetilde{F}(h)$ は連続関数

ゆえ，$\lim_{h \to 0} \widetilde{F}(h) = \widetilde{F}(0) = 2x$ が成り立つ．ここで，関数の極限の定義を思い出せば，h の動く範囲を狭めたところで極限値は変わらないのであった．したがって $\lim_{\substack{h \to 0 \\ h \neq 0}} \widetilde{F}(h) = 2x$．これは $\lim_{\substack{h \to 0 \\ h \neq 0}} F(h) = 2x$ を意味する． □

結局のところ，$F(h)$ に 0 を代入することはできなくても，こちらで勝手に与えた拡張 $\widetilde{F}(h)$ には 0 を代入できること，そして議論を連続関数の性質に帰着させることで多項式関数の微分が得られる．

定義域 U 上のすべての点において $f : U \to \mathbb{R}$ の微分係数が存在するとき，f は**微分可能**であるという．このとき，各 $x \in U$ に対して $f'(x)$ を対応させる新たな関数 $f' : U \to \mathbb{R}$ が定義できる．この関数を f の**導関数**(または**微分**)と呼ぶ．

関数 f に x を代入した値を表す式が与えられ，これを $f(x)$ とするとき，f' の式を $(f(x))'$ と書くことがある．また，f を定める式に複数の文字が現れるとき，どの変数について微分しているかを明示するために，変数 x による $f(x)$ の微分を $\dfrac{d}{dx} f(x)$ と書く．

例 A.1.5 (1) $\left(\dfrac{1}{x}\right)' = \dfrac{-1}{x^2}$, (2) $\dfrac{d}{dx}(ax^3) = 3ax^2$, (3) $\dfrac{d}{dy}(z^2 + 1) = 0$.

さらに，変数 x に応じて動く変数 y を $y = f(x)$ と定めるとき，この微分 $f'(x)$ を y' あるいは $\dfrac{dy}{dx}$ と書く．

A.2　いくつかの微分公式

次の基本的な微分公式は，難しい議論を経ることなく示せるゆえ証明は略そう：

命題 A.2.1　微分可能な関数 f, g および定数 $a, b \in \mathbb{R}$ について次が成り立つ．
- $(af(x) + bg(x))' = af'(x) + bg'(x)$．　(微分作用素の線形性)
- $(f(x)g(x))' = f'(x)g(x) + f(x)g'(x)$．　(ライプニッツの法則)
- $\left(\dfrac{f(x)}{g(x)}\right)' = \dfrac{f'(x)g(x) - f(x)g'(x)}{g(x)^2}$．　(商の微分公式)
- $(g(f(x)))' = g'(f(x))f'(x)$．　(合成関数の微分公式)

逆関数の微分公式の導出においては，その微分可能性の証明のなかで逆関数の連続性を用いる．開区間から $\mathbb{R}$ への連続単射像は開区間である (系 13.6.4)．

命題 A.2.2　$U, V \subset \mathbb{R}$ を開区間とする．微分可能な全単射 $f : U \to V$ が点 $a \in U$ において $f'(a) \neq 0$ を満たすならば，f の逆関数 $g : V \to U$ は点 $b := f(a)$ において微分可能であり，$g'(b) = 1/f'(a)$ が成り立つ．

証明 h を，$b+h \in V$ を満たす範囲で動く変数とし，$\delta = g(b+h) - g(b)$ とおく．このとき，図 A.2 より $h = f(a+\delta) - f(a)$ となることが見て取れる[1]．

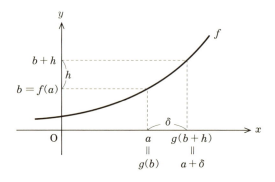

図 A.2 b および a における増分

したがって，点 b から $b+h$ まで動いたときの g の平均変化率は，

$$\frac{g(b+h) - g(b)}{h} = \frac{\delta}{f(a+\delta) - f(a)} = \frac{1}{\dfrac{f(a+\delta) - f(a)}{\delta}}.$$

f は微分可能ゆえ連続であり，系 13.6.5 により g は連続である．つまり $h \to 0$ のとき $\delta \to 0$ であり，したがって上式は $h \to 0$ において $1/f'(a)$ に収束する． □

f が逆関数 g を持ち，$y = g(x)$ とすれば $x = f(y)$ である．しばしば逆関数の微分公式は次のように表される：

$$\frac{dy}{dx} = g'(x) = \frac{1}{f'(y)} = \frac{1}{\dfrac{dx}{dy}}.$$

A.3 指数関数の微分

指数・対数関数の微分を導く際に次の極限値を用いる．次の証明には実数の連続性が関わる．

命題 A.3.1 数列 $a_n = \left(1 + \dfrac{1}{n}\right)^n$ は収束する．

---

[1] 図に頼らない $h = f(a+\delta) - f(a)$ の形式的証明は次の通り：$g(b) = a$ に注意し，δ の定義式を移項すれば $a + \delta = g(b+h)$ であり，この両辺に f をほどこすと $f(a+\delta) = f \circ g(b+h) = b + h = f(a) + h$．すなわち $h = f(a+\delta) - f(a)$．

証明 a_n が 3 を超えない単調増加列であることを示せば，定理 4.1.2 より a_n は収束列である．二項定理により，a_n は次のような $n+1$ 個の項に分解できる：

$$a_n = {}_nC_0 + {}_nC_1 \frac{1}{n} + {}_nC_2 \frac{1}{n^2} + {}_nC_3 \frac{1}{n^3} + \cdots + {}_nC_n \frac{1}{n^n}$$

$$= 1 + \frac{n}{1!}\frac{1}{n} + \frac{n(n-1)}{2!}\frac{1}{n^2} + \frac{n(n-1)(n-2)}{3!}\frac{1}{n^3} + \cdots + \frac{n!}{n!}\frac{1}{n^n}$$

$$= 1 + 1 + 1 \cdot \left(1 - \frac{1}{n}\right)\frac{1}{2!} + 1 \cdot \left(1 - \frac{1}{n}\right)\left(1 - \frac{2}{n}\right)\frac{1}{3!}$$

$$+ \cdots + 1 \cdot \left(1 - \frac{1}{n}\right)\left(1 - \frac{2}{n}\right) \cdots \left(1 - \frac{n-1}{n}\right)\frac{1}{n!}.$$

a_{n+1} は，上の最後の式における各項の分母に現れる n を $n+1$ に置き換えた式 (ただし $n!$ は $(n+1)!$ に置き換えない) に，さらにもう一つ項をつけ加えたものだから，$a_n < a_{n+1}$ が成り立つ．また，$a_n < 2 + \frac{1}{2!} + \frac{1}{3!} + \cdots + \frac{1}{n!} < 2 + \frac{1}{2} + \frac{1}{2^2} + \cdots + \frac{1}{2^{n-1}} < 2 + 1 = 3$ である． □

上の数列 a_n の極限を e で表し，これを**ネイピア数** (あるいは**自然対数の底**) と呼ぶ．e は無理数であり，$e = 2.718281828459\cdots$ であることが知られる．e を底とする対数 $\log_e x$ を $\log x$ と略記する．

命題 A.3.2 $f : (1, \infty) \to \mathbb{R}$ を $f(x) = \left(1 + \frac{1}{x}\right)^x$ と定めれば，$\lim_{x \to \infty} f(x) = e$.

証明 $N := [x]$ (x を超えない最大の整数) とおくと，$N \leq x < N+1$ であり，$x \to \infty$ のとき $N \to \infty$ である (例 7.4.10 (1))．冪関数と指数関数の単調性より

$$\left(1 + \frac{1}{N+1}\right)^{N+1} \cdot \left(1 + \frac{1}{N+1}\right)^{-1} = \left(1 + \frac{1}{N+1}\right)^N \leq \left(1 + \frac{1}{N+1}\right)^x$$

$$< f(x) \leq \left(1 + \frac{1}{N}\right)^x < \left(1 + \frac{1}{N}\right)^{N+1} = \left(1 + \frac{1}{N}\right)^N \cdot \left(1 + \frac{1}{N}\right).$$

上の両端の項はいずれも $x \to \infty$ (つまり $N \to \infty$) において e に収束し，はさみうちの原理により求める主張を得る． □

指数関数 $g(x) = a^x$ の微分を求めるには，

$$\frac{g(x+h) - g(x)}{h} = \frac{a^{x+h} - a^x}{h} = a^x \cdot \frac{a^h - 1}{h}$$

であるから，極限 $\lim_{h \to 0} \frac{a^h - 1}{h}$ についての議論が本質的である．次の証明において<u>指数関数と対数関数の連続性</u>を用いていることを見落としてはならない．

命題 A.3.3 正数 a について $\displaystyle\lim_{h\to 0}\frac{a^h-1}{h}=\log a$.

証明 $a>1$ とする．右極限を得るために $h>0$ とすれば，a^x の単調性より $\delta = a^h-1>0$．また a^x の連続性より，$h\to 0+$ のとき $\delta\to 0+$ である．$a^h=1+\delta$ から $h=\log_a(1+\delta)$．さらに $L=1/\delta$ とおくと，

$$\frac{a^h-1}{h}=\frac{\delta}{\log_a(1+\delta)}=\frac{1}{\frac{1}{\delta}\log_a(1+\delta)}=\frac{1}{\log_a\left(1+\frac{1}{L}\right)^L}.$$

$\delta\to 0+$ のとき $L\to\infty$ であり，上の右辺は $L\to\infty$ において，命題 A.3.2 および $\log_a x$ の連続性より $\dfrac{1}{\log_a e}=\dfrac{\log_a a}{\log_a e}=\log_e a$ に収束する[2]．次に，左極限を得るために $h<0$ とすれば，$\varepsilon=-h$ は $h\to 0-$ において $\varepsilon\to 0+$ となる．また，

$$\frac{a^h-1}{h}=\frac{a^{-\varepsilon}-1}{-\varepsilon}=\frac{1-a^{-\varepsilon}}{\varepsilon}\cdot\frac{a^\varepsilon}{a^\varepsilon}=\frac{a^\varepsilon-1}{\varepsilon}\cdot\frac{1}{a^\varepsilon}.$$

既に示したことから上の右辺は $\varepsilon\to 0+$ において $(\log a)\cdot\dfrac{1}{a^0}=\log a$ に収束する．

$0<a<1$ の場合は $b=1/a>1$ および $\varepsilon=-h$ とおくと，

$$\frac{a^h-1}{h}=\frac{(b^{-1})^h-1}{h}=\frac{b^{-h}-1}{h}=-\frac{b^{-h}-1}{-h}=-\frac{b^\varepsilon-1}{\varepsilon}.$$

$h\to 0$ のとき $\varepsilon\to 0$ であり，上の右辺は $\varepsilon\to 0$ において $-\log b=\log(b^{-1})=\log a$ に収束する． □

以上により，$(a^x)'=a^x\log a$ である．また，$y=\log_a x$ について逆関数の微分公式を適用すれば，$x=a^y$ より

$$(\log_a x)'=\frac{dy}{dx}=\frac{1}{\dfrac{dx}{dy}}=\frac{1}{\dfrac{d}{dy}a^y}=\frac{1}{a^y\log a}=\frac{1}{x\log a}.$$

A.4 三角関数の微分

補題 A.4.1 $\displaystyle\lim_{\theta\to 0}\frac{\sin\theta}{\theta}=1$.

証明 $0<\theta<\dfrac{\pi}{2}$ とし，106 ページの図 6.4 における三角形 $P_\theta OS$ および扇形 $P_\theta OS$，三角形 QOS の面積を比較すれば，$0<\sin\theta<\theta<\dfrac{\sin\theta}{\cos\theta}$．この逆数をとり

---

[2] ここで底の交換公式 (105 ページ) を用いた．

$0 < \dfrac{\cos\theta}{\sin\theta} < \dfrac{1}{\theta} < \dfrac{1}{\sin\theta}$. ゆえに $0 < \cos\theta < \dfrac{\sin\theta}{\theta} < 1$ を得る．$\cos\theta$ の連続性 (命題 8.2.4) から $\lim_{\theta\to 0}\cos\theta = 1$ であり，はさみうちの原理より $\lim_{\theta\to 0+}\dfrac{\sin\theta}{\theta} = 1$．左極限については，$\varphi = -\theta$ とおけば $\theta \to 0-$ のとき $\varphi \to 0+$ であり，いま示したことから $\dfrac{\sin\theta}{\theta} = \dfrac{\sin(-\varphi)}{-\varphi} = \dfrac{-\sin\varphi}{-\varphi} \longrightarrow 1\ (\varphi \to 0+)$. □

命題 A.4.2 （1） $(\sin x)' = \cos x$,
（2） $(\cos x)' = -\sin x$,
（3） $(\tan x)' = \dfrac{1}{\cos^2 x} = 1 + \tan^2 x$.

証明 （1） 命題 8.2.4 (126 ページ) の証明のように和と積の公式を適用する．これに先の補題と $\cos x$ の連続性を合わせて，
$$\dfrac{\sin(x+\delta) - \sin x}{\delta} = \dfrac{1}{\delta} \cdot 2\cos\dfrac{2x+\delta}{2}\sin\dfrac{\delta}{2}$$
$$= \dfrac{\sin(\delta/2)}{\delta/2} \cdot \cos\left(x + \dfrac{\delta}{2}\right) \longrightarrow \cos x \quad (\delta \to 0).$$
（2） $\cos x = \sin\left(x + \dfrac{\pi}{2}\right)$ に合成関数の微分公式を適用し，$\left(\sin\left(x + \dfrac{\pi}{2}\right)\right)' = \cos\left(x + \dfrac{\pi}{2}\right) \cdot \left(x + \dfrac{\pi}{2}\right)' = \cos\left(x + \dfrac{\pi}{2}\right) = -\sin x$.
（3） 商の微分公式より $\left(\dfrac{\sin x}{\cos x}\right)' = \dfrac{(\sin x)'\cos x - \sin x\,(\cos x)'}{\cos^2 x} = \dfrac{\cos^2 x + \sin^2 x}{\cos^2 x}$. この右辺は $\dfrac{1}{\cos^2 x}$ あるいは $1 + \tan^2 x$ と変形される． □

正弦関数と余弦関数の逆関数は，定義域から端点を除いた開区間 $(-1, 1)$ 上で微分可能である．

命題 A.4.3 （1） $(\sin^{-1} x)' = \dfrac{1}{\sqrt{1-x^2}}$,
（2） $(\cos^{-1} x)' = \dfrac{-1}{\sqrt{1-x^2}}$,
（3） $(\tan^{-1} x)' = \dfrac{1}{1+x^2}$.

証明 （1） $y = \sin^{-1} x$ とすれば $x = \sin y$ である．$y \in \left(-\dfrac{\pi}{2}, \dfrac{\pi}{2}\right)$ より $\cos y > 0$. つまり $\cos y = \sqrt{\cos^2 y} = \sqrt{1 - \sin^2 y} = \sqrt{1 - x^2}$. ゆえに $\dfrac{dy}{dx} = 1\Big/\dfrac{dx}{dy} = \dfrac{1}{\cos y} = \dfrac{1}{\sqrt{1-x^2}}$.

（2） $y = \cos^{-1} x$ とすれば $x = \cos y$ である．$y \in (0, \pi)$ より $\sin y > 0$．つまり $\sin y = \sqrt{\sin^2 y} = \sqrt{1 - \cos^2 y} = \sqrt{1 - x^2}$．ゆえに $\dfrac{dy}{dx} = 1 \Big/ \dfrac{dx}{dy} = \dfrac{1}{-\sin y} = \dfrac{-1}{\sqrt{1-x^2}}$．

（3） $y = \tan^{-1} x$ とすれば $x = \tan y$ である．ゆえに $\dfrac{dy}{dx} = 1 \Big/ \dfrac{dx}{dy} = \dfrac{1}{1 + \tan^2 y} = \dfrac{1}{1+x^2}$． □

A.5　平均値の定理

関数が最大値を取る点を探す際は[3]，微分係数が消える点のみを見ればよい：

命題 A.5.1　f が微分可能であり，点 α で最大 (小) 値を取るならば $f'(\alpha) = 0$．

証明　点 α で最大値を取るとする．$\alpha + h$ が f の定義域に含まれるような $h \in \mathbb{R}$ を任意にとれば，$f(\alpha + h) - f(\alpha) \leq 0$ が成り立つ．よって，$h > 0$ のとき $\dfrac{f(\alpha+h) - f(\alpha)}{h} \leq 0$ ゆえ $h \to 0+$ として $f'(\alpha) \leq 0$．また $h < 0$ とすれば，$\dfrac{f(\alpha+h) - f(\alpha)}{h} \geq 0$ ゆえ $h \to 0-$ として $f'(\alpha) \geq 0$．以上より $f'(\alpha) = 0$ である．最小値における微分係数が 0 であることも同様にして示せる． □

以下，本節で考える閉区間 $[a,b]$ について，$a < b$ とする．

平均値の定理の証明はロルの定理を通してなされ，その証明の中で最大値・最小値の定理が用いられる．

補題 A.5.2 (ロルの定理)　開区間 (a,b) の各点で微分可能な連続関数 $f : [a,b] \to \mathbb{R}$ について，$f(a) = f(b)$ ならば $f'(c) = 0$ を満たす $c \in (a,b)$ が存在する．

証明　f が定数関数ならば $f'(x) \equiv 0$ ゆえ $c := (a+b)/2$ とすればよい．そこで f は定数関数でないとする．このとき $f(x_0) \neq f(a)$ となるような $x_0 \in (a,b)$ が存在する．まず $f(x_0) > f(a)$ の場合を考える．定理 14.2.4 より f は最大値 $f(c)$ をもつ (ここで $c \in [a,b]$)．いま $f(a) = f(b) < f(x_0) \leq f(c)$ だから，とくに $c \neq a, b$ であり，ゆえに $c \in (a,b)$．また，命題 A.5.1 より $f'(c) = 0$ である．$f(x_0) < f(a)$ の場合は最小値を取る点における微分係数が 0 となる． □

---

[3]　どうして最大値や最小値を求める必要があるのか，その理由を検討せよ．

定理 A.5.3 (平均値の定理)　開区間 (a,b) で微分可能な連続関数 $f:[a,b] \to \mathbb{R}$ について，$f'(c) = \dfrac{f(b)-f(a)}{b-a} = \dfrac{f(a)-f(b)}{a-b}$ を満たす $c \in (a,b)$ が存在する．

証明の概略　平均変化率を $\ell = \dfrac{f(b)-f(a)}{b-a}$ とし，f から傾き ℓ の 1 次関数を引いたものを $F(x)$ とすれば (例えば $F(x) := f(x) - \ell(x-a)$ とせよ)，F はロルの定理の前提を満たす．F にロルの定理を適用すれば，求める主張が得られる． □

命題 A.5.4　開区間 U を定義域とする微分可能な関数 $f:U \to \mathbb{R}$ について，f' が恒等的に 0 であることと，f が定数関数であることは同値である．

証明　$f'(x) \equiv 0$ とする．f が定数関数であることをいうには，各 $a,b \in U$ について $f(a) = f(b)$ を示せばよい．$a \neq b$ とすれば平均値の定理より $\dfrac{f(b)-f(a)}{b-a} = f'(c) = 0$ を満たす点 c が a と b の間に存在する．このとき $f(b) - f(a) = 0$ である． □

導関数が f になる関数を f の**原始関数**と呼ぶ．たとえば x^2 や x^2+1 は，ともに $2x$ の原始関数である．f の原始関数たちの間には，定数ぶんの差しかない：

系 A.5.5　U を開区間とする．$F,G:U \to \mathbb{R}$ がともに $f:U \to \mathbb{R}$ の原始関数ならば，$F(x) - G(x)$ は定数関数である．

証明　$(F(x) - G(x))' = f(x) - f(x) = 0$．したがって命題 A.5.4 より $F(x) - G(x)$ は定数関数である． □

定理 A.5.6 (コーシーの平均値の定理)　開区間 (a,b) の各点で微分可能な連続関数 $f,g:[a,b] \to \mathbb{R}$ について，(a,b) の各点で f' と g' が同時に 0 の値を取ることはなく，かつ $g(a) \neq g(b)$ ならば，$\dfrac{f'(c)}{g'(c)} = \dfrac{f(b)-f(a)}{g(b)-g(a)} = \dfrac{f(a)-f(b)}{g(a)-g(b)}$ を満たす $c \in (a,b)$ が存在する．

証明の概略　$\ell = \dfrac{f(b)-f(a)}{g(b)-g(a)}$ とおく．示すべきは $f'(c) - \ell g'(c) = 0$ をみたす c の存在である．つまり，$f'(x) - \ell g'(x)$ の原始関数 $F(x)$ について $F(a) = F(b)$ がいえれば，ロルの定理より主張が得られる．例えば $F(x) := f(x) - \ell(g(x) - g(a))$ とすれば $F(a) = F(b) = f(a)$．ゆえに $F'(c) = f'(c) - \ell g'(c) = 0$ を満たす $c \in (a,b)$ が存在する．ここで，$g'(c) = 0$ とすれば $f'(c) = 0$ となり，仮定に反する．ゆえに $g'(c) \neq 0$ であり，$f'(c) - \ell g'(c) = 0$ を変形して $\ell = f'(c)/g'(c)$ を得る． □

コーシーの平均値の定理の幾何的な意味を述べておく．$\gamma(t) = (g(t), f(t))$ なる曲線 $\gamma : [a, b] \to \mathbb{R}^2$ を考え，この曲線上の 2 点 $P = \gamma(a)$ と $Q = \gamma(b)$ を通る直線を L とする．L の傾きは $\ell = \dfrac{f(b) - f(a)}{g(b) - g(a)}$ である．一方，$g'(c) \neq 0$ のとき曲線 γ 上の点 $\gamma(c)$ における接線 L' の傾きは，$\dfrac{f'(c)}{g'(c)}$ に等しい．これは次の式から確認できる：

$$\frac{f'(c)}{g'(c)} = \lim_{t \to c} \left(\frac{f(t) - f(c)}{t - c} \cdot \frac{t - c}{g(t) - g(c)} \right) = \lim_{t \to c} \frac{f(t) - f(c)}{g(t) - g(c)} = L' \text{ の傾き}.$$

すなわち，L と平行な接線を引ける場所が時刻 $t = a, b$ の間に存在することをコーシーの平均値の定理は述べている．

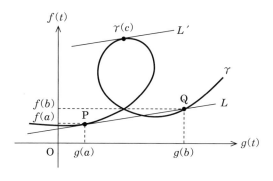

図 **A.3**

A.6 ロピタルの定理

関数 $f(x)$ および $g(x)$ がともに $x \to c$ において 0 に収束（あるいは ∞ に発散）するとき，これらの比の極限 $\displaystyle \lim_{x \to c} \frac{f(x)}{g(x)}$ を**不定形の極限**と呼ぶ．不定形の極限が微分係数の比の極限に一致するという型で表現される一連の主張を**ロピタルの定理**という．本節では断りがない限り，分母に現れる関数 g および g' は，与えられた定義域上で 0 の値を取らないと仮定する．

定理 A.6.1 $a < c < b$ とし，$f, g : (a, b) \setminus \{c\} \to \mathbb{R}$ が微分可能であるとする．このとき，$\displaystyle \lim_{x \to c} f(x) = \lim_{x \to c} g(x) = 0$ かつ $\displaystyle \lim_{x \to c} \frac{f'(x)}{g'(x)} = \alpha$ ならば，$\displaystyle \lim_{x \to c} \frac{f(x)}{g(x)} = \alpha$．

証明 点 c における f と g の値を $f(c) := 0$, $g(c) := 0$ と定めれば，仮定より f と

g は開区間 (a,b) を定義域とする連続関数である[4]．各 $x \in (a,b) \setminus \{c\}$ についてコーシーの平均値の定理を適用すれば，$\dfrac{f(x)}{g(x)} = \dfrac{f(x)-f(c)}{g(x)-g(c)} = \dfrac{f'(d_x)}{g'(d_x)}$ を満たす d_x が x と c の間に存在する．$x \to c$ のとき $d_x \to c$ であり，したがって $\dfrac{f(x)}{g(x)} = \dfrac{f'(d_x)}{g'(d_x)} \longrightarrow \alpha$ $(x \to c)$. □

上の定理における "$x \to c$" を "$x \to c+$" や "$x \to c-$" に置き換えた主張も成り立つ (証明も同様である)．その場合は関数の定義域を (c,b) あるいは (a,c) としてもよい．また "$x \to c$" を "$x \to \infty$" に置き換えた次の主張も成り立つ．

命題 A.6.2 $a, \alpha \in \mathbb{R}$ とする．微分可能な関数 $f, g : (a, \infty) \to \mathbb{R}$ について，$\lim_{x \to \infty} f(x) = \lim_{x \to \infty} g(x) = 0$ かつ $\lim_{x \to \infty} \dfrac{f'(x)}{g'(x)} = \alpha$ ならば，$\lim_{x \to \infty} \dfrac{f(x)}{g(x)} = \alpha$.

証明 $y = 1/x$ とおくと，$x \to \infty$ と $y \to 0+$ は同値である．そこで $F(y) := f(1/y)$, $G(y) := g(1/y)$ とおけば，$\lim_{y \to 0+} F(y) = \lim_{x \to \infty} f(x) = 0$ および $\lim_{y \to 0+} G(y) = 0$ が成り立つ．また，合成関数の微分公式により $\dfrac{d}{dy} F(y) = f'(1/y) \cdot \dfrac{-1}{y^2}$, $\dfrac{d}{dy} G(y) = g'(1/y) \cdot \dfrac{-1}{y^2}$．ゆえに $\lim_{y \to 0+} \dfrac{F'(y)}{G'(y)} = \lim_{y \to 0+} \dfrac{f'(1/y)}{g'(1/y)} = \lim_{x \to \infty} \dfrac{f'(x)}{g'(x)} = \alpha$ であり，$F(y)$ と $G(y)$ について定理 A.6.1 を適用すれば $\lim_{y \to 0+} \dfrac{F(y)}{G(y)} = \alpha$. 以上より $\lim_{x \to \infty} \dfrac{f(x)}{g(x)} = \lim_{y \to 0+} \dfrac{F(y)}{G(y)} = \alpha$. □

f と g が ∞ に発散する場合は，次のように<u>収束・発散の定義</u>まで戻って示す必要がある．

定理 A.6.3 $a, \alpha \in \mathbb{R}$ とする．微分可能な関数 $f, g : (a, \infty) \to \mathbb{R}$ について，$\lim_{x \to \infty} g(x) = \infty$ かつ $\lim_{x \to \infty} \dfrac{f'(x)}{g'(x)} = \alpha$ ならば，$\lim_{x \to \infty} \dfrac{f(x)}{g(x)} = \alpha$.

証明 $\varepsilon > 0$ とすれば，仮定 $\lim_{x \to \infty} \dfrac{f'(x)}{g'(x)} = \alpha$ から，次を満たす $K > 0$ が取れる：
$$x > K \implies \left| \dfrac{f'(x)}{g'(x)} - \alpha \right| < \dfrac{\varepsilon}{6}. \tag{A.2}$$
以下，この K を固定しよう．つまり $f(K)$ や $g(K)$ も固定された数である．ここで

---

[4] 拡張された $f, g : (a, b) \to \mathbb{R}$ の点 c 以外の点における連続性は練習 12.6 による．

仮定 $\lim_{x\to\infty} g(x) = \infty$ を適用し，次を満たす $L > K$ を取る：

$$x > L \implies \left|\frac{f(K)}{g(x)}\right| < \frac{\varepsilon}{3} \text{ かつ } \left|\frac{g(K)}{g(x)}\right| < \min\left\{1, \frac{\varepsilon}{3|\alpha|}\right\}. \quad (A.3)$$

ただし $\alpha = 0$ の場合は上式の最後を $\left|\frac{g(K)}{g(x)}\right| < 1$ とせよ．いまから「$x > L \implies \left|\frac{f(x)}{g(x)} - \alpha\right| < \varepsilon$」を示そう．$x > L$ とすれば，$\left|\frac{g(K)}{g(x)}\right| < 1$ より $g(x) \neq g(K)$．そこでコーシーの平均値の定理を適用すれば，$\frac{f(x) - f(K)}{g(x) - g(K)} = \frac{f'(c_x)}{g'(c_x)}$ を満たす $c_x \in (K, x)$ が存在する．$\delta := \frac{f'(c_x)}{g'(c_x)} - \alpha$ とおけば，式 (A.2) より $|\delta| < \varepsilon/6$ である．ここで $\delta = \frac{f(x) - f(K)}{g(x) - g(K)} - \alpha$ を変形すれば，

$$f(x) - f(K) = (\delta + \alpha)(g(x) - g(K)) = \alpha g(x) - \alpha g(K) + \delta(g(x) - g(K)),$$

$$f(x) - \alpha g(x) = f(K) - \alpha g(K) + \delta(g(x) - g(K))$$

を得る．したがって，

$$\left|\frac{f(x)}{g(x)} - \alpha\right| = \left|\frac{f(x) - \alpha g(x)}{g(x)}\right| \leq \left|\frac{f(K)}{g(x)}\right| + |\alpha| \cdot \left|\frac{g(K)}{g(x)}\right| + |\delta| \cdot \left(1 + \left|\frac{g(K)}{g(x)}\right|\right)$$
$$< \frac{\varepsilon}{3} + |\alpha| \cdot \frac{\varepsilon}{3|\alpha|} + |\delta| \cdot (1 + 1) < \varepsilon.$$

上の最後の段における不等式は式 (A.3) による． □

上の定理において，$\lim_{x\to\infty} f(x) = \infty$ なる仮定は不要であるものの，不定形にするためにこの条件を形式的に課すことがある．また，"$x \to \infty$" を "$x \to c$" に置き換えた次の主張も成り立つ：

命題 A.6.4 $a < c < b$ とし，関数 f と g が $(a, b) \setminus \{c\}$ において微分可能であるとする．このとき，$\lim_{x\to c} g(x) = \infty$ かつ $\lim_{x\to c} \frac{f'(x)}{g'(x)} = \alpha$ ならば，$\lim_{x\to c} \frac{f(x)}{g(x)} = \alpha$．

証明の概略 左右の極限に分けて論じる．$x \to c+$ については，$x = 1/y + c$ とおけば $x \to c+$ と $y \to \infty$ は同値である．つまり，y に変数変換したうえで定理 A.6.3 を適用すればよい．また $x \to c-$ については，$x = -1/y + c$ とおけば $x \to c-$ と $y \to \infty$ は同値である．同様の変数変換を行い定理 A.6.3 を適用せよ． □

例 A.6.5 正数全体を定義域とする次の関数について，

（1） $\lim_{x\to 0+} x \log x = 0,$ （2） $\lim_{x\to 0+} x^x = 1.$

証明 （1） $\lim_{x\to 0+} x\log x = \lim_{x\to 0+} \dfrac{\log x}{1/x}$ を求めたい． $\dfrac{(\log x)'}{(1/x)'} = \dfrac{1/x}{-1/x^2} = -x \xrightarrow[x\to 0+]{} 0$ に命題 A.6.4 を適用すればよい．

（2） 指数関数の連続性と (1) から， $x^x = e^{\log(x^x)} = e^{x\log x} \xrightarrow[x\to 0+]{} e^0 = 1$． □

A.7 テイラーの定理と級数展開

次にあるように， f' を $f^{(1)}$ とも書く．

定義 A.7.1 関数 f について， $f^{(0)} := f$ と形式的に定め，さらに各 $n \in \mathbb{N}$ に対して $f^{(n)}(x) := \dfrac{d}{dx} f^{(n-1)}(x)$ と帰納的に定義する．これを f の **n 次導関数** (あるいは **n 階導関数**, **n 回微分**など) と呼ぶ． f が何度でも微分可能であるとき[5]， f は**無限回微分可能**であるという．

物事を単純な事象に分解して理解を容易にするという考え方は，分析における常套手段の一つである．例えば，実数を無限小数に展開しておくと，数直線上におけるその数の位置が把握しやすい．これと似た議論を関数に対して考えてみよう．

本節では，次のように関数を多項式に分解 (展開) する方法について論じる：

$$f(x) = b_0 + b_1(x-a) + b_2(x-a)^2 + b_3(x-a)^3 + \cdots$$
$$= \sum_{n=0}^{\infty} b_n(x-a)^n. \tag{A.4}$$

ここで，各 b_n および a は定数とする．上の右辺を**冪級数**という．関数 f を冪級数によって表示するとき，その表示を f の**冪級数展開**と呼ぶ．もちろんすべての関数が冪級数展開できるわけではない．しかし，上式のように展開できる場合に $(x-a)^n$ の係数として現れる b_n はどのような値になるだろうか．ここで，冪級数が項別微分可能ならば[6]，式 (A.4) を k 回微分すると $k-1$ 次以下の項が消えて

$$f^{(k)}(x) = \sum_{n=k}^{\infty} n(n-1)\cdots(n-(k-1))b_n(x-a)^{n-k}.$$

この両辺に $x = a$ を代入すれば右辺は $n = k$ の項のみが残り， $f^{(k)}(a) = k! b_k$ を得る．すなわち，

$$b_k = \dfrac{f^{(k)}(a)}{k!}, \quad \text{したがって，} \quad f(x) = \sum_{n=0}^{\infty} \dfrac{f^{(n)}(a)}{n!}(x-a)^n.$$

---

[5] すなわち任意の $n \in \mathbb{N}$ について f の n 階導関数が存在するとき．
[6] 一般に，極限和の微分と微分和の極限が一致するという保証はない． f の冪級数展開についてこれらが一致するとき， f は**項別微分可能**であるという．

上の等式が真に成立することを確かめるには，誤差 $R_n := f(x) - \sum_{k=0}^{n-1} \dfrac{f^{(k)}(a)}{k!}(x-a)^k$ が $n \to \infty$ において 0 に収束することを示せばよい：

命題 A.7.2 開区間 U 上で定義された無限回微分可能な関数 $f : U \to \mathbb{R}$ および $x, a \in U$ が与えられているとする．$R_n = f(x) - \sum_{k=0}^{n-1} \dfrac{f^{(k)}(a)}{k!}(x-a)^k$ が $\lim_{n \to \infty} R_n = 0$ を満たすならば，$f(x) = \sum_{n=0}^{\infty} \dfrac{f^{(n)}(a)}{n!}(x-a)^n$．

この R_n は**剰余項**と呼ばれ，次のように表示できることが知られる：

定理 A.7.3 (テイラーの定理)　開区間 U 上で定義された n 回微分可能な関数 $f : U \to \mathbb{R}$ および任意の異なる 2 点 $a, b \in U$ について，

$$f(b) = \sum_{k=0}^{n-1} \frac{f^{(k)}(a)}{k!}(b-a)^k + R_n, \qquad R_n = \frac{f^{(n)}(\theta)}{n!}(b-a)^n \tag{A.5}$$

を満たす θ が a と b の間に存在する．

証明　$\varphi : U \to \mathbb{R}$ を $\varphi(x) := f(x) - \sum_{k=0}^{n-1} \dfrac{f^{(k)}(a)}{k!}(x-a)^k$ で定める ($\varphi(b) = R_n$ となることを想定している)．φ は n 回微分可能であり，$\ell = 1, \cdots, n-1$ について

$$\varphi^{(\ell)}(x) = f^{(\ell)}(x) - \sum_{k=\ell}^{n-1} \frac{f^{(k)}(a)}{k!} k(k-1) \cdots (k-(\ell-1))(x-a)^{k-\ell}$$
$$= f^{(\ell)}(x) - \sum_{k=\ell}^{n-1} \frac{f^{(k)}(a)}{(k-\ell)!}(x-a)^{k-\ell}.$$

ゆえに $\varphi^{(\ell)}(x)$ に $x = a$ を代入すれば，総和の項は 0 次の項 ($k = \ell$ の項) 以外が消えるから $\varphi^{(\ell)}(a) = f^{(\ell)}(a) - \dfrac{f^{(\ell)}(a)}{0!} = 0$．つまり $\varphi(a) = \varphi'(a) = \varphi''(a) = \cdots = \varphi^{(n-1)}(a) = 0$ が成り立つ．また，$\varphi^{(n)}(x) = f^{(n)}(x)$ である．次に $g : U \to \mathbb{R}$ を $g(x) := (x-a)^n$ と定めれば，$\ell = 1, \cdots, n$ について $g^{(\ell)}(x) = n(n-1) \cdots (n-(\ell-1))(x-a)^{n-\ell}$．ゆえに $g(a) = g'(a) = \cdots = g^{(n-1)}(a) = 0$．また $g^{(n)}(x) = n!$ である．各 $g^{(\ell)}$ は a と b を端点とする開区間上で 0 にならない．そこで，φ と g に対してコーシーの平均値の定理を適用すれば，$\dfrac{\varphi(b) - \varphi(a)}{g(b) - g(a)} = \dfrac{\varphi'(\theta_1)}{g'(\theta_1)}$ を満たす θ_1 が a と b の間に存在する．次に φ' と g' に対してコーシーの平均値の定理を適用すれば，$\dfrac{\varphi'(\theta_1)}{g'(\theta_1)} = \dfrac{\varphi'(\theta_1) - \varphi'(a)}{g'(\theta_1) - g'(a)} = \dfrac{\varphi''(\theta_2)}{g''(\theta_2)}$ を満たす θ_2 が a と θ_1 の間に存在する．さらに次々と繰り返しコーシーの平均値の定理を適用することにより，我々は次を満たす $\theta_3, \cdots, \theta_n$ を a と b の間に得る：

$$\frac{\varphi(b)}{g(b)} = \frac{\varphi(b)-\varphi(a)}{g(b)-g(a)} = \frac{\varphi'(\theta_1)}{g'(\theta_1)} = \frac{\varphi''(\theta_2)}{g''(\theta_2)} = \frac{\varphi'''(\theta_3)}{g'''(\theta_3)} = \cdots = \frac{\varphi^{(n)}(\theta_n)}{g^{(n)}(\theta_n)} = \frac{f^{(n)}(\theta_n)}{n!}.$$

以上より，$\varphi(b) = \dfrac{f^{(n)}(\theta_n)}{n!} \cdot g(b) = \dfrac{f^{(n)}(\theta_n)}{n!}(b-a)^n$. □

関数 f が無限回微分可能であるとき，剰余項に現れる θ の位置は a, b, n に依存して変化する．つまり $\theta = \theta(a,b,n)$ と書くのが望ましい．多くの応用において，$f^{(n)}$ に代入した値が既知であるような数 a を固定し，b と n を変化させていくことから，式 (A.5) における b を x に置き換え，次のように表すことも多い：

$$f(x) = \sum_{k=0}^{n-1} \frac{f^{(k)}(a)}{k!}(x-a)^k + R_n, \quad R_n = \frac{f^{(n)}(\theta)}{n!}(x-a)^n. \quad (\theta \text{ は } a \text{ と } x \text{ の間の数})$$

テイラーの定理における $a=0$ の場合を**マクローリンの定理**と呼ぶ．関数 f について $f(x) = \sum_{n=0}^{\infty} \dfrac{f^{(n)}(a)}{n!}(x-a)^n$ が成り立つとき，この右辺を**テイラー級数展開**と呼び，特に $a=0$ としたこの冪級数を**マクローリン級数展開**と呼ぶ．

例 A.7.4 （1） $e^x = \sum_{n=0}^{\infty} \dfrac{x^n}{n!} = 1 + x + \dfrac{x^2}{2!} + \dfrac{x^3}{3!} + \dfrac{x^4}{4!} + \cdots$.

（2） $\sin x = \sum_{n=0}^{\infty} \dfrac{(-1)^n}{(2n+1)!}x^{2n+1} = x - \dfrac{x^3}{3!} + \dfrac{x^5}{5!} - \dfrac{x^7}{7!} + \dfrac{x^9}{9!} - \dfrac{x^{11}}{11!} + \cdots$.

（3） $\cos x = \sum_{n=0}^{\infty} \dfrac{(-1)^n}{(2n)!}x^{2n} = 1 - \dfrac{x^2}{2!} + \dfrac{x^4}{4!} - \dfrac{x^6}{6!} + \dfrac{x^8}{8!} - \dfrac{x^{10}}{10!} + \cdots$.

証明 （1） $f(x) = e^x$ とすれば $f^{(n)}(x) = e^x$ である．各 $n \in \mathbb{N}$ についてマクローリンの定理を適用すれば，0 と x の間にある θ_n を用いて $e^x = \sum_{k=0}^{n-1} \dfrac{x^k}{k!} + R_n$, $R_n = \dfrac{e^{\theta_n}}{n!}x^n$ と書ける．ここで $M = e^{|x|}$ とおけば，指数関数の単調性から n によらずに $e^{\theta_n} \le M$ が成り立ち，例 3.8.11 より $|R_n| = \left|\dfrac{e^{\theta_n}}{n!}x^n\right| \le M \cdot \dfrac{|x|^n}{n!} \longrightarrow 0 \ (n \to \infty)$.

（2） $f(x) = \sin x$ とすれば $f^{(n)}(x) = \sin\left(x + \dfrac{\pi}{2}n\right)$ ゆえ，マクローリンの定理における剰余項は $|R_n| = \left|\dfrac{f^{(n)}(\theta_n)}{n!}x^n\right| \le \dfrac{|x|^n}{n!} \longrightarrow 0 \ (n \to \infty)$.

（3） （2）と同様にして示せる． □

テイラーの定理の剰余項に現れる θ の正確な位置がわからなくても，剰余項を上手く評価することで関数の近似値が求められる．

例 A.7.5 $\sin 0.1$ と 0.1 の誤差は $1/6000$ 以下である．

証明 $n=3$ についてマクローリンの定理を適用し, $\sin x = x + R_3$. ゆえに $|\sin x - x| = |R_3| \leq \frac{1}{3!}|x|^3$. ここに $x = 0.1$ を代入すれば, $|R_3| \leq 1/6000$. □

近似の精度を高めたければ, より大きい n を取ればよい. 例えば, $n=5$ について, $\sin 0.1$ と $0.1 - \frac{1}{6} \cdot (0.1)^3$ の誤差は, $|R_5| \leq \frac{(0.1)^5}{5!} = 1/12000000$.

A.8 オイラーの公式

実数 x について $e^x = \sum_{n=0}^{\infty} \frac{x^n}{n!}$ が成り立つことを念頭に, 複素数 z の指数関数を

$$e^z := \sum_{n=0}^{\infty} \frac{z^n}{n!}$$

と定めよう. この右辺が複素数列として収束する根拠は $\mathbb{C}$ の完備性による:

補題 A.8.1 任意の $z \in \mathbb{C}$ について数列 $s_n = \sum_{k=0}^{n} \frac{z^k}{k!}$ は収束する.

証明 命題 12.4.5 により級数 $S_n = \sum_{k=0}^{n} \left| \frac{z^k}{k!} \right| = \sum_{k=0}^{n} \frac{|z|^k}{k!}$ が収束することを言えばよい. S_n は例 A.7.4 (1) により $e^{|z|}$ に収束するのであった. □

さて, 角 $\theta \in \mathbb{R}$ について $e^{i\theta}$ を展開すれば (ただし i は虚数単位),

$$e^{i\theta} = 1 + i\theta + \frac{(i\theta)^2}{2!} + \frac{(i\theta)^3}{3!} + \frac{(i\theta)^4}{4!} + \frac{(i\theta)^5}{5!} + \frac{(i\theta)^6}{6!} + \frac{(i\theta)^7}{7!} + \frac{(i\theta)^8}{8!} + \cdots$$
$$= 1 + i\theta - \frac{\theta^2}{2!} - i\frac{\theta^3}{3!} + \frac{\theta^4}{4!} + i\frac{\theta^5}{5!} - \frac{\theta^6}{6!} - i\frac{\theta^7}{7!} + \frac{\theta^8}{8!} + \cdots.$$

一方, 例 A.7.4 (2) および (3) により,

$$\cos\theta = 1 - \frac{\theta^2}{2!} + \frac{\theta^4}{4!} - \frac{\theta^6}{6!} + \frac{\theta^8}{8!} - \frac{\theta^{10}}{10!} + \cdots,$$
$$i\sin\theta = i\theta - i\frac{\theta^3}{3!} + i\frac{\theta^5}{5!} - i\frac{\theta^7}{7!} + i\frac{\theta^9}{9!} - i\frac{\theta^{11}}{11!} + \cdots.$$

これらの和を取ることで (練習 12.7), 次の等式を得る:

系 A.8.2 (オイラーの公式) $e^{i\theta} = \cos\theta + i\sin\theta$.

いま, θ を実数として論じたものの, 指数関数と同様に複素三角関数を冪級数によって定義すれば, 上の等式は θ が虚数のときも成り立つ. なお, $\sin z := \sum_{n=0}^{\infty} \frac{(-1)^n}{(2n+1)!} z^{2n+1}$ が絶対収束することは, $\sum_{k=0}^{n} \frac{|z|^{2k+1}}{(2k+1)!} \leq \sum_{k=0}^{2n+1} \frac{|z|^k}{k!} \xrightarrow[n \to \infty]{} e^{|z|}$ および練習 4.5 による. $\cos z := \sum_{n=0}^{\infty} \frac{(-1)^n}{(2n)!} z^{2n}$ についても同様である.

A.9 連続関数の積分可能性

$a, b \in \mathbb{R}$, $a < b$ とし,有界な関数 $f : [a,b] \to \mathbb{R}$ の積分可能性,つまり $f(x)$ のグラフと x 軸で挟まれた領域 D に面積が定まるかどうかについて検討する.

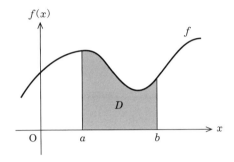

図 **A.4** f のグラフと x 軸に挟まれた領域 D

面積の計算が容易な図形で図 A.4 における領域 D を近似するために,細かい短冊を集めた図形を考える.そこでまず区間 $[a,b]$ の分割を与える:

定義 A.9.1 幅を持つ閉区間 $A_1, \cdots, A_n$ がそれぞれ端点を除いて交わらず,かつ $[a,b] = \bigcup_{i=1}^{n} A_i$ を満たすとき,集合族 $\Delta = \{A_1, \cdots, A_n\}$ を $[a,b]$ の**分割**とよぶ.

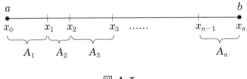

図 **A.5**

例えば図 A.5 にあるように,有限列 $x_0 = a < x_1 < x_2 < \cdots < x_{n-1} < x_n = b$ に対して,

$$A_i := [x_{i-1}, x_i] \quad (i = 1, \cdots, n), \qquad \Delta := \{A_1, \cdots, A_n\}$$

と定めれば,Δ は $[a,b]$ の分割である.以下,$[a,b]$ の分割は上の形で与えられているとする.また,$[a,b]$ の分割をすべて集めた集合を $\mathcal{P}$ とおく.

さて,分割 Δ に応じて定まる,図 A.6 のように短冊形に分割された二つの図形 (D を含む図形と D に含まれる図形) の面積をそれぞれ $S(f, \Delta), s(f, \Delta)$ とする. $S(f, \Delta), s(f, \Delta)$ はそれぞれ**上ダルブー和**,**下ダルブー和**と呼ばれ,形式的には次のように定義される:

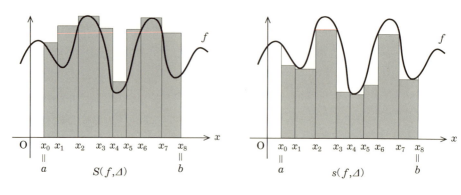

図 **A.6** 領域 D を挟む二つの図形

$$M_i := \sup f(A_i), \qquad S(f,\Delta) := \sum_{i=1}^{n} M_i(x_i - x_{i-1}).$$
$$m_i := \inf f(A_i), \qquad s(f,\Delta) := \sum_{i=1}^{n} m_i(x_i - x_{i-1}).$$

$m_i \leq M_i$ ゆえ $s(f,\Delta) \leq S(f,\Delta)$ である.また領域 D の面積 $\mathrm{Area}(D)$ が定まるとすれば,包含関係から $s(f,\Delta) \leq \mathrm{Area}(D) \leq S(f,\Delta)$ となるはずである.分割 Δ を細かくすればするほど,$S(f,\Delta)$ は減少していき,逆に $s(f,\Delta)$ は増大していく.そこで,分割をどこまでも細かくしていった場合の極限として,

$$S(f) := \inf\{S(f,\Delta) \mid \Delta \in \mathcal{P}\}, \qquad s(f) := \sup\{s(f,\Delta) \mid \Delta \in \mathcal{P}\}$$

を与えれば,$s(f) \leq \mathrm{Area}(D) \leq S(f)$.とくに $s(f) = S(f)$ ならば,この値を D の面積と考えて差しつかえない.以上の考察から次の定義を得る:

> **定義 A.9.2** 有界閉区間を定義域とする有界関数 $f:[a,b] \to \mathbb{R}$ が $s(f) = S(f)$ を満たすとき,f はリーマン積分可能であるという.このとき,この値を
> $$\int_a^b f(x)\,dx$$
> と書き,f の (a から b までの) **定積分**と呼ぶ.さらに f が非負関数であるとき,図 A.4 における領域 D の**面積**を $\mathrm{Area}(D) := \int_a^b f(x)\,dx$ と定める.

〔よりみち〕 上で与えた面積が,これまでに暗黙の了解のもとで用いていた面積概念 (とくに扇形の面積公式) と一致するかどうかは,もちろん検討を要する.あなたならば,どのように考えるだろうか.

積分は,細かく分けた短冊を積み重ねた図形の面積の極限である.以下,関数が

リーマン積分可能なとき，単に**積分可能**であると呼ぼう．

実は，分割 Δ_n の幅[7]を $n \to \infty$ において 0 に収束させるとき，分割 Δ_n の取り方にかかわらず $S(f,\Delta_n)$ および $s(f,\Delta_n)$ はそれぞれ $S(f), s(f)$ に収束することが知られている (ダルブーの定理)．とくに $[a,b]$ の n 等分割 Δ_n^0 について，$S(f,\Delta_n^0)$ および $s(f,\Delta_n^0)$ はそれぞれ $S(f), s(f)$ に収束する．

例 A.9.3 例 8.5.3 で挙げた関数を閉区間 $[a,b]$ に制限したものを改めて f とすれば，f はリーマン積分可能でない．実際，$[a,b]$ のいかなる分割 Δ においても $s(f,\Delta) = -(b-a)$, $S(f,\Delta) = b-a$ ゆえ，$s(f) = -(b-a) \neq b-a = S(f)$.

次は，領域の包含関係が面積の大小関係を導くことを述べている．

命題 A.9.4 $f, g : [a,b] \to \mathbb{R}$ が積分可能であり，各 $x \in [a,b]$ について $f(x) \leq g(x)$ ならば，$\int_a^b f(x)\,dx \leq \int_a^b g(x)\,dx$.

証明 仮定より，$[a,b]$ の任意の分割 Δ について，$S(f,\Delta) \leq S(g,\Delta)$ が成り立つ．したがって，これらの下限について $S(f) \leq S(g)$ である． □

連続関数の積分可能性は，定義域を有界閉区間に限った際の<u>一様連続性</u>による：

定理 A.9.5 有界閉区間を定義域とする連続関数は積分可能である．

証明 $a, b \in \mathbb{R}$ $(a < b)$ とし，$f : [a,b] \to \mathbb{R}$ を連続関数とする．$0 \leq S(f) - s(f) \leq S(f,\Delta) - s(f,\Delta)$ ゆえ[8]，Δ の幅が小さくなればなるほど $S(f,\Delta) - s(f,\Delta)$ の値も 0 に近づくことを示せば主張を得る．そこで任意に $\varepsilon > 0$ を取って固定する．定理 14.4.4 より f は一様連続ゆえ次を満たす $\delta > 0$ が存在する：

$$|x - y| < \delta \implies |f(x) - f(y)| < \frac{\varepsilon}{b-a}. \tag{A.6}$$

このとき，幅が δ 未満になるような任意の分割 $\Delta = \{A_1, \cdots, A_n\}$ について，$S(f,\Delta) - s(f,\Delta) < \varepsilon$ が成り立つ．実際，ダルブー和の定義に現れる M_i, m_i は有界閉区間 A_i における f の最大値と最小値であるから，$z_i, w_i \in A_i$ を用いて $M_i = f(z_i)$, $m_i = f(w_i)$ と書ける．いま，A_i の長さを δ 未満としているゆえ $|z_i - w_i| < \delta$ であり，式 (A.6) より $M_i - m_i = f(z_i) - f(w_i) < \varepsilon/(b-a)$. したがって，

$$S(f,\Delta) - s(f,\Delta) = \sum_{i=1}^n (M_i - m_i)(x_i - x_{i-1}) < \frac{\varepsilon}{b-a} \sum_{i=1}^n (x_i - x_{i-1}) = \varepsilon. \quad \square$$

---

[7] 分割 Δ の幅を，Δ を構成する各区間の長さ (直径) のなかで最大のものと定める．
[8] これは練習 2.4 (5)(ii) による．

A.10 微分積分学の基本定理

$a < b$ において,逆向きの積分を $\int_b^a f(x)\,dx := -\int_a^b f(x)\,dx$ と定める.また,$a = b$ のとき,形式的に $\int_a^a f(x)\,dx := 0$ と定める.このとき,a, b, c の大小にかかわらず,次の等式が成り立つ:

$$\int_a^c f(x)\,dx + \int_c^b f(x)\,dx = \int_a^b f(x)\,dx. \tag{A.7}$$

これは定積分の定義まで戻って確かめるべきことであるが,証明は難しくないゆえ読者の課題として残す.ここでは上を認めたうえで次を示そう.

定理 A.10.1 (微分積分学の基本定理) 開区間 I を定義域とする連続関数 $f: I \to \mathbb{R}$ および $a \in I$ に対して,$F: I \to \mathbb{R}$ を $F(x) := \int_a^x f(t)\,dt$ と定めれば,F は微分可能であり,$F'(x) = f(x)$.

証明 $s \in I$ を固定し,$F'(s) = f(s)$ を示そう.$s + h \in I$ を満たす $h > 0$ について,連続関数 $f|_{[s, s+h]}$ は最大値 $M(h)$ および最小値 $m(h)$ を持つ.このとき,図 A.7 より $m(h) \cdot h \leq \int_s^{s+h} f(t)\,dt \leq M(h) \cdot h$ である[9].この不等式に挟まれた中央の項は,式 (A.7) より $F(s+h) - F(s)$ に等しい.

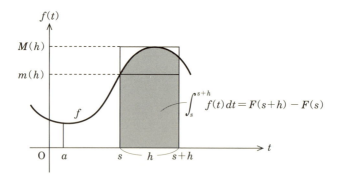

図 **A.7** 区間 $[s, s+h]$ に対応する領域

したがって,

$$m(h) \leq \frac{F(s+h) - F(s)}{h} \leq M(h). \tag{A.8}$$

---

9) 形式的には,この不等式は命題 A.9.4 から導かれる.

f の連続性より $h \to 0+$ のとき $M(h), m(h) \longrightarrow f(s)$ であり，はさみうちの原理から式 (A.8) における中央の項は $h \to +0$ において $f(s)$ に収束する．次に左極限について考えよう．$s+h \in I$ を満たす $h < 0$ について，$f|_{[s+h,s]}$ の最大・最小を $M(h)$ および $m(h)$ とすれば，$m(h) \cdot (-h) \leq F(s) - F(s+h) \leq M(h) \cdot (-h)$ が成り立つ．これらを $-h > 0$ で割ることにより，再び式 (A.8) が得られ，したがって左極限も $f(s)$ に収束する．以上より，$F'(s) = f(s)$ である． □

こうして我々は，一見しただけでは無関係と思われがちな二つの概念，すなわち接線の傾きと図形の面積のあいだに強固な関係を見出すことができた．この事実は単に知的好奇心を高めるだけに留まらず，次の応用を持つ：

系 A.10.2 (微分積分学の基本公式) 開区間 I を定義域とする連続関数 $f : I \to \mathbb{R}$ および $a, b \in I$ に対して，f の原始関数の一つを G とすれば

$$\int_a^b f(x)\,dx = G(b) - G(a).$$

証明 $F(x) := \int_a^x f(t)\,dt$ と定めれば前定理より $F : I \to \mathbb{R}$ は f の原始関数である．系 A.5.5 より $F(x) - G(x)$ は定数関数ゆえ，実数 C を用いて $F(x) = G(x) + C$ と書ける．また，$F(a) = 0$ ゆえ $C = -G(a)$ が成り立つ．したがって

$$\int_a^b f(x)\,dx = F(b) = G(b) + C = G(b) - G(a).$$ □

我々が観測しうる量の多くは，もととなるいくつかの小さな量の総和，あるいはその極限としての積分によって与えられる．そして，こうした量の計算が原始関数を求める問題に帰着できることを上の基本公式は主張している．その最も顕著な例として，幾何学や極限についての素養がなくとも我々は図形の面積を求められるようになった．

付録 A　より厳密な微分積分法へ

付録B
命題と論理式

数学で扱う命題は，論理記号を用いた式 (論理式) によって記述することができる．論理式を用いた記述の優位性は，自然言語による文章よりも文字の量が少なくてすむこと，そして何よりも内容を正確に伝えやすいことにある．このような事情から，より発展的な数学の講義では，論理式を用いた記述が多用される．そこで，論理式の基本的な使い方を解説しておこう．これに加えて，論理の規則についても概説する．

なお，ここでは真理値表を用いた論理法則の説明は行わない．これは，真理値表を天下り的に与えることに戸惑うような読者への配慮による．論理の扱いに不慣れな方に，論理法則のいろはを学んでもらうことを念頭において，本稿を記した[1]．

本稿を読むために必要な予備知識は，1.1 節および 1.2 節で述べた集合に関する記号：$\mathbb{R}, \mathbb{N}, \in, \subset, \emptyset$ のみである (ただし，本書で与えたさまざまな数学的概念に関する例 B.3.6 および B.5.4 を除く)．

B.1 命題と真偽

正しい文を**真**であるといい，正しくない文を**偽**であるという．次の例 B.1.1 にある文は，(i) 真偽が定まるか，あるいは (ii) 適切な設定のもとで真偽が定まる文である．このような文を**命題** (あるいは**主張**，**言明**) という．

〔補足〕 より狭い意味で (i) のみを命題とよび，(ii) を条件と呼ぶ場合もある．本稿では，命題は (ii) も含むものとする．ここでいう "命題" は，本書で定理・命題・補題などと呼んでいる主張をすべて含む．

例 B.1.1　（ 1 ）　15 は 5 の倍数である．
（ 2 ）　各実数 x について，x^2 は 0 以上の数である．
（ 3 ）　任意の自然数は 2 よりも大きい．

---

[1] したがって，論理の形式と意味，あるいは対象とメタの混同は避けられない．

（4） 各 x, y について，$xy = yx$ が成立する．

（5） $x \neq y$ である．

上の (1) から (5) の真偽は次の通りである．$5 \times 3 = 15$ ゆえ，(1) は真である．負の数どうしの積が正の数になることから，(2) は真である．1 や 2 は自然数であるが，これらは 2 より大きいわけではない．ゆえに (3) は偽である．(4) は，考えている範囲が実数であれば正しい．しかし線形代数学で学ぶように，2 次正方行列の範囲では正しくない．(5) は，x と y の定義が与えられていれば，真偽を判断できる．

ここで，何を根拠として与えられた命題を正しいと判断するのか，という根本的な疑問が浮かぶかもしれないが，これは哲学の講義に譲ろう．本稿を読むにあたっては，上の例における真偽の説明が理解できれば，この疑問を解決せずともさしつかえない．ちなみに本書において定理・命題・補題などと冠した主張は，少なくとも著者は真であると考えている．

数学で扱う命題は，$\forall, \exists, \wedge, \vee, \Rightarrow, \neg$ といった記号 (**論理記号**) を用いた式 (**論理式**) として表現できる．本稿の趣旨の一つは，論理式の基本的な意味を理解することにある．ただし，論理式の厳密な定義には立ち入らない[2]．

B.2　全称記号と存在記号

命題を論理式で表現するにあたって欠かせない記号に**全称記号** $\forall$ と**存在記号** $\exists$ がある．$\forall$ は「すべての…に対して～である」という型の文で用いられる，all の頭文字 A をさかさまにした記号である[3]．$\exists$ は「～をみたす…が存在する」という型の文で用いられる．こちらは exist の頭文字 E をさかさまにした記号である．これら二つの記号をまとめて**量化子** (あるいは**限量記号**) という．

例 B.2.1　例 B.1.1 の (1) から (3) に挙げた命題は次のような論理式で表される．和文による表現と比べて，文字の量がかなり減ったことに着目してほしい．

（1） $\exists m \in \mathbb{N}, 5m = 15$．（$5m = 15$ を満たす自然数 m が存在する．）

（2） $\forall x \in \mathbb{R}, x^2 \geq 0$．（各実数 x について，x^2 は 0 以上の数である．）

（3） $\forall x \in \mathbb{N}, x > 2$．（任意の自然数 x は 2 よりも大きい．）

形式的には，次の規則に従って量化子を含む命題が定められる：

---

[2] 論理式の再帰的定義が数理論理学において導入される．
[3] arbitrary (任意の), any (どれでも), a (不定冠詞) などの頭文字とみなしてもよい．

量化子を含む命題の構成手順 X を集合とする．命題 P が X 上を動く変数 x に関する条件であるとき，これを強調して $P(x)$ と書く．このとき，「$\forall x \in X, P(x)$」および「$\exists x \in X, P(x)$」という形の文を，新たに命題として認める．この二つの命題の意味は次の通りである．

(A)　$\forall x \in X, P(x)$.
　　(和 A)　$P(x)$ が，<u>すべての</u> $x \in X$ に対して成立する．
　　(英 A)　For <u>all</u> $x \in X, P(x)$.
(E)　$\exists x \in X, P(x)$.
　　(和 E)　$P(x)$ が成立するような $x \in X$ が<u>存在する</u>．
　　(英 E)　There <u>exists</u> $x \in X$ such that $P(x)$.

枠内の英文で登場する見慣れない "… such that 〜" の意味は "〜 となるような …" である．この用法は数学用の英語として英論文にもたびたびあらわれる．また，講義の板書においては，such that は s.t. と略記される．さらに，論理式 (E) を英文 (英 E) の略文とみなし，「$\exists x \in X$ s.t. $P(x)$」と書くこともある．

〔補足〕　数理論理学では，量化子の使い方が上に述べた構成と少々異なり，論理式 (A) および (E) はそれぞれ「$\forall x\ (\ (x \in X) \Rightarrow P(x)\ )$」「$\exists x\ (\ (x \in X) \land P(x)\ )$」と書かれる．

例 B.2.2　集合 X を正の実数全体とし (つまり $X = (0, \infty)$)，条件 $P(x)$ を「$x^2 = 2$」とすれば，上の論理式 (A) および (E) の真偽は次のようになる．

〔補足〕　正数全体の集合を $(0, \infty)$ と書く．下の論理式では「$x \in (0, \infty)$」と書く代わりに「$x > 0$」と略記した．変数の動く範囲に誤解がない場合において，このような書き替えが行われる．

(A)　$\forall x > 0, x^2 = 2$. （偽）

この命題は，すべての正数の自乗が 2 であることを主張している．しかしながら 1 は正数であり，かつ自乗すると 1 ゆえ 2 にならない．つまり，$x = 1$ はこの主張に対する反例である．以上により，上の命題は偽である．

(E)　$\exists x > 0, x^2 = 2$. （真）

上は「自乗すると 2 になる正数が存在すること」を主張する命題である．$x = \sqrt{2}$ とすれば $x^2 = 2$ であり，たしかに自乗すると 2 になる正数は存在する．したがってこの命題は真である．

上の枠内にある英文と和文を見比べてみると，論理式における量化子と $P(x)$ の並

ぶ順序が英文では一致するのに対して，和文では逆転している点に注意しておこう．もちろん，次のように順序が一致する和文や，順序が逆転する英文に書き換えることもできる．

例 B.2.3 量化子を含む論理式を次のように和訳・英訳してもよい[4]．

(A)　$\forall x \in X,\ P(x)$:

　　(和 a)　すべての $x \in X$ に対して $P(x)$ が成り立つ．

　　(英 a)　$P(x)$ for **all** $x \in X$.

(E)　$\exists x \in X,\ P(x)$:

　　(和 e)　ある $x \in X$ について $P(x)$ が成立する．

　　(英 e)　$P(x)$ for **some** $x \in X$.

日本語や英語による数学の授業では，上のような表現もよく用いられる．しかしながら，語順を入れ替えた表現を無秩序に用いると，複数の意味に解釈できる場合がある点に注意しなければならない[5]．また，適切な和文とは呼べないかもしれないが，上の (和 e) を「ある $x \in X$ が**存在し**，$P(x)$ が成立する」と言い回すことが多い．

B.3　かつ，または，ならば

A, B を命題とする．このとき新たに 3 つの命題「A かつ B」「A または B」「A ならば B」が構成される．

「A と B がともに成立する」という主張を「A かつ B」という．「A と B のうち少なくともいずれか一方が成立する (もちろん両方が成立していてもよい)」という主張

---

[4]　英文では文頭に記号が現れるべきではないとされているが，ここでは $P(x)$ を何らかの文とみなし，これを文頭に置いた．

[5]　例えば X を女性全体，Y を男性全体とし，$P(x,y)$ を「x と y は恋人の関係にある」としよう．このとき，$\forall x \in X,\ \exists y \in Y,\ P(x,y)$ を日本語の文に翻訳する際に「すべての女性はある男性と交際している」と書いてしまうと，この和文は特別な一人の男性が全女性と交際している ($\exists y \in Y,\ \forall x \in X,\ P(x,y)$ の意) と解釈することもできる．このような誤解を与えずに，各女性ごとに交際相手が異なる可能性があることを正確に伝えるならば，論理式を後方から和訳していき「交際相手の男性の存在が，すべての女性について言える」と述べればよい．あるいは，これを二重否定 $\neg\neg(\forall x \in X,\ \exists y \in Y,\ P(x,y))$ の同値命題である $\neg(\exists x \in X,\ \neg(\exists y \in Y,\ P(x,y)))$ に対応する形で「交際している男性の存在が否定されるような女性は存在しない」，すなわち「恋人のいない女の子はいません」と述べれば，より自然な和文になる．

なお，本書の多くの箇所において，$\forall x \in X,\ \exists y \in Y,\ P(x,y)$ 型の文を「各 $x \in X$ に応じて (対して)，$P(x,y)$ を満たす $y \in Y$ が存在する」と記した．この文の "応じて" を "対して" に置き換える場合は直後のカンマを落とすと，上と同じように $\exists y \in Y,\ \forall x \in X,\ P(x,y)$ の意にも読めるゆえ注意すること．量化子と $P(x,y)$ の語順が逆転する例文は定義 4.6.1 (74 ページ) で用いた．

を「A または B」という．これらを論理式で表す場合は，それぞれ $A \wedge B$, $A \vee B$ と書く．記号 $\wedge$ および $\vee$ は，それぞれ「かつ」「または」と読む．普段の数学の授業では $\wedge$ と $\vee$ は用いないことが多い．

なお，日常では「A または B」という文を，A と B のうちいずれか一方のみが成り立つこととして用いる場合がある[6]．この意味での "または" を**排他的論理和**と呼び，A と B がともに成り立ってもよいとする "または" を単に**論理和**と呼んで区別する．論理学や数学における "または" は後者 (論理和) を指す．

例 B.3.1 （1） "15 は 3 の倍数である" かつ "12 は 4 の倍数である"．(真)
（2） "15 は 3 の倍数である" かつ "15 は 4 の倍数である"．(偽)
（3） "2 は奇数である" または "3 は奇数である"．(真)
（4） "2 は奇数である" または "3 は偶数である"．(偽)
（5） "2 は偶数である" または "3 は奇数である"．(真)

次の論法は，日常的な判断においてもたびたび用いられる[7]．

補題 B.3.2 「A または B」が真であり，A が偽であるとき，B は真である．

証明 いま，「A または B」が成り立っている．すなわち，少なくとも A および B のうちいずれか一方が成立しなければならない．ここで，A は偽ゆえ成立せず，したがって B の成立が導かれる． □

「A の成立を認めると，B の成立が導かれる」という主張を「A ならば B」といい，これを論理式で表す場合は「$A \Rightarrow B$」と書く．記号 $\Rightarrow$ は「ならば」と読む．命題「$A \Rightarrow B$」における A を**仮定** (あるいは**前提**，**前件**) と呼び，B を**結論** (あるいは**後件**) と呼ぶ．$A \Rightarrow B$ を $B \Leftarrow A$ とも書く．また，記号 $\Rightarrow$ の代わりに $\Longrightarrow$ も用いられる．

例 B.3.3 （1） $\forall m \in \mathbb{N}, (m \text{ が } 6 \text{ の倍数} \Longrightarrow m \text{ は } 3 \text{ の倍数})$．(真)
m を 6 の倍数とすれば，自然数 n を用いて $m = 6n$ と書ける．このとき $m = 3(2n)$ である．n は自然数ゆえ $2n$ も自然数であり，3 の $2n$ 倍となる m は 3 の倍数である．

---

[6] 「お土産に，こちらの大きいつづらか，または，あちらの小さいつづらをお持ち帰りください」と勧められたとき，余程の欲張りでもない限り，両方を持ち帰ってもよいとは解釈しない．
[7] 例えば，二つのつづら A, B があり，いずれかには財宝が入っているとする (両方に宝が入っている可能性もありうる)．このとき，A の中に財宝がないことが確認できたならば，その時点で B に財宝が入っていることが分かる．

（2） $\forall m \in \mathbb{N}$, (m が 3 の倍数 $\Longrightarrow$ m は 6 の倍数)．（偽）

「m が 3 の倍数 $\Longrightarrow$ m は 6 の倍数」を満たさない自然数 m の例として，例えば $m = 15$ がある．

（3） $2 = 1 \Longrightarrow 100 = 0$．（真）

$2 = 1$ が成り立つとすれば，この両辺から 1 を引くと $1 = 0$ である．この両辺を 100 倍し，$100 = 0$ を得る．

上の (3) は，異なるものを等号でつなぐことの危うさを示している．

備考 B.3.4 論理式を次のように略すことがある．これらの否定を言い換える際には，全称記号を復元した上で変形しなければならない (詳しくは B.5 節)．

（1） $\forall x \in X$, $P(x) \Rightarrow Q(x)$ という形の命題において変数 x の動く範囲 X に誤解がないとき，これを $P(x) \Rightarrow Q(x)$ と略記することがある．

（2） $\forall x \in X$, $P(x)$ を論理学では $\forall x \, (\, (x \in X) \Rightarrow P(x) \,)$ と書く．そこでこれを略し，$x \in X \Rightarrow P(x)$ と書くことがある．

命題 P が「$A \Rightarrow B$」なる形をしているとき，「$B \Rightarrow A$」を P の**逆**という．P と P の逆をともに主張する命題「$(A \Rightarrow B)$ かつ $(B \Rightarrow A)$」のことを略して $A \Leftrightarrow B$ と書き，これを「A と B は同値である」と読む．A と B の同値性を主張するということは，これらの命題の間に文章上の違いはあるにしても実質的な意味は変わらないと認めることに他ならない．

例 B.3.5 次は，いずれも同値な命題 (より正確には，同値性を主張する真なる命題) である：

（1） $(A$ かつ $B) \Longleftrightarrow (B$ かつ $A)$,　　$(A$ または $B) \Longleftrightarrow (B$ または $A)$,　　$A \Longleftrightarrow A$.

（2） n が自然数であるという前提のもとで,

$$\text{``}\frac{n}{5} \text{ は自然数である''} \Longleftrightarrow \text{``}5 \text{ は } n \text{ の約数である''}.$$

（3） $a \neq 0, b, c$ が実数であるという前提のもとで,

$$\text{``方程式 } ax^2 + bx + c = 0 \text{ の実数解が存在する''} \Longleftrightarrow \text{``}b^2 - 4ac \geq 0\text{''}.$$

本書に登場するいくつかの概念を論理式を使って表してみよう．備考 B.3.4 で述べたように，次の例にある論理式の下線部は略されることがある．

例 B.3.6 $A, B \subset \mathbb{R}$, $U \subset X \subset \mathbb{R}$ とし，関数 $f : X \to \mathbb{R}$ が与えられているとする．また，(4) では $a \in \mathbb{R}$ を X 上の数列の極限になり得る数とする．

(1) A は B の部分集合である (定義 1.2.1)：
$\forall x \in A, \ x \in B.$ 　(左の式を $x \in A \Rightarrow x \in B$ とも書く．)

(2) 実数 M は A の最大元である (定義 2.4.1)：
$(M \in A)$ かつ $(\forall x \in A, \ x \leq M)$.

(3) 実数列 a_n は実数 α に収束する (定義 3.3.2)：
$\forall \varepsilon > 0, \ \exists N \in \mathbb{N}, \ \underline{\forall n \in \mathbb{N}}, \ n > N \Longrightarrow |a_n - \alpha| < \varepsilon.$

(4) x を a に限りなく近づけたときの $f(x)$ の極限は b である (定義 7.1.1 (ii))：
$\forall \varepsilon > 0, \ \exists \delta > 0, \ \underline{\forall x \in X}, \ |x - a| < \delta \Longrightarrow |f(x) - b| < \varepsilon.$

(5) U は X における開集合である (定義 11.2.1)：
$\forall x \in U, \ \exists \delta > 0, \ N_X(x, \delta) \subset U.$

(6) $f : X \to \mathbb{R}$ は連続である (定義 8.1.1)：
$\forall a \in X, \ \forall \varepsilon > 0, \ \exists \delta > 0, \ \underline{\forall b \in X}, \ |a - b| < \delta \Longrightarrow |f(a) - f(b)| < \varepsilon.$

(7) $f : X \to \mathbb{R}$ は一様連続である (定義 14.4.1)：
$\forall \varepsilon > 0, \ \exists \delta > 0, \ \underline{\forall a \in X}, \ \underline{\forall b \in X}, \ |a - b| < \delta \Longrightarrow |f(a) - f(b)| < \varepsilon.$

B.4　数学的帰納法

「$\forall n \in \mathbb{N}, \ P(n)$」という形の命題を示す際に，しばしば次の論法が用いられる．

命題 B.4.1 (数学的帰納法)　自然数 n を変数とする命題 $P(n)$ が次の二つの条件を満たすならば，「$\forall n \in \mathbb{N}, \ P(n)$」が成り立つ．

　(1)　$P(1)$ が成り立つ．　(2)　「$\forall k \in \mathbb{N}, \ P(k) \Rightarrow P(k+1)$」が成り立つ．

証明　任意に $n \in \mathbb{N}$ を取ろう．$k = 1$ について (2) を適用すると，「$P(1) \Rightarrow P(2)$」が成り立つ．(1) より $P(1)$ は真であり，これらを合わせて $P(2)$ を得る．そこで今度は，(2) の $k = 2$ の場合「$P(2) \Rightarrow P(3)$」と，いま得られた $P(2)$ を合わせて，$P(3)$ を得る．この操作を $n - 1$ 回繰り返すことにより，$P(n)$ を得る．　□

無数の命題 $P(1), P(2), P(3), \cdots$ が成り立つことと，これらを包括するような一つの主張 $\forall n \in \mathbb{N}, \ P(n)$ が成り立つことの間に違いがあるのかどうか，疑問をもつ読者もおられよう．そのような方は数理論理学の門をたたくとよい．

B.5　命題の否定

命題 P に対して，「P でない」という命題を P の**否定**という．P が真であるとき「P でない」は偽であり，P が偽であるとき「P でない」は真である．

論理学では P の否定を $\neg P$ と書く (高校では P の否定を $\overline{P}$ と書いた)．一部の括

弧を略して書くとき，否定記号 ¬ がかかるのは直後の命題に限る．例えば次の二つの命題「$(\neg P)$ ならば Q」と「$\neg(P$ ならば $Q)$」のうち，前者のみ括弧を略して「$\neg P$ ならば Q」と書く．"ならば"の部分を"かつ"や"または"に変えた場合についても同様である．

否定命題を口頭で伝える際はさらに注意が必要で，「P ならば，Q でない」と「『P ならば Q』でない」の違い，すなわち"でない"がかかる範囲を，聞く側は見極めねばならない．そこで，前者を「Q でないことが P から導かれる」，後者を「P を仮定しても Q は導かれない」というふうに工夫して言い回そう．

否定記号 ¬ も普段の数学の授業では用いないことが多いが，否定命題の同値変形を行う際には有用である (例 B.5.4 を見よ)．次の 6 つの命題の否定に関する同値変形を順次繰り返し用いることで，すべての否定命題の同値変形がなされる．

例 B.5.1 次の六つの命題について，その否定と同値な言い換えを考えよう．

〔補足〕 論理学における否定と日常言語における否定との間に若干の違いを感じる読者もいることと思う．この件について，下ではいくつかの〔論点〕を補足した．これらの論点で述べた通常の論理形式とは異なる否定命題の捉え方は，直観主義とよばれる論理形式と関係している．このような論理は通常の微積分学では用いられず，また初学者が混乱しては困るから，次節以降では直観主義論理は忘れることにしよう．

(1) $\neg P$.
主張「P でない」を退けるためには，P であることを提示すればよい．したがって，$\neg\neg P$ と P は同値である．P の否定の否定 (すなわち $\neg\neg P$) を P の**二重否定**という．

〔論点〕 上の一文目の説明は「P ならば $\neg\neg P$」を述べているにすぎず，「P でないことはない」から直ちには P は導かれないとする考え方もある[8]．しかしながら通常の論理形式では，文 P の対象となる事象の全体において P が成立する事象とそうでない事象が明確に区別されており，補集合の補集合はもとの集合に一致するという観点から[9]，$\neg\neg P$ と P は同値であると考える．

(2) P または Q.
「P と Q の少なくとも一方が成り立つ」が成立しないこととは，P と Q の両方が

---

8) 例えば「楽しくないわけじゃない」という意見を常に「楽しい」と判断してしまってよいのか．あるいは，しばしば主張の正しさを説明する際に「嘘をついているわけではない (正しくないことを述べたわけではない)」ことを根拠とする場合があり，これに違和感を抱く方がいるかもしれない．
9) しかし，こう説明してしまうと，命題 1.4.4 の証明は論理の堂々巡りになってしまう．そこで，我々は排中律 (命題 B.6.1) を認めるという立場にいたる．

成立しないことに他ならない．ゆえに「¬(P または Q)」と「¬P かつ ¬Q」は同値である．

（3） P かつ Q．
この主張を退けるためには，P か Q のいずれかが間違っていることを示せばよい．よって，「¬(P かつ Q)」と「¬P または ¬Q」は同値である．

〔論点〕 上の一文目の説明は「(¬P または ¬Q) $\Longrightarrow$ ¬(P かつ Q)」を述べたにすぎず，「¬(P かつ Q) $\Longrightarrow$ (¬P または ¬Q)」を無制限に認めない立場もある．これは，主張「¬(P かつ Q)」だけでは，¬P と ¬Q のどちらが実際に成立しているのか一般には分からないことを根拠にしている．

（4） $\forall x \in X,\ P(x)$．
「すべての $x \in X$ について $P(x)$ である」とは限らないことを示すには，$P(x)$ が成立しないような $x \in X$ を探してくればよい．したがって，「¬($\forall x \in X,\ P(x)$)」と「$\exists x \in X,\ \neg P(x)$」は同値である．

〔補足〕 $\forall x \in X, P(x)$ の否定である $\exists x \in X,\ \neg P(x)$ が真であるとき，¬$P(x)$ を満たす X の元 x のことを $\forall x \in X, P(x)$ の**反例**と呼ぶ (この用語は既に例 B.2.2 (A) で用いている)．

〔論点〕 主張 ¬($\forall x \in X,\ P(x)$) のみでは，その反例が何であるか一般には分からない．反例が具体的に分かる場合に限り $\exists x \in X,\ \neg P(x)$ を認めるという立場をとれば，¬($\forall x \in X,\ P(x)$) $\Longrightarrow$ ($\exists x \in X,\ \neg P(x)$) は無制限には認められない．

（5） $\exists x \in X,\ P(x)$．
「$P(x)$ となるような $x \in X$ が存在する」ことの否定とは，$P(x)$ を満たすような $x \in X$ が一つもないこと，すなわち「いかなる $x \in X$ を持ってきても $P(x)$ が成立しない」という主張に他ならない．つまり，¬($\exists x \in X,\ P(x)$) と $\forall x \in X,\ \neg P(x)$ は同値である．

（6） $P \Rightarrow Q$．
（i） この命題は $\forall x \in X,\ P(x) \Rightarrow Q(x)$ の型で現れることが多い (既に述べたように，これを略して $P(x) \Rightarrow Q(x)$ と書くことがある)．主張 $P(x) \Rightarrow Q(x)$ を退けるためには，$P(x)$ であるにもかかわらず $Q(x)$ でないような例を提示すればよい．すなわち，¬($\forall x \in X,\ P(x) \Rightarrow Q(x)$) は $\exists x \in X,\ P(x) \wedge \neg Q(x)$ と同値である．

（ii） さて，一般の「$P \Rightarrow Q$」の否定についてはどうだろうか．おそらく読者は，(i) から「P かつ ¬Q」になるのではないかと類推されていることであろう．まさしくその通りであり，後で紹介する命題の帰結として，「¬($P \Rightarrow Q$)」は「P かつ ¬Q」と

同値である (系 B.6.3).

〔備考〕 (ii) で述べた $\neg(P \Rightarrow Q)$ と $P \wedge \neg Q$ の同値性から (i) を説明することもできる．実際，$\neg(\forall x \in X, \ P(x) \Rightarrow Q(x))$ は (4) により $\exists x \in X, \ \neg(P(x) \Rightarrow Q(x))$ と同値であり，これは (ii) より $\exists x \in X, \ P(x) \wedge \neg Q(x)$ と書き換えられる．

以上をまとめると次のようになる．これらは暗記するのではなく，上述のような思索を頭の中で再構成することによって導き出せるようになるとよい．

否定命題の同値変形

$$\neg\neg P \iff P \tag{B.1}$$
$$\neg(P \text{ または } Q) \iff \neg P \text{ かつ } \neg Q \tag{B.2}$$
$$\neg(P \text{ かつ } Q) \iff \neg P \text{ または } \neg Q \tag{B.3}$$
$$\neg(P \Rightarrow Q) \iff P \text{ かつ } \neg Q \tag{B.4}$$
$$\neg(\forall x \in X, P(x)) \iff (\exists x \in X, \neg P(x)) \tag{B.5}$$
$$\neg(\exists x \in X, P(x)) \iff (\forall x \in X, \neg P(x)) \tag{B.6}$$

このうち，(B.2) および (B.3)，(B.5)，(B.6) の同値性は**ド・モルガンの法則**と呼ばれる．

備考 B.5.2 次の文の違いに注意すること．
(1) A と B のうち少なくとも一方が成り立つ，ということはない．（$\neg(A \vee B)$）
(2) A と B のうち少なくとも一方が成り立たない．（$\neg A \vee \neg B$）
(3) A と B がともに成り立つ，ということはない．（$\neg(A \wedge B)$）
(4) A と B がともに成り立たない．（$\neg A \wedge \neg B$）

(1) と (4)，および (2) と (3) がそれぞれ同値である．しかし，(1) と (2)，あるいは (3) と (4) を稀に混同することがある．こうした勘違いの原因は，文末の「ない」がかかる位置 (もとの肯定文の全体か一部の動詞か) を誤って判断したことによる．

例 B.5.1 (6)(ii) で予告した同値性のうちの片方は，次のように示される．

補題 B.5.3 命題「$(\neg P \text{ または } Q) \implies (P \text{ ならば } Q)$」は真である．

証明 「$\neg P$ または Q」が成り立つとし，「P ならば Q」を示すために，P を仮定しよう．このとき，$\neg P$ は偽であり，これと「$\neg P$ または Q」に補題 B.3.2 を適用し，Q を得る． □

例 B.3.6 で与えた論理式の否定は，それぞれ次のように同値変形される．これら否

例 **B.5.4** （1） $\neg\,(\forall x \in A,\ x \in B) \iff \exists x \in A,\ x \notin B.$

（2） $\neg\,(\,(M \in A)\ \text{かつ}\ (\forall x \in A,\ x \leq M)\,),$
$\iff \neg(M \in A)\ \text{または}\ \neg\,(\forall x \in A,\ x \leq M),$
$\iff M \notin A\ \text{または}\ \exists x \in A,\ \neg(x \leq M),$
$\iff M \notin A\ \text{または}\ \exists x \in A,\ x > M.$

（3） $\neg\,(\forall \varepsilon > 0,\ \exists N \in \mathbb{N},\ \forall n \in \mathbb{N},\ n > N \implies |a_n - \alpha| < \varepsilon\,),$
$\iff \exists \varepsilon > 0,\ \neg\,(\exists N \in \mathbb{N},\ \forall n \in \mathbb{N},\ n > N \implies |a_n - \alpha| < \varepsilon),$
$\iff \exists \varepsilon > 0,\ \forall N \in \mathbb{N},\ \neg\,(\forall n \in \mathbb{N},\ n > N \implies |a_n - \alpha| < \varepsilon),$
$\iff \exists \varepsilon > 0,\ \forall N \in \mathbb{N},\ \exists n \in \mathbb{N},\ \neg\,(n > N \implies |a_n - \alpha| < \varepsilon),$
$\iff \exists \varepsilon > 0,\ \forall N \in \mathbb{N},\ \exists n \in \mathbb{N},\ n > N\ \text{かつ}\ |a_n - \alpha| \geq \varepsilon.$

（4） $\neg\,(\forall \varepsilon > 0,\ \exists \delta > 0,\ \forall x \in X,\ |x - a| < \delta \implies |f(x) - b| < \varepsilon),$
$\iff \exists \varepsilon > 0,\ \forall \delta > 0,\ \exists x \in X,\ |x - a| < \delta\ \text{かつ}\ |f(x) - b| \geq \varepsilon.$

（5） $\neg\,(\forall x \in U,\ \exists \delta > 0,\ N_X(x, \delta) \subset U)$
$\iff \exists x \in U,\ \forall \delta > 0,\ N_X(x, \delta) \not\subset U.$

（6） $\neg\,(\forall a \in X,\ \forall \varepsilon > 0,\ \exists \delta > 0,\ \forall b \in X,\ |a - b| < \delta \implies |f(a) - f(b)| < \varepsilon),$
$\iff \exists a \in X,\ \exists \varepsilon > 0,\ \forall \delta > 0,\ \exists b \in X,\ |a - b| < \delta\ \text{かつ}\ |f(a) - f(b)| \geq \varepsilon.$

（7） $\neg\,(\forall \varepsilon > 0,\ \exists \delta > 0,\ \forall a \in X,\ \forall b \in X,\ |a - b| < \delta \implies |f(a) - f(b)| < \varepsilon),$
$\iff \exists \varepsilon > 0,\ \forall \delta > 0,\ \exists a \in X,\ \exists b \in X,\ |a - b| < \delta\ \text{かつ}\ |f(a) - f(b)| \geq \varepsilon.$

B.6 排中律と矛盾

自然言語において，P と $\neg P$ をともに主張する立場は矛盾しているといわれる．論理学では，何らかの命題 P を用いて「P かつ $\neg P$」という形に書き換えられる命題を**矛盾**と呼ぶ．いったん矛盾を認めてしまうと，いかなる主張も結論づけられることが知られており[10]，したがって矛盾は偽なる命題とみなす．

次に述べるように「$\neg P$ または P」は真である．この事実からも，その否定命題である矛盾が偽であることが分かる．

命題 B.6.1 (排中律)　命題「$\neg P$ または P」は真である．

証明　P が正しい場合とそうでない場合に分けて論じる．P が正しい場合は「$\neg P$

---

[10] 定理 B.8.2 の証明を分析すると，A が真であり，かつ偽であること (つまり A と $\neg A$ の両方) を前提とすることで，勝手な命題 B が導かれていることが分かる．

または P」は成り立つ.次に,P が正しくない場合は $\neg P$ は正しい.ゆえに「$\neg P$ または P」は成り立つ.よって,いずれの場合においても命題「$\neg P$ または P」が成り立つ. □

上の証明のように,以下では,命題 P の真偽が不明な場合でも,P が成り立つときとそうでないときに場合分けすることにより,議論を進めてよいとする.この立場のもとで,例 B.5.1 内の〔論点〕に挙げた命題が導かれる:

命題 B.6.2 次の命題はいずれも真である.
(1) $\neg\neg P \iff P$.
(2) $(\neg(P \text{ かつ } Q)) \iff (\neg P \text{ または } \neg Q)$.
(3) $(P \text{ ならば } Q) \iff (\neg P \text{ または } Q)$.

証明 それぞれにおいて ($\Leftarrow$) が成り立つことは,例 B.5.1 および補題 B.5.3 で既に説明した通りである.いまから ($\Rightarrow$) を示そう.
(1) $\neg\neg P$ を仮定しよう.すなわち $\neg P$ は成り立たない.つまり $\neg P$ は偽である.また,「$\neg P$ または P」は真である (命題 B.6.1).これらと補題 B.3.2 から,P を得る.
(2) 「$\neg(P$ かつ $Q)$」を仮定する.P が正しい場合とそうでない場合に分けて論じよう.P が真の場合は,Q は成り立たない.なぜなら,Q も成り立てば「P かつ Q」が成り立ち,これは仮定に反するからである.したがって $\neg Q$ が成り立ち,ゆえに「$\neg P$ または $\neg Q$」も成り立つ.P が偽の場合は $\neg P$ は真であり,ゆえに「$\neg P$ または $\neg Q$」も真.以上,P の真偽がいずれであろうとも,「$\neg P$ または $\neg Q$」が導かれた.
(3) 「P ならば Q」を仮定する.P が正しい場合とそうでない場合に分けて論じよう.P が真の場合は,これと仮定「P ならば Q」を合わせて Q が結論づけられる.Q が成り立つから,「$\neg P$ または Q」も成り立つ.P が偽の場合は,$\neg P$ は真であり,ゆえに「$\neg P$ または Q」も正しい.以上,P の真偽がいずれであろうとも「$\neg P$ または Q」を得る. □

上の (1) と (3) から「$\neg P$ ならば Q」と「P または Q」の同値性を得る.後者を証明するために前者を示す,という論法はたびたび用いられる[11]).

次は,例 B.5.1(6) の (ii) で予告していた.

系 B.6.3 $\neg(P \Rightarrow Q) \iff (P \text{ かつ } \neg Q)$.

---

11) 例えば,練習 1.4 (2) や命題 2.2.2 (1) の証明をみよ.

証明 命題 B.6.2(3) および例 B.5.1 (2)，命題 B.6.2 (1) を順に適用すると $\neg(P \Rightarrow Q) \iff \neg(\neg P$ または $Q) \iff \neg\neg P$ かつ $\neg Q \iff P$ かつ $\neg Q$. □

B.7 背理法と対偶

命題 Q を示すために用いる次のような論法を**背理法**という．

- まず，架空の設定 $\neg Q$ を与えると偽なる命題が導けることを提示する．我々は偽なる命題を認めるわけにはいかないから，ゆえに $\neg Q$ を認めるわけにはいかない．したがって $\neg Q$ は否定され，ゆえに $\neg\neg Q$ を認めざるを得ない．この命題は Q と同値であった．

なお，上と類似する「命題 $\neg Q$ を示すために，架空の設定 Q から偽なる命題が導けることを示す」という論法 (これを**否定の導入**という) も本書では背理法と呼んでいる．否定の導入は，既に命題 B.6.2 (2) の証明においても用いた．

ある命題 P が「$A \Rightarrow B$」なる形をしているとき，命題「$\neg B \Rightarrow \neg A$」を P の**対偶**という．P の対偶と P 自身は同値である．これは命題 B.6.2 (1) および (3) を機械的に適用することで得られる：

$$(A \Rightarrow B) \iff \neg A \text{ または } B \iff B \text{ または} \neg A$$
$$\iff \neg\neg B \text{ または} \neg A \iff (\neg B \Rightarrow \neg A).$$

このような機械的な変形では対偶命題の同値性が実感できないという者は，次のように考えるとよいだろう．

補題 B.7.1 命題「$(\neg B \Rightarrow \neg A) \Rightarrow (A \Rightarrow B)$」は真である．

証明 命題「$\neg B \Rightarrow \neg A$」が成立しているとする．$A \Rightarrow B$ を示すために A を仮定し，このとき B が導かれることを背理法により示そう．仮に $\neg B$ が成り立つとすれば，我々は「$\neg B \Rightarrow \neg A$」を認めていたことから $\neg A$ が導かれる．しかしこれは A を仮定していたことに反する．したがって $\neg B$ が成立するわけにはゆかず，ゆえに B が導かれる． □

「$(A \Rightarrow B) \Rightarrow (\neg B \Rightarrow \neg A)$」も上と類似する議論 (否定の導入) で説明できる．次は，例 B.5.1 (4) 内の〔論点〕に挙げていた．

系 B.7.2 命題「$\neg(\forall x \in X, \ P(x)) \Longrightarrow (\exists x \in X, \ \neg P(x))$」は真である．

証明 対偶を示す．「$\neg(\exists x \in X, \ \neg P(x))$」を仮定すれば，これは例 B.5.1 (5) より

「$\forall x \in X,\ \neg\neg P(x)$」と同値であり,さらにこの命題は「$\forall x \in X,\ P(x)$」と言い換えられる.　□

B.8　前提が偽の命題

命題 P が「$A \Rightarrow B$」なる形をしており,さらに前提 A が偽なる命題であるとき,P は真である.この命題が真であることは,P の対偶「$\neg B \Rightarrow \neg A$」における結論 $\neg A$ が真であることからも示唆される.数学的議論においてこの型の命題は,次に類似する形で現れることが多い.

例 B.8.1　次の命題は真である.ここで,$P(x)$ を x に関する条件とする.
(1) $\forall x \in \mathbb{R},\ (x^2 = -1 \Longrightarrow 0 = 1)$.
(2) $x \in \emptyset \Longrightarrow P(x)$.

証明　(1) 背理法により示そう.この命題が偽であると仮定すると,その否定「$\exists x \in \mathbb{R},\ x^2 = -1$ かつ $0 \neq 1$」は真である.これは,$x^2 = -1$ を満たす実数 x が存在することを意味する.x は実数であるから $x^2 \geq 0$ であり,これと $x^2 = -1$ を合わせれば $-1 \geq 0$ を得る.しかしこれは不合理である.

(2) この主張は「$\forall x \in \emptyset,\ P(x)$」を書き換えたものである (備考 B.3.4 (2)).これを背理法により示す.この命題が偽であると仮定すると,その否定「$\exists x \in \emptyset,\ \neg P(x)$」は真である.つまり $\neg P(x)$ を満たす $x \in \emptyset$ が存在する.とくに空集合が元 x を含むことになり,これは不合理である.　□

理解を確実なものにするために上では背理法 (したがって排中律) を用いたが,この論法が本質を突くわけではない.実際,より一般の場合として,次が成り立つ:

定理 B.8.2　A を偽なる命題とすれば,「$A \Rightarrow B$」は真である.

証明　A を前提とすれば B が導かれることを示そう.いま,A を前提としていることから「A または B」が成り立っている.ここで,A が偽であることから,補題 B.3.2 を適用すれば B を得る.　□

上の議論は,命題 B 自体の正しさを導いたのではない.あくまでも導いたのは,「$A \Rightarrow B$」は正しいということである.例 B.3.3 (3) でも見たように,間違った事実を前提とすれば,さらなる誤りが導けたとしても何ら不思議はなかろう.なお,例 B.3.3 (3) では計算によって結論を導いたものの,そのような過程を経ずとも例 B.3.3

(3) の正しさが導かれることを定理 B.8.2 は述べている.

かくして論理学では,「仮定が間違っている命題は結論の内容に関わらず正しい」とする. とくに, 矛盾を前提とすれば, いかなる主張も導かれる.

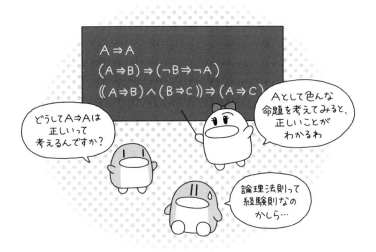

章末問題の解答

解答例 1.1 （1）積のみ示す．$x, y \in \mathbb{Q}$ ゆえ，$p_1, q_1, p_2, q_2 \in \mathbb{Z}$ を用いて $x = p_1/q_1$, $y = p_2/q_2$ と書ける．このとき $xy = \dfrac{p_1}{q_1}\dfrac{p_2}{q_2} = \dfrac{p_1 p_2}{q_1 q_2}$ より，xy は二つの整数 $p_1 p_2$ と $q_1 q_2$ の商として表せる．ゆえに xy は有理数である．

（2）$w = x/r$ とおくと，$x \neq 0$ より $w \neq 0$ ゆえ $r = x/w$ と変形できる．$w \notin \mathbb{Q}$ を背理法によって示そう．仮に $w \in \mathbb{Q}$ とすれば，(1) より有理数どうしの商 r は有理数であり，これは仮定に反する．ゆえに $w \notin \mathbb{Q}$．$x \pm r, xr \notin \mathbb{Q}$ も同様の手法で示せる．

解答例 1.2 仮に $\sqrt{2}$ が自然数の比として表せるとすれば，とくに既約分数[1]の形で $\sqrt{2} = p/q \; (p, q \in \mathbb{N})$ と表せる．これら両辺を自乗して変形すれば $2q^2 = p^2$ であり，したがって p^2 は偶数である．また，奇数の自乗は奇数であることから，p は奇数でない．すなわち p は偶数であり，ゆえに $k \in \mathbb{N}$ を用いて $p = 2k$ と表せる．これを $2q^2 = p^2$ に代入して変形すれば $q^2 = 2k^2$ となり，したがって q^2 は偶数，とくに q 自身も偶数である．しかし，p, q がともに偶数であることは p/q が既約分数であることに反する．以上により，$\sqrt{2}$ は自然数の比として表すことはできず，したがって有理数でない．

解答例 1.3 （1）$x \in (A \cup B) \cap C$ とすれば $x \in A \cup B$ かつ $x \in C$ である．ここで $x \in A \cup B$ より $x \in A$ および $x \in B$ の少なくとも一方が成り立つ．前者の場合はこれと $x \in C$ を合わせて $x \in A \cap C$，後者の場合は $x \in B \cap C$ を得る．いずれにせよ，$x \in (A \cap C) \cup (B \cap C)$ である．逆に $x \in (A \cap C) \cup (B \cap C)$ とすれば，$x \in A \cap C$ および $x \in B \cap C$ の少なくとも一方が成り立つ．$x \in A \cap C$ となる場合は，$x \in A$ かつ $x \in C$ である．前者より $x \in A \cup B$ であり，これに後者を合わせて $x \in (A \cup B) \cap C$ を得る．$x \in B \cap C$ となる場合も同様にして $x \in (A \cup B) \cap C$ を得る．

（2）$A \setminus B \subset A$ は明らかである．$A \subset A \setminus B$ を示すために任意に $x \in A$ を取ろう．ここで $x \in B$ を仮定すると，$x \in A \cap B$ ゆえ集合 $A \cap B$ が元を含んでしまい，これは $A \cap B = \emptyset$ に反する．よって $x \notin B$．以上より $x \in A \setminus B$．

（3）$X := A \cup B \cup Y$ とし，命題 1.4.4 (4) および練習 1.3 (1) を用いて変形すれば，$(A \cup B) \setminus Y = (A \cup B) \cap (X \setminus Y) = (A \cap (X \setminus Y)) \cup (B \cap (X \setminus Y)) = (A \setminus Y) \cup (B \setminus Y)$．

解答例 1.4 （1）（$\subset$）を示すために任意に $x \in \left(\bigcup_{\lambda \in \Lambda} U_\lambda\right) \cap A$ を取れば，$x \in \bigcup_{\lambda \in \Lambda} U_\lambda$ および $x \in A$ の両方が成立している．とくに $x \in \bigcup_{\lambda \in \Lambda} U_\lambda$ ゆえ $x \in U_{\lambda_0}$ を満たす $\lambda_0 \in \Lambda$ が存在す

---

[1] 自然数 p, q による分数 p/q が約分できないとき，すなわち p と q の公約数が 1 のみであるとき，p/q を**既約分数**という．

る．このとき $x \in U_{\lambda_0} \cap A$ であるから，$x \in \bigcup_{\lambda \in \Lambda}(U_\lambda \cap A)$．

（⊃）を示すために任意に $x \in \bigcup_{\lambda \in \Lambda}(U_\lambda \cap A)$ を取れば，$x \in U_{\lambda_0} \cap A$ を満たす $\lambda_0 \in \Lambda$ が存在する．このとき $x \in U_{\lambda_0}$ および $x \in A$ の両方が成立している．とくに $x \in U_{\lambda_0}$ より $x \in \bigcup_{\lambda \in \Lambda} U_\lambda$ であり，これと $x \in A$ を合わせて $x \in \left(\bigcup_{\lambda \in \Lambda} U_\lambda\right) \cap A$ を得る．

（2）（⊂）を示すために任意に $x \in \left(\bigcap_{\lambda \in \Lambda} U_\lambda\right) \cup A$ を取れば，$x \in \bigcap_{\lambda \in \Lambda} U_\lambda$ および $x \in A$ のうち，少なくとも一方が成り立っている．$x \in \bigcap_{\lambda \in \Lambda} U_\lambda$ が成り立つ場合は，各 $\lambda \in \Lambda$ について $x \in U_\lambda \subset U_\lambda \cup A$ であり，したがって $x \in \bigcap_{\lambda \in \Lambda}(U_\lambda \cup A)$．また，$x \in A$ の場合も各 $\lambda \in \Lambda$ について $x \in U_\lambda \cup A$ が成り立つゆえ $x \in \bigcap_{\lambda \in \Lambda}(U_\lambda \cup A)$．

（⊃）を示すために任意に $x \in \bigcap_{\lambda \in \Lambda}(U_\lambda \cup A)$ を取る．ここで $x \in A$ が成り立つならば，x が左辺に属することは直ちに言える．そこで $x \notin A$ の場合を考えよう．$x \in \bigcap_{\lambda \in \Lambda} U_\lambda$ を示すために任意に $\lambda \in \Lambda$ を取れば，x が右辺に属することから $x \in U_\lambda \cup A$，すなわち $x \in U_\lambda$ および $x \in A$ の少なくとも一方が成り立つ．いま $x \notin A$ としているから，$x \in U_\lambda$ でなければならない．以上により $x \in \bigcap_{\lambda \in \Lambda} U_\lambda$，つまり x は左辺に属する．

解答例 2.1 各 $x \in (a,b)$ について，x が (a,b) の最小元でないことを示そう．$x \in (a,b)$ ゆえ $a < x < b$ が成り立っている．そこで $y := \dfrac{a+x}{2}$ とおくと，$a = \dfrac{a+a}{2} < \dfrac{a+x}{2} = y < \dfrac{x+x}{2} = x < b$．つまり $y \in (a,b)$ かつ $y < x$ である．x より真に小さい (a,b) の元 y が存在するゆえ，x は (a,b) の最小元ではない．

解答例 2.2 仮定より A の上界 $u \in \mathbb{R}$ および，A の下界 $l \in \mathbb{R}$ が存在する．そこで $M := \max\{|u|, |l|\}$ とおけば[2]，$A \subset [-M, M]$ を満たす．実際，任意の $a \in A$ について $l \leq a \leq u$ が成り立つこと，および $|l| \leq M$ ゆえ $-M \leq -|l|$ を合わせると，$-M \leq -|l| \leq l \leq a \leq u \leq |u| \leq M$．つまり $a \in [-M, M]$ である．

解答例 2.3（1）（⊂）：$x \in B$ とする．すなわち，ある $y \in A$ を用いて $x = -y$ と書ける．このとき，$-x = y \in A$ ゆえ，$x \in -A$．（⊃）：$x \in -A$ とする．このとき $-x \in A$ ゆえ，$y := -x$ とおけば $y \in A$ である．$y \in A$ を用いて $x = -y$ と表せることから $x \in B$．

（2）実数 x について $x \in -(-A) \Longleftrightarrow x \in A$ を示そう．$z = -x$ とおくと，$x \in -(-A)$ $\Longleftrightarrow$ $-x \in -A$ $\Longleftrightarrow$ $z \in -A$ $\Longleftrightarrow$ $-z \in A$ $\Longleftrightarrow$ $-(-x) \in A$ $\Longleftrightarrow$ $x \in A$.

解答例 2.4（1）$M = \max A$ とする．まず $-M \in -A$ を示そう．そのためには，この -1 倍が A に属することを確認すればよい．実際 $-(-M) = M \in A$ であり，ゆえに $-M \in -A$．

---

[2] 絶対値に関する基本的な性質は 3.2 節に述べた．

また，任意に $x \in -A$ を取れば，$-x \in A$ である．ゆえに $-x \leq M$ であり，これを移項すれば $-M \leq x$. 以上より $-M$ は $-A$ の最小元である．

(2) $u \in \mathbb{R}$ を A の上界とし，$-u$ が $-A$ の下界であることを示そう．任意の $x \in -A$ について，$-x \in A$ ゆえ $-x \leq u$ であり，これを移項すれば $-u \leq x$. 以上より $-u$ は $-A$ の下界である．

(3) u を A の上限とする．$-u$ が $-A$ の下界であることは (2) の証明で示した．いまから $-u$ が $-A$ の最大の下界であることを示そう．L を $-A$ の下界とすれば，$-L$ は $-(-A) = A$ の上界である (これは (2) の証明と類似の論法によって示せる．各自確認せよ)．したがって $u \leq -L$ であり，これを移項すれば $L \leq -u$. つまり，$-u$ は $-A$ の最大の下界である．

(4) $M = \max A$, $m = \min B$ とおく．(i)：$M \in A$ および $m \in B$ より，$M - m$ は集合 $X = \{a - b \mid a \in A, b \in B\}$ の元である．$M - m$ が X の最大元であることを示そう．そこで $x \in X$ を任意に取れば，X の定義から $a \in A$, $b \in B$ を用いて $x = a - b$ と書ける．$a \leq M$ および $m \leq b$ に注意すれば，$a - b \leq M - b \leq M - m$. (ii)：(i) および (1) を用いて変形することで得られる．実際，(右辺) $= -(\max A - \min B) = -\max\{a - b \mid a \in A, b \in B\} = -\max X = \min(-X) = \min\{-x \mid x \in X\} = \min\{-(a-b) \mid a \in A, b \in B\} = $ (左辺)．いまの後ろから三つ目の等号において練習 2.3 (1) を用いた．

(5) (i) を示す．各 $a \in A$ および $b \in B$ について $a \leq \sup A$, $\inf B \leq b$ より $a - b \leq \sup A - \inf B$ である．これは $\sup A - \inf B$ が集合 $\{a - b \mid a \in A, b \in B\}$ の上界であることを意味する．ゆえに

$$\sup\{a - b \mid a \in A, b \in B\} \leq \sup A - \inf B.$$

次に上の逆向きの不等式を示す．$u := \sup\{a - b \mid a \in A, b \in B\}$ とおく．命題 2.2.3 より次の不等式を示せばよい：

$$\text{任意の } \delta > 0 \text{ について，} \sup A - \inf B \leq u + \delta.$$

各 $\delta > 0$ について，$\sup A - \delta/2 < a_0$ を満たす $a_0 \in A$ が存在する (備考 2.6.3)．同様に $\inf B + \delta/2 > b_0$ を満たす $b_0 \in B$ が存在し，ゆえに

$$u \geq a_0 - b_0 > \left(\sup A - \frac{\delta}{2}\right) - \left(\inf B + \frac{\delta}{2}\right) = \sup A - \inf B - \delta.$$

つまり $u + \delta > \sup A - \inf B$. (ii) は，(4) における (ii) の証明と類似する計算で導ける (いま示した (i) と (3) を用いよ)．

解答例 2.5 $-x$ に対して実数のアルキメデス性を適用すれば $-x < N$ を満たす自然数 N が存在する．このとき $-N < x$ であり，$L := -N$ とすればよい．

解答例 2.6 $[x] \leq x < [x] + 1$ に注意すれば，$[x] + m \leq x + m < [x] + m + 1$. ゆえに整数 $[x] + m$ は，実数 $x + m$ を超えない最大の整数である．つまり $[x + m] = [x] + m$.

解答例 3.1 いずれの式も定義 3.2.1 に基づいて確かめればよい．

(1) $x = 0$ のときは $x = -x$ ゆえ，これらの絶対値も等しい．$x > 0$ の場合は $-x < 0$ であり，ゆえに $|x| = x$, $|-x| = -(-x) = x$ より等しい．$x < 0$ の場合は $-x > 0$ であり，$|x| =$

$-x$, $|-x| = -x$ ゆえ等しい.

(2) x, y のいずれかが 0 の場合は両辺とも 0 ゆえ等しい. $x, y > 0$ のときは $xy > 0$ ゆえ, $|xy| = xy = |x||y|$. $x < 0$ かつ $y > 0$ のときは $xy < 0$ ゆえ $|xy| = -xy = (-x)y = |x||y|$. $x > 0$ かつ $y < 0$ の場合は $|xy| = -xy = x(-y) = |x||y|$. $x, y < 0$ の場合は $xy > 0$ ゆえ $|xy| = xy = (-x)(-y) = |x||y|$.

(3) $|1/x|$ が $|x|$ の逆数であることを言えばよい. 実際, (2) より $|x| \cdot |1/x| = |x \cdot 1/x| = 1$.

(4) 一つ目の等式は (2) より得る. 二つ目の等式について, $x \geq 0$ のときは $|x|^2 = x^2$, $x < 0$ のときは $|x|^2 = (-x)^2 = x^2$.

(5) は定義より明らか. あえて ($\Leftarrow$) を示すとすれば, 次の通り (対偶を導く): $x \neq 0$ とすれば定義より $|x|$ は正数ゆえ $|x| \neq 0$ である.

(6) $x = 0$ のときは両辺ともに 0 で等しい. $x > 0$ のときは $x > -x$ ゆえ $\max\{x, -x\} = x = |x|$. $x < 0$ のときは $x < -x$ ゆえ $\max\{x, -x\} = -x = |x|$.

(7) (6) より $x \leq |x|$ かつ $-x \leq |x|$ であり, 後者を移項すれば $-|x| \leq x$.

解答例 3.2 任意に $\alpha \in \mathbb{R}$ を取って固定し, a_n が α に収束しないことを示す. $\varepsilon = 1$ とすれば, いかなる $N \in \mathbb{N}$ についても「$n > N \implies |\alpha - a_n| < \varepsilon$」は成り立たない. つまり, $n > N$ かつ $|\alpha - a_n| \geq \varepsilon$ を満たす自然数 n の存在が言える. 実際, $\alpha \geq 0$ の場合は $n = 2N+1$ について $|\alpha - a_n| = |\alpha + 1| = \alpha + 1 \geq 1$ である. また, $\alpha < 0$ ならば $\alpha - 1$ は負の数であり, ゆえに $n = 2N$ について $|\alpha - a_n| = |\alpha - 1| = -\alpha + 1 \geq 1$ である.

解答例 3.3 $\lim_{n \to \infty} a_n = \alpha$ とすれば, 任意の $\varepsilon > 0$ に対して次を満たす $K \in \mathbb{N}$ が取れる: $n > K$ ならば $|\alpha - a_n| < \varepsilon$. そこで $N := K + 1$ とおけば, この N は条件 (†) を満たし, ゆえに (a) が成り立つ. 逆に (a) が成り立つとしよう. 任意に $\varepsilon > 0$ を取り, 正数 $\varepsilon/2$ に対して (a) を適用すれば, 次を満たす $N \in \mathbb{N}$ が取れる: $n \geq N$ ならば $|\alpha - a_n| \leq \varepsilon/2$. このとき「$n > N \implies |\alpha - a_n| < \varepsilon$」が成り立つ. 実際, 各 $n > N$ について, $n \geq N$ ゆえ $|\alpha - a_n| \leq \varepsilon/2 < \varepsilon$. 以上より $\lim_{n \to \infty} a_n = \alpha$.

解答例 3.4 数列 a_n が条件 (b) を満たすとする. このとき $\varepsilon = 0$ において (b) を適用すれば, 次を満たす $N \in \mathbb{N}$ が存在することになる: $n \geq N$ ならば $|\alpha - a_n| \leq 0$. 不等式 $|\alpha - a_n| \leq 0$ は $a_n = \alpha$ を意味し, ゆえにこの数列は, 第 N 項以降がすべて α に一致する数列である. 微分を定義する際の極限において, 分母が 0 に値をとらずに 0 に近づく必要があったことを考えれば, 条件 (b) は収束の定義としてふさわしくない.

解答例 3.5 $M_n := \max\{a_n, b_n\}$, $M := \max\{\alpha, \beta\}$ とおき, $\lim_{n \to \infty} M_n = M$ を示す.

- $\alpha \neq \beta$ の場合: 必要であれば a_n と b_n の立場を入れ替えて $\alpha > \beta$ とする (つまり $M = \alpha$). $\varepsilon > 0$ を任意に取る. 正数 $\delta := \min\left\{\dfrac{\alpha - \beta}{2}, \varepsilon\right\}$ について仮定を適用すれば, 次を満たす $N \in \mathbb{N}$ が取れる: 各 $n > N$ について $|\alpha - a_n| < \delta$ かつ $|\beta - b_n| < \delta$ (補題 3.3.6). いまから「$n > N \implies |M - M_n| < \varepsilon$」を示そう. $n > N$ とすれば, $b_n < \beta + \delta \leq \beta + \dfrac{\alpha - \beta}{2} =$

$$\alpha - \frac{\alpha-\beta}{2} \leq \alpha - \delta < a_n \text{ ゆえ } M_n = a_n. \text{ したがって } |M - M_n| = |\alpha - a_n| < \delta \leq \varepsilon.$$

- $\alpha = \beta$ の場合：このとき $M = \alpha = \beta$ である．任意に取った $\varepsilon > 0$ に対して，仮定より次を満たす $N \in \mathbb{N}$ が取れる：各 $n > N$ について，$|M - a_n| < \varepsilon$ かつ $|M - b_n| < \varepsilon$ （補題 3.3.6）．とくに「$n > N \implies |M - M_n| < \varepsilon$」が成り立つ．

一方，いま示したことから数列 $-\min\{a_n, b_n\} = \max\{-a_n, -b_n\}$ は $\max\{-\alpha, -\beta\}$ に収束する．したがって数列 $\min\{a_n, b_n\}$ は $-\max\{-\alpha, -\beta\} = \min\{\alpha, \beta\}$ に収束する．

解答例 3.6 $a_n = n + (-1)^n \cdot 2$ と定めれば，$b_n = n$ が無限大に発散すること，および $c_n = (-1)^n \cdot 2$ が有界であることから，$a_n = b_n + c_n$ は無限大に発散する（命題 3.8.4 (3)）．一方，$a_{2n+1} = 2n + 1 - 2 = 2n - 1 < 2n + 2 = a_{2n}$. つまり a_n は単調増加でない．

解答例 3.7 $a_n = (-1)^n (1 - b_n)$ とおく．1 が A の上界であることは明らかである．そこで 1 が A の最小の上界であることを示そう．そのためには，1 未満の数が A の上界でないことを示せば十分である．$x < 1$ なる実数 x を任意に取れば，$\varepsilon = 1 - x > 0$. 数列 b_n が 0 に収束することから，$b_{2N} < \varepsilon$ を満たす自然数 N が取れる．このとき，

$$A \ni a_{2N} = (-1)^{2N}(1 - b_{2N}) = 1 - b_{2N} > 1 - \varepsilon = x.$$

つまり x より大きい A の元 a_{2N} があるゆえ，x は A の上界ではない．

$\inf A = -1$ も類似の論法により示せる．実際，$-1 < y$ なる任意の実数 y について $\varepsilon = y + 1 > 0$ とし，$b_{2N+1} < \varepsilon$ なる $N \in \mathbb{N}$ を取れば，

$$A \ni a_{2N+1} = (-1)^{2N+1}(1 - b_{2N+1}) = b_{2N+1} - 1 < \varepsilon - 1 = y.$$

つまり，-1 より大きな実数 y は A の下界ではない．

解答例 4.1 (1) $u = \sup A$ とおく．各 $n \in \mathbb{N}$ について $u - \frac{1}{n}$ は A の上界ではないから（備考 2.6.3），$u - \frac{1}{n} < x_n$ をみたす $x_n \in A$ が存在する．ここで，$a_n := \max\{x_1, \cdots, x_n\} \in A$ とおけば a_n は単調増加列であり，$u - \frac{1}{n} < x_n \leq a_n$ が成り立つ．また，u は A の上界ゆえ $a_n \leq u$. 不等式 $u - \frac{1}{n} < a_n \leq u$ にはさみうちの原理を適用すれば，a_n は u に収束する．(2) も類似の論法により示される．

解答例 4.2 $a_n = r \pm 1/n$.

解答例 4.3 定理 4.3.1 (有理数の稠密性) より (a, b) は有理数 $q_1 \in (a, b)$ を含む．このとき $a < q_1 < b$ であり，再び定理 4.3.1 を適用すれば開区間 (a, q_1) は有理数 $q_2 \in (a, q_1)$ を含む．この操作を順次繰り返し，有理数 $q_{n+1} \in (a, q_n)$ を帰納的に取っていく．以上により (a, b) は無限個の有理数 $q_1, q_2, q_3, \cdots$ を含む．

解答例 4.4 (3) 一般に，有界集合 $A \subset \mathbb{R}$ について $-\inf A = \sup(-A)$ が成り立つ（練習 2.4 (3)）．ゆえに，$-\gamma = -\lim_{k \to \infty}(\inf\{a_n \mid n \geq k\}) = \lim_{k \to \infty}(-\inf\{a_n \mid n \geq k\}) = \lim_{k \to \infty}(\sup\{-a_n \mid n \geq k\})$. つまり，$-\gamma$ は数列 $-a_n$ の上極限である．したがって，$-\gamma$ に収束する $-a_n$ の部分列 $-a_{n_i}$ が存在する（命題 4.5.2 (1)）．このとき，a_n の部分列 a_{n_i} は γ に収束

する．

(4) a_n の収束部分列 a_{n_i} を一つとり，その極限を δ とする．このとき $-a_{n_i}$ は $-\delta$ に収束する．$-\gamma$ は $-a_n$ の上極限であり，命題 4.5.2 (2) より $-\delta \leq -\gamma$．ゆえに $\gamma \leq \delta$．

解答例 4.5 $S_n = \sum_{k=1}^{n} b_k$ は収束する単調増加列であり，その極限 $\sum_{n=1}^{\infty} b_n$ は $S = \sup_{n \in \mathbb{N}} S_n$ に等しい（系 4.1.3）．$\sum_{k=1}^{n} a_k \leq \sum_{k=1}^{n} b_k = S_n \leq S$ より，$s_n = \sum_{k=1}^{n} a_k$ は上に有界な単調増加列であり，ゆえに収束する．$\sum_{n=1}^{\infty} a_n \leq \sum_{n=1}^{\infty} b_n$ は命題 3.4.3 による．

解答例 4.6 $c_n = \begin{cases} a_{\frac{n+1}{2}} & n \text{ は奇数,} \\ b_{\frac{n}{2}} & n \text{ は偶数,} \end{cases}$ $S_n = \sum_{k=1}^{n} c_k$ とおき，$\lim_{n \to \infty} S_n = \alpha + \beta$ を示そう．$s_n = \sum_{k=1}^{n} a_k$, $s'_n = \sum_{k=1}^{n} b_k$ とおく．任意の $\varepsilon > 0$ について，仮定より次を満たす $N \in \mathbb{N}$ が存在する：
$$k > N \implies |s_k - \alpha| < \frac{\varepsilon}{2} \text{ かつ } |s'_k - \beta| < \frac{\varepsilon}{2}. \tag{4.1}$$
このとき，$n > 2N + 1$ ならば $|S_n - (\alpha + \beta)| < \varepsilon$ である．実際，n が奇数の場合は $n = 2k + 1$ とおけば $2k + 1 > 2N + 1$ ゆえ $k > N$ であり，
$$S_n = (a_1 + b_1) + \cdots + (a_k + b_k) + a_{k+1} = \sum_{i=1}^{k+1} a_i + \sum_{i=1}^{k} b_i = s_{k+1} + s'_k$$
と変形したうえで式 (4.1) を適用すれば $|S_n - (\alpha + \beta)| \leq |s_{k+1} - \alpha| + |s'_k - \beta| < \varepsilon/2 + \varepsilon/2 = \varepsilon$ である．n が偶数の場合は $n = 2k$ とおくと $2k > 2N + 1 > 2N$ ゆえ $k > N$ であり，$S_n = s_k + s'_k$．この場合も上と同様の評価により $|S_n - (\alpha + \beta)| < \varepsilon$ を得る．

解答例 5.1 (1) $y \in f(A \cap B)$ とすれば，$f(x) = y$ を満たす $x \in A \cap B$ が存在する．$x \in A$ より $f(x) \in f(A)$．また $x \in B$ より $f(x) \in f(B)$．以上より $y = f(x) \in f(A) \cap f(B)$．

(2) ($\subset$)：$y \in f(A) \cup f(B)$ とすれば，$y \in f(A)$ または $y \in f(B)$ のいずれかが成り立つ．まず $y \in f(A)$ が成り立つ場合を考えよう．このとき，$y = f(x)$ を満たす $x \in A$ が存在する．ここで $x \in A \cup B$ でもあることに注意すれば，$y = f(x) \in f(A \cup B)$ である．$y \in f(B)$ が成り立つ場合も同様にして $y \in f(A \cup B)$ が示される．以上より $f(A) \cup f(B) \subset f(A \cup B)$．

($\supset$)：$y \in f(A \cup B)$ とすれば，$f(x) = y$ を満たす $x \in A \cup B$ が存在する．このとき，$x \in A$ または $x \in B$ のいずれかが成り立つ．$x \in A$ ならば $f(x) \in f(A)$ であり，ゆえに $y = f(x) \in f(A) \cup f(B)$．$x \in B$ の場合も同様にして $y \in f(A) \cup f(B)$ が示される．以上より $f(A) \cup f(B) \supset f(A \cup B)$．

解答例 5.2 $x \in (g \circ f)^{-1}(W) \iff g \circ f(x) \in W \iff g(f(x)) \in W \iff f(x) \in g^{-1}(W) \iff x \in f^{-1}(g^{-1}(W))$.

解答例 5.3 f の逆写像を g で表すとし，ここでは記号 f^{-1} を逆像の表示にのみ用いることとする．すなわち，$P = f^{-1}(B)$, $I = g(B)$ である．

($I \subset P$)：$i \in I$ とすれば，ある $b \in B$ を用いて $i = g(b)$ と書ける．このとき $f(i) = f(g(b)) = f \circ g(b) = b$．つまり，$i$ を f に代入すると B の元になるゆえ，$i \in f^{-1}(B) = P$．

($P \subset I$)：$p \in P$ とすれば，$f(p) \in B$ である．このとき $p = g \circ f(p) = g(f(p)) \in g(B) = I$．

解答例 5.4 （1） $g \circ f(x_1) = g \circ f(x_2)$ とすれば $g(f(x_1)) = g(f(x_2))$ であり，g の単射性より $f(x_1) = f(x_2)$．これに f の単射性を適用し $x_1 = x_2$ を得る．

（2） 各 $z \in Z$ に対して，g の全射性より $z = g(y)$ を満たす $y \in Y$ が存在する．また，この y に対して f の全射性を適用すると，$y = f(x)$ を満たす $x \in X$ が存在する．このとき $z = g(y) = g(f(x)) = g \circ f(x)$．

（3） $g \circ f$ の全単射性は（1）および（2）より得る．また，$g \circ f$ と $f^{-1} \circ g^{-1}$ の合成について，
$$(f^{-1} \circ g^{-1}) \circ (g \circ f) = f^{-1} \circ (g^{-1} \circ g) \circ f = f^{-1} \circ \mathrm{id}_Y \circ f = f^{-1} \circ f = \mathrm{id}_X.$$
$(g \circ f) \circ (f^{-1} \circ g^{-1}) = \mathrm{id}_Z$ も同様に示され，これらが互いの逆写像であることが命題 5.8.4 より分かる．

解答例 5.5 $f : \mathbb{N} \to \mathbb{Z}$ を次で定めれば，これは全単射である：
$$f(x) := \begin{cases} -\dfrac{x}{2} & x \text{ が偶数のとき,} \\ \dfrac{x-1}{2} & x \text{ が奇数のとき.} \end{cases}$$

解答例 5.6 $f : [0, \infty) \to (0, \infty)$ を次で定めれば，これは全単射である：
$$f(x) := \begin{cases} x + 1 & x \in \mathbb{N} \cup \{0\} \text{ のとき,} \\ x & x \notin \mathbb{N} \cup \{0\} \text{ のとき.} \end{cases}$$

解答例 5.7 （1） $x \in (\text{左辺}) \iff f(x) \in \bigcup_{\lambda \in \Lambda} U_\lambda \iff$「$f(x) \in U_\lambda$ を満たす $\lambda \in \Lambda$ が存在する」$\iff$「$x \in f^{-1}(U_\lambda)$ を満たす $\lambda \in \Lambda$ が存在する」$\iff x \in (\text{右辺})$．（2）も同様に示せる．

解答例 6.1 f が単調増加関数の場合についてのみ示す．(1)$\Rightarrow$(2)：$x, y \in X$，$x < y$ とすれば，単調増加性から $f(x) \leq f(y)$．また，$x \neq y$ および f の単射性から $f(x) \neq f(y)$．ゆえに $f(x) < f(y)$．(2)$\Rightarrow$(1) は命題 6.3.2 より得る．

解答例 6.2 （1） $a, b \in X$ が $a < b$ を満たすとき，f の狭義単調増加性より $f(a) < f(b)$．この不等式に g の狭義単調増加性を適用すれば $g(f(a)) < g(f(b))$．つまり $g \circ f(a) < g \circ f(b)$．

（2） $a, b \in X$ が $a < b$ を満たすとき，f の狭義単調増加性より $f(a) < f(b)$．この不等式に g の狭義単調減少性を適用すれば $g(f(a)) > g(f(b))$．つまり $g \circ f(a) > g \circ f(b)$．

（3） $X \neq \emptyset$ のときを示す．$x_0 \in X$ を一つとる．「各 $x \in X$ について $f(x) = f(x_0)$」を示せば，f は $f(x_0)$ に値をとる定数関数である．x と x_0 の大小によって場合分けをしよう．$x \leq x_0$ の場合は f の単調増加性より $f(x) \leq f(x_0)$ であり，また単調減少性より $f(x) \geq f(x_0)$，つまり $f(x) = f(x_0)$ を得る．$x > x_0$ の場合も同様にして $f(x) = f(x_0)$ を得る．

解答例 6.3 底の交換公式により $\log_{a^{-1}} x = \dfrac{\log_a x}{\log_a a^{-1}} = \dfrac{\log_a x}{-1} = -\log_a x$．

解答例 6.4 ($\Leftarrow$)：角 θ_1, θ_2 に対応する単位円周上の点 P_{θ_1} と P_{θ_2} が一致することによる．
($\Rightarrow$)：点 $P = (\cos\theta_1, \sin\theta_1) = (\cos\theta_2, \sin\theta_2)$ からさらに $-\theta_2$ 回転させた単位円周上の点として，$(\cos(\theta_1 - \theta_2), \sin(\theta_1 - \theta_2)) = (\cos 0, \sin 0) = (1, 0)$ を得る．$\cos x = 1$ を満たす x は 2π の整数倍に限るゆえ，$\theta_1 - \theta_2$ もそうである．

解答例 6.5 （1）「$\cos\theta_1 = \cos\theta_2 \Longrightarrow \theta_1 = \theta_2$」を示す．$\theta_1, \theta_2 \in [0, \pi]$ より，$\sin\theta_1, \sin\theta_2 \geq 0$．よって，$\sin\theta_1 = \sqrt{\sin^2\theta_1} = \sqrt{1 - \cos^2\theta_1} = \sqrt{1 - \cos^2\theta_2} = \sqrt{\sin^2\theta_2} = \sin\theta_2$．つまり $(\cos\theta_1, \sin\theta_1) = (\cos\theta_2, \sin\theta_2)$ であり，命題 6.6.2 の証明と同様にして $\theta_1 = \theta_2$ を得る．

（2）「$\tan\theta_1 = \tan\theta_2 \Longrightarrow \theta_1 = \theta_2$」を示す．$\tan^2 x = \dfrac{\sin^2 x}{\cos^2 x} = \dfrac{1 - \cos^2 x}{\cos^2 x} = \dfrac{1}{\cos^2 x} - 1$ より $\cos^2\theta_1 = \cos^2\theta_2$ である．また，$\theta_1, \theta_2 \in (-\pi/2, \pi/2)$ より，$\cos\theta_1, \cos\theta_2 > 0$．つまり $\cos\theta_1 = \cos\theta_2$ を得る．さらに $\tan x = \dfrac{\sin x}{\cos x}$ を合わせれば $\sin\theta_1 = \tan\theta_1 \cos\theta_1 = \tan\theta_2 \cos\theta_2 = \sin\theta_2$．以上より $(\cos\theta_1, \sin\theta_1) = (\cos\theta_2, \sin\theta_2)$ であり，命題 6.6.2 の証明と同様にして $\theta_1 = \theta_2$．

解答例 6.6 $x = \tan\dfrac{\pi}{8}$ とおくと $1 = \tan\dfrac{\pi}{4} = \tan\left(\dfrac{\pi}{8} + \dfrac{\pi}{8}\right) = \dfrac{2x}{1 - x^2}$．これを移項すれば $x^2 + 2x - 1 = 0$ であり，この方程式の解は $x = -1 \pm \sqrt{2}$．$\tan\dfrac{\pi}{8} > 0$ ゆえ $x = -1 - \sqrt{2}$ は不適である．

解答例 6.7 まず，$0 < (右辺) < \dfrac{\pi}{2}$ を確認する．$\tan^{-1}$ の単調性から $(右辺) > 0$ は明らか．$4\tan^{-1}\dfrac{1}{5} < \dfrac{\pi}{2}$ を示そう．$\dfrac{1}{5} = 0.2 < 0.4142 < \sqrt{2} - 1$ より $\tan^{-1}\dfrac{1}{5} < \tan^{-1}(\sqrt{2} - 1) = \dfrac{\pi}{8}$．ゆえに $4\tan^{-1}\dfrac{1}{5} < \dfrac{\pi}{2}$ であり，したがって $(右辺) < \dfrac{\pi}{2}$．

$0 < (右辺) < \dfrac{\pi}{2}$ ゆえ，$\tan(右辺) = 1$ を確認すれば主張を得る．$\alpha = \tan^{-1}\dfrac{1}{5}$, $\beta = \tan^{-1}\dfrac{1}{239}$ とおけば $\tan\alpha = \dfrac{1}{5}$, $\tan\beta = \dfrac{1}{239}$ である．

$$\tan 2\alpha = \dfrac{2\tan\alpha}{1 - \tan^2\alpha} = \dfrac{2 \cdot \dfrac{1}{5}}{1 - \left(\dfrac{1}{5}\right)^2} = \dfrac{2}{5} \cdot \dfrac{25}{24} = \dfrac{5}{12}.$$

$$\tan 4\alpha = \dfrac{2\tan 2\alpha}{1 - \tan^2 2\alpha} = \dfrac{2 \cdot \dfrac{5}{12}}{1 - \left(\dfrac{5}{12}\right)^2} = \dfrac{\dfrac{5}{6}}{1 - \dfrac{25}{144}} = \dfrac{5}{6} \cdot \dfrac{144}{119} = \dfrac{120}{119}.$$

$$\tan\left(4\tan^{-1}\dfrac{1}{5} - \tan^{-1}\dfrac{1}{239}\right) = \tan(4\alpha - \beta) = \dfrac{\tan 4\alpha - \tan\beta}{1 + \tan 4\alpha \tan\beta} = \dfrac{\dfrac{120}{119} - \dfrac{1}{239}}{1 + \dfrac{120}{119} \cdot \dfrac{1}{239}}$$

$$= \dfrac{\dfrac{120 \times 239 - 119}{119 \times 239}}{\dfrac{119 \times 239 + 120}{119 \times 239}} = \dfrac{120 \times 239 - 119}{119 \times 239 + 120} = \dfrac{120 \times 239 - 119}{119 \times 239 + (239 - 119)} = \dfrac{120 \times 239 - 119}{120 \times 239 - 119} = 1.$$

解答例 7.1 （1）$f(x) = x^n \left(a_n + \dfrac{a_{n-1}}{x} + \dfrac{a_{n-2}}{x^2} + \cdots + \dfrac{a_0}{x^n}\right)$ と書ける．各 $k = 1, \cdots, n$ について $\lim\limits_{x\to\infty} \dfrac{a_{n-k}}{x^k} = 0$ である（これは例 7.4.10 と命題 7.4.8 から導かれる）．ゆえに関数 $g(x) = a_n + \dfrac{a_{n-1}}{x} + \dfrac{a_{n-2}}{x^2} + \cdots + \dfrac{a_0}{x^n}$ は $x \to \infty$ において $a_n > 0$ に収束する．再び例 7.4.10 および命題 7.4.8 により，$\lim\limits_{x\to\infty} f(x) = \lim\limits_{x\to\infty} x^n g(x) = \infty$ を得る．$x \to -\infty$ の場合，さらに (2) 以降も同様にして示される．

解答例 7.2 $a_n \in X$, $\lim\limits_{n\to\infty} a_n = a$ とする．$b_n = a_n - a$ とおけば，$a + b_n = a_n \in X$ ゆえ $b_n \in Y$．つまり b_n は 0 に収束する Y 上の数列である．

$b_n \in Y$, $\lim\limits_{n\to\infty} b_n = 0$ とする．Y の定義から $a + b_n \in X$ である．そこで $a_n = a + b_n$ とおけば，これは a に収束する X 上の数列である．

解答例 7.3 (i)⇒(ii)：対偶を示す．(ii) を否定すれば，次を満たす $M > 0$ が存在する：

各 $\delta > 0$ に応じて，$|a - x| < \delta$ かつ $f(x) \leq M$ を満たす $x \in X$ が存在する．

そこで，n を自然数とし，$\delta := 1/n > 0$ に対して上を適用すれば，$|a - x_n| < 1/n$ かつ $f(x_n) \leq M$ を満たす $x_n \in X$ が取れる．このとき x_n は a に収束し，かつ $f(x_n)$ は無限大に発散しない．つまり (i) の否定が導かれた．

(ii)⇒(i)：$x_n \in X$ を a に収束する数列とする．$\lim\limits_{n\to\infty} f(x_n) = \infty$ を示すために任意に $M > 0$ を取ろう．この M に対して条件 (ii) を適用すれば，次を満たす $\delta > 0$ が存在する：
$$|a - x| < \delta \implies f(x) > M. \tag{†}$$
さて，$\lim\limits_{n\to\infty} x_n = a$ より，上の δ に対して次を満たす $N \in \mathbb{N}$ が存在する：
$$n > N \implies |a - x_n| < \delta. \tag{‡}$$
このとき，「$n > N \implies f(x_n) > M$」が成り立つ．実際，$n > N$ とすれば (‡) より $|a - x_n| < \delta$ であり，これと (†) を合わせて $f(x_n) > M$ を得る．以上により $\lim\limits_{n\to\infty} f(x_n) = \infty$．

解答例 7.4 (i)⇒(ii)：対偶を示す．(ii) を否定すれば，次を満たす $\varepsilon > 0$ が存在する：

各 $L > 0$ に応じて，$x > L$ かつ $|b - f(x)| \geq \varepsilon$ を満たす $x \in X$ が存在する．

そこで，n を自然数とし，$L := n > 0$ に対して上を適用すれば，$x_n > n$ かつ $|b - f(x_n)| \geq \varepsilon$ を満たす $x_n \in X$ が取れる．このとき x_n は無限大に発散し，かつ $f(x_n)$ は b に収束しない．つまり (i) の否定が導かれた．

(ii)⇒(i)：$x_n \in X$ を無限大に発散する数列とする．$\lim\limits_{n\to\infty} f(x_n) = b$ を示すために任意に $\varepsilon > 0$ を取ろう．この $\varepsilon > 0$ に対して条件 (ii) を適用すれば，次を満たす $L > 0$ が存在する：
$$x > L \implies |b - f(x)| < \varepsilon. \tag{†}$$
さて，$\lim\limits_{n\to\infty} x_n = \infty$ より，上の L に対して次を満たす $N \in \mathbb{N}$ が存在する：
$$n > N \implies x_n > L. \tag{‡}$$

このとき，「$n > N \implies |b - f(x_n)| < \varepsilon$」が成り立つ．実際，$n > N$ とすれば (‡) より $x_n > L$ であり，これと (†) を合わせて $|b - f(x_n)| < \varepsilon$ を得る．以上により $\lim_{n \to \infty} f(x_n) = b$．

解答例 7.5 (i)⇒(ii)：対偶を示す．(ii) の否定を仮定しよう．このとき，次を満たす $M > 0$ が存在する：

$$\text{各 } L > 0 \text{ に応じて，} x > L \text{ かつ } f(x) \leq M \text{ を満たす } x \in X \text{ が存在する．}$$

そこで，n を自然数とし，$L := n > 0$ に対して上を適用すれば，$x_n > n$ かつ $f(x_n) \leq M$ を満たす $x_n \in X$ が取れる．このとき x_n は無限大に発散し，かつ $f(x_n)$ は無限大に発散しない．つまり (i) の否定が導かれた．

(ii)⇒(i)：$x_n \in X$ を無限大に発散する数列とする．$\lim_{n \to \infty} f(x_n) = \infty$ を示すために任意に $M > 0$ を取ろう．この $M > 0$ に対して条件 (ii) を適用すれば，次を満たす $L > 0$ が存在する：

$$x > L \implies f(x) > M. \tag{†}$$

さて，$\lim_{n \to \infty} x_n = \infty$ より，上の L に対して次を満たす $N \in \mathbb{N}$ が存在する：

$$n > N \implies x_n > L. \tag{‡}$$

このとき，「$n > N \implies f(x_n) > M$」が成り立つ．実際，$n > N$ とすれば (‡) より $x_n > L$ であり，これと (†) を合わせて $f(x_n) > M$ を得る．以上により $\lim_{n \to \infty} f(x_n) = \infty$．

解答例 8.1 各 $m \in \mathbb{Z}$ について，数列 $b_n = m - 1/2^n$ は m に収束する．このとき $f(b_n) = m - 1$ ゆえ $\lim_{n \to \infty} f(b_n) = m - 1 \neq m = f(m)$．つまり m において f は連続でない．

解答例 8.2 $g \circ f : X \to \mathbb{R}$ の点 $a \in X$ における連続性を示すために，$\lim_{n \to \infty} a_n = a$ なる数列 $a_n \in X$ を任意に取り，$\lim_{n \to \infty} g \circ f(a_n) = g \circ f\left(\lim_{n \to \infty} a_n\right)$ を示そう．$b_n := f(a_n)$ とし，f と g における極限操作と代入操作を交換すると，$g \circ f\left(\lim_{n \to \infty} a_n\right) = g\left(f\left(\lim_{n \to \infty} a_n\right)\right) = g\left(\lim_{n \to \infty} f(a_n)\right) = g\left(\lim_{n \to \infty} b_n\right) = \lim_{n \to \infty} g(b_n) = \lim_{n \to \infty} g(f(a_n)) = \lim_{n \to \infty} g \circ f(a_n)$．

解答例 8.3 関数 $l(x) = x \log_2 x$ $(x > 0)$ は連続関数の積で表されるゆえ連続である．これと連続関数 $p(x) = 2^x$ の合成 $p \circ l(x)$ は連続である．$p \circ l(x) = x^x$ が次の計算より分かる：$p \circ l(x) = p(l(x)) = p(x \log_2 x) = p(\log_2 x^x) = 2^{\log_2(x^x)} = x^x$．

解答例 8.4 点 $a \in \mathbb{R} \setminus \{0\}$ における連続性を示す．ここでは $a > 0$ の場合を考える．$\varepsilon > 0$ を任意に取って固定する．$f'(x) = \dfrac{-1}{x^2}$ より，a を含む区間 $\left[\dfrac{1}{2}a, \dfrac{3}{2}a\right]$ に限れば，$|f'(x)|$ の値が最大となるのは $\left|f'\left(\dfrac{a}{2}\right)\right| = \dfrac{4}{a^2}$ のときである．そこで $\delta := \min\left\{\dfrac{\varepsilon a^2}{4}, \dfrac{a}{2}\right\}$ とすれば，$|x - a| < \delta$ を満たす x について $\dfrac{a}{2} < x$ が成り立つから，

$$|f(x) - f(a)| = \left|\dfrac{1}{x} - \dfrac{1}{a}\right| = \left|\dfrac{a - x}{xa}\right| < \delta \cdot \dfrac{1}{xa} < \dfrac{\varepsilon a^2}{4} \cdot \dfrac{1}{a/2} \cdot \dfrac{1}{a} = \dfrac{\varepsilon}{2}.$$

$a < 0$ の場合は $\delta := \min\left\{\dfrac{\varepsilon a^2}{4}, \dfrac{-a}{2}\right\}$ とせよ．

解答例 9.1 （1） x が自然数のみを動く場合，$x \to \infty$ において a^x が発散することは，例 3.8.7 より分かっており，つまり $\lim_{x \to \infty} a^{[x]} = \infty$ である．$[x] \leq x$ と指数関数の単調性より $a^{[x]} \leq a^x$ であり，発散型のはさみうちの原理から，$\lim_{x \to \infty} a^x = \infty$．また，$\lim_{x \to -\infty} a^x = 0 \iff \lim_{y \to \infty} a^{-y} = 0$ であり，この右側の条件は命題 7.4.8（発散型の命題 7.4.7）から導かれる．すなわち，$a^{-y} = 1/a^y \longrightarrow 0 \ (y \to \infty)$．

（2） これは (1) の逆数をとった関数である．ゆえに (1) と発散型の命題 7.4.7 より得る．

（3） 実数のアルキメデス性を適用し，$1/n < \alpha$ を満たす自然数 $n \in \mathbb{N}$ を取れば，$\lim_{x \to \infty} x^{\frac{1}{n}} = \infty$ である（例 7.4.10）．$x > 1$ のとき，指数関数の単調性から $x^{\frac{1}{n}} < x^\alpha$ であり，これに発散型のはさみうちの原理を適用し，$\lim_{x \to \infty} x^\alpha = \infty$ を得る．$\lim_{x \to 0} x^\alpha = 0$ は冪関数の原点における連続性に他ならない（命題 9.9.7 (1)）．

（4） これは (3) の定義域を $(0, \infty)$ に制限した関数について逆数をとった関数である．ゆえに (3) と発散型の命題 7.4.7 より得る．

解答例 9.2 （1）のみ示す．$a > 1$ の場合を考えよう．各 $y \in (0, \infty)$ に対して，練習 9.1 (1) より $a^{x_1} < y < a^{x_2}$ を満たす $x_1, x_2 \in \mathbb{R}$ が存在する．指数関数は連続ゆえ中間値の定理が適用できて，$y = a^x$ を満たす x が x_1 と x_2 の間に存在する．$0 < a < 1$ の場合は練習 9.1 (2) を用いればよい．(2) および (3) も類似の論法により示される．

解答例 9.3 $b \leq 0$ の場合は，$x > 1$ について x^b は 1 以下の正数であるため，a^x/x^b が ∞ に発散することは明らか．そこで $b > 0$ とし，$\ell := [b] + 1$ とおく．$x > 1$ について指数関数の単調性より $x^b < x^\ell$．命題 9.10.1 より，$\dfrac{a^x}{x^b} > \dfrac{a^x}{x^\ell} \longrightarrow \infty \ (x \to \infty)$．

解答例 9.4 まず $a > 1$ の場合を示す．任意に $\varepsilon > 0$ を取って固定する．実数のアルキメデス性より $\dfrac{1}{bk} < \varepsilon$ を満たす $k \in \mathbb{N}$ が取れる．一方，命題 7.4.9 および 9.10.1，練習 9.1 (3) の帰結として $\lim_{x \to \infty} \dfrac{a^{(x^b)}}{(x^b)^k} = \infty$ である．ゆえに次を満たす $M > 0$ が存在する：$x > M$ ならば $x^{bk} < a^{(x^b)}$．このとき「$x > M \implies \dfrac{\log_a x}{x^b} < \varepsilon$」が成り立つ．実際，$x > M$ とすれば，$\log_a$ の単調性より $\log_a x^{bk} < \log_a a^{(x^b)}$ であり，これを変形すれば $bk \log_a x < x^b$．つまり，$\dfrac{\log_a x}{x^b} < \dfrac{1}{bk} < \varepsilon$．

$0 < a < 1$ の場合は，$c := 1/a > 1$ とおけば $\log_a x = -\log_c x$ である（練習 6.3）．ゆえに，$\dfrac{\log_a x}{x^b} = -\dfrac{\log_c x}{x^b}$ は既に示したことから 0 に収束する．

解答例 9.5 いま，命題 9.7.1 の証明に沿って $L > 0$ が与えられているとする．任意に $\varepsilon > 0$ を取る．指数関数 $f : \mathbb{Q} \to \mathbb{R}$（$f(x) = a^x$）の原点における連続性（補題 9.6.4）から，$\delta := \varepsilon/L >$

0 に対して，次を満たす $\xi > 0$ が存在する：
$$x \in \mathbb{Q} \text{ かつ } |x| < \xi \implies |1 - a^x| < \delta. \tag{†}$$
また，c_n がコーシー列であることから，次を満たす $N \in \mathbb{N}$ が存在する：
$$m, n > N \implies |c_m - c_n| < \xi. \tag{‡}$$
このとき，「$m, n > N \implies |a^{c_m} - a^{c_n}| < \varepsilon$」が成り立つ．実際，$m, n > N$ とすれば (‡) および (†) から $|1 - a^{c_n - c_m}| < \delta = \varepsilon/L$ であり，$|a^{c_m} - a^{c_n}| = a^{c_m} \cdot |1 - a^{c_n - c_m}| \leq L \cdot |1 - a^{c_n - c_m}| < L \cdot \varepsilon/L = \varepsilon.$

解答例 10.1 (i)⇒(ii)：対偶を示す．(ii) の否定を仮定しよう．このとき，次を満たす $\varepsilon > 0$ が存在する：

任意の $\delta > 0$ について，$d_X(a, x) < \delta$ かつ $d_Y(b, f(x)) \geq \varepsilon$ を満たす $x \in X$ が存在する．

n を自然数とし，正数 $\delta := 1/n > 0$ に対して上を適用すれば，$d_X(a, x_n) < 1/n$ かつ $d_Y(b, f(x_n)) \geq \varepsilon$ を満たす $x_n \in X$ が取れる．これらの条件について，$d_X(a, x_n) < 1/n$ は $\lim_{n \to \infty} x_n = a$ を意味し，$d_Y(b, f(x_n)) \geq \varepsilon$ は点列 $f(x_n)$ が b に収束しないことを意味する．すなわち，a に収束する X 上の点列 x_n で，$f(x_n)$ が b に収束しない例が得られた．これは，(i) が成立しないということである．

(ii)⇒(i)：$x_n \in X$ を a に収束する点列とする．$\lim_{n \to \infty} f(x_n) = b$ を示すために任意に $\varepsilon > 0$ を取ろう．この ε に対して条件 (ii) を適用すれば，次を満たす $\delta > 0$ が存在する：
$$d_X(a, x) < \delta \implies d_Y(b, f(x)) < \varepsilon. \tag{†}$$
また $\lim_{n \to \infty} x_n = a$ より，いまの δ に対して次を満たす $N \in \mathbb{N}$ が存在する：
$$n > N \implies d_X(a, x_n) < \delta. \tag{‡}$$
このとき，「$n > N \implies d_Y(b, f(x_n)) < \varepsilon$」が成り立つ．実際，$n > N$ とすれば (‡) より $d_X(a, x_n) < \delta$ であり，これと (†) を合わせて $d_Y(b, f(x_n)) < \varepsilon$ を得る．以上により $\lim_{n \to \infty} f(x_n) = b$ が示された．

解答例 10.2 $\varepsilon := \delta/2 > 0$ に対して，次を満たす $K \in \mathbb{N}$ が存在する (補題 3.3.6)：各 $n > K$ について $d(\alpha, a_n) < \varepsilon$ かつ $d(\alpha, b_n) < \varepsilon$．そこで $N := K + 1$ とすれば，$d(a_N, b_N) \leq d(a_N, \alpha) + d(\alpha, b_N) < \varepsilon + \varepsilon = \delta/2 + \delta/2 = \delta$.

解答例 10.3 （1） $G : \mathbb{R} \to \mathbb{R}^n$ を $G(x) := (f_1(x), \cdots, f_n(x))$ と定める．$\mathrm{pr}_i \circ G = f_i$ の連続性から G は連続である (命題 10.6.4)．例 10.6.6 にある $\mu_n : \mathbb{R}^n \to \mathbb{R}$ を用いて，$g = \mu_n \circ G$ と表せるゆえ，g は連続である．

（2） $H : \mathbb{R}^n \to \mathbb{R}^n$ を $H(x_1, \cdots, x_n) := (f_1(x_1), \cdots, f_n(x_n))$ と定める．各 $\mathrm{pr}_i \circ H = f_i \circ \mathrm{pr}_i$ の連続性から H は連続である (命題 10.6.4)．ゆえに $h = \mu_n \circ H$ も連続である．

解答例 10.4 底の交換公式 (105 ページ) により，$f(x, y) = \dfrac{\log_2 y}{\log_2 x} = \dfrac{\log_2 \mathrm{pr}_2(x, y)}{\log_2 \mathrm{pr}_1(x, y)}$ であり，

これは連続関数の商ゆえ連続である.

解答例 10.5 $L: \mathbb{R} \to \mathbb{R}^2$ を $L(x) := (x, b)$ と定める. $\mathrm{pr}_1 \circ L = \mathrm{id}_\mathbb{R}$ および $\mathrm{pr}_2 \circ L$ (これは b に値を取る定数関数) はともに連続ゆえ, L は連続写像である (命題 10.6.4). したがって, 連続写像の合成 $f \circ L = g$ も連続である.

解答例 10.6 $\boldsymbol{x} = (x_1, \cdots, x_n)$, $\boldsymbol{y} = (y_1, \cdots, y_n)$ とおくと, $\|\boldsymbol{x}+\boldsymbol{y}\|_1 = \sum_{i=1}^{n} |x_i + y_i| \leq \sum_{i=1}^{n} (|x_i| + |y_i|) = \sum_{i=1}^{n} |x_i| + \sum_{i=1}^{n} |y_i| = \|\boldsymbol{x}\|_1 + \|\boldsymbol{y}\|_1$. また, $\|\boldsymbol{x}+\boldsymbol{y}\|_\infty = \sup_{i=1,\cdots,n} |x_i + y_i| \leq \sup_{i=1,\cdots,n} (|x_i| + |y_i|) \leq \sup_{i=1,\cdots,n} |x_i| + \sup_{i=1,\cdots,n} |y_i| = \|\boldsymbol{x}\|_\infty + \|\boldsymbol{y}\|_\infty$.

解答例 10.7 (1) から (3) については点 $\boldsymbol{a} \in \mathbb{R}^n$ における連続性, (4) については $a \in \mathbb{R}$ における連続性を示そう. $\boldsymbol{x}_n \in \mathbb{R}^n$ および $t_n \in \mathbb{R}$ をそれぞれ $\boldsymbol{a}$ と a に収束する点列とする.

(1) 命題 10.7.6 (2) より $0 \leq \left| \|\boldsymbol{a}\| - \|\boldsymbol{x}_n\| \right| \leq \|\boldsymbol{a} - \boldsymbol{x}_n\| \xrightarrow[n \to \infty]{} 0$.

(2) $\|S(\boldsymbol{a}) - S(\boldsymbol{x}_n)\| = \|r\boldsymbol{a} - r\boldsymbol{x}\| = |r| \cdot \|\boldsymbol{a} - \boldsymbol{x}_n\| \xrightarrow[n \to \infty]{} |r| \cdot 0 = 0$.

(3) $\|T(\boldsymbol{a}) - T(\boldsymbol{x}_n)\| = \|(\boldsymbol{a} + \boldsymbol{b}) - (\boldsymbol{x}_n + \boldsymbol{b})\| = \|\boldsymbol{a} - \boldsymbol{x}_n\| \xrightarrow[n \to \infty]{} 0$.

(4) $\|f(a) - f(t_n)\| = \|a\boldsymbol{b} - t_n \boldsymbol{b}\| = |a - t_n| \cdot \|\boldsymbol{b}\| \xrightarrow[n \to \infty]{} 0 \cdot \|\boldsymbol{b}\| = 0$.

解答例 10.8 (1)$\Rightarrow$(2) は命題 10.4.8 (3) より明らか (a_{n_k} 自身を取ればよい). (2)$\Rightarrow$(1) の対偶を示そう. a_n が α に収束しないとすれば, 次を満たす $\varepsilon > 0$ が存在する:

任意の $N \in \mathbb{N}$ に応じて,「$n > N$ かつ $d(\alpha, a_n) \geq \varepsilon$」を満たす自然数 n が存在する.

このとき, $d(\alpha, a_{n_i}) \geq \varepsilon$ を満たすように自然数列 $n_1 < n_2 < n_3 < \cdots$ を帰納的に取ることができる. こうして得た a_n の部分列 $a_{n_1}, a_{n_2}, a_{n_3}, \cdots$ は α との距離が常に ε 以上離れている. ゆえに部分列 a_{n_k} のどんな部分列 $a_{n_{(k_1)}}, a_{n_{(k_2)}}, a_{n_{(k_3)}}, \cdots$ も α との距離が ε 以上離れており, α に収束することはない.

解答例 10.9 $\boldsymbol{x} = (x_1, \cdots, x_n)$, $\boldsymbol{y} = (y_1, \cdots, y_n)$, $\boldsymbol{z} = (z_1, \cdots, z_n)$ とする.

(1) この左辺は自乗の和ゆえ 0 以上である.

(2) ($\Rightarrow$) を示そう. $0 = (\boldsymbol{x}, \boldsymbol{x}) = \sum_{i=1}^{n} x_i^2$ ゆえ $x_i = 0$ $(i = 1, \cdots, n)$. つまり $\boldsymbol{x} = \boldsymbol{0}$ である. ($\Leftarrow$) は明らか.

(3) $(\boldsymbol{x}, \boldsymbol{y}) = \sum_{i=1}^{n} x_i y_i = \sum_{i=1}^{n} y_i x_i = (\boldsymbol{y}, \boldsymbol{x})$.

(4) $(t\boldsymbol{x}, \boldsymbol{y}) = \sum_{i=1}^{n} t x_i y_i = t \sum_{i=1}^{n} x_i y_i = t(\boldsymbol{x}, \boldsymbol{y})$. 他方の等式も同様に示せる.

(5) $(\boldsymbol{x}, \boldsymbol{y} + \boldsymbol{z}) = \sum_{i=1}^{n} x_i (y_i + z_i) = \sum_{i=1}^{n} (x_i y_i + x_i z_i) = \sum_{i=1}^{n} x_i y_i + \sum_{i=1}^{n} x_i z_i = (\boldsymbol{x}, \boldsymbol{y}) + (\boldsymbol{x}, \boldsymbol{z})$. (6) も, これと同様に示せる.

解答例 11.1 $V = \{\boldsymbol{x} + \boldsymbol{a} \mid \boldsymbol{x} \in N(\boldsymbol{0}, \varepsilon)\}$ とおく (線形代数では, この集合を $N(\boldsymbol{0}, \varepsilon) + \boldsymbol{a}$

と書く).

（⊂）：各 $y \in N(a,\varepsilon)$ に対して，$x := y - a$ とおく．このとき $\|x\| = \|y - a\| < \varepsilon$ より $x \in N(\mathbf{0},\varepsilon)$．つまり $y = x + a \in V$．

（⊃）：各 $y \in V$ を取れば，V の定義より，ある $x \in N(\mathbf{0},\varepsilon)$ を用いて $y = x + a$ と書ける．このとき $\|y - a\| = \|(x + a) - a\| = \|x\| < \varepsilon$．つまり $y \in N(a,\varepsilon)$．

解答例 11.2 各 $y \in N_{\rho_1}(x,\varepsilon)$ について $\|x - y\|_1 < \varepsilon$ である．補題 10.7.8 (3) より $\|x - y\|_2 \leq \|x - y\|_1 < \varepsilon$ であり，ゆえに $y \in N_{\rho_2}(x,\varepsilon)$．すなわち $N_{\rho_1}(x,\varepsilon) \subset N_{\rho_2}(x,\varepsilon)$ である．同様の議論で $N_{\rho_2}(x,\varepsilon) \subset N_{\rho_\infty}(x,\varepsilon)$ も示せる．

解答例 11.3 （1）$1 \in A$ のどんなに小さな ε-近傍も A に含まれない．実際 $y = 1 + \varepsilon/2$ とすれば $y \in N(1,\varepsilon) \setminus A$ である．

（2）$\mathbf{0} \in B$ の任意の ε-近傍は B に含まれない．実際，$x = (-\varepsilon/2, 0, \cdots, 0) \in \mathbb{R}^n$ とすれば，$x \in N(\mathbf{0},\varepsilon) \setminus B$ である．

（3）A の補集合 $\mathbb{R} \setminus A = (-\infty, 0] \cup (1, \infty)$ は開集合ではない．実際，$0 \in \mathbb{R} \setminus A$ のどんな ε-近傍も $\mathbb{R} \setminus A$ には含まれないことが次のように示せる．$x = \min\{\varepsilon/2, 1/2\}$ とすれば，$x \in (0, 1)$ ゆえ $x \notin \mathbb{R} \setminus A$．また $x \in N(0,\varepsilon)$ より $N(0,\varepsilon) \not\subset \mathbb{R} \setminus A$．

解答例 11.4 （1）命題 11.7.1 より直ちに得られる．

（2）1 点集合は閉ゆえ，それらの有限和で表される有限集合も閉である．

解答例 11.5 （1）練習 4.1 より $\sup A$ に収束する A 上の数列が存在する．この数列は B 上の数列でもあり，その極限値 $\sup A$ は命題 11.7.1 より B に含まれる．(2) も同様．

解答例 11.6 $A = B = Y$ として練習 11.5 を適用すれば，$\sup Y, \inf Y \in Y$．つまり，これらは Y の最大元と最小元である．

解答例 11.7 （1）$U \setminus F = U \cap (X \setminus F)$ は二つの開集合の共通部分ゆえ，これは開集合である．

（2）$F \setminus U = F \cap (X \setminus U)$ は二つの閉集合の共通部分ゆえ，これは閉集合である．

解答例 11.8 （1）$(\mathbb{N}, \rho_{\mathbb{R}}|_{\mathbb{N}^2})$ においても命題 10.7.3 が成り立つ (証明も変わらない)．よって，$a \in \mathbb{N}$ に収束する列 $a_n \in \mathbb{N}$ をとれば，十分先の項において $a_n = a$ となり，ゆえに $f(a_n)$ は $f(a)$ に収束する．

（2）$\varepsilon > 0$ に対して $\delta := 1$ とすれば，「$|m - n| < \delta \Longrightarrow d(f(m), f(n)) < \varepsilon$」が成り立つ．実際，$m, n \in \mathbb{N}$ が $|m - n| < \delta$ を満たせば，$m = n$ ゆえ $d(f(m), f(n)) = 0 < \varepsilon$．

（3）X の開集合 $U \subset X$ に対して，例 11.4.4 より $f^{-1}(U)$ は $\mathbb{N}$ の開集合である．

解答例 11.9 $f: X \to Y$ および $g: Y \to Z$ をそれぞれ距離空間の間の連続写像とし，$g \circ f: X \to Z$ の連続性を示そう．Z の任意の開集合 W に対して $(g \circ f)^{-1}(W)$ が X の開集合になることを示せばよい．g の連続性から $V = g^{-1}(W)$ は Y の開集合であり，f の連続性から $f^{-1}(V)$ は X の開集合である．$f^{-1}(V) = f^{-1}(g^{-1}(W)) = (g \circ f)^{-1}(W)$ ゆえ (練習 5.2)，

$(g \circ f)^{-1}(W)$ は X の開集合である.

解答例 11.10 $\varepsilon := d(x,y)/2 > 0$ とし, $U := N(x,\varepsilon)$ および $V := N(y,\varepsilon)$ と定めれば, U と V は X の開集合であり $U \cap V = \emptyset$ を満たす. 実際, 仮に $z \in U \cap V$ が取れるとすれば, $d(x,y) \leq d(x,z) + d(z,y) < \varepsilon + \varepsilon = d(x,y)$ となり, 不合理な不等式 $d(x,y) < d(x,y)$ が導かれてしまう.

解答例 11.11 (1) $\{c\}$ は Y の閉集合ゆえ (練習 11.4 (1)), その逆像 $f^{-1}(c)$ は閉集合である. あるいは (3) を先に示した上で, (3) の特別な場合 ($g(x) \equiv c$) と考えてもよい.
 (2) 各 $x \in W$ を任意に取れば, $f(x) \neq g(x)$ ゆえ, $f(x) \in U_x$, $g(x) \in V_x$, $U_x \cap V_x = \emptyset$ をみたす Y の開集合 U_x および V_x が存在する (練習 11.10). そこで $G_x := f^{-1}(U_x) \cap f^{-1}(V_x)$ とおけば, f の連続性により, G_x は x を含む X の開集合である. さらに $G_x \subset W$ が成り立つ. 実際, 任意の $y \in G_x$ について, $f(y) \in U_x$ および $g(y) \in V_x$ であり, これと $U_x \cap V_x = \emptyset$ を合わせれば $f(y) \neq g(y)$. ゆえに $y \in W$. 以上より, 各 $x \in W$ について $x \in G_x \subset W$ が成立し, これは $W = \bigcup_{x \in W} G_x$ を意味する. 開集合たちの和集合として表される W は開集合である.
 (3) F の補集合 W が開集合であることによる.

解答例 11.12 $U = X \setminus \mathrm{cl}_X A$ が開集合となることを示そう. $x \in U$ とすれば, x が A の触点でないことから $N(x,\delta) \cap A = \emptyset$ を満たす $\delta > 0$ が存在する. いまから $N(x,\delta) \subset U$ を示そう. 各 $y \in N(x,\delta)$ について, $N(y,\varepsilon) \subset N(x,\delta)$ をみたす $\varepsilon > 0$ が取れる (例 11.4.1 (1)). よって $N(y,\varepsilon) \cap A \subset N(x,\delta) \cap A = \emptyset$. つまり y は A の触点ではない. すなわち, $y \in X \setminus \mathrm{cl}_X A = U$. 以上より $N(x,\delta) \subset U$ であり, ゆえに U は開集合である.

解答例 11.13 (1)⇒(2): $A \subset \mathrm{cl}_X A$ は常に成り立つゆえ $\mathrm{cl}_X A \subset A$ を示せばよい. 補集合 $U = X \setminus A$ をとり, いまから $U \subset X \setminus \mathrm{cl}_X A$ を示す. $x \in U$ とすれば仮定より U は開集合であるから, $N(x,\delta) \subset U$ を満たす $\delta > 0$ が存在する. このとき $N(x,\delta) \cap A = \emptyset$ であり, ゆえに x は A の触点ではない. つまり $x \in X \setminus \mathrm{cl}_X A$. 以上より $X \setminus A \subset X \setminus \mathrm{cl}_X A$ であり, ゆえに $\mathrm{cl}_X A \subset A$ (命題 1.4.5).
 (2)⇒(1): 練習 11.12 より明らか.

解答例 11.14 (1) (⇒): 練習 11.13 より $\mathrm{cl}_X A = A$. また, 境界と触点の定義より $\mathrm{bd}_X A \subset \mathrm{cl}_X A$ であり, これらを合わせると $\mathrm{bd}_X A \subset A$. (⇐): $\mathrm{cl}_X A \subset A$ を示せば, 練習 11.13 より A は閉である. 任意に $x \in \mathrm{cl}_X A$ を取ろう. $x \in \mathrm{bd}_X A$ ならば, 仮定より $x \in A$ を得る. 一方 $x \notin \mathrm{bd}_X A$ ならば, $\mathrm{bd}_X A = (\mathrm{cl}_X A) \cap \mathrm{cl}_X(X \setminus A)$ ゆえ $x \notin \mathrm{cl}_X(X \setminus A)$. よって, $\mathrm{cl}_X(X \setminus A)$ よりもさらに小さい $X \setminus A$ に x は含まれない. すなわち $x \notin X \setminus A$ であり, ゆえに $x \in A$.
 (2) $A := X \setminus U$ とおく. (⇒): 仮定より A は閉ゆえ $\mathrm{cl}_X A = A$ が成り立つ (練習 11.13). したがって,
$$\mathrm{bd}_X U = (\mathrm{cl}_X U) \cap \mathrm{cl}_X A \subset \mathrm{cl}_X A = A.$$
つまり $\mathrm{bd}_X U \subset A$ であり, これに U と A が交わらないことを合わせれば $U \cap \mathrm{bd}_X U = \emptyset$.

($\Leftarrow$)：仮定より $\mathrm{bd}_X U \subset A$. また，境界の定義より $\mathrm{bd}_X A = \mathrm{bd}_X U$ であり，これらを合わせると $\mathrm{bd}_X A \subset A$. ゆえに (1) より A は閉であり，したがって U は開である．

解答例 12.1 例 12.1.4 より $\mathrm{diam}\, N_d(\boldsymbol{a},L) \leq \mathrm{diam}\, \overline{N}_d(\boldsymbol{a},L) \leq 2L$ であるから，$2L \leq \mathrm{diam}\, N_d(\boldsymbol{a},L)$ を示せば十分である．$D = \{d(\boldsymbol{x},\boldsymbol{y}) \mid \boldsymbol{x},\boldsymbol{y} \in N_d(\boldsymbol{a},L)\}$ とおいて，$[0,2L) \subset D$ を示そう．あらかじめ，$\|\boldsymbol{x}_0\| = 1$ を満たす元 $\boldsymbol{x}_0 \in \mathbb{R}^n$ を一つとっておく[3]．各 $t \in [0,2L)$ に対して，$\delta := t/2 < L$ および $\boldsymbol{y}_\pm := \boldsymbol{a} \pm \delta\boldsymbol{x}_0$ （複号同順）とおけば，$\boldsymbol{y}_\pm \in N_d(\boldsymbol{a},L)$ であり，$d(\boldsymbol{y}_+, \boldsymbol{y}_-) = \|2\delta\boldsymbol{x}_0\| = t$，つまり $t \in D$. 以上より $[0,2L) \subset D$ を得る．ゆえに $2L = \sup[0,2L) \leq \sup D = \mathrm{diam}\, N_d(\boldsymbol{a},L)$ である（備考 2.7.2 (2)）．

解答例 12.2 (1)$\Rightarrow$(2)：$\mathrm{diam}\, A \leq \mathrm{diam}\, \overline{N}(x_0, M) \leq 2M$.
(2)$\Rightarrow$(1)：$A = \emptyset$ の場合は明らかゆえ $A \neq \emptyset$ とし，$a_0 \in A$ を一つ取っておく．このとき $M := d(x_0, a_0) + \mathrm{diam}\, A$ とすれば，$A \subset \overline{N}(x_0, M)$ が成り立つ．実際，各 $a \in A$ について，$d(x_0, a) \leq d(x_0, a_0) + d(a_0, a) \leq d(x_0, a_0) + \mathrm{diam}\, A = M$.

解答例 12.3 有界性は練習 12.2 による．実際，$D^n(r), S^{n-1}(r) \subset \overline{N}(\boldsymbol{0}, r)$，$A(R,r) \subset \overline{N}(\boldsymbol{0}, R)$ である．また (3) は，$M := \max\{|a_i|, |b_i| \mid i = 1\cdots, n\}$ とおくと，ℓ_∞-距離 ρ_∞ について $\prod_{i=1}^n [a_i, b_i] \subset \overline{N}_{\rho_\infty}(\boldsymbol{0}, M)$ であり，さらに十分大きな L を取れば $\overline{N}_{\rho_\infty}(\boldsymbol{0}, M) \subset \overline{N}_{\rho_2}(\boldsymbol{0}, L)$ となる．実際，$L := \sqrt{n}M$ とすれば，各 $\boldsymbol{x} = (x_1, \cdots, x_n) \in \overline{N}_{\rho_\infty}(\boldsymbol{0}, M)$ について，$\|\boldsymbol{x}\|_2 = \sqrt{\sum_{i=1}^n x_i^2} \leq \sqrt{\sum_{i=1}^n \|\boldsymbol{x}\|_\infty^2} = \sqrt{n}\|\boldsymbol{x}\|_\infty \leq \sqrt{n}M = L$.

(1) および (2) が閉であることは，それぞれ命題 11.6.2 (5) および (6) による．また，$A_1 := \{\boldsymbol{x} \in \mathbb{R}^2 \mid r \leq \|\boldsymbol{x}\|_2\}$, $A_2 := \{\boldsymbol{x} \in \mathbb{R}^2 \mid \|\boldsymbol{x}\|_2 \leq R\}$ とおけば，これらは閉集合である（命題 11.6.2 (5)）．ゆえに $A(R,r) = A_1 \cap A_2$ も閉集合である．(3) については，$J_i := \{\boldsymbol{x} \in \mathbb{R}^n \mid a_i \leq \mathrm{pr}_i(\boldsymbol{x}) \leq b_i\}$ $(i = 1, \cdots, n)$ とおけば，各 J_i が閉集合であることが $A(R,r)$ の場合と同様にして示せる．よって，これら共通部分 $\bigcap_{i=1}^n J_i = \prod_{i=1}^n [a_i, b_i]$ も閉集合である．

解答例 12.4 ($\subset$)：$a \in A \cap \mathrm{cl}_X H$ とし，任意に $\delta > 0$ を取ろう．$a \in \mathrm{cl}_X H$ ゆえ $h \in N_X(a,\delta) \cap H$ が取れる．$h \in H \subset A$ に注意すれば $h \in N_A(a,\delta)$ であり，ゆえに $h \in N_A(a,\delta) \cap H \neq \emptyset$. つまり，$a$ は A における H の触点である．
($\supset$)：$a \in \mathrm{cl}_A H$ とすれば，任意の $\delta > 0$ について $\emptyset \neq N_A(a,\delta) \cap H \subset N_X(a,\delta) \cap H$. つまり $a \in \mathrm{cl}_X H$. また $\mathrm{cl}_A H \subset A$ ゆえ $a \in A$. 以上より $a \in A \cap \mathrm{cl}_X H$.

解答例 12.5 ($\subset$)：$x \in f^{-1}(V)$ とすれば，$f(x) \in V$ である．また，$x \in X = \bigcup_{\lambda \in \Lambda} U_\lambda$ より，$x \in U_{\lambda_0}$ を満たす $\lambda_0 \in \Lambda$ が存在する．このとき，x は制限 $f|_{U_{\lambda_0}}$ の定義域 U_{λ_0} の元ゆえ，$f|_{U_{\lambda_0}}$ に代入できる．そして $f|_{U_{\lambda_0}}(x) = f(x) \in V$. つまり，$x \in f|_{U_{\lambda_0}}^{-1}(V) \subset$

---

[3] ユークリッド・ノルムに限らずとも例 10.8.4 のようにして取ることができる．

$\bigcup_{\lambda \in \Lambda} f|_{U_\lambda}^{-1}(V)$.

($\supset$)：$x \in \bigcup_{\lambda \in \Lambda} f|_{U_\lambda}^{-1}(V)$ とすれば，$x \in f|_{U_{\lambda_0}}^{-1}(V)$ を満たす $\lambda_0 \in \Lambda$ が存在する．このとき，$x \in U_{\lambda_0} \subset X$ かつ $f|_{U_{\lambda_0}}(x) \in V$ である．ゆえに $f(x) = f|_{U_{\lambda_0}}(x) \in V$，つまり $x \in f^{-1}(V)$．

解答例 12.6 ε-δ 論法により示す．点 $a \in U$ における f の連続性を示すために，任意に $\varepsilon > 0$ を取る．U が X の開集合であることから，$N_X(a, \delta_0) \subset U$ を満たす $\delta_0 > 0$ が存在する．また，$f|_U$ の連続性より，次を満たす $\delta_1 > 0$ が取れる：

$$x \in U \text{ かつ } d_X(a, x) < \delta_1 \implies d_Y(f(a), f(x)) < \varepsilon. \tag{$\dagger$}$$

ここで，$\delta := \min\{\delta_0, \delta_1\}$ とすれば，「各 $x \in X$ について，$d_X(a, x) < \delta \implies d_Y(f(a), f(x)) < \varepsilon$」が成り立つ．実際，点 $x \in X$ が $d_X(a, x) < \delta$ を満たすならば，$\delta \leq \delta_0$ および $N_X(a, \delta_0) \subset U$ より $x \in U$．これに $d_X(a, x) < \delta \leq \delta_1$ を合わせれば，($\dagger$) より $d_Y(f(a), f(x)) < \varepsilon$ である．

解答例 12.7 練習 4.6 の証明と一字一句変わらない．

解答例 12.8 Y に含まれる X 上の収束列 $a_n \in Y$ を任意に取り，その極限 α が Y に含まれることを示せばよい（命題 11.7.1）．a_n は収束列ゆえコーシー列である．ゆえに Y の完備性から a_n は部分空間 Y における収束列である．Y における a_n の極限を $\beta \in Y$ とすれば，β は X における a_n の極限でもある（備考 12.2.3 (1)）．X における点列の収束先は唯一であるから（命題 10.4.3），$\alpha = \beta \in Y$．

解答例 12.9 (2)$\Rightarrow$(1) は練習 12.8 による．(1)$\Rightarrow$(2) を示すために Y を X の閉集合とし，点列 $a_n \in Y$ をコーシー列とする．X の完備性から，a_n は X において極限 $\alpha \in X$ を持つ．命題 11.7.1 より $\alpha \in Y$ である．

解答例 12.10 (1)$\Leftrightarrow$(2) および (1)$\Rightarrow$(3) はそれぞれ練習 12.9, 11.5 による．

(3)$\Rightarrow$(4)：$a_n \in X$ を有界単調増加列とすれば，仮定より $\alpha = \sup\{a_n \mid n \in \mathbb{N}\} \in X$．系 4.1.3 より $\lim_{n \to \infty} a_n = \alpha \in X$ である．有界単調減少列についても類似する議論を適用せよ．

(4)$\Rightarrow$(3)：$A \subset X$ を有界集合，α をその上限とすれば，α に収束する有界単調列 $a_n \in A \subset X$ が取れる（練習 4.1）．このとき (4) より $\alpha \in X$ を得る．下限についても同様に論じよ．

最後に (3) と (4) から (1) が導けることを示す．$a_n \in X$ を $\mathbb{R}$ 上の収束列とし，その極限 α が X に属することを示せばよい（命題 11.7.1）．収束列は有界である．とくに各 $k \in \mathbb{N}$ について $\{a_n \mid n \geq k\}$ は有界ゆえ，(3) より $b_k := \sup\{a_n \mid n \geq k\} \in X$．また，$b_k$ は有界単調減少列であるから，(4) より $\beta \in X$ に収束する．β は収束列 a_n の上極限ゆえ $\alpha = \beta \in X$．

解答例 13.1 練習 7.1 より，$f(a) < 0$ および $f(b) > 0$ を満たす $a, b \in \mathbb{R}$ が取れる．$f(a) < 0 < f(b)$ において中間値の定理を適用すれば，$f(\theta) = 0$ を満たす θ が a と b の間に存在する．この θ は方程式 $f(x) = 0$ の実数解である．

解答例 13.2 X を弧状連結空間とし，連続写像 $f : X \to \mathbb{R}$ および $x, y \in X$ について $f(x) \leq$

$c \leq f(y)$ が成り立っているとする．いまから $f(z) = c$ を満たす点 $z \in X$ の存在を示そう．X の弧状連結性より x, y を結ぶ曲線 $\gamma : [0, 1] \to X$ (ここで $\gamma(0) = x$, $\gamma(1) = y$) が存在する．このとき，連続関数 $f \circ \gamma : [0, 1] \to \mathbb{R}$ について $f \circ \gamma(0) \leq c \leq f \circ \gamma(1)$ であり，定理 8.5.1 を適用すれば，$f \circ \gamma(t) = c$ を満たす $t \in [0, 1]$ が取れる．つまり，$z := \gamma(t) \in X$ が求めるべき点である．

解答例 13.3 (1)⇒(2)：命題 13.2.1 と定理 13.5.8 による．

(2)⇒(3)：$f : X \to \{0, 1\}$ を連続関数とすれば，この終域を $\mathbb{R}$ に置き換えた関数 $\widetilde{f} : X \to \mathbb{R}$ ($\widetilde{f}(x) := f(x)$) も連続である．仮定より $\widetilde{f}(X)$ は区間であり，また $\widetilde{f}(X) = f(X) \subset \{0, 1\}$．すなわち $f(X)$ は，集合 $\{0, 1\}$ の部分集合となる区間である．そのような集合は 1 点集合か空集合に限る．ゆえに f は定数関数である．

(3)⇒(1)：対偶を示そう．X を不連結とすれば，互いに交わらない非自明な開集合 U, V を用いて $X = U \cup V$ と書ける．そこで写像 $f : X \to \mathbb{R}$ を $f(x) := \begin{cases} 0 & x \in U \text{ のとき}, \\ 1 & x \in V \text{ のとき}, \end{cases}$ と定めれば，f は連続写像であり (命題 12.2.8)，かつ定数関数ではない．

解答例 13.4 （1） 連続関数 $\varphi : Y \to \{0, 1\}$ が定数関数に限ることを示そう．そのためには，各 $y, y' \in Y$ について $\varphi(y) = \varphi(y')$ を導けばよい．f の全射性から，$f(x) = y$ および $f(x') = y'$ を満たす $x, x' \in X$ が存在する．X の連結性から $\varphi \circ f : X \to \{0, 1\}$ は定数関数ゆえ，$\varphi(f(x)) = \varphi(f(x'))$．すなわち，$\varphi(y) = \varphi(y')$．

（2） 連続関数 $f : X \to \{0, 1\}$ が定数関数に限ることを示せばよい．A の連結性より，$f|_A$ は定数関数である．$f|_A$ の，定数関数としての拡張を $g : X \to \{0, 1\}$ とすれば，g は定数関数ゆえ連続である．$f|_A = g|_A$ および定理 12.5.4 から $f = g$．つまり f は定数関数である．

解答例 13.5 $f : X \to Y$ を距離空間の間の連続全射，X を弧状連結空間として，Y の弧状連結性を示そう．そこで $a, b \in Y$ を任意に取る．f の全射性より $f(x_0) = a$ および $f(x_1) = b$ を満たす $x_0, x_1 \in X$ が存在する．このとき，X の弧状連結性より x_0 と x_1 を結ぶ曲線 $\gamma : [0, 1] \to X$ が取れる (ここで $\gamma(0) = x_0$, $\gamma(1) = x_1$)．連続写像の合成 $f \circ \gamma : [0, 1] \to Y$ は連続写像であり，また $f \circ \gamma(0) = a$ および $f \circ \gamma(1) = b$．すなわち，$f \circ \gamma$ は a と b を結ぶ曲線である．

解答例 14.1 a_n を X 上のコーシー列とすれば，点列コンパクト性より a_n は収束部分列 a_{n_i} を持つ．$\alpha = \lim_{i \to \infty} a_{n_i}$ とおけば，a_n 自身が α に収束することが定理 4.6.4 の証明と類似する論法によって得られる．

解答例 14.2 各 $n \in \mathbb{N}$ について次の条件 $(\dagger)_n$ が成り立つことを帰納法で示そう．

$$\mathbb{R}^{n+1} \text{ 上の有界な点列は収束部分列を持つ}. \qquad (\dagger)_n$$

$(\dagger)_1$ が成り立つことは既に示している．そこで $(\dagger)_{n-1}$ を仮定して $(\dagger)_n$ を示そう．$\boldsymbol{a}_m = (x_{m,1}, \cdots, x_{m,n}, y_m) \in \mathbb{R}^{n+1}$ を有界点列とし，$\boldsymbol{x}_m := (x_{m,1}, \cdots, x_{m,n}) \in \mathbb{R}^n$ とおく．このとき各 $m, \ell \in \mathbb{N}$ について $\rho_{\mathbb{R}^n}(\boldsymbol{x}_m, \boldsymbol{x}_\ell) \leq \rho_{\mathbb{R}^{n+1}}(\boldsymbol{a}_m, \boldsymbol{a}_\ell)$ および $|y_m - y_\ell| \leq \rho_{\mathbb{R}^{n+1}}(\boldsymbol{a}_m, \boldsymbol{a}_\ell)$ より，点列 $\boldsymbol{x}_m$ と数列 y_m はそれぞれ有界である．あとは，条件 $(\dagger)_{n-1}$ より $\boldsymbol{x}_m$ が収束部分列をもつこと，およびボルツァノ-ワイエルシュトラスの定理を用いれば，$(\dagger)_1$ の証明と同様にし

て a_m の収束部分列 $a_{m_{(k_j)}} = (x_{m_{(k_j)}}, y_{m_{(k_j)}})$ が得られる．

解答例 14.3 (i)⇒(ii)：(i) および $\lim_{n\to\infty} d_X(a_n, b_n) = 0$ を仮定し，$\lim_{n\to\infty} d_Y(f(a_n), f(b_n)) = 0$ を示そう．任意の $\varepsilon > 0$ に対して，(i) より次を満たす $\delta > 0$ が存在する：
$$d_X(a, b) < \delta \implies d_Y(f(a), f(b)) < \varepsilon. \tag{†}$$
また $\lim_{n\to\infty} d_X(a_n, b_n) = 0$ より，いまの δ に対して次を満たす $N \in \mathbb{N}$ が存在する：
$$n > N \implies d_X(a_n, b_n) < \delta. \tag{‡}$$
このとき，(‡) および (†) から「$n > N \implies d_Y(f(a_n), f(b_n)) < \varepsilon$」である．つまり $d_Y(f(a_n), f(b_n))$ は 0 に収束する．

(ii)⇒(i)：対偶を示す．(i) の否定を仮定すれば，次を満たす $\varepsilon > 0$ が存在する：
- 各 $\delta > 0$ に応じて，次を満たす $a, b \in X$ が取れる：
$$d_X(a, b) < \delta \text{ かつ } d_Y(f(a), f(b)) \geq \varepsilon.$$
そこで，$\delta = 1/n$ ($n \in \mathbb{N}$) について上を適用し，$d_X(a_n, b_n) < 1/n$ かつ $d_Y(f(a_n), f(b_n)) \geq \varepsilon$ なる $a_n, b_n \in X$ を取れば，$d_X(a_n, b_n)$ は 0 に収束し，$d_Y(f(a_n), f(b_n))$ は 0 に収束しない．つまり，(ii) を満たさない反例が得られた．

解答例 14.4 仮定より次を満たす $M > 0$ が存在する：各 $x \in U$ について $|f'(x)| \leq M$．そこで，任意に与えた $\varepsilon > 0$ に対して $\delta := \varepsilon/M$ とおく．いまから「$|x - y| < \delta \implies |f(x) - f(y)| < \varepsilon$」を示そう．$|x - y| < \delta$ を満たす $x, y \in U$ に対して平均値の定理 (定理 A.5.3) を適用すれば $f'(c) = \dfrac{f(x) - f(y)}{x - y}$ をみたす $c \in U$ が取れる．このとき $|f(x) - f(y)| = \left|\dfrac{f(x) - f(y)}{x - y}\right| \cdot |x - y| = |f'(c)| \cdot |x - y| < M\delta = \varepsilon$．

解答例 14.5 対偶を示そう．X がコンパクトでないとすれば，有限部分被覆を持たないような X の開被覆 $\mathcal{U} = \{U_\lambda \mid \lambda \in \Lambda\}$ が存在する．ここで $F_\lambda := X \setminus U_\lambda$ とおけば，$\mathcal{F} = \{F_\lambda \mid \lambda \in \Lambda\}$ は X の閉集合族である．このとき $\mathcal{F}$ は有限交叉性を持つことが次のように分かる．仮に $F_{\lambda_1} \cap \cdots \cap F_{\lambda_n} = \emptyset$ とすれば，その補集合 X はド・モルガンの法則により $U_{\lambda_1} \cup \cdots \cup U_{\lambda_n}$ に一致し，これは $\mathcal{U}$ が有限部分被覆を持たないことに反する．また，$\bigcup_{\lambda \in \Lambda} U_\lambda = X$ にド・モルガンの法則を適用することで，$\bigcap_{\lambda \in \Lambda} F_\lambda = \emptyset$ を得る．以上により求める主張の対偶が示された．

解答例 14.6 (1) と (2) は類似する戦略で示せるため，並行して証明を記そう．いま，距離空間 (X, d) を (1) コンパクト，あるいは (2) 全有界かつ完備であるとする．X 上の点列 a_n を任意にとり，定理 4.4.2 の証明と類似する手順によって，次の条件 (※) を満たすような a_n の部分列 $a_{n_1}, a_{n_2}, \cdots$ および点列 $x_1, x_2, \cdots \in X$ を帰納的に定めていく．

(※) 各 $k \in \mathbb{N}$ について，次が成り立つ：

$$(\text{i})_k \quad a_{n_k} \in \bigcap_{i=1}^{k} N\left(x_i, \frac{1}{i}\right), \quad (\text{ii})_k \quad \bigcap_{j=1}^{k} N\left(x_j, \frac{1}{j}\right) \text{ は無限個の } a_n \text{ を含む．}$$

(Step 1) X の開被覆 $\mathcal{U}_1 = \{\, N(x,1) \mid x \in X \,\}$ に対して (1) についてはコンパクト性を，(2) については全有界性を適用すれば，$X = \bigcup_{i=1}^{m_1} N(x_i^1, 1)$ を満たすような $x_1^1, \cdots, x_{m_1}^1 \in X$ が存在する．このとき，$N(x_i^1, 1)$ $(i = 1, \cdots, m_1)$ のいずれかは無限個の a_n を含む．そのような $N(x_i^1, 1)$ を一つ取り，$x_1 := x_i^1$ と定める．また，a_n の中で $N(x_1, 1)$ に含まれるものを一つ取り，これを a_{n_1} とする．

(Step k) いま $a_{n_1}, \cdots, a_{n_{k-1}}$ および $x_1, \cdots, x_{k-1}$ が条件 (i)$_{k-1}$ と (ii)$_{k-1}$ を満たすように取れているとする．X の開被覆 $\mathcal{U}_k = \left\{\, N\left(x, \dfrac{1}{k}\right) \,\middle|\, x \in X \,\right\}$ に対して (1) についてはコンパクト性を，(2) については全有界性を適用すれば，$X = \bigcup_{i=1}^{m_k} N\left(x_i^k, \dfrac{1}{k}\right)$ を満たすような $x_1^k, \cdots, x_{m_k}^k \in X$ が存在する．このとき，$N\left(x_i^k, \dfrac{1}{k}\right)$ $(i = 1, \cdots, m_k)$ のいずれかは，$\bigcap_{j=1}^{k-1} N\left(x_j, \dfrac{1}{j}\right)$ に属する a_n を無限個含んでいる．そのような $N\left(x_i^k, \dfrac{1}{k}\right)$ を一つ取り，$x_k := x_i^k$ と定める．また，$a_{n_{k-1}}$ 以降の項で $\bigcap_{j=1}^{k} N\left(x_j, \dfrac{1}{j}\right)$ に含まれるものを一つ取り，これを a_{n_k} とする．x_k と a_{n_k} の取り方から，(i)$_k$ と (ii)$_k$ が成り立つ．

以上の手順を繰り返すことで (※) を満たす点列 a_{n_k} および x_k が得られる．このとき，(1) と (2) はそれぞれ次のように示される．(1): 閉集合族 $\left\{\, \overline{N}\left(x_k, \dfrac{1}{k}\right) \,\middle|\, k \in \mathbb{N} \,\right\}$ は有限交叉性を持ち，ゆえに $A := \bigcap_{k \in \mathbb{N}} \overline{N}\left(x_k, \dfrac{1}{k}\right)$ とすれば $A \neq \emptyset$ である (命題 14.5.3)．そこで $a \in A$ を取れば，$a, a_{n_k} \in \overline{N}\left(x_k, \dfrac{1}{k}\right)$ より $d(a, a_{n_k}) \leq 2/k \longrightarrow 0$ $(k \to \infty)$．以上により，a_{n_k} は収束部分列である．(2): 条件 (i)$_k$ より a_{n_k} はコーシー列であり，ゆえに収束する．

解答例 14.7 拡張 $\widetilde{f} \colon D^m \to \mathbb{R}^n$ を次で定める：

$$\widetilde{f}(\boldsymbol{x}) = \begin{cases} \boldsymbol{0} & \boldsymbol{x} = \boldsymbol{0} \text{ のとき}, \\ \|\boldsymbol{x}\|_2 \cdot f\left(\dfrac{1}{\|\boldsymbol{x}\|_2} \boldsymbol{x}\right) & \boldsymbol{x} \neq \boldsymbol{0} \text{ のとき}. \end{cases}$$

$\widetilde{f}$ の連続性を確認しよう．開集合 $U := D^m \setminus \{\boldsymbol{0}\}$ 上の各点における連続性は，$\widetilde{f}$ が連続関数の合成および積として表されていることから明らかである (練習 12.6)．そこで，$\boldsymbol{0}$ における連続性を確認するために任意に $\varepsilon > 0$ を取ろう．S^{m-1} の (点列) コンパクト性から f の像も (点列) コンパクトである．つまり f の像は有界であり，したがって $f(S^{m-1}) \subset N(\boldsymbol{0}, K)$ を満たす $K > 0$ が存在する．このとき，$\delta := \varepsilon / K$ とおけば，「$\|\boldsymbol{x}\|_2 < \delta \implies \|\widetilde{f}(\boldsymbol{x})\|_2 < \varepsilon$」が成り立つ．実際，

$$\|\widetilde{f}(\boldsymbol{x})\|_2 = \|\boldsymbol{x}\|_2 \cdot \left\| f\left(\dfrac{1}{\|\boldsymbol{x}\|_2} \boldsymbol{x}\right) \right\|_2 < \dfrac{\varepsilon}{K} \cdot K = \varepsilon.$$

あとがき・参考文献

 本書を一通り読み直したところ，ピタゴラス，ユークリッド，アルキメデス，デカルト，ライプニッツ，オイラー，ラグランジュ，ガウス，コーシー，リーマンといった，そうそうたる数学者の名前が現れる中で，ニュートンの不在に気づいた．彼が不在となってしまったのは，微積分の章を一つしか設けなかったことによるのだろう (付録 A)．そのこともあり，微積分を学ぶ背景についての説明も端折ってしまった．微分法は接線の傾きの分析を通して物事の変化を捉える理論であり，積分法は情報の集積や総合の仕方を扱う理論である．これらの理論の統合は，ニュートンによる力学への導入を契機に確立され，そののちには，さまざまな物理現象を方程式で説明することが可能になった．しかし，変化を記述したり情報を集積・総合したりする行為は物理学だけの専売特許ではない．これらは人間が行う分析・考察において基本的であり，したがって，微積分の手法は多様な分野に応用できる可能性を秘めている．以上が，高校や大学で微積分を学ぶゆえんである．

 さて，本書の読者の多くは，数学と並行してさまざまな学問を学んでいることと思う．ここで，諸学問を探究する意義を私的見解として述べよう．それは，およそ次の三つに分けられる：

 (1) 世界を理解するための手段・方法を獲得し，
 (2) 我々は何者であり，どこから来てどこへ向かうのかを問い，
 (3) 何かの改善を目指して新たな思想や技術を生み出す

ことにある．これらの関係を述べると，(2) や (3) のために (1) があり，(3) の方向性を決めるのが (2) である．そして，(3) によって (1) はさらに深化する．これら (1) から (3) のいずれに重点を置くべきかは各個人の嗜好や目的によるのであろう．それはともかくとして，何かを学ぶ際は，それが (1) から (3) とどのように関連しているかを意識するとよいのではないだろうか．そのほうが闇雲に学ぶよりも吸収の効率が高まると著者は考える．

 そこで，本書の内容と上述の (1) から (3) との関係を振り返っておこう．まず (1) との関連として，いくつかの数学的概念，とくに集合と写像が数学の内的興味に限って扱われるものではなく，(1) と深く関わることをいくつかの章の冒頭で述べた．また，付録の章で解説した論理の規則は (1) の根幹をなす．(2) の論点を数学にすり替

えれば[4]，本書の主題は，高校数学で紹介された未証明の数学的事実がどこから来るのかを解説することにあった．そして，これらがどこへ行くのか，すなわち，本書で学んだ定理がこの先どこで活かされるかは，今後の数学の学習 (微積分の講義や教科書など) において明かされるはずである．一方で，(3) について，役に立つ応用らしいことは意図的に述べなかった．これは，数学が秘める汎用性や応用可能性について，読者自身に想像してもらいたいと考えたからである．

役に立つという話でいえば，この本が読者のお役に立てたかどうかは分からない．扱っている話題が少ないわりに冗長な説明で退屈した人もいれば，字が邪魔をして何処を読めばよいか見当がつかずに理解を諦めた人もいるだろう．おおかたの人は，理解はできるにしても読み進めるのに時間がかかり，地獄巡りのように感じたであろうか．いずれにせよ，読者が時を経て本書に触れた体験を振り返ったとき，それが人生における「喜劇」の一幕であったと認めていただけることを著者は望んでいる．

参考文献

本書の執筆にあたり，次の書籍等を参考にした．とくに [8] によるところが大きい．

[1] 高木貞治, 『解析概論』, 岩波書店.
[2] 杉浦光夫, 『解析入門 I』, 東京大学出版会.
[3] 小平邦彦, 『解析入門 I』, 岩波書店.
[4] 森田紀一, 『位相空間論』, 岩波書店.
[5] 大田春外, 『はじめよう位相空間』, 日本評論社.
[6] ウイリアム・ダンハム (一樂重雄・實川敏明 訳), 『微積分名作ギャラリー——ニュートンからルベーグまで』, 日本評論社.
[7] S. マックレーン (赤尾和男・岡本周一 訳), 『数学——その形式と機能』, 森北出版.
[8] 諸先生方から拝聴した耳学問.

---

4) 論点のすり替えに興ざめする読者もおられよう．しかし，数学が文明とともに歩んできた時間の長さに思いをおこせば，そう大きく論点はずれていないはずである．

索引

記号・アルファベット

$-A$ 43
$+$ 153
$-$ 135, 153
$/$ 136
$<$ 26
$\leq$ 26
$:=$ 15
$\equiv$ 84
$\Leftrightarrow$ 266
$\Rightarrow$ 265
$\cap$ 18
$\cup$ 18
$\emptyset$ 15
$n!$ 62
$\in$ 14
∞ 27, 59
f^{-1} 83, 92
$(\ ,\ )$ 166
$[\ ]$ 39
$\lfloor\ \rfloor$ 39
$|\ |$ 46
$\|\ \|$ 155
$\|\ \|_1$ 163
$\|\ \|_2$ 163
$\neg$ 267
$\exists$ 262
$\forall$ 262
$\setminus$ 18
$\sqrt{\ }$ 137
$\subset$ 14
$\times$ 20
$\vee$ 265
$\wedge$ 265
arcsin, arccos, arctan 108
Area 256
bd 178
$\mathbb{C}$ 14
cl 178
diam 190
D^n 192
e 243
Γ_f 99
id_X 88
inf 33
lim 49, 59, 113, 119, 120, 157
lim inf 72
lim sup 72
$\lim_{\substack{x\to a \\ x\neq a}}$ 114
$\lim_{x\to a+}$, $\lim_{x\to a-}$ 118
log 103, 243
max 28
min 28
$\mathbb{N}$ 13
$N_d(a,\varepsilon)$ 171
$\overline{N}_d(a,\varepsilon)$ 180
pr_i 159
$\mathbb{Q}$ 14
$\mathbb{R}$ 14
$\rho_{\mathbb{R}^n}$ 155
$\mathbb{R}^n$ 14
sin, cos, tan 106
$\sin^{-1}, \cos^{-1}, \tan^{-1}$ 108
S^{n-1} 192
sup 33
$\mathbb{Z}$ 13

あ

アニュラス 192
アルキメデス性 38
以下 26
以上 26

位相 184
　　——空間 185
　　通常の—— 184
1対1
　　——の写像 89
　　——の対応 87
一様ノルム 164
一様連続 224
ε-
　　ε-N 論法 49
　　ε-開近傍 171
　　ε-近傍 171
　　ε-δ 論法 113
　　ε-閉近傍 180
上ダルブー和 255
上に有界 31, 51, 117
上への写像 87
ℓ_2-ノルム 164
ℓ_p-距離 164
ℓ_∞-ノルム 164
ℓ_1-ノルム 163
円環 192
円周 192
追い出しの原理 61
オイラーの公式 254
大きい 26

か

外延的記法 16
開円板 172
開球 172
ε-開近傍 171
開区間 28
開集合 174
　　自明でない—— 202
階乗 62

開被覆 228
開部分空間 193
ガウス記号 39
可換性 26
下極限 72
限りなく近づく 112
拡張 89
角度 106
かけ算 137
下限 33
可算 97
かつ 264
合併集合 18
仮定 265
加法 137
関数 82
 n 階導―― 251
 ――の極限 113, 119
 ――の収束 113, 119
 ――の発散 119, 120
 ――の連続性 123
 逆―― 90
 逆三角―― 108
 原始―― 247
 三角―― 107
 指数―― 103
 対数―― 103
 多項式―― 125
 定数―― 84
 導―― 241
 冪―― 103
 有理―― 125
 床―― 39
 連続―― 123
完備 74
 距離空間の――性 196
 実数の――性 74
偽 261
逆 266
逆関数 90
逆三角関数 108
逆写像 92
逆像 83
級数 76

球面 192
 単位―― 192
境界 178
 ――点 178
共通部分 18, 20, 22
極限
 下―― 72
 関数の―― 113, 119
 上―― 72
 数列の―― 49
 点列の―― 157
 左―― 118
 不定形の―― 248
 右―― 118
曲線 210
 ――で結ばれる 210
虚数 19
距離 156
 ℓ_p-―― 164
 ノルムから定まる―― 164
 マンハッタン―― 165
 ユークリッド―― 155
 離散―― 163
距離空間 156
 ――のハウスドルフ性 188
 部分―― 193
近傍
 ε-開―― 171
 ε-―― 171
 ε-閉―― 180
空集合 15
区間 28
 開―― 28
 ――縮小法の原理 69
 半開―― 28
 閉―― 28
グラフ 99
クロープン集合 202
結論 265
元 13
原始関数 247
減法 135
言明 261
限量記号 262

弧 211
交換法則 26
後件 265
合成 86
恒等写像 88
恒等的に等しい 84
勾配 169
コーシー
 ――-シュワルツの不等式 167
 ――の平均値の定理 247
 ――列 74, 196
弧状連結 212
弧度 106
根号 137
コンパクト空間 226
 点列―― 218

さ
最小元 28
最小値 28, 222
最大元 28
最大値 28, 222
最大値・最小値の定理 222
差集合 18
三角関数 107
 逆―― 108
三角不等式 48, 155, 156, 163, 164, 168, 197
始域 83
指数 134
 ――関数 103
 ――法則 145, 146
自然数 13
自然対数の底 243
下ダルブー和 255
下に有界 31, 51, 117
実数 14
 ――の完備性 74
 ――の連続性 35
自明でない
 ――開集合,――閉集合 202
射影 159
写像 82, 145

索引 301

1対1の―― 89
一様連続―― 224
上への―― 87
逆―― 92
恒等―― 88
――の連続性 158
定値―― 84
連続―― 158
終域 82
集合 13
　開―― 174
　合併 18
　空―― 15
　クロープン―― 202
　差―― 18
　自明でない開――, 閉―― 202
　――族 22
　――の共通部分 18, 20, 22
　――の積 20
　真部分―― 95
　全体―― 18
　稠密な部分―― 199
　部分―― 14
　閉―― 174
　冪―― 177
　補―― 18, 156
　無限―― 94
　有限―― 94
　和―― 18, 20, 22
集積点 229
収束
　関数の―― 113, 119
　数列の―― 49
　絶対―― 77
　点列の―― 157
主張 261
順序体 26
上界 31
上極限 72
上限 33
条件 261
条件付き極値問題 223
乗法 137

剰余項 252
触点 178
除法 135
真 261
真部分集合 95
推移律 26
数学的帰納法 267
数直線 24
sup-ノルム 164
数列 48
　――の極限, ――の収束 49
図形 156
制限 89
正弦 106
整数 13
正数, 正の数 26
正接 106
積分
　定―― 256
　リーマン――可能 256
接線 240
絶対収束 77
絶対値 46, 197
全空間 156
前件 265
全射 87
全称記号 262
全体集合 18
全単射 87
前提 265
全有界 230
像 83
存在記号 262

た
大円 212
対偶 273
対数 103
　――関数 103
代数学の基本定理 232
対等 95
多項式関数 125
足し算 137
ダルブー

上――和 255
下――和 255
――の定理 257
単位
　――球面 192
　――閉球 192
　――立方体 192
単射 87
単調
　狭義――減少 65
　狭義――増加 65, 101
　広義――減少 65
　広義――増加 65, 102
　――減少 65, 101
　――増加 65, 101
　――増大 65
　――非減少 65, 102
　――非増加 65
値域 83
小さい 26
中間値の定理 130, 209
稠密
　部分集合の――性 199
　無理数の―― 69
　有理数の―― 69
直積 20
直方体 192
直径 190
通常の位相 184
底 103, 134
　自然対数の―― 243
　――の交換公式 105
定義域 82
定数関数 84
定積分 256
定値写像 84
テイラー
　――級数展開 253
　――の定理 252
デカルト積 20
点 156
点列 157
　――コンパクト空間 218
　――の極限, ――の収束 157

導関数 241
　　n 階—— 251
同値 266
等長写像, 等長同型 198
ド・モルガンの法則 22, 270

な

内積 166
　　——空間 166
　　標準—— 166
内包的記法 17
二項定理 63
二重否定 268
ネイピア数 243
濃度 95
ノルム 163
　　一様——, sup-——, ℓ_∞-—— 164
　　ℓ_2-—— 163
　　ℓ_1-—— 163
　　——から定まる距離 164
　　ユークリッド・—— 155, 163

は

排他的論理和 265
排中律 271
ハイネ-ボレルの被覆定理 227
背理法 273
ハウスドルフ性 188
はさみうちの原理 53, 117
　　発散型の—— 61
発散 59
　　関数の—— 119, 120
　　負の無限大に—— 59
　　無限大に—— 59
半開区間 28
反例 269
非可算 97
引き算 135
ピタゴラスの定理 111
左極限 118
否定 267
　　二重—— 268
　　——の導入 273

微分 240, 241
　　項別——可能 251
　　——可能 240, 241
　　——係数 240
　　無限回——可能 251
微分積分学
　　——の基本公式 259
　　——の基本定理 258
標準内積 166
複素数 14
　　——平面 197
符号 26
負数, 負の数 26
不定形の極限 248
不動点 209
部分空間 193
　　開——, 閉—— 193
部分集合 14
　　真—— 95
　　稠密な—— 199
部分被覆 228
部分列 58
ブラウワーの不動点定理 210
不連結な空間 203
分割 255
分数 136
分配法則 26
閉円板 172, 192
閉球 172, 192
　　単位—— 192
平均値の定理 247
　　コーシーの—— 247
平均変化率 239
ε-閉近傍 180
閉区間 28
平行 166
閉集合 174
　　自明でない—— 202
閉部分空間 193
閉包 178
平方根 137
冪 134
　　——関数 103
　　——級数 251

　　——展開 251
　　——根 137
　　——集合 177
　　——数 134
ベクトル 14
　　平行な—— 166
　　——の差 153
　　——のスカラー倍 153
　　——の向きが等しい 166
　　——の和 153
変数 18
方向微分 169
補集合 18, 156
ボルスーク-ウラムの定理 210
ボルツァノ-ワイエルシュトラスの定理 70

ま

マクローリン
　　——級数展開 253
　　——の定理 253
交わる 18
または 265
マチンの公式 110
マンハッタン距離 165
右極限 118
道 210
未満 26
向きが等しい 166
無限集合 94
無限小数展開 67
矛盾 271
無理数 19
命題 261
面積 256

や

有界 31, 51, 117, 191, 192
　　上に—— 31, 51, 117
　　下に—— 31, 51, 117
　　——単調列の収束定理 65
ユークリッド
　　——距離 155
　　——空間 14

──・ノルム 155, 163
有限交叉性 227
有限集合 94
有理関数 125
有理数 14
床関数 39
要素 13
余弦 106

ら
ラグランジュの未定乗数法 223
ラジアン 106
リーマン積分可能 256
離散距離 163

立方根 137
量化子 262
累乗 134
──根 137
ルベーグ数 231
連結
　弧状── 212
　──空間 203
　──でない空間 203
連続
　一様── 224
　関数の──性 123
　実数の──性 35

写像の──性 158
──関数 123
──写像 158
ロピタルの定理 248
ロルの定理 246
論理
　──記号 262
　──式 262
論理和 265
　排他的── 265

わ
和集合 18, 20, 22
割り算 135

嶺 幸太郎（みね・こうたろう）

1981 年　栃木県宇都宮市に生まれる．
2003 年　筑波大学第一学群自然学類卒業．
2008 年　筑波大学大学院博士課程数理物質科学研究科修了．
現在　　神奈川大学工学部特任助教．
　　　　博士 (数学)．

専門は一般位相幾何学．

微分積分学の試練――実数の連続性と ε-δ

2018 年 12 月 25 日　第 1 版第 1 刷発行
2024 年 4 月 20 日　第 1 版第 3 刷発行

著　者　　　　　　　　　嶺　幸太郎
発行所　　　　　　　　　株式会社 日本評論社
　　　　〒170-8474 東京都豊島区南大塚 3-12-4
　　　　　　　　　電話　(03) 3987-8621［販売］
　　　　　　　　　　　　(03) 3987-8599［編集］
印　刷　　　　　　　三美印刷株式会社
製　本　　　　　　　株式会社難波製本
挿　画　　　　　　　　　　奥田雅子
図　版　　　　　　　　　　溝上千恵
装　幀　　　　　　　　　　銀山宏子

JCOPY 〈(社)出版者著作権管理機構 委託出版物〉
本書の無断複写は著作権法上での例外を除き禁じられています．複写される場合は，そのつど事前に，(社) 出版者著作権管理機構 (電話 03-5244-5088, FAX 03-5244-5089, e-mail: info@jcopy.or.jp) の許諾を得てください．また，本書を代行業者等の第三者に依頼してスキャニング等の行為によりデジタル化することは，個人の家庭内の利用であっても，一切認められておりません．

©Kotaro Mine 2018　　　　　　Printed in Japan
　　　　　　　　　　　　ISBN978-4-535-78844-2